Oliver Tissot

Gewinn-bringendes Lachen?

Humor als Humanfaktor zur Erreichung von Unternehmenszielen

„Ein Tag, an dem du nicht lachst, ist ein verlorener Tag."
Charlie Chaplin

Für Tassilo, Titus und Tamino

Die vorliegende Arbeit wurde im Jahr 2008 als
Inaugural-Dissertation in der Philosophischen Fakultät
und Fachbereich Theologie der Friedrich-Alexander-Universität
Erlangen-Nürnberg vorgelegt.
Gutachter: Prof. Dr. G. Schmidt, Prof. Dr. J. Handl
Tag der Disputation: 3.2.2009

Oliver Tissot, »Gewinnbringendes Lachen«

Satz: Kreativ Kontor
Umschlag: MV-Verlag
Druck und Bindung: MV-Verlag

ISBN 978-3-86582-853-8

Oliver Tissot

Gewinnbringendes Lachen?
Humor als Humanfaktor zur Erreichung von Unternehmenszielen

MV WISSENSCHAFT

Inhaltsverzeichnis *Seite*

„Der Mensch hat gegenüber den Widrigkeiten des Lebens drei Dinge zum Schutz: die Hoffnung, den Schlaf und das Lachen."[1]

„Spaß ist ein anderes Wort für Freude, Lust, Motivation und Sinnhaftigkeit. Wer keinen Spaß an der Arbeit hat, wird auf Dauer auch nicht leistungsfähig sein. Ohne den Spaßfaktor gibt es auch kein berufliches Erfolgserlebnis."[2]

„Und ein ernstes Wort an die (...), die da glauben, über Komik schreiben zu müssen: Was nützt es euch, wenn ihr alle komischen Filme der Welt gesehen und jedwede Literatur darüber gelesen habt und all das lediglich zum Anlass nehmt, euch einschüchternd aufzuplustern? (...) Erzählt uns nicht dauernd, warum wir etwas komisch finden sollen oder nicht mehr komisch finden dürfen, verratet uns erst einmal furchtlos, worüber ihr eigentlich noch lachen könnt oder müsst. Eine Theorie dafür wird sich dann immer noch finden. Und wenn ihr schon unbedingt ein humorloses Buch schreiben wollt: Muss es ausgerechnet eins über Komik sein?"[3]

1. Einleitung

1.1 Einstimmung ins Thema

Die Deutschen sind ein komisches Volk, - vor lauter Verbissenheit und Ehrgeiz zeigen sie, wenn's um Arbeit geht, ständig die Zähne, so dass man es fast für ein Lachen halten könnte. Es geht eben nicht um Belanglosigkeiten, sondern um ein zentrales Lebensthema, wenn die Arbeit im Spiel ist. Im Mittelpunkt der Überlegungen steht der Mensch. Und wo steht der Mensch, wenn er im Mittelpunkt steht? Mitten im Weg natürlich! Von da muss man ihn vertreiben! Deswegen gibt es in vielen Firmen einen Vertrieb. Wenn es richtig kompliziert zu werden droht, wird auch gern ein Ausschuss gebildet. Was soll man aber davon halten, wenn mit dem Wort, das einen Kreis kompetenter Fachleute bezeichnet, gleichzeitig Produkti-

[1] Immanuel Kant, zit. aus: Dietzsch (1993), S. 13

[2] Prof. Dr. Horst Opaschowski, in: Rieger (1999), S. 137

[3] Gernhardt (2000), S. 209

onsabfall gemeint ist, der beim besten Willen zu nichts mehr zu gebrauchen ist? Um Ausschüssen mehr Gewicht zu verleihen, schließt man sich gerne in Verbänden zusammen. Auch hier stellt sich die Frage, warum eine Organisationsform nach medizinischem Material benannt ist, das man bei Patienten braucht, die große Wunden haben. Bei so viel Krankmacherei ist es nicht verwunderlich, wenn sich die Hoffnung auf die Führungskräfte richtet. Das Credo des Topmanagements lautet demgemäß: Entweder die Mitarbeiter glauben an unsere Strategie, oder sie müssen dran glauben!
Über solche und ähnliche Kalauer wird im Wirtschaftsleben gerne gelacht. Aber Spaß beiseite: Während sich Arbeits- und Betriebspsychologen, Wirtschaftssoziologen und Arbeitsmediziner über Ökonomisches und Ergonomisches, Existenzielles und Essentielles den Kopf zerbrechen, ist ihnen die menschlichste aller Eigenschaften aus dem Blickfeld geraten: Das Lachen. Was der Volksmund weiß und Mediziner mittlerweile bestätigen, nämlich dass Lachen gesund ist, müsste auch im Wirtschaftsleben dazu führen, dass das Lachen gefördert wird. Lachforscher, sogenannte Gelotologen, haben beispielsweise nachgewiesen, dass 10 Minuten Lachen so entspannend ist wie eine dreiviertel Stunde autogenes Training. So scheint schon allein aus Gründen der Effizienz, wie man Konzentration und Leistungsfähigkeit (zurück)gewinnt, das Lachen gewinnbringend zu sein.

1.2 Aufgabenstellung

In Zeiten von Leanmanagement und Rationalisierungsmaßnahmen erlebt man am Arbeitsplatz stetig wachsende Anforderungen und größere physische wie psychische Mehrbelastungen. Die Konsequenz sind größerer Stress und höhere Fehlzeiten. Oft führt die Furcht vor Arbeitsplatzverlust aber auch zu Unflexibilität und ängstlicher Genauigkeit, die konstruktive Kritik, Kreativität und Risikobereitschaft im Keim ersticken lässt und somit zu Umsatzeinbußen führt.
Lachen kann ein hilfreiches und willkommenes Ventil sein, um diesem Druck und den Belastungen standzuhalten. Zum Bei-

spiel nutzen international tätige Unternehmungsberatungsfirmen wie Playfair Inc. aus Amerika die positiven Auswirkungen von Spaß und Freude am Arbeitsplatz, um die Produktivität zu erhöhen und das Betriebsergebnis zu verbessern.[4]
Immerhin verbringt ein Berufstätiger grob geschätzt 80.000 Stunden seines Lebens im Büro. Dies entspricht etwa 5.000 Konferenzen, 10.000 Mittagspausen und 20.000 Tassen Kaffee.[5]
Ist Humor auch in deutschen Firmen ein ernstzunehmender Faktor zur Steigerung des Unternehmenserfolgs? Wie wird die entspannende, kreativitätsfördernde und menschliche Nähe erzeugende Kraft des Lachens in Betrieben tatsächlich genutzt, um die 'human ressources' zu erhalten, Corporate Culture zu pflegen oder Kommunikation zu fördern? Darum geht es in dieser Arbeit: Die Bedeutung und Wirkung des Lachens für den einzelnen Menschen wie für das Miteinander soll im ersten Teil erläutert werden. Im zweiten Teil folgen empirische Untersuchungen, um zu eruieren, wie wichtig das Lachen in deutschen Unternehmen genommen wird. Schließlich werden im dritten Teil Möglichkeiten und Wege aufgezeigt, das Lachen und die Humorkultur im Wirtschaftsleben zu fördern. Der Hinwendung zum Thema Humor im Wirtschaftsleben liegt die These zugrunde, dass Lachen einen wesentlichen Beitrag dazu leisten kann, den Humanfaktor zur Förderung von Qualität, Innovationsfähigkeit und Flexibilität zu nutzen. Die Wahl geeigneter Strategien zur Lenkung der internen Betriebsfaktoren spielen für die Wettbewerbsfähigkeit von Unternehmen eine entscheidende Rolle. Erfahrungen aus dem betrieblichen Alltag zeigen hierbei, dass ohne das notwendige Engagement der Mitarbeiter die vom Unternehmen angestrebten Ziele nicht mit der erwarteten Effizienz erreicht werden können.
Wesentliches Ziel dieser Arbeit ist es demgemäß, den Einfluss des Faktors Mensch als 'lachender Mensch' auf die wirtschaft-

---

[4] vgl. Weinstein (1999). Matt Weinstein ist Gründer und Inhaber von Playfair Inc.. Seine in ganz Amerika ausgestrahlte Fernsehsendung 'Fun Works!' machte ihn zum führenden Experten für Spaß am Arbeitsplatz. Die in seinem Buch 'Management by fun' genannten Grundsätze und Vorschläge zum Spaß am Arbeitsplatz werden auch hier vorgestellt.

[5] Die Zahlen sind einer 'Hausmitteilung' der Zeitschrift "Die Woche" vom 25.1.2002 entnommen, die in dieser Ausgabe einen Extrateil "Leben, lachen und leiden im Büro" veröffentlichte.

lichen Erfolgsparameter zu erfassen und zu analysieren. Dabei orientiert sich die Perspektive neben der Auflistung der intra- und interpersonellen Effekte des Lachens auf die Beantwortung folgender Fragen:

- Welche Rolle spielt Humor tatsächlich als Managementinstrument zur Erreichung von Unternehmenszielen?
- Gibt es aussagefähige Beispiele gelebter Unternehmenskultur, die Auswirkungen von Humor in der Praxis zeigen?
- Gibt es eindeutige Zusammenhänge zwischen Merkmalen einer Humorkultur und handfesten Qualitätsmerkmalen wie z.B. Fehlerhäufigkeiten oder Durchlaufzeiten?
- Wie muss eine Humorkultur initiiert werden, um in der Praxis gelebt werden zu können und Akzeptanz zu finden? Humor lässt sich schließlich nicht verordnen.
- Welche Mittel können zum zielorientierten Einsatz des Humanfaktors Lachen eingesetzt werden?

Zur wissenschaftlichen Untersuchung der praktizierten Humorkultur in Unternehmen habe ich Einzelfallanalysen gewählt, die exemplarisch Möglichkeiten zeigen, mit Humoreinsatz wirtschaftliche Ziele zu verfolgen. Da so nur punktuelle Einblicke möglich sind, verdichte ich diese gewonnenen Erkenntnisse zu einem idealtypischen Modell des Humoreinsatzes. Dies soll ermöglichen, die Wirkung von Humor unabhängig von individuellen und unvergleichbaren Rahmenbedingungen einzelner Unternehmen und deren Unternehmenskulturen transparent zu machen. Zum anderen nutze ich diesen Idealtypus als "Baukasten" an Empfehlungen, um die Etablierung einer Humorkultur konkret und konstruktiv anregen zu können.

1.3 Persönlicher Bezug zur Arbeit

Das Thema dieser Arbeit kommt nicht von ungefähr. Ich bin seit Jahren als Kabarettist und Comedian tätig, hauptsächlich für Firmen und Organisationen. Unter dem Stichwort "Business-Comedy" bin ich bei Agenturen gelistet, werde von Kunden weiterempfohlen und habe so in den letzten fünf Jahren über 700 Auftritte absolviert, bei Großkonzernen, Behörden, Mittelständlern, Kleinbetrieben, der katholischen Kirche und einem Selbsthilfeverein von Prostituierten genauso wie im Parlament und auf Symposien und Wissenschaftskongressen. Interessant sind vor allem die Auftritte im und für das Wirtschaftsleben.

Bei betriebsinternen Veranstaltungen ist immer wieder zu bemerken, wie mit einem treffenden Scherz eine gespannte Atmosphäre gelöst werden kann, wie Lachen befreit und verbindet. Auslöser für die Beschäftigung mit Humor als Humanfaktor war sicher die Erfahrung, dass Humor nicht nur eingesetzt wird, wenn es etwas zu feiern gibt. Gerade Krisen, Kommunikationspannen oder jeglicher 'Sand im Getriebe' sind Gelegenheiten, bei denen gemeinsames Lachen Mut macht, Hoffnung sät und Vertrauen schafft. Es scheinen die humorvollen Abweichungen vom üblichen Ablauf zu sein, die identifikationsstiftend sind und ein 'Wir-Gefühl' aufkommen lassen. Das beginnt damit, dass eine abstrakte, 'fleischlose' Institution mit Leben gefüllt werden muss, um sich als Mitglied voll für sie einsetzen zu können; und das geschieht meist lachend. Die Skurrilitäten und Absonderlichkeiten im Charakter und Verhalten der Vorgesetzten beispielsweise prägen und kennzeichnen eine Firma im Bewusstsein der Mitarbeiter oft stärker als so manch werblich in Szene gesetzte Corporate Identity. Das Menschliche, das sich in Witzen, Anekdoten und Firmenschwänken äußert, transportiert einen Gutteil der Firmenphilosophie oder Leitbilder, - mehr oft als die von Werbeagenturen verfassten Texte. Die mir in Vorbesprechungen für meine Auftritte ausgehändigten Imagebroschüren und Leitbilder sind bezüglich der Aussagen über Kunden-, Qualitäts- und Innovationsorientierung oft austauschbar. Formulierungen gleichen sich, Phrasen im gestelzten Werbedeutsch werden zu oberflächlichen Aussagen aneinandergereiht.

Geschichten und persönliche Impressionen hingegen sind originell und originär, werden erinnert und, im Gegensatz zu den Inhalten der gedruckten Werbemittel, von den Mitarbeitern im Unternehmen kommuniziert. Als Beispiel, wie Werte und das Selbstverständnis einer Firma im Handeln seiner Mitarbeiter transparent werden können, sei folgende Begebenheit

aus einer Firmengeschichte erzählt. Anlässlich der Vorbereitungen zum Jubiläumsfest einer Firma, die seit 50 Jahren Schutzschalter herstellt, wurde mir eine Anekdote präsentiert, die über 20 Jahre zurückliegt, aber von Mitarbeitern noch heute gerne erzählt wird. Die Firma hatte damals auf einer Luftverkehrsmesse einen Stand, der von einem russischen General besucht worden war. Einen neuen Schalterprototyp für den Einsatz in Düsenjägern hat der hochrangige Militär in die Tasche gesteckt und den Stand verlassen. Ein Firmenmitarbeiter folgte dem General und bat ihn um Herausgabe des Bauteils. Erst als er das Teil wieder in Händen hatte, überkam ihn die Sorge, sich sehr undiplomatisch verhalten und durch die Bloßstellung eines ranghohen Vertreters aus dem „feindlichen, kommunistischen Lager" einen womöglich weit reichenden Fehler begangen zu haben. Als der General mit Verstärkung, in Begleitung seiner Attachés, zurückkehrte, fürchtete der Mitarbeiter um Ruf und Aufträge; - völlig unbegründet. Denn mittels Dolmetscher zollte der Militär seinen Respekt vor der Courage des Mitarbeiters. Diese Begebenheit zeugt vom Einsatz des Mitarbeiters für sein Unternehmen, von Entscheidungsfreude, Spontaneität und Tugendhaftigkeit und schließlich von Völkerverständigung über gemeinsame Werte - und aufgrund des unerwarteten Endes löst sie Heiterkeit aus.
Das ist ein Wesensmerkmal des Humors, wie Immanuel Kant es schon beschrieben hat: „Das Lachen ist ein Affekt aus der plötzlichen Verwandlung einer gespannten Erwartung ins Nichts."[6] Diese Geschichte hat mehr Substanz als nüchtern formulierte Unternehmensgrundsätze, denn sie dokumentiert gelebtes Verhalten, statt abstrakte Forderungen ohne Handlungsrelevanz paragraphenartig zu proklamieren. Dennoch werden solche Begebenheiten nicht systematisch gesammelt, auch nicht in Firmenchroniken veröffentlicht. Solche Geschichten erfahre ich mündlich, lese sie aber nie in gedruckten Unternehmensunterlagen. Offensichtlich fürchtet man, sich lächerlich zu machen. Verspricht man sich folglich vom Nutzen einer 'Humorkultur' in der Firma wenig? In den nachfol-

[6] Immanuel Kant, *Kritik der Urteilskraft*, hrsg. v. Karl Vorländer (1959): Philosophische Bibliothek 39a, S. 190

genden Kapiteln werde ich aus meiner Tätigkeit als Kabarettist und Rechercheur von humortauglichen Begebenheiten Beispiele einfließen lassen, ob und wie Leistungsbereitschaft, Motivation und sogar physische und psychische Belastbarkeit mittels Humor gesteigert sowie Kreativität und Selbstentfaltung gefördert werden können. Aufgrund meiner 'Hofnarren-Rolle' und der damit verbundenen Erkenntnisse gehe ich auch der Frage nach, ob Humor nicht eine Möglichkeit darstellt, Fehlerrecherche im Unternehmen zu betreiben und ob die Art und Weise, wie Humor gepflegt wird, als Stimmungsbarometer interpretiert werden kann.

2. Begriffsbestimmung

2.1 Humor

Bevor wir uns mit dem Lachen, also mit der Wirkung von Humor beschäftigen, soll erläutert werden, was Humor überhaupt ist: Der Begriff Humor wird hierbei in einem möglichst umfassenden Bedeutungsrahmen genutzt, um eine Vielzahl an Phänomenen und gesellschaftlichen Interaktionen abzudecken.
Der Duden bezeichnet Humor als „Gabe eines Menschen, der Unzulänglichkeit der Welt und der Menschen, den Schwierigkeiten und Missgeschicken des Alltags mit heiterer Gelassenheit zu begegnen."
Humor stellt ein komplexes Phänomen dar, welches kognitive, affektive und physiologische Aspekte einbezieht. Auslöser der 'Humorreaktion' (Erheiterung) sind unter anderem witzige Bemerkungen, paradoxe Wortspiele, absurde Übertreibungen, widersinnige Handlungen, komische Parodien, ironische Spiegelungen, frecher Schabernack und seltsame Ausdrucksformen der Mimik und Gestik.
In Form einer umfassenden Theorie lässt sich der Begriff Humor allerdings nicht fassen. „Bis heute ist keine umfassende Theorie des Humors entwickelt worden. Dabei spielt vermutlich die große Vielfalt des Lachens, seiner Zielrichtungen, seiner Verfahren und Anlässe eine Rolle. (...) Auch die Feldforschung der Ethnologie hat bisher keine Integration ihrer vielen Beobachtung erarbeiten können: Worüber man lacht, wer das Lachen wie auslöst, welche Wirkung ein Lachen im sozialen Kontext hat - die Antworten auf diese Fragen sind immer noch sehr heterogen."[7]
Das Verbindende ist, dass es keine Norm gibt. Dies ist auch ein wesentliches Element der Humorentstehung, wie sie von Arthur Koestler[8] beschrieben worden ist. Humor zeichnet sich demnach aus durch eine normativ ungebundene bzw. ungere-

---

7 wikipedia.org/wiki/Humor, Artikeleintrag „Humor"

8 vgl. *Der göttliche Funke*. Bern - München (1966) und *Der Mensch - Irrläufer der Evolution*. Frankfurt (1990)

gelte Originalität des Denkens, die verblüffend und ungewohnt, vielleicht auch unlogisch oder gar befremdlich ist. Dabei sind Affekte einbezogen, die normalerweise einer kulturellen Zensur bzw. Abwehr unterliegen. Humor bietet die Möglichkeit des zumindest verbalen Normbruchs, nicht nur im Bereich der Schadenfreude. Der Normbruch ist im Prinzip progressiv, kann sich aber auch als einfache Enthemmung reaktionärer oder diskriminierender Tendenzen zeigen, die durch größere Ängste oder Tabus oberflächlich zurückgehalten werden. Hierzu gehören aggressive, sexuelle und skatologische Impulse. Von besonderer Bedeutung ist ein zusätzliches spielhaftes Element, das der Sprache und der ausdrücklichen Feststellung nicht bedarf. Denn dieses Element findet seinen ganzheitlichen Ausdruck in körperlicher Bewegung und in Ausdrucksformen der Mimik und Gestik.

Der 'normale' Erwachsene findet sich in der alternativen Welt des Humors oft nicht zurecht, insbesondere dann, wenn er an die gesellschaftlichen Spielregeln besonders stark angepasst ist. Doch auch der humorloseste Mensch kann seinen Sinn für Humor (wieder)entdecken - indem er den Weg zurück in die Kindheit einschlägt. Der Clown, der als Figur mittlerweile in Kliniken für eine Erleichterung im Umgang mit Schwerkranken auftritt oder in der Erwachsenenbildung als Seminarleiter fungiert, um spielerisch Neuland im Denken betreten zu können, übernimmt dabei die Rolle des Führers und Verführers. Mit ihm zusammen kann jener Perspektivenwandel vollzogen werden, der es ermöglicht, das Leben aus einem anderen Blickwinkel zu betrachten - und dadurch Widersprüche, Absurditäten und Ungereimtheiten zu entdecken, die grundsätzlich komisch sein können. Ein Humorerlebnis äußert sich immer in einem spezifischen Lächeln oder Lachen, woraus sich grundsätzlich kommunikative Auswirkungen für die zwischenmenschliche Beziehung ergeben. Humorerlebnisse finden zwischen Menschen statt, die durch Abgrenzung Gemeinsamkeiten erzeugen möchten. Innerhalb von sozialen Gruppen sollen sie Rangordnung und Rollen entstehen lassen oder festigen. Der österreichische Humorforscher Willibald Ruch bezeichnet den bei Humorerlebnissen ablaufenden emotionalen

Prozess als Erheiterung. Diese nimmt - im Sinne des Freudschen Lustprinzips - Bezug auf affektive Auslöser, die einen Menschen zu Fröhlichkeit, Freude oder Vergnügen anregen, also belustigend sind. Der gedankenschwere 'Ernst des Lebens', der die Lebensrealität eher pessimistisch beurteilt, wird dabei relativiert und affektiv erleichtert. Humor als Auslöser von Heiterkeit ist somit der Versuch des Menschen, von einer allzu vernünftigen Haltung, die im normativen Realitätsprinzip verfangen ist, Abstand zu gewinnen.
Wenn man nicht im Humorerlebnis involviert ist, sind solche Erfahrungen von außen schwer nachvollziehbar. Lachen ist für den französischen Philosophen Henri Bergson[9] nicht 'begreifbar', es entzieht sich geradezu jeder begrifflichen Erkenntnis. Es sei wie die Schaumkrone auf einer Meereswoge, und der Theoretiker des Lachens sei wie ein Kind, das den Schaum mit der Hand abschöpfe und sich wundere, dass gleich darauf nur noch ein paar Wassertropfen durch seine Finger rinnen, viel salziger, viel bitterer als das Wasser der Welle, die den Schaum an den Sand trug. „Das Lachen ist eine Reaktion des Körpers, in der dieser sich gegen Vergeistigung, Rationalisierung und Abstraktion behauptet. Der Lachende überlässt seinen Körper sich selbst; er verzichtet auf Kontrolle [...]"[10]. So ist das Lachen unverkennbar Ausdruck einer naiven Lebensfreude, die keiner vernünftigen Begründung bedarf und keine normative Reglementierung erträgt. Im Lachen offenbart sich die affektive Lebendigkeit des Menschen in seiner ursprünglichsten Weise. Der lachende Mensch genügt sich selbst, weil er das „Urvertrauen zum Dasein"[11] unmittelbar erlebt. Gelotologen haben den physischen Akt des Lachens mit einer Befreiung in Zusammenhang gebracht, die Spannungen auflöst, Selbstheilungskräfte mobilisiert und den Energiefluss im Körper erleichtert.[12] Psychologisch lässt sich das als eine Freisetzung

[9] vgl. Bergson (1948)

[10] Kamper, D.; Wulf, C. (Hg.) (1986), S. 7

[11] Frankl, V.E. (1959), S. 164

[12] Berlyne, D.E. (1969), S. 806ff

von aggressiver Energie verstehen. Eibl-Eibesfeldt[13] interpretiert das Zähnezeigen und die typischen Lautäußerungen beim Lachen als eine ritualisierte archaische Drohgebärde. Diese wirkt gerade auf Gruppenfremde aggressiv, während sie innerhalb der Bezugsgruppe ein starkes Band schafft und ein gemeinsames Triumphgefühl hervorruft. Lachen scheint in seiner ursprünglichen Funktion gegen Dritte zu verbinden.

Da der bewusste und gezielte Einsatz von Humor im therapeutischen Bereich sehr weit fortgeschritten ist und im Vergleich zur Soziologie auch vielfältig wissenschaftlich untersucht und dokumentiert ist, soll der Humorbegriff auch aus diesem Blickwinkel hier vorgestellt werden. Im therapeutischen Umfeld erfährt Humor nämlich eine weiter gehende Interpretation. Im ersten "Deutschsprachigen Wörterbuch für Psychotherapie"[14] beschreibt Peter Hain Humor als therapeutischen Fachbegriff, der bereits in den 20er Jahren von Freud als hochstehender Abwehrmechanismus diskutiert und von Adler als eine, die Therapie fördernde Grundhaltung gewürdigt worden ist. Frankl, der eigentliche Pionier des therapeutischen Humors, betonte, dass nichts den Patienten so sehr von sich selbst distanzieren lasse wie der Humor und sich der durch die paradoxe Intention eingeleitete Einstellungswandel gerade in der Humorreaktion anbahne. In den 60er Jahren rückten die Autoren Farrelly und Brandsma[15] den Humor seinerseits ins Zentrum der 'Provocative Therapy' und zeigten, dass Klienten viel an therapeutischer Herausforderung zugemutet werden kann, wenn es humorvoll geschieht.
Aktualisiert durch die Ergebnisse der noch relativ neuen Forschungsrichtung Gelotologie haben sich während der letzten zehn Jahre Veröffentlichungen zu Lachen und Humor in der psychotherapeutischen Fachliteratur vervielfacht. Während sich das physiologische Potenzial unter anderem darin zeigt, dass Humor das Immunsystem beeinflusst, dass Lachen Schmerz reduzieren, Stressabbau, Durchblutung und Verdau-

---

[13] vgl. *Grundriß der Vergleichenden Verhaltensforschung*, München, 1967, S. 140

[14] herausgegeben vom Springer Verlag (2000)

[15] vgl. Farrelly, Brandsma (1985)

ung fördern oder helfen kann, den Blutdruck zu senken, bewirkt der kognitive und kommunikative Effekt des Humors[16], dass die eigene Position relativiert werden kann[17].
Therapeutischer Humor kann auch einen leichten Tranceznstand auslösen, der in der so genannten Konfusionstechnik genutzt wird. Innerhalb des Bezugsrahmens des Klienten eröffnen gemeinsam mit dem Therapeuten entwickelte humorvolle Fantasiereisen oft schnellen Zugang zu neuen Ressourcen und Perspektiven[18].
Dieser für eine soziologische Arbeit ausführliche Blick über den Tellerrand hinaus hin zur Definition und Bedeutung von Humor in der therapeutischen Anwendung soll zeigen, dass der gezielte Einsatz von Humor in anderen Bereichen bereits etabliert ist, um mentale Prozesse in Gang zu bringen und gewünschte Wirkungen zu erzeugen.
Dass dies nicht nur im therapeutischen Bereich möglich ist, liegt meines Erachtens auf der Hand. Dennoch begegnen mir gerade im Wirtschaftsleben oft Vorbehalte, wenn es um den Einsatz von Humor geht. In Zeiten von 'political correctness' und der zu unterbindenden Verunglimpfung von Minderheiten scheint man bei dem Gedanken, Humor als Humanfaktor zu forcieren, mehr Risiken als Chancen zu erkennen.
Betrachtet man die Klassifikationsmöglichkeiten von Humor, wie sie in der Linguistik vorgenommen werden, wird die Skepsis verständlich. Die untenstehende systematische Analyse zum Humor stammt von Klaus Moser, der sechs Varianten von Humor auflistet:
„(1) Spöttischer Humor: Lachen über Schwächen (besonders über die Dummheit) anderer Personen, wobei moralische Schwächen ausgenommen werden.
(2) Unmoralischer Humor: Lachen über widerwärtige Situationen oder Ausschweifungen.
(3) Gewagter Humor: Lachen über Späße mit sexuellen Anspielungen.

---

16 vgl. Titze (1994)
17 vgl. Hain (1996)
18 vgl. Inframing, Hain (1993)

(4) Einsichtiger Humor: Lachen über plötzliche Einsicht, die sich in verwickelten Situationen einstellt.
(5) Witziger Humor: Lachen über ein Spiel mit Gedanken oder Worten.
(6) Humor bezüglich der Ungereimtheit von Situationen oder Gedanken: Lachen über lächerliche Situationen."[19]

Eine gröbere Einteilung entsteht, wenn man diese Varianten in nur zwei Gruppen unterteilt, nämlich in affektiven Humor (1,2,3) und kognitiven Humor (4,5,6).
Auch wenn affektiver Humor im Berufsleben auftritt, sind dies sicher Humorvarianten, die keine Duldung oder gar Förderung und Unterstützung von Führungskräften erfahren dürften.
Umso wichtiger erscheint mir der Verweis auf therapeutische Anwendungsmöglichkeiten des Humors, die zeigen, dass nicht das Verlachen, sondern das gemeinsame Lachen erfolgversprechend ist.

2.2 Etymologie und Historie des Begriffs Humor

Um einschätzen zu können, welchen Stellenwert Humor als menschliche Eigenschaft oder Fähigkeit heute in der Gesellschaft und im Besonderen im Wirtschaftsleben hat, soll die Entwicklung und Verwendung des Wortes im historischen Verlauf kurz nachgezeichnet werden. So lässt sich ein erster Eindruck gewinnen, welche Bedeutung und welcher Kontext 'mitschwingt', wenn von Humor die Rede ist.
Ethymologisch gesehen ist der Begriff 'Humor' im Deutschen sehr jung, in seiner heutigen Bedeutung erstmals in England im Jahre 1682 bezeugt. Zuvor bezeichnete man mit 'humour' Veranlagung und Temperament, das geistige Vermögen. Das Wort Humor kommt aus dem Lateinischen. 'Umor' galt bei den Römern als ein medizinischer Begriff zur Bezeichnung eines von den Körperflüssigkeiten ausgelösten Temperaments, das für Heiterkeit und Lustigsein verantwortlich ist. Das lateinische Wort bedeutet Feuchtigkeit, Saft. Wo also Humor ist, da er-

[19] Moser (1990), S. 184f

scheint die Welt nicht als spröde und trocken.[20] Sie wird vielmehr von einer Flüssigkeit durchdrungen, die die Objekte mit eleganter Leichtigkeit verbindet. Als 'humores' bezeichnete die antike Medizin die Körpersäfte (Blut, Galle, Schleim und schwarze Galle) eines Menschen.[21] Ein 'guter Humor' hängt nach der Vorstellung der mittelalterlichen Temperamentenlehre von einem ausgeglichenen Verhältnis dieser Säfte ab, woraus sich der entsprechende Gemütszustand herleitet. Aus 'umor' wurde das englische 'humour' - als Bezeichnung für einen Menschen, der sich mit seinem Verhalten über gesellschaftliche Normen hinwegsetzt. So meinte 'humour' im 16. Jahrhundert im Englischen 'Stimmung', 'Laune', aber auch ein von den Normen und Konventionen abweichendes, exzentrisches Verhalten.[22] Lord Shaftesburys Schrift "Sensus communis: An essay on the freedom of wit and humour" von 1709 verwendet 'humour' in dem heute geläufigen Sinne. Ob sich die zeitgenössische englische Bedeutung vom Französischen herleitet, wie Voltaire behauptete, darf angezweifelt werden, denn die Franzosen charakterisierten den Begriff von 1725 an umgekehrt als Entlehnung aus dem Englischen. Auch das französische 'humeur' wird aber etymologisch zurückgeführt auf einen der vier charakteristischen Körpersäfte Blut, Schleim, Galle und schwarze Galle. Victor Hugo sprach noch im Jahr 1862 über „jene englische Sache, die man Humor nennt".[23] Seit dem 18. Jahrhundert bezeichnet das Wort Humor „die heiter-gelassene Gemütsverfassung inmitten aller Widerwärtigkeiten und Unzulänglichkeiten des Daseins".[24] Auch in Deutschland wird das Wort aus dem Englischen übernommen, wie Lessing ausdrücklich festhält.

Dass der Begriff aus einer anderen Sprache entlehnt und nicht originär im Deutschen entstanden ist, passt zum Selbstver-

[20] vgl. auch den Newsletter von Michael Titze über Humor in www.humor.ch

[21] Titze/Gröner (1989), S. 21f

[22] Preisendanz (1980), S. 1232

[23] vgl. ebd. S.9

[24] dtv Brockhaus Lexikon, Band 8, München 1984, S. 207

ständnis der Deutschen und zur Sichtweise anderer Nationen über das 'deutsche Wesen', das eher als ernst, streng, grüblerisch und verschlossen gilt. Auch in der Humorproduktion, beispielsweise fürs Fernsehen, das ja mittlerweile an ganzen Abenden von Sendungen, die zum Lachen anregen sollen, dominiert wird, traut man hier im Lande nicht dem eigenen deutschen Humor. Privatsender greifen lieber zu Comedyformaten aus anderen Ländern, die lediglich für Deutschland adaptiert werden. Sitcoms und Sketche werden zumeist aus England und Amerika importiert. Der 'tierische Ernst', mit dem hierzulande alles betrieben wird, generiert wohl zu wenig Unterhaltsames.
Dass Humor deshalb am wenigsten zu erwarten ist oder gar als verzichtbar gilt, wenn es um Arbeit geht, liegt auf der Hand. Hier zählen andere Werte: Fleiß, Disziplin und Erfindergeist. Es „musste das Prinzip Witz in Deutschland jenem des Genies weichen. Seine Rolle beschränkte sich mehr und mehr darauf, die 'Textsorte' Witz zu bezeichnen. Wer denkt heute, wenn er von Witz spricht, noch daran, dass das Wort 'Verstandeskraft', 'Gabe des geistreichen Einfalls' bedeutete und erst sehr spät zum Lachen in Beziehung gesetzt wurde?"[25]

2.3 Komik

Um alle denkbaren Lachauslöser benennen zu können, ist Humor nicht umfassend genug. Lachen hat viele Ursachen. Mit dem Begriff Humor grenzten wir zunächst alle zufälligen oder nicht reproduzierbaren Lachauslöser aus und konzentrierten uns zunächst auf Kommunikationsarten, die bewusst darauf abzielen, Lachen zu erzeugen. So kamen wir zur Definition von Humor. Wir werden in dieser Arbeit aber auch auf Phänomene stoßen, die mit dem Lachen zu tun haben, die mit Humor nur unzureichend beschrieben sind.
Es soll deshalb noch der Begriff Komik eingeführt werden, um Phänomene präziser beschreiben zu können. Eine exakte Trennschärfe lässt sich nicht herstellen. Zur Unterscheidung

---

25 Best (1993), S. 14

der Terminologie soll hier dennoch eine Abgrenzung von Humor und Komik versucht werden. Ein von Historikern abgehaltenes Symposium[26] zum Thema Humor wählte eine Definition, in der Humor gesehen wird „als jede durch eine Handlung, durch Sprechen, durch Schreiben, durch Bilder oder durch Musik übertragene Botschaft, die darauf abzielt, ein Lächeln oder ein Lachen hervorzurufen."[27] Humor zielt also immer auf eine Reaktion bei einem Anderen ab; Humor ist ergebnisorientierte Kommunikation und wird von vornherein als Interaktion zwischen Sender und Empfänger mit dem Ziel eines Lachens produziert. Dem Komischen fehlt oft diese Bereitschaft, d.h. es wird etwas erst durch eine unvorhersehbare Entwicklung komisch oder wirkt komisch, ohne dass dies beabsichtigt war oder gerade weil es nicht geplant war. Das Komische ist somit das Unkalkulierbare des Alltags, dem eine lustige Seite abgewonnen wird. Aus phänomenologischer Sicht ist das Strukturelle des Humors in Unterscheidung zum Komischen hervorzuheben. Das Komische wird zunächst als Phänomen, als Erlebnis gewertet. „Demgegenüber meint Humor zunächst unmittelbar immer eine Struktur, d.h. eine Anlage, Fähigkeit oder Bereitschaft."[28]

Komik kann überall entstehen. Raum für Komik ist überall, wo Pannen, Pech und Pleiten zu erwarten sind, und somit ist Komisches gerade im Berufsalltag zu finden. Kulturelle Unterschiede bei Lachauslösern lassen sich meines Erachtens auch eher im Komischen verorten. Witze werden weltweit sehr ähnlich konstruiert, aber Komik lässt deutliche Unterschiede in Tabus, Ängsten und Bewältigungsstrategien erkennen. Heiner Uber, Veranstalter von Lachseminaren und Unternehmenscoach, stellt im Hinblick auf unterschiedliche Lachkulturen folgende Frage: „Wie kommt es, dass - ganz anders als wir Europäer - sich Afrikaner über eine verlorene Ernte und Mexikaner

[26] Konferenz an der Kgl. Niederländischen Akademie der Künste und Wissenschaften in Amsterdam im Jahre 1994 zum Thema Humor in der Geschichte von der Antike bis heute, vgl. Bremmer, Roodenburg (1999)

[27] Bremmer, Roodenburg (1999), S. 9

[28] ebd.

über den Tod ausschütten können vor Lachen?"[29] Die Antwort gibt er mit dem Hinweis, dass Lachen den Vorkommnissen den Schrecken nimmt. Weder ein Ernteausfall noch das Sterben eines nahestehenden Menschen sind Ereignisse, die herbeigesehnt oder absichtlich herbeigeführt werden. Ganz im Gegenteil, sie sind bedrohlich. Aber die Bedrohung durch Hunger oder Tod wird ausgelacht und damit gebannt.

Insofern ist Komik zur Untersuchung, was Menschen berührt und bewegt, interessanter als andere Lachauslöser. „Historische Systeme der Ästhetik beschäftigen sich insgesamt - mehr oder minder - wo nicht ausdrücklich mit dem Witz, so mit dem Komischen."[30] Der Begriff Komik taucht in der Literatur jedoch im Vergleich zu Humor sehr selten auf.

Ich möchte dennoch neben dem Humor, der beispielsweise Aussprüche, Streiche und Wortspiele, Farcen, Albernheiten, Graffitis und Cartoons benennt, wie sie im Wirtschaftsleben vorkommen, die Komik nicht unerwähnt lassen, die all die Versprecher, Stilblüten und Fehlleistungen einschließt, die zum Lachen Anlass geben.

---

[29] Uber, Steiner (2006), S. 62

[30] Wellek (1970), S. 13

3. Lachen, Humor und Komik als Thema geisteswissenschaftlicher Betrachtung

3.1 Historischer Abriss der Humorforschung

Wir wollen den Begriff Humor nicht nur aus der etymologischen Entwicklung heraus erklären, sondern auch die wissenschaftliche Beschäftigung mit dem Humor historisch beleuchten. Die Soziologie als eigenständige Wissenschaft gibt es allerdings erst seit Ende des 19. Jahrhunderts.[31] Auguste Comte prägte 1838 die Bezeichnung 'Soziologie', wenngleich es Forschung auf soziologischem Gebiet durchaus schon vorher gab, nur existierte bis Comte kein verbindlicher Begriff dafür. Eine geisteswissenschaftliche Auseinandersetzung mit dem Phänomen Humor unter 'soziologischer Perspektive' hat insofern sehr viel früher eingesetzt. Deshalb soll hier zunächst kurz dargestellt werden, wie das Lachen in den vergangenen Jahrhunderten bewertet und interpretiert worden ist. Denn dieser historische Hintergrund ist das Fundament, auf dem heutige Erkenntnisse aufbauen und es hilft auch einzuschätzen, welchen Stellenwert das Thema heute wissenschaftlich hat. Letztendlich kann die (mangelnde) Bedeutung, die dem Lachen im Wirtschaftsleben heute entgegengebracht wird, durch die historische Analyse beleuchtet und erklärt werden.

Grundsätzlich lassen sich innerhalb der theoretischen Literatur zum Thema Humor drei grundlegende Strömungen unterscheiden. Auch wenn diese als Theorien in Reinform kaum auftreten, erleichtert diese Kategorienbildung, wie sie von Morreall vorgenommen worden ist, den Überblick.[32] Die drei Hauptlinien werden als 'superiority-theories', als 'relief-' oder 'ten-

---

[31] In Deutschland erschien 1887 die erste Studie zur Begründung des heutigen Fachs Soziologie, "Gemeinschaft und Gesellschaft" von Ferdinand Tönnies. Er gilt zusammen mit Georg Simmel und Max Weber als Begründer der deutschsprachigen Soziologie.

[32] vgl. Morreall (1987)

sion-management-theories' und die als vorherrschend geltenden 'incongruity-theories' bezeichnet.
Die 'superiority-theory' geht davon aus, dass Lachen eine Geste der Überlegenheit sei. Spott und Hohn gegenüber allem, was als lächerlich angesehen werden kann, dient der Selbstüberhöhung. Insofern hat dieses Lachen einen negativen Beigeschmack, da es andere herabsetzt und Lustgewinn aus einem Neidgefühl herleitet. Diese Ansicht herrschte in der Antike vor. Platon verurteilte deshalb das Lachen. „Für Platon ist Lachen eine moralisch höchst anstößige Angelegenheit."[33] Thomas Hobbes führte die Theorie weiter, indem er nicht wie Platon davon ausging, dass nur die Schwachen und Neidischen über die Herrschenden lachen. „Lachen ist als ein Ausdruck des Triumphs zu verstehen, in Fällen, in denen andere eine Schwäche zeigen - eine Schwäche, die, folgt man dem gesellschaftlichen Entwurf Hobbes, dem Lachenden im fortwährenden Streben und Kampf um Macht eines jeden gegen jeden einen Vorteil bietet."[34]
Bei der 'relief-theory' wird eine Art psychischer Energiebilanz unterstellt. Aus dem Bedürfnis heraus, einen ausgeglichenen Energiehaushalt im Organismus aufrechtzuerhalten, dient Humor als Sicherheits- oder Überdruckventil. Lachen ersetzt somit starke Gefühle wie Wut, Schmerz, Empörung, die eine hohe Energieausschüttung mit sich bringen würden. „In dem ersparten Gefühlsaufwand gründet sich die humoristische Lust."[35] Hier dominiert also ein ökonomischer Gesichtspunkt bei der Betrachtung humoristischer oder lachauslösender Situationen.
Das Widersinnige und Widersprüchliche ist das kennzeichnende Humorkriterium, das 'incongruity-theories' in den Mittelpunkt des Interesses rücken. „Schopenhauer spezifiziert die 'Widersinnigkeit', die Lachen hervorruft, als einen Widerspruch im Sinne einer Nichtübereinstimmung von abstrakten Ideen oder Wissen von einer Sache und der Wahrnehmung

[33] Räwel (2005), S. 11
[34] ebd., S. 12
[35] Räwel (2005), S. 13

oder dem sinnlichen Wissen über dieselbe Sache."[36] Unterschiedliche Wahrnehmungsbezüge sorgen somit für einen Bruch oder eine Unvereinbarkeit, denen mit Lachen begegnet wird. Je stärker Erwartungen durchbrochen oder Sinnbezüge erschüttert werden, umso stärker ist der Humoreffekt.
Moderne Variationen der 'incongruity'-Theorien verknüpfen diese mit den 'relief'-Theorien, da nicht jede Inkongruenz unbedingt lustig sein muss und ein Lachen erzeugt.
Wenn wir uns nun im Folgenden chronologisch den wichtigsten Texten über Humor zuwenden, fällt zunächst auf, dass man sich jahrhundertelang fast ausschließlich der Frage gewidmet hat, was das Komische sei und dabei nicht die Wirkung des Komischen auf den Menschen in den Mittelpunkt des Interesses rückte. So lassen sich neben den oben erwähnten drei Theorien zwei Perspektiven erkennen. 'Objektseitig' orientierte Ansätze versuchen zu bestimmen, worüber gelacht wird, z.B. Widersprüche und Gegensätzlichkeiten. Demgegenüber versuchen Theorien, die sich mit dem Subjekt beschäftigen, Spannungszustände, Disharmonien und Unterlegenheitsgefühle als Grund dafür anzugeben, warum der Mensch Humor einsetzt. „'Subjektseitig' orientierte Ansätze machen etwa geltend, dass Humor die Funktion eines Sicherheitsventils zukommt: Überschüssige 'Energie' kann abgeführt werden. Auch wird in Ansatz gebracht, dass der Humor es Subjekten erlaubt, sich anderen überlegen zu fühlen."[37]
Vereinfacht können, wie diese Erläuterungen zeigen, dem subjektseitigen Ansatz die 'superiority-theories' und die 'relief-' oder 'tension-management-theories' zugeordnet werden und die 'incongruity-theories' dem objektseitigem Ansatz.

Lassen wir unseren Rückblick mit dem Beginn der Neuzeit einsetzen, da die Zeit davor geprägt war von einer ideologisch begründeten Skepsis gegenüber dem Komischen als etwas Unmoralischem, wie sie die Antike formuliert hat.

---

[36] ebd., S. 15
[37] ebd., S. 8

„Am Anfang der modernen Epoche steht ein komisches Meisterwerk, das 'Lob der Torheit' des Erasmus."[38] Erasmus von Rotterdam entwickelte die Idee zu diesem Buch 1509 auf einer Reise von Italien nach England. Zu Besuch bei seinem Freund Thomas Morus in London schrieb er es dann nieder. Dieses Buch ist verfasst als eine Predigt, die von der personifizierten Torheit gehalten wird. Es beinhaltet beißenden Spott, den Erasmus von Rotterdam vor allem über die eigene Zunft der Akademiker ausschüttet. Die Nutzlosigkeit gerade derer, die vorgeben, nützliches Wissen für die Allgemeinheit zu ersinnen, prangert er an. Durch diese Weltsicht wird der Wirklichkeit ein Spiegel vorgehalten, der alles grotesk verzerrt und in dem die Welt Kopf steht. Doch gerade dieser Blickwinkel deckt Ungereimtheiten, Mängel und Schwächen auf. Dieser alternative Zugang zur Wirklichkeit wird konsequent verfolgt. Der Humor ist hier nicht würzende Zutat in einer philosophischen Abhandlung, sondern es ist sozusagen der Bauplan für den Text. Erasmus hat ein komisches Weltbild ganzheitlich entwickelt und somit ein satirisches Werk geschaffen. Dies zeigt, dass Humor und das Komische eine komplette und profunde Weltsicht erzeugen kann, indem es formal wie inhaltlich die Wirklichkeit widerspiegelt. Mit diesem Werk wird auch die soziale Funktion des Humors deutlich. Häme und Spott gegen wichtige Funktionsträger in der Gesellschaft relativieren deren vermeintliche Wichtigkeit und wirken als "Überduckventil", das Unmut und Unzufriedenheit kontrolliert entweichen lässt.
Einen neuen Aspekt über das Lachen bringt mehr als ein Jahrhundert später Descartes in seinen 'Leidenschaften der Seele' in die Diskussion ein. Neben physiologischen Erklärungen, die wissenschaftlich nicht mehr haltbar sind, formuliert er hier 1649 eine These darüber, was Lachen auszulösen vermag, - nämlich der Schock, völlig überrascht zu werden oder Gefährlichem zu begegnen, ohne sich vorbereitet haben zu können. Diese Verblüffung durch großes Erstaunen manifestiert sich körperlich, nämlich im Lachen. Somit weist er auf zwei Facetten hin, die heute noch Gültigkeit haben und für die weitere Betrachtung von Bedeutung sind: Interaktion zwischen Physis

[38] Berger (1998), S. 25

und Psyche und den auslösenden Reiz, der schockartig empfunden wird.
Mit den Komödien Molières in der zweiten Hälfte des 17. Jahrhunderts steigt das Interesse am Komischen und gleichzeitig kommt in Frankreich eine kontroverse Diskussion über Moral in Gang. Katholische Kreise verhindern nach der Premiere von 'Tartuffe', einem Lustspiel, eine weitere Aufführung. In einer Neuausgabe von 1669, nach fünf Jahren Aufführungsverbot, rechtfertigt Molière seine Komödie damit, dass sie die Laster der Menschen aufdecke und somit zu berichtigen helfe. Gegen seine Kritiker, die moralisch argumentieren, bringt er somit die Moral des Komischen ins Spiel. Die Debatte über moralische Gefahren der Komödie führte zwangsläufig zu Reflexionen über das Wesen des Komischen; wobei im Laufe der Zeit die epistemologische Frage, was das Komische an sich ausmache, gegenüber der moralischen Frage, wozu es gut sein könne, immer mehr in den Vordergrund rückte.
Immanuel Kant hebt das Komische in die Kategorie des Schönen. In seiner Kritik der Urteilskraft definiert er die Schönheit als Gegenstand einer Vorstellung ohne Begriff. Das Lachen, erregt durch einen Widersinn, hat somit neben einer physiologischen und psychologischen auch eine ästhetische Dimension. Die Definition von Descartes, der überraschende Moment des Komischen würde als Schock empfunden, wird von Kant präziser gefasst: Das Lachen sei ein Affekt aus der plötzlichen Verwandlung einer gespannten Erwartung ins Nichts. Das heißt, die Konfrontation mit dem Unsinn oder der Absurdität einer komischen Situation kann nicht rational entschlüsselt werden, sondern wird schließlich spontan entlarvt als analytische Sackgasse. Der Scheidepunkt, an dem man Erkenntnis nicht durch Verstehen, sondern durch Loslassen erlangt, ist der Moment des Lachens.
Jean Paul erwiderte in seiner Kritik 'Vorschule der Ästhetik', dass das Komische ein erlebter Widerspruch sei und somit auch das genaue Gegenteil als komisch angesehen werden könne, nämlich wenn aus dem Nichts etwas plötzlich entstehe. Mit dieser Ausweitung übt er letztendlich auch Kritik an der epistemologischen Fragestellung in Hinblick auf die Allgemeingültigkeit des Komischen und betont das stets Subjektive.

Worüber der eine lacht, ist der andere betrübt. Man solle deshalb laut Paul den Humor als Selbstzweck genießen, da er keinen anderen Zweck habe. Hegel vertieft im Rahmen seiner Ästhetik den Gedanken des Widersprüchlichen. Er definiert den Begriff des Komischen, indem er Kategorien der Widersprüchlichkeiten nennt: den Kontrast zwischen Aufwand und Ergebnis, zwischen Fähigkeit und Anstrengung oder zwischen Absicht und Zufall. Dabei ist jedoch die Welt des Komischen wesenlos und leicht im Vergleich zum Substanziellen der Wirklichkeit. Das Komische am Clown im Zirkus und der Comicfigur im Cartoon lebt von den oben erwähnten Kontrasten. Mit grotesk großen Gesten und unnötig aufwendigen Vorbereitungen werden Handlungen eingeleitet, die misslingen oder ganz andere Ergebnisse zeitigen als beabsichtigt waren. Dies löst Lachen aus, wenn „an sich kleine und nichtige Zwecke zwar mit dem Anschein von großem Ernst und umfassenden Anstalten zustande gebracht werden sollen, dem Subjekt aber, wenn es sein Vorhaben verfehlt, eben weil es etwas in sich Geringfügiges wollte, in der Tat nichts zugrunde geht, so dass es sich in freier Heiterkeit aus diesem Untergange erheben kann."[39] Der Untergang ist dabei jedoch nicht schmerzvoll; eine Erkenntnis, die auch von Kierkegaard bestätigt wird. In seiner 'Unwissenschaftlichen Nachschrift' schreibt er, dass das Tragische der leidende Widerspruch sei und das Komische der schmerzlose Widerspruch. Das wahrnehmbare Missverhältnis in Proportionen und Dimensionen zwischen Nichts und dem Unendlichen liege dem Komischen zugrunde.
Einer der wichtigsten Texte des 20. Jahrhunderts über das Lachen stammt von Henri Bergson. Er erwähnt in 'Le rire' den bedeutenden Aspekt, dass Lachen nicht nur ein rein menschliches, sondern ein Gruppenphänomen sei und damit soziale Funktionen habe. Außerdem verweist er auf die komplexe emotionale Situation, die beim Lachen eine Einschränkung erfahren muss. Gefühle wie Mitleid, Sorge, Hass oder Liebe müssen ausgeblendet werden, um lachen zu können. Situationen müssen folglich abstrahiert werden. Nur Teilbereiche unserer Erfahrungswelt seien zudem komisch. Die Kunst, darüber

[39] Hegel (1970), S. 529

zu lachen, besteht in der Fähigkeit, über alle nicht komischen Aspekte hinwegsehen zu können. Das ähnelt der 'theoretischen Haltung', wie sie Schütz formuliert hat, mit der bei einer intellektuellen Analyse ein notwendiger Abstraktionsgrad gegenüber einer 'dominanten Realität' mit all ihren Verflechtungen und persönlichen Empfindungen erreicht wird. „Das Komische verlangt, um ganz zur Wirkung zu kommen, so etwas wie eine momentane Anästhesie des Herzens. Es wirkt einzig und allein auf die Intelligenz."[40] Komisch ist also nicht der Schmerz, den jemand beim Hinfallen empfindet, sondern das Hinfallen an sich. Die Reduktion aller gefühlsmäßigen Eindrücke schöpft komisches Potenzial laut Bergson vor allem aus der Widersprüchlichkeit von Geist und Körper. Als Paradebeispiel zieht er Don Quijote heran, der in unerschütterlicher Negation oder Verkennung des wirklichen Lebens seine eigenen Sinnbezüge all seinen Taten zugrunde legt. Seine verrückten Handlungen und die groteske Weltsicht, die ans Absurde grenzt, zeigt wie durch ein Brennglas, wie gefangen und beschränkt wir in 'unserer' Welt sind. Diese punktuelle Pointierung ist für Bergson bezeichnend für das Komische. „Das Kind (...) nimmt eine Handvoll Schaum und ist erstaunt, im nächsten Moment nichts als ein paar Wassertropfen in der Hand zu haben - Wasser allerdings, das viel salziger und bitterer ist als die Wellen, die es herangetragen haben. So entsteht auch das Lachen. Es deutet an der Oberfläche des gesellschaftlichen Lebens leichte Unruhen an (...) Es ist auch Schaum mit salzigem Konzentrat. Wie der Schaum glitzert es. Es ist fröhlich."[41]

1940 erscheint ein Essay, der das Thema der Widersprüchlichkeit, das das Lachen verursache, relativiert, wenn nicht ganz in Frage stellt. Der Autor Joachim Ritter verweist in dem Aufsatz 'Über das Lachen' auf die große Bandbreite dessen, was als Lachen bezeichnet wird, vom Lächeln bis zum Brüllen, vom Schmunzeln bis zum Lachkrampf. Wichtiger als die Differenzierung der Formen ist seine kritische Betrachtung des lach-

---

[40] Henri Bergson, *Le rire. Essai sur la signification du comique.* Paris 1940, zitiert nach: Berger (1989), S. 39

[41] ebd., S. 36

auslösenden Inhalts, also dessen, was widersprüchlich sein soll. Denn hier zeigt sich, dass Widerspruch an sich nicht komisch ist. Nur wenn Kontexte bekannt sowie Hintergründe und Lebenswelten nachvollziehbar sind, kann etwas komisch wirken. Witze sind oft nur in dem Kulturkreis lustig, aus dem sie kommen. Und selbst da verliert mit der Zeit jeder Witz seine Wirkung. Die Witzbeispiele, die Sigmund Freud in seine Abhandlung über den Witz einstreut, sind für den heutigen Leser nicht mehr lustig, noch weniger die komischen Episoden, von denen beispielsweise Cicero in seinen Schriften erzählt und die heute nur noch durch lange Fußnoten als eigentlich komisch vermittelt werden können. Doch es wirkt beim Witz nicht nur die historische, sondern auch eine soziologische Relativität. „Was einer Gruppe von Bauarbeitern höchst komisch erscheint, amüsiert Mitglieder der anglistischen Fakultät in Harvard kaum, und vice versa."[42] Ritters Ansicht nach ist der Humor sowohl eine Art Spiel als auch Philosophie; Spiel insofern, als Humor Möglichkeiten und Ambivalenzen ohne Konsequenzen für die Wirklichkeit zulässt und Philosophie insofern, als er die Grenzen und Irritierbarkeit unserer Vernunft im Vergleich zu den unerschöpflichen Möglichkeiten der Realität bewusst macht.
Francis Jeanson knüpft an die These von Hobbes an, welche postuliert, dass man aus einem Gefühl der Überlegenheit heraus lache. Diese Überlegenheit sei jedoch keine Schadenfreude oder Überheblichkeit ob der Unzulänglichkeit derer, über die man lacht, sondern sie entstehe aus dem Bewusstsein der Souveränität und Freiheit heraus. Lachen ist somit ein zielgerichteter intentionaler Akt, kein unbewusster und mechanischer Prozess. Dazu bedarf es einer 'spontanen Reflexion', das heißt die eigenständige Sinnwelt muss nicht nur kreiert, sondern auch verstanden und eingeordnet werden.
1961 schreibt Marie Collins Swabey einen Text über das komische Lachen, in dem ebenfalls die Widersprüchlichkeit unter die Lupe genommen wird. Wenn, so ihre These, der Widerspruch über Jahrhunderte als das Wesensmerkmal des Komischen gesehen worden ist, muss die Unterscheidung zur nor-

---

42 Berger (1998), S. 39

malen, nicht komischen Wirklichkeit ja genau darin liegen, dass Normalität im Gegensatz zum Komischen eine Wirklichkeitskonstruktion sei, die Widersprüche vermeide. Das Komische hingegen provoziere den Widerspruch und fällt somit aus der Ordnung der Dinge heraus. Das Komische wird immer dann wahrnehmbar, wenn der gewohnte Blick auf die Dinge aus den Fugen gerät.

Dieser kurze Überblick über Erörterungen des Komischen in der Philosophie soll keineswegs erschöpfend alle Ideen und Aspekte beleuchten, sondern die gedanklichen Leitlinien aufzeigen, die die Diskussion über Jahrhunderte bestimmt haben. Bemerkenswert scheint dennoch bei der knappen Auswahl der Hauptströmungen an Gedanken, dass das Thema nicht sehr vielschichtig behandelt worden ist und dass bei der Analyse des Komischen selbst heute noch nicht allen Wesensmerkmalen beigekommen worden ist.
Peter L. Berger sieht den Grund für die Unlust und das Unvermögen der Philosophen und Soziologen, das Lachen zum Thema ihrer Gedanken zu machen, darin, dass ihr Bestreben darin liege, der Ordnung der Welt eine ebenbürtige Ordnung der Gedanken entgegenzusetzen. Und genau dieser Ordnung entziehe sich das Komische. Die Regellosigkeit oder zumindest die Respektlosigkeit vor Regeln macht das Komische und jeden, der sich damit beschäftigt, suspekt. Dies sei hier deshalb erwähnt, weil dies ein wichtiger Grund dafür zu sein scheint, warum dem Thema so wenig Aufmerksamkeit geschenkt wird.
Mit dem Phänomen des Lachens haben sich jedoch nicht nur Philosophen beschäftigt. Deshalb soll hier noch kurz erwähnt sein, wie sich die wissenschaftliche Lachforschung und andere Foren, die neue Erkenntnisse über das Lachen beigetragen haben, in den letzten Jahren entwickelt haben. Psychologen, Anthropologen, Mediziner und Verhaltensforscher haben sich schon immer mit unterschiedlicher Intensität in Teilbereichen dem Thema gewidmet. Die Lachforschung im eigentlichen Sinne wurde Ende der siebziger Jahre angeregt durch ein Buch des Journalisten Norman Cousins. Cousins litt an einer degenerativen Knochenerkrankung mit geringer Überlebenschance. Er wusste aus Veröffentlichungen in wissenschaftlichen Zeit-

schriften vom krankheitsverschlechternden Einfluss negativer Gedanken. Cousins schreibt in seinem Buch von seinen Überlegungen, ob Lachen, Liebe und positive Gedanken nicht zur Heilung verhelfen können, wenn es doch vice versa Stress und negative Gedanken sind, die uns krank machen. Anhaltendes Lachen half ihm schließlich bei der Genesung von der das Nervensystem schwächenden Krankheit. Die Lachforschung als eigener Wissenschaftszweig etablierte sich schließlich dank Cousins, der an sich selbst eine Therapie des Lachens angewendet hat.

Erste naturwissenschaftliche Studien kamen von Medizinern, die sich der heilenden Wirkung des Lachens widmeten. Das neue Fachgebiet der Wissenschaft bekam auch einen Namen: Gelotologie.

Weltweit beschäftigen sich inzwischen ca. 200 Ärzte, Soziologen und Psychologen mit den Auswirkungen des Lachens auf Körper und Psyche.

Als der renommierte Lachforscher Professor Dr. William Fry in Stanford mit seiner Forschung begann, herrschte in der Medizin noch Konsens darüber, dass Humor und Krankenhaus nichts miteinander zu tun haben. Bis sich der Arzt Patch Adams in der Behandlung von Tumorpatienten der Empfehlung des griechischen Arztes Hippokrates besann, als Mediziner solle man dem Patienten fröhlich, heiter und gelassen gegenübertreten. Nach Adams Pioniertaten Mitte der 80er Jahre begannen mehr und mehr Kinderkliniken in den USA, mit Clowns zu arbeiten. Mittlerweile werden in Amerika auch für erwachsene Patienten in Krankenhäusern Humor-Räume eingerichtet, um den Genesungsprozess von Patienten durch Lachen effektiv zu verbessern. Seit 1997 gibt es auch in München die Klinik Clowns e.V., deren Mitglieder in Krankenhäusern unterwegs sind. Patienten wird somit der Heilungsprozess erleichtert, indem für Abwechslung gesorgt wird.

Der indische Arzt Dr. Madan Kataria entwickelte schließlich eine neue Form des Yoga und gründete 1997 die ersten Lachclubs in Indien. 1998 organisierte Dr. Kataria den 1. Weltlachtag mit über 10.000 Teilnehmern in Bombay.

Die 'Lachbewegung Deutschland' ist Teil dieser weltweiten, von Kataria in Mumbai (Indien) ins Leben gerufenen Bewegung. „The idea of starting a laughter club came to me as a flash"[43], so beschreibt Dr. Kataria die blitzartige Eingebung, die zu einer weltweiten Lachbewegung geführt hat. Auf der Grundlage des über 3000 Jahre alten Yoga-Wissens und in Übereinstimmung mit den Ergebnissen der Gelotologie hat er eine Methode entwickelt, die es jedem Menschen erlaubt, von ganzem Herzen zu lachen und die Heilkraft des Lachens freizusetzen. 1998 wurde in Wiesbaden der erste Lachclub in Europa gegründet. Von hier ausgehend initiierte Gudula Steiner-Junker die Lachbewegung Deutschland mit Gründung von mittlerweile 31 Lachclubs in Deutschland, eines Lachclubs in Schweden und eines Lachclubs in den Niederlanden.

Zusammenfassend lässt sich über die Historie der Humorforschung feststellen, dass eine Verlagerung des Blickwinkels stattgefunden hat. Bedenkt man, dass Immanuel Kant das Thema Humor innerhalb seiner Schriften zur Ästhetik behandelt hat, so wird hier der Perspektivenwechsel deutlich. Mir scheint nämlich, dass analog der Verlagerung des Blickwinkels zur Frage, was das Schöne sei, innerhalb der Geschichte der Ästhetik auch die Humorforschung ihren Schwerpunkt verlagert hat. Glaubten die Philosophen zunächst, das Schöne sei im wahrnehmbaren Ding zu suchen, haben sie sich schließlich mit der Wahrnehmung und Rezeption des 'Schönen' beschäftigt. Auch Humor kann erst richtig verstanden werden, wenn Wahrnehmungszusammenhänge der Humorrezipienten untersucht werden. Insofern ist ein interdisziplinärer Ansatz, der philosophische, psychologische und soziologische Erkenntnisse berücksichtigt, anzustreben. Zumindest die Überwindung der klassischen Subjekt-Objekt-Unterscheidung kann innerhalb der Soziologie angestrebt werden, wenn man zum Beispiel neuere Entwicklungen der Systemtheorie heranzieht. Wird Humor nämlich als eine spezifische Form der Kommunikation im systemtheoretischen Sinn verstanden, nämlich als Kommunikationsmedium, so kann man Humor mit bereits anderen

[43] zitiert nach: www.lachbewegung.de/index.html

Kommunikationsmedien, wie sie die Systemtheorie spezifiziert hat, in Verbindung setzen. Charakteristische Strukturen und verschiedene Sozialformen des Humors können so bestimmt werden. Dieser Ansatz wird in einem späteren Kapitel genauer vorgestellt.

3.2 Humor als anthropologische Konstante

Wenn man sich vergegenwärtigt, dass Lachen zu allen Zeiten in allen Kulturen von allen Menschen praktiziert worden ist und praktiziert wird, überrascht es, dass Humor und Lachen als Thema der Geisteswissenschaft nicht zu einer viel größeren Zahl an Veröffentlichungen geführt hat. „Die moderne Anthropologie zählt (...) Lachen zu den ältesten und wichtigsten Formen der Kommunikation - eine Art nonverbales Esperanto, ein universell verständliches Zeichen, über das alle Menschen verfügen, das weltweit alle Menschen verstehen."[44]

Das Lachen ist ein physiologischer Prozess, der reflexartig abläuft und vom Stammhirn kontrolliert wird. Dass dieser Prozess auch physiologisch ausgelöst werden kann, beispielsweise durch Kitzeln, interessiert hier weniger als die Tatsache, dass der Schlüssel zum Lachen eine kognitive Fähigkeit ist. Dieses auch als 'komisches Lachen'[45] bezeichnete Phänomen wird dem Menschen in seiner Sonderstellung gegenüber dem Tier besonders gerecht: Zwar grinsen auch Affen zur Begrüßung und zur Besänftigung, um Gefahr seitens eines potenziellen Aggressors abzuwenden, doch machen Tiere keine Witze. Helmuth Plessner hat diese anthropologische Erkenntnis beschrieben. In Anlehnung an Max Scheler macht er eine Unterscheidung zwischen Mensch und Tier gerade daran fest, dass der Mensch sowohl ein Körper sei als auch einen Körper habe. Das heißt, der Mensch kann sich über seinen Körper bewusst werden und sich somit distanzieren sowie körperliche Reaktionen indirekt, also zeitversetzt, durch Handlungen indizieren. Genau so funktioniert Humor. Dass nur Menschen diese Fähigkeit

---

[44] Uber, Steiner (2006), S. 24

[45] vgl. Swabey (1961)

besitzen, wird von dem kanadischen Verhaltensforscher Jonathan Balcombe übrigens in Frage gestellt. Das Nachrichtenmagazin 'Der Spiegel' berichtet im Mai 2006 über dessen jüngst erschienenes Buch 'Pleasureable Kingdom - Animals and the nature of feeling good'. Darin wird behauptet, dass in der Natur nicht nur ein Kampf ums Überleben stattfinde, sondern Tiere Schabernack treiben und Sinn für Humor haben. „Balcombe hat in Wäldern und Savannen geradezu eine tierische Spaßgesellschaft ausgemacht; Spiel und Genuss triumphieren darin über den angeblich so unerbittlichen Kampf um die nackte Existenz. ‚Tiere sind vergnügungssüchtig', sagt Balcombe, ‚so wie wir.'"[46] Als Begründung formuliert der Verhaltensforscher den evolutionären Vorteil, Dinge, die das Überleben sichern, so zu tun, dass sie Vergnügen bereiten. Spiel und Spaß erfüllen viele Funktionen, die einem Tier helfen können, erfolgreich zu sein im Leben. „Balcombe hat in der Tat eindrucksvolle Anekdoten zusammengetragen, die dafür zu sprechen scheinen, dass Tiere Spaß verstehen, herumblödeln und Schabernack treiben - und zwar gern auf Kosten anderer."[47] Wenn also die Fähigkeit zu Humor auf Tiere erweitert werden muss, scheint ein Überlebensvorteil des Lachens nicht von der Hand zu weisen zu sein.

Für den Menschen zumindest ist die Erfahrung des Komischen und der Einsatz von Humor, also die Fähigkeit, etwas als erheiternd wahrzunehmen, universell. Es ist sogar Bestandteil des menschlichen Wesens, Ereignissen eine komische Komponente abzugewinnen. Das zeigt allein die Häufigkeit des Auftretens: Kinder im Alter von drei bis sechs Jahren lachen am Tag vierhundert mal. Dies ist bei aller Individualität des Lachens, was Lachmelodie und Atemrhythmus anbelangt, eine Konstante über alle Kulturen hinweg. Diese Häufigkeit sinkt mit dem Alter. Vierzigjährige lachen zehnmal seltener als Vierjährige. Durchschnittlich sechs Minuten lacht der Deutsche, Frauen dabei deutlich mehr als Männer.[48] Es scheint so, als würde uns mit dem Eintritt ins Erwachsenenleben das La-

---

[46] Bredow, R. (2006): *Tierische Spaßgesellschaft.* In: Der Spiegel 20/2006, S. 157

[47] ebd., S. 158

[48] vgl. Uber,, Mondhe (2000), S.75

chen ausgetrieben werden. Kein Wunder, dass uns Lachen als Erwachsener in vielen Situationen dann als kindisch erscheint.

3.3 Soziologie des Lachens

Die Soziologie beschäftigt sich auffällig wenig mit dem Thema Humor. Das mag an der Indifferenz des Komischen liegen und der damit verbundenen Tatsache, dass man sich nicht zuständig fühlt oder Fachkompetenzen tangiert, in denen man nicht wirklich professionell arbeitet. Es gibt mehr literaturwissenschaftliche Versuche, die Formen des Humors zu erfassen als das Thema soziologisch zu erschließen. Peter L. Berger schreibt von „ganz wenigen Soziologen, die wirklich wichtige Arbeiten über Humor geschrieben haben."[49]

Es sei eine weit verbreitete Auffassung, dass sich Ernst und Komik ausschließen. Berger nennt als Beispiel, dass es als frivol und somit unangemessen gelte, z.B. während einer religiösen Zeremonie, eines Heiratsantrags oder einer Beerdigung Witze zu machen. Bei allen wirklich ernsten Anlässen habe das Komische also nichts verloren. „Diese gesellschaftliche Tatsache hat zu der verbreiteten Meinung geführt, dass das Komische ein oberflächlicher oder marginaler Aspekt des menschlichen Lebens ist, und in diesem Falle wäre es ja auch völlig unverständlich, dass sich ernsthafte Denker damit befasst haben."[50]

Wenn man nicht nur über Formen des Humors, sondern über das Wesen und die Funktion des Humors als gesellschaftliches 'Schmiermittel' oder die Bedeutung des Komischen als Verhalten zum Angstabbau und zur Distanzüberwindung etwas erfahren will, wird man kaum fündig.

Das mag vielleicht auch daran liegen, dass zu verschiedenen Zeiten und in verschiedenen Gesellschaften sehr unterschiedliche Ansichten darüber vorherrschten, was komisch ist. Dennoch, - auch bei starken Abweichungen in der Form -, es gibt keine menschliche Kultur ohne Humor oder Komik. Allerdings

---

49 Berger (1998), S. XIII

50 ebd., S. XVII

ist das Komische aufgrund seiner Unkalkulierbarkeit schwer zu greifen. Es verflüchtigt sich sehr schnell und ist nicht unbedingt reproduzierbar. Auch für den Humor gibt es keine Gesetzmäßigkeiten, die ein Gelingen garantieren. Die Regel ist die Regellosigkeit, die Inkongruenz und das Unerwartete. Das Komische schafft eine neue Realität, die sich im nächsten Moment jedoch gleich wieder auflöst. Pointen sind der Kumulationspunkt, der Erwartung und Spannung ins Nichts verpuffen lässt. Pointen entstehen aus einer Freiheit des Geistes, Verknüpfungen und Assoziationen herzustellen, die im Alltag sonst keinen Platz finden. Damit sind die Beschränkungen und Einschränkungen der menschlichen Existenz aufgehoben.
Daraus lässt sich aber kein Bauplan des Humors erstellen oder eine 'Lachformel' ableiten. Was in einem Moment noch komisch ist, wirkt das andere mal nicht mehr. Das Komische ist subtil und spätestens beim Versuch, ihm analytisch auf die Spur zu kommen, verfällt das, was die Wirkung ausgelöst hat, ins Nichts. Es mag eine Situation brüllend komisch sein, die Begründung dazu, zumal wissenschaftlich, fällt meist unbefriedigend aus.
Doch einer profunden semantischen Analyse bedarf es gar nicht; eine phänomenologische Betrachtungsweise reicht in unserem Zusammenhang völlig aus. Es geht nicht darum, die Themenfelder und Inhalte von Humor zu durchleuchten, sondern das Stattfinden von Humor und seine Wirkung zu beschreiben. Dabei will ich unterscheiden zwischen den physiologischen Abläufen, den soziopsychologischen Funktionen und den soziologischen Schlüssen. Schließlich ist die Wirkung des Lachens hinlänglich erwiesen; im Berufsleben geht es dann darum, aus den Erfahrungen, was Humor und Komik im Alltag bewirken kann, Konsequenzen zu ziehen und dem Lachen Raum und Möglichkeiten dort zu geben, wo es von Nutzen für eine Organisation oder seine Mitglieder ist. Wenn im Kapitel 4 über die Wirkung des Lachens mehr medizinische als soziologische Erkenntnisse über das Lachen zitiert werden, so ist diese Auflistung sinnvoll und notwendig als Basis für alle anschließenden Empfehlungen zur Entwicklung einer Humorkultur.
Es soll also keine Ästhetik des Komischen verfasst werden. Dies scheint auch kaum denkbar zu sein. Der Witz als die am

stärksten verdichtetste verbale Form des Humors ist beispielsweise weder schön noch hässlich, dient nicht guten oder bösen Zwecken, beherzigt keine konventionelle Moral, ignoriert sie aber auch nicht - und funktioniert trotz oder gerade wegen seiner Regellosigkeit doch. Zum Beispiel ist das Unmoralische per se nicht komisch, erst in der Situation, in der es erzählt wird, kann es Motor für den Humor sein.
Auf Grund dieser Tatsache gibt es wenig Texte über das Wesen des Komischen oder Humorvollen an sich, viel jedoch über verschiedene Ausformungen des Humors, also über landes-, regionen- und kulturspezifische Formen der Komik. Dies beinhaltet Formspezifisches von der Komödie über Cartoons bis hin zu ritualisierten humorvollen Festen wie Fastnacht und Karneval oder soziale Rollen, die Komik repräsentieren, z.B. den Hofnarren oder Clown.
All diese Klassifizierungen werden der Allgegenwärtigkeit des Komischen jedoch nicht gerecht. Komik widerfährt jedem Menschen und Humor wird im Alltag von jedem produziert und konsumiert; man erzählt Witze, äfft nach, schneidet Grimassen, verhält sich tollpatschig, spielt den Clown, kreiert Wortspiele, Wortverdrehungen, Verballhornungen, spricht in Kindersprache und stellt sich dumm. Man lässt sich Witze erzählen und liest sie in der Zeitung, betrachtet Karikaturen, besucht Kabarett-Vorstellungen und sieht im Fernsehen Comedy auf allen Kanälen. Wie lässt sich also das Komische verorten? Wo fängt Humor an, wo hört er auf?

3.3.1 Humor und Komik als geschlossener Sinnbereich

Ein schlüssiges Modell zur Erklärung der Erfahrungswelten liefert Alfred Schütz in seinem Aufsatz 'Über die mannigfaltigen Wirklichkeiten'.[51] Innerhalb der Alltagswelt, die die Menschen als Realität erleben, die am stärksten und dauerhaftesten unsere erlebte Wirklichkeit ausmachen und die er als 'dominante Wirklichkeit' bezeichnet, gibt es Zonen oder Erlebnis-

[51] Schütz (1962)

inseln als Nebenwelten. Diese Bereiche, die man erlebt, wenn man aus der Alltagswelt ausschert, nennt Schütz 'geschlossene Sinnbereiche'. Traum, Theater, Kunst sind solche Bereiche. Auch die Rezeption von Musik, Gedichten oder das Spiel des Kindes vermitteln Erlebnisse, die zu diesen geschlossenen Sinnbereichen gehören. Jede Nebenwelt hat einen eigenen 'kognitiven Stil' mit eigener Logik und einem eigenständigen Bezugssystem, das unterscheidbar ist von der dominanten Wirklichkeit. Der Übergang von dieser dominanten Wirklichkeit in einen anderen Bereich erfolgt nicht fließend, sondern abrupt.

Wir befinden uns meist in der dominanten Wirklichkeit, wenn wir Erwartungen stellen. Im Witz tritt nicht das Erwartete, sondern etwas ganz anderes ein. Das ist ja gerade die Pointe, das Umkippen in einen anderen Sinnbereich, der so überraschend kommt, dass man nicht darauf vorbereitet ist. Schütz sagt von diesem Sinnbereich des Humors, „dass sich unsere Ratlosigkeit in Gelächter auflöst, wenn wir einen Witz hören und eine kurze Zeit lang bereit sind, die fiktive Welt des Witzes als Realität zu sehen, mit der verglichen unser Alltag töricht erscheint."[52]

Humor schafft Situationen, in denen Mächtige zu Düpierten und Untergebene zu Helden werden oder ganz generell Rollen oder rollenkonformes Verhalten vertauscht wird. Dieser Effekt der Nebenwelt, in der durch Herabsetzung und Demütigung, Sich-lustig-machen und Schadenfreude die hierarchische Struktur der Gesellschaft aufgehoben oder umgekehrt wird, ist das zentrale Element der komischen Erfahrung. Zum Lachen verleitet immer das Lächerliche, das sich in Fehlern, Pannen, dem Häßlichen zeigt und das stark verzerrt oder deutlich übertrieben Material für Humor bietet. Diese Erfahrung hielt schon Cicero in seinem Traktat über Rhetorik fest: „Der Sitz und sozusagen der Bereich des Lächerlichen (...) findet sich im Unschicklichen und Missgestalteten, denn man lacht nur oder doch hauptsächlich über das, was etwas Unschickliches auf

[52] Schütz (1962), Seite 231

schickliche Weise bezeichnet."[53] Komisch ist die Nachahmung, die wie ein Zerrspiegel eine Alternative zum Erlebten bietet. Durch das Komische entflieht man der Alltagswelt oder fordert sie zumindest heraus. Die komische Wirklichkeit ist subversiv, da sie die Logik des Alltags bedroht, umgekehrt ist der geschlossene Sinnbereich sehr kurzlebig und kann sich nur über eine Auszeit behaupten, bevor er von der Alltagsrealität wieder verdrängt oder überlagert wird. Die Erkenntnis, die in dieser abgeschlossenen Sinnwelt erlangt wird, macht dennoch großen Sinn: Sie ist weniger schmerzvoll im Vergleich zur tragischen Realität, die einen mit den Konsequenzen des Falschen, Hässlichen und Schlechten direkt konfrontiert. Stellt man Tragödie und Komödie gegenüber, ist die Katharsis in der Tragödie nur mit Furcht und Mitleid zu bewältigen, die Komödie verbannt zumindest die Furcht und schafft, was das Leben erträglich macht: Unvernunft, Spontaneität und Zuversicht. Viele abgeschlossene Sinnsysteme werden aufgrund ihrer eigenen Gesetzmäßigkeiten und logischen Systeme sowie immanenten Axiome als besonders 'sinn'-voll betrachtet und als Kunst tituliert. Musik, Theater, Malerei oder die Kunst alles Komischen genießen diesen Stellenwert. Dass es gerade der Kunst obliegt, die Welt auf den Kopf zu stellen, wie es beispielsweise in der Gegenwartskunst durch Georg Baselitz ja tatsächlich praktiziert wird, scheint im übrigen ein treffender Hinweis auf die Produktionstechnik gerade des Komischen zu sein. Die Welt auf dem Kopf als anderes Bezugssystem oder als neuer Blickwinkel schafft automatisch neuen Sinn. In der Kunst sind zudem Stilbrüche an der Tagesordnung. Der Skandal wird vom Künstler oft provoziert, da er mit dem inszenierten Tabubruch, der Normen und Werte der Alltagswelt verletzt, erhöhte Aufmerksamkeit erntet. Das Neue, Ungewohnte erfährt in der Kunst höchste Anerkennung.

Kunst jedoch schafft in der Regel Beständiges, während das Komische eine flüchtige Erscheinung ist - und sein muss. Man kann denselben Leuten nicht dieselben Witze mehrmals erzählen und jedes Mal die gleiche Wirkung erzielen. Es kann

---

[53] Cicero: De orartore, LVIII, S. 236, zitiert nach: Berger (1998), S. 24

sehr unterhaltsam sein, Witze von immer der gleichen Person zu hören, aber der Inhalt bzw. das Programm muss stets erneuert werden. Wiederholung flacht ab. Das Komische lebt von immer neuen Überraschungen, wenngleich der Rahmen, in dem Komisches und Humor stattfindet, oft vorgegeben und ritualisiert ist. Es ist immer derselbe Stammtisch, zu dem man kommt, um Witze zu hören, es ist immer die gleiche Kabarettbühne, von der Künstler einen zum Lachen bringen. In der Firma ist es vielleicht immer die Teeküche, in der man sich versammelt, um lustvoll Anekdoten aus dem Berufsalltag auszutauschen. Insofern hat auch Humor einen Raum - zeitlich wie örtlich -, in dem er erwartet wird. Ähnlich einem Zeremoniell wird das Komische oft inszeniert. Peter L. Berger behauptet, dass man die Bedeutung und den Stellenwert, den die Komik in der Gesellschaft hat, erst dann erschließen könne, wenn man "die tiefe Affinität des Komischen zu Religion und Magie" begreife. Berger verweist auf den Soziologen Anton Zijderveld, der sich mit dem Phänomen des Komischen systematisch beschäftigt hat. Zijderveld nutzt den Begriff 'fascinans', den auch Rudolf Otto in seiner klassischen Studie 'Das Heilige' verwendete. Gemeint ist damit ein religiöses Erlebnis, das Attraktion und Schrecknis einbezieht. Denn ähnlich dem Komischen sei das Heilige ein Eindringling in die dominante Wirklichkeit des Alltagslebens, wie es Alfred Schütz formuliert hat. „Jede soziologische Analyse des Komischen muss diese zunächst seltsam erscheinende Affinität in Betracht ziehen."[54] Das Heilige stellt wie das Komische einen in sich geschlossenen Sinnbereich dar und findet, wie oben erwähnt, Zeichen und Rituale zur Manifestation.

Hierbei möchte ich meine Perspektive als Produzent von Humor einfließen lassen. Wer tagtäglich auf der Suche nach Pointen, Gags und komischen Begebenheiten ist, entwickelt einen Spürsinn für Fundstellen und Anknüpfungspunkte im Alltagsleben. Dabei ist das kabarettistische Verarbeiten von Alltagssituationen sicher das Suchen und Finden von Widersprüchen. Dies ist jedoch nicht die einzige und ausschließliche Quelle des Komischen. Lachen, so meine Erfahrung, entwickelt

[54] Berger (1998), S. 77

sich nicht aus dem Unvereinbaren gleichzeitig auftretender geschlossener Sinnbereiche, sondern vielmehr aus dem Doppeldeutigen und Ambivalenten. Es ist dann etwas komisch, wenn nicht ein "abgeschlossener Sinnbereich" einen anderen ablöst, sondern wenn er dazu kommt. Die kognitive, analytische Leistung, die der Rezipient des Komischen erfolgreich erbringt, indem er eine zusätzliche, eine neue, eine lustige Interpretation der Ereignisse zur Verfügung hat, lässt ihn lachen. Insofern beflügelt das Komische die Kreativität. Über den Clown im Zirkus lacht man auch deshalb, weil er Alltagsgegenstände für Aufgaben nutzt, die die Zuschauer niemals dafür nutzen würden. Das Komische erweitert unseren Blickwinkel für ungewöhnliche, aberwitzige Lösungen. Diese sind zwar für den Alltag meist nicht effizient genug, da, wie oben erwähnt, Aufwand und Ergebnis in keinem vernünftigen Verhältnis stehen, aber sie geben verblüffendes Beispiel über die spielerische Leichtigkeit, kreativ und innovativ zu sein. Dies ist ein wichtiger ergänzender Aspekt, der Humor und Komik auszeichnet.

3.3.2 Humor als Grenzfall der Kommunikation

Sigmund Freud stellt in seiner Analyse des Witzes und seiner Beziehung zum Unterbewusstsein die These auf, dass die Lust des Witzes aus erspartem Hemmungsaufwand entstehe. Die seelische Energie, die die Unterdrückung verbotener Triebe verbraucht, bleibt somit erspart. „Die Lust entsteht dadurch, dass eine Tendenz (Aggression) befriedigt wird, deren Befriedigung sonst unterblieben wäre, weil ihrer direkten Verwirklichung ein äußeres Hindernis (Machtmittel der von der offenen Beschimpfung betroffenen Person) oder ein inneres Hindernis (Kultur, Bildung, Erziehung) entgegensteht. Der Lustgewinn entspricht dann dem ersparten psychischen Aufwand ('Hemmungs-, Unterdrückungsaufwand')"[55]
Diese Ersparnis will nicht nur erkannt, sondern mitgeteilt werden. Nur so ist der Lustgewinn überhaupt möglich. Bemer-

---

55 Lixfeld (1986), S. 56

kenswert ist nämlich Freuds Feststellung, „dass niemand sich begnügen kann, einen Witz für sich allein gemacht zu haben. Mit der Witzarbeit ist der Drang zur Mitteilung des Witzes unabtrennbar verbunden; ja dieser Drang ist so stark, dass er sich oft genug mit Hinwegsetzung über wichtige Bedenken verwirklicht."[56] In Unterscheidung zum Komischen, über das man auch allein herzlich lachen kann, verleitet der Witz nicht zum Lachen, wenn er einem eingefallen ist. „Der psychische Vorgang der Witzbildung scheint mit dem Einfallen des Witzes nicht abgeschlossen, es bleibt etwas übrig, das durch die Mitteilung des Einfalls den unbekannten Vorgang der Witzbildung zum Abschlusse bringen will."[57] Freud führt aus, dass beim Witz oder Scherz einer anderen Person die Entscheidung übertragen wird, ob die Witzarbeit ihre Aufgabe erfüllt hat, „als ob das Ich sich seines Urteils darüber nicht sicher wüsste."[58] Der selbe Witz funktioniert also nicht immer. Die Wirkung, also das Lachen, tritt nur ein, wenn Konsens herstellbar ist zwischen dem 'Ich', der Objektperson (eine in unserem Vorstellungsleben konstruierte Art von Personifizierung) und einer dritten Person (ein Zuhörer) mit dem Gesagten. „Ein Grad von Geneigtheit oder eine gewisse Indifferenz, die Abwesenheit aller Momente, welche starke, der Tendenz gegnerische Gefühle hervorrufen können, ist unerlässliche Bedingung, wenn die dritte Person zur Vollendung des Witzvorganges mitwirken soll."[59] Witze können gemäß Freud also nur zwischen Menschen ausgetauscht werden, die miteinander lachen wollen und sich gegenseitig Respekt bezeugen möchten und die von vornherein in der Bewertung gewisser Sachverhalte oder gesellschaftlicher Vorgänge übereinstimmen und in ihren Weltanschauungen sympathisieren. Der Zuhörer darf durch den Witz zudem nicht selbst verletzt werden, ansonsten würde Entrüstung und nicht Lust entstehen durch den erzählten Witz.

---

[56] Freud (1992), S. 156

[57] ebd.

[58] ebd., S. 157

[59] Freud (1992), S. 158

Humor oder zumindest das Witzeerzählen stellen insofern einen Grenzfall dar, da das Gelingen dieser Art von Kommunikation nicht bei allen Personenkonstellationen denkbar ist.
Genau gegenteilig argumentiert Niklas Luhmann. Auch für ihn stellt der Witz zwar eine Ausnahmesituation innerhalb der menschlichen Kommunikation dar. Aber während Freud behauptet, man suche Bestätigung durch das Witzeerzählen oder überprüfe das eigene Empfinden und Bewerten durch das Lachen des Anderen, sieht Luhmann im Witz eine Möglichkeit zur Überwindung der Sprachlosigkeit zwischen Menschen. Wenn man sich nichts zu sagen hat, weil gemeinsame Themen fehlen, schafft der Witz eine Brücke, auch wenn sonst keinerlei Gemeinsamkeiten vorhanden sind außer einer Verständnisebene. Widerspruch und Absurditäten, wie sie im Witz vorkommen, provozieren Bewusstheit. Niklas Luhmann weist darauf hin, dass es „spezifische soziale Regulative (gibt), die Kommunikation verhindern; und es gibt umgekehrt eine riesige therapeutische Industrie, die sich bemüht, Bewusstsein herzustellen, auch und gerade dort, wo es an eigenen Latenzen scheitert."[60] Unter Latenz versteht er das Fehlen bestimmter Themen zur Ermöglichung und Steuerung von Kommunikation. Diese Latenz lässt sich unterteilen in rein faktische Latenz im Sinne von Unkenntnis der Themen zur Kommunikation und zum anderen in strukturfunktionale Latenz, d.h. in die zu erwartende Aussicht, dass Kommunikation oder Bewusstheit Strukturen zerstören bzw. erhebliche Umstrukturierungen auslösen würde. Diese Aussicht blockiert Kommunikation. Das Bewusstwerden kann somit „die sozialen Latenzen unterminieren, indem es zu Kommunikation drängt."[61] Explizit, wenn auch nur in einer Fußnote, verweist Luhmann auf die Bedeutung von Witz und Ironie in diesem Zusammenhang. Im Witz stellt sich Bewusstsein als fehlerhaft dar, aber als bewusst fehlerhaft. „Es begeht sozusagen einen Kategorienfehler, eine Ebenenverwechslung, eine unmögliche Attribution, um in soziale Latenzen einzubrechen und sie zugleich zu respektieren. (...) Witz kann solidarisierend wirken, und zwar dadurch, dass er heimliche

---

[60] Luhmann (1988), Seite 458

[61] ebd., S. 459

Verständnisvoraussetzungen, also Bewusstsein in Anspruch nimmt, ohne daraus soziale Strukturen zu bilden."[62]
Als Humorproduzent stimme ich Freud zu. Jeder neu ausgedachte Gag, jede frisch produzierte Pointe muss an jemandem überprüft und somit auf Güte und Verwertbarkeit in einem humorvollen Programm getestet werden. Dieser Testzuhörer ist niemals eine x-beliebige Person, sondern stets ein Sympathisant, dessen Sinn für Humor mir bekannt sein muss.
Als Humorverwerter pflichte ich Luhmann bei. Wo gemeinsame Interessens- und Erlebensebenen fehlen, schafft ein gemeinsames Lachen einen Einstieg in Kommunikation, weil es Gemeinsamkeiten suggeriert, wo eigentlich keine vorhanden sein müssen oder noch nicht sind.

3.3.3 Das Prinzip der Ambivalenz beim Humor

Jürgen Habermas sieht in der Konstruktion von Witzen einen Rückfall hinter die archaische Grenze zwischen vorsprachlicher und sprachlicher Kommunikation, denn es gehe stets um die Verwechslung von Identität und Ähnlichkeit.[63] Jedes Wortspiel und so manch Kalauer basieren auf dieser Technik der Ähnlichkeit. Beispiel: „Wo hast du denn deine Armbanduhr gelassen?" „Ach, die geht immer vor, die ist sicher schon zu Hause."
Andere Autoren benennen diese Ähnlichkeit, bei der zwei Gedanken, die sich völlig fremd sind und unvermittelt aufeinander stoßen, mit unterschiedlichen Begriffen. Bergson spricht von Interferenz, da sich hier zwei Ideensysteme überschneiden. In seinen Essays über das Lachen, die 1899 veröffentlicht wurden, reduziert er diese Ideensysteme auf zwei Prinzipien, das Lebendige und das Mechanische. Überall, wo das Komische auftritt, sieht er den Gegensatz dieser beiden Prinzipien aufeinanderprallen. Das Mechanische zeichne sich durch Wiederholungen aus, während das Lebendige steter Wandel sei. Arthur Koestler spricht von 'Bisoziation', worunter der Zu-

---

[62] ebd.

[63] vgl. Berger (1998), Kapitel 2

sammenprall zweier miteinander unvereinbarer Spielregeln und Assoziationen zu verstehen sei.[64] Friedrich Theodor Vischer, ein Schüler Jean Pauls, schrieb 1837 vom Widerspruch des Komischen oder der 'Contradictio'. Damit ist die Gleichzeitigkeit von Sinn und Unsinn, Klugem und Törichtem, Weisem und Wahnsinnigen gemeint.[65]

Emil Kraepelin beschreibt die Pointe als plötzliche paradoxe Lösung eines psychischen Spannungszustandes.[66] Auf diesen Doppelsinn verwies schon Immanuel Kant in seiner Vorlesung über Anthropologie im Jahre 1798, in der er ausführt, dass der Witz heterogene Vorstellungen assimiliere, die oft nach dem Gesetz der Assoziation weit auseinander liegen. Diese Assimilation erfolge so blitzschnell, dass Verblüffung erzeugt wird. Es wirkt so überraschend, dass der Einfall, der 'Witz' im Sinne von Esprit zündet.

Gregory Bateson, der kalifornische Anthropologe, schreibt in einem Aufsatz über den Humor, dass das Paradox das prototypische Paradigma des Humors sei. Bei all dem gilt ein wichtiger Zusatz, der erstmals von Johannes Volkelt, einem Zeitgenossen von Sigmund Freud, in die Diskussion gebracht wurde. Widersprüchliches muss nicht von vornherein lustig sein und zum Lachen anregen.[67] Joachim Ritter verwies vierzig Jahre später noch einmal darauf, indem er das Unernste näher charakterisierte als das Nichtanständige, Unwesentliche, Verdrängte, eben als all das, was wir aus unserer Ordnung ausgrenzen und dem nur im Lachen Platz eingeräumt wird. Das Komische ist die Gegenwelt, in der auch Platz für Ängste und Tabus, Grausamkeiten und Ungerechtigkeiten ist. Durch die groteske Unmöglichkeit oder die Paradoxie ist auch das Fürchterliche nicht mehr ernst und gefährlich.

Letztlich lässt sich über alles lachen, bemerkte der Soziologe Erving Goffman, wenn man falsche Kontexte erzeuge. Jede Mitteilung wirke komisch, wenn der Rahmen nicht passe. In seiner 'Rahmen-Analyse' zeigt er an unterschiedlichen Bei-

---

[64] vgl. Hirsch (2001), S. 28

[65] Vischer (1837), S. 179

[66] Kraepelin (1885), S. 360

[67] Volkelt, J., S. 351

spielen, wie ernsthafte Dinge durch die falsche 'Rahmung' ins Lächerliche abrutschen. All diese Definitionen und Erläuterungen können zusammengefasst werden, wenn eine Gemeinsamkeit hervorgehoben wird. Viele Begriffe können als Synonyme aufgefasst werden für die Beschreibung von Dingen, Begeben heiten und Begriffen, die einen Widerspruch erzeugen oder eine dualistische Sichtweise zulassen. Zweideutigkeit und Ambivalenz sind somit ein Wesensmerkmal von Humor und allem Komischen.

3.3.4 Die soziale Dimension des Humors

Bei vielen soziologischen und philosophischen Betrachtungen über den Humor bleibt die soziale Komponente meist unberücksichtigt. Dabei ist es doch gerade die für alle Beteiligten positive Interaktion bei Witz und Komik, die diese Form der Kommunikation so beliebt und wichtig macht. Wenn man lacht, dann sowohl aus Wertschätzung gegenüber demjenigen, dem es gelingt, uns zu erheitern als auch aus Freude über die eigene Klugheit, den neuen Sinnbezug herstellen zu können oder ein Rätsel oder Gedankenspiel gelöst zu haben. Das beste Beispiel ist hierfür die Reaktion auf eine Pointe bei einem Witz. Eine Pointe ist wie ein Rätsel, ein verblüffender Widerspruch. Nur wer blitzschnell dieses Rätsel löst, findet den Respekt des Witzeerzählers und kann sich über die eigene Gedankenschärfe freuen. Der Hörer denkt nicht nur mit, er muss selbst der Konstruktion auf die Schliche kommen. Insofern gleicht das Witzeverstehen einer Entdeckung. Arthur Koestler spricht von der „Befriedigung, dass man schlau genug ist, um die Pointe zu erfassen.“[68] Deshalb setzt er einen humoristischen Einfall sogar gleich mit einem 'göttlichen Funken', da hier etwas Ähnliches aufleuchte wie z.B. bei wissenschaftlichen Entdeckungen. Der Unterschied zur Wissenschaft liegt darin, dass es immer ein gemeinsamer Akt ist.
Humor (neben der Situationskomik, die Ereignisse zufällig mit sich bringt) entsteht doch meist aus dem Bedürfnis heraus, sich

[68] zitiert nach: Hirsch (2001), S. 34

nahe zu sein und eine Verbindung zwischen Menschen herzustellen. Zugehörigkeit wird vermittelt durch das gemeinsame Lachen, das sich aus einer Übereinstimmung der Lebenswelten ergibt. Beim Witz ist es der übereinstimmende soziale, kulturelle und intellektuelle Hintergrund, der sichergestellt sein muss, um über eine Pointe lachen zu können. Lachen als soziales Phänomen entsteht also nicht aus einem Widerspruch, sondern aus Übereinstimmung dieser im Witz überprüften Wirklichkeitsebenen.

3.3.5 Humor als Kommunikationsmedium

Innerhalb der Systemtheorie, wie sie der Soziologe Niklas Luhmann ausgearbeitet hat, kann Humor aus einer weiteren Perspektive betrachtet werden, nämlich als Kommunikationsmedium. Der Begriff Kommunikationsmedium ist ein theoretisches Konstrukt, das im Zusammenhang mit grundsätzlichen Problemen der Kommunikation entwickelt worden ist. Dabei geht es um kommunikative Zumutungen wie beispielsweise die Aufforderung, Eigentum abzutreten oder Befehlsgehorsam zu leisten. Wahrscheinlich wäre ja, solche Zumutungen abzulehnen oder sie völlig zu negieren. Auf Grund der Wahrscheinlichkeit, dass jede kommunikative Zumutung dieser Art abgelehnt wird, stellt sich die Frage, wie diese unwahrscheinliche Kommunikation doch stattfinden kann. Symbolisch generalisierte Kommunikationsmedien wie etwa Geld, Macht, Wahrheit oder Liebe, wie sie in Luhmanns Systemtheorie ausgearbeitet worden sind, geben hier eine plausible Antwort. Innerhalb des Funktionssystems Wirtschaft ermöglicht so Geld beispielsweise durch die Operation Zahlung den Austausch von Eigentum und gewährleistet eine gerechte Verteilung von Waren. So unwahrscheinliche Einsätze wie lebensgefährliche Kampfhandlungen, wie sie von militärischen Organisationen abverlangt werden, werden erklärbar durch Macht, die dem Funktionssytem Politik zugeordnet wird. Das Kommunikationsmedium Wahrheit innerhalb des Funktionssytems Wissenschaft erklärt, warum unbequeme und unliebsame Erkenntnisse akzeptiert werden, selbst wenn sie jeglicher Intuition wi-

dersprechen oder unanschaulich sind wie etwa die Quantenphysik.
Allen Kommunikationsmedien gemein ist, dass sie mit gesellschaftlichen Problemen korrespondieren, derer sie sich annehmen. Über ähnliche bzw. äquivalente Strukturen sind Kommunikationsmedien zudem vergleichbar. Mit den Präferenzcodes wahr/unwahr in Bezug auf Wissenschaft lassen sich beispielsweise Informationsflüsse ordnen. Eine andere Struktur können symbiotische Symbole sein, die das Verhältnis der Medien als Formen von Kommunikation zur Körperlichkeit organisieren; etwa Wahrnehmung in Bezug auf Wissenschaft, Gewalt in Bezug auf Macht oder Sexualität in Bezug auf Liebe. Ein weiteres Strukturmerkmal ist der Grad der Anwendung der Kommunikationsmedien als inflationär bzw. deflationär.
Dieses systemtheoretische Konzept der Kommunikationsmedien lässt sich laut Jörg Räwel[69] auch auf den Humor übertragen. Dabei stellt er die Frage, welches gesellschaftliche Problem dem Humor zuordenbar ist bzw. welche gesellschaftliche Funktion Humor erfüllen soll. Räwel definiert Humor als eine Form der Kommunikation, die Erwartungen durchbricht und Konventionen bzw. vorgegebene kommunikative Strukturen überschreitet. Was man beispielsweise in einem Dialog kommunikativ vom Gegenüber erwartet und als Konvention anwendet und typisiert auch immer wieder ablaufen lässt, wird durch Humor nochmals in seinen Konventionen unterschieden. Oft reicht eine einfache Negation, um diese Erwartung zu durchbrechen und Lachen auszulösen.
Insofern ist Humor, verstanden als Kommunikationsmedium, auch Reflektionsmedium, das Beobachtungen von Beobachtetem im Sinne einer Erwartung ermöglicht. Für humoristische Kommunikation braucht es laut Räwel nicht vorgegebenes Lachhaftes oder lächerlicher Objekte, die subjektiv wahrgenommen werden, sondern Humor wird erst als Kommunikationsmedium konstruiert und konstituiert. Konkret heißt das, die unwahrscheinliche Form von Kommunikation, gegen konventionelle Erwartungen zu verstoßen, wird durch Humor wahrscheinlich. Selbst Beleidigungen, Sachbeschädigungen und alle

69 vgl. Räwel (2005)

Auslöser von Schadenfreude, wie sie beispielsweise mit versteckter Kamera gefilmt und im Fernsehen gezeigt werden, was ja schon rein technisch die Beobachtung einer Beobachtung darstellt, werden von den 'Opfern' geduldet und verursachen keine negativen Konsequenzen. Der Erfolg humoristischer Kommunikation ist somit, dass die Erwartungsenttäuschungen im Sinne von Übertretungen der Konventionen nicht sanktioniert werden.

Humor schafft alternative Betrachtungsweisen und generiert Variationen und Neues im Vergleich zu bereits vorhandenen (kommunikativen) Strukturen. Pointen bieten Alternativen, neue Ansichten und ebnen den Weg für unkonventionelle Gedanken. Einer moderne Gesellschaft, die funktional differenziert ist und sich stets anpassen und wandeln muss, bietet Humor die Möglichkeit zu gesellschaftlicher Evolution. Dass in der Gegenwart Humor einen hohen Stellenwert hat, hat im Übrigen damit zu tun, dass Innovation und Querdenkertum hohes Ansehen genießen, was in früheren Zeiten keineswegs so war. Es gibt nach wie vor Recht und Moral, die dazu dienen, Erwartungsenttäuschungen zu sanktionieren, allerdings mit den Einschränkungen in der modernen funktional differenzierten Gesellschaft auf das Recht als Funktionssystem bzw. Moral als Kommunikationsmedium.
Neben dieser Beschränkung genießt jedoch die Freiheit der Kunst und somit die des Kabaretts und der Satire einen hohen Stellenwert und somit lassen sich auch moralische Prinzipien verletzen. Diese Entwicklung lässt sich erklären aus dem Umbruch der Gesellschaft von einer stratifizierten zur funktional differenzierten Ordnung. Mit der Verbreitung des Buchdrucks im 15. und 16. Jahrhundert begünstigten gedruckte Schriften eine anonyme Autorenschaft und ermöglichten, Abweichungen von der Norm und widersprüchliche Thesen in Verbreitung zu bringen. Satiren waren der Anfang, Nonsens und Slapstick als moderne Formen des Humors stehen am Ende dieser Entwicklung. Dem entgegen waren stratifikatorisch differenzierte Ordnungen bestimmt von negativer Reaktion auf Neues. Verhalten entgegen der Norm und Erwartungsenttäuschungen wurden sanktioniert oder lächerlich gemacht. Der

Humor des mittelalterlichen Hofnarrs diente demgemäß dazu, Neuheiten und Variationen als lachhaft darzustellen und hierarchische Ebenen zu stabilisieren.
Der Humor heutzutage soll statt dessen kritisches Bewusstsein fördern und Hierarchien in Frage stellen, insofern kann der Präferenzcode des Kommunikationsmediums Humor als "reflektiert/unreflektiert" wiedergegeben werden. Dazu gibt es eine Zweitcodierung lustig/ernst, die zusätzlichen Komplexitätsgewinn ermöglicht. So können selbst ernste Themen oder Galgenhumor dem Codewert lustig zugeordnet werden.
Der präferierte Codewert einer Kommunikation wird dabei über Programme der Kommunikationsmedien zugeordnet. Witzseiten, Comedy-Sendungen, Narrenfeste, Sitcoms mit eingespielten Lachjingles sind Beispiele für diese programmartige Struktur. Als symbiotisches Symbol, das den Bezug zwischen Kommunikationsmedium und Körperlichkeit regelt, steht das Lachen an erster Stelle, so wie Gewalt mit Macht und Sexualität mit Liebe korreliert. Das Verhältnis von Kommunikationsmedium zu symbiotischem Symbol folgt dabei aber keinem einfachen Kausalschema. Lachen ist nicht einfach nur Indikator von Humor, genauso wenig wie Sexualität Indikator von Liebe ist. Insofern lässt sich Humor nicht alleine dadurch charakterisieren, dass es die Erzeugung von Lachen herbeiführen soll.
Auf das eingangs erwähnte Strukturmerkmal der inflationären bzw. deflationären Anwendung möchte ich im Zusammenhang dieser Arbeit betont hinweisen, denn das Vertrauen in ein Kommunikationsmedium kann durch deflationäre Tendenzen Schaden leiden. So kann das Kommunikationsmedium Geld durch verlorenes Vertrauen an Wert verlieren. Die Übersättigung mit Humor durch die Massenmedien zeigt, dass auch Humor von inflationären Tendenzen bedroht ist. Da Humor als Kommunikationsmedium das Unkonventionelle ermöglichen will und die Inflation Erwartungskonformität provoziert, verliert Humor an Wirkung. Humoristische Kommunikation muss aber eine Ausnahme bleiben, um seine innovationsfördernde Funktion erfüllen zu können.

3.3.6 Humor als konsumierbarer Erlebniswert

Humor soll abschließend nicht nur in seiner kommunikativen Struktur und Funktionsweise, sondern auch aus kultursoziologischer Perspektive in seiner Bedeutung als Teil der Ästhetisierung des Alltagslebens dargestellt werden. Gerhard Schulze hat in seinem Buch 'Die Erlebnisgesellschaft' erläutert, dass das Alltagsleben heutzutage weniger durch die Sicherung der Existenz, als vielmehr durch Erlebniskonsum gekennzeichnet ist, der wiederum vor allem ästhetischen, nicht funktionalen Kriterien Genüge leisten muss. Das Leben selbst sei ungeachtet aller sozialen Unterschiede zum Erlebnisprojekt geworden. Milieustruktur und persönliche Stile stehen dabei unter dem Einfluss des Erlebnismarktes, der sich expansiv entwickelt hat. Erlebnisorientiertes Handeln ist dabei zunehmend ein Feld der Professionalisierung, wie im Bereich des Humors allein die Schar an Entertainern, Animateuren, Comedians und Gute-Laune-Radiomoderatoren zeigt. Dabei erhöht sich nicht nur die Anzahl der Humorproduzenten, sondern es vermehren sich die Möglichkeiten des Konsums. „Wichtigste Kategorie, um die Erweiterung des Möglichkeitsraumes zu beschreiben, ist das Angebot. Inzwischen sind auch entlegene Bereiche des Alltagslebens als Marktnische ausgespäht und von Offerten umstellt. Man hat die Wahl, worum es auch immer gehen mag. (...) In besonderem Maße gilt diese Angebotsexplosion für diejenigen Angebote, deren Gebrauchswert ausschließlich in ihrem Erlebniswert besteht, etwa Kino, Illustrierte, Musikkonserven."[70]

Humor lässt sich dabei in allen alltagsästhetischen Schemata finden und ist Bestandteil vieler Angebote im Erlebnismarkt. Dabei kann man verschiedene Humorstile unterscheiden.

In den vorhergehenden Kapiteln wurde Humor noch nicht in Hinblick auf unterschiedliche Milieus oder Rezipientencharakteristika differenziert. Denn das Lachen ist als Reaktion allen möglichen Formen des Humors gemein. „Humor ist die einzige Form der Kommunikation, bei der ein Reiz auf einer hohen Stufe der Komplexität eine stereotype, vorhersehbare Reaktion

---

[70] Schulze (1992), S. 56

auf der (Stufe der) physiologischen Reflexe auslöst. Das erlaubt es uns, diese Reaktion als Indikator für jene schwer faßbare Eigenschaft zu benutzen, die wir Humor nennen - wie wir das Ticken des Geigerzählers benutzen, um Radioaktivität zu erkennen."[71] Da aber offensichtlich unterschiedliche Arten von Humor für verschiedene Zielgruppen produziert werden und Humor auch je nach Zielgruppe unterschiedlichen Anklang findet, wollen wir hier eine Stil-Differenzierung versuchen. Schulze hat dies in Bezug auf den Erlebnismarkt analysiert: „In einer Umwelt der ungezählten kleinen Möglichkeiten, der aufgehäuften Erlebnisangebote und der immer neu auftauchenden geschmacklichen Weggabelungen hat Identität eine zentrale ästhetische Komponente. Ich erkenne mich in dem wieder, was mir gefällt."[72] Die Ausprägung der Identität zeigt sich im Stil. „Als Stil sei nun die Gesamtheit der Wiederholungstendenzen in den alltagsästhetischen Episoden eines Menschen definiert."[73] Welche Art von Humor konsumiert wird, spielt bei der Frage, was Identität erkennbar macht und stabilisiert, ebenfalls eine Rolle. Je nachdem, ob ich Harald Schmidt, den intellektuellen Zyniker mit bildungsbürgerlichem Hintergrund, oder Mario Barth, den Comedian, der mit Witzen über die Geschlechterrollen große Arenen füllt, lustig finde, ob ich Kabarettabende in Kleinkunstbühnen besuche oder Comedysendungen im Fernsehen anschaue, präferiere ich unterschiedliche alltagsästhetische Schemata. Bemerkenswert hierbei ist, dass Harald Schmidt und Mario Barth durchaus die gleichen Witze erzählen können, die Pointen je nach Milieu der Zuhörer aber unterschiedlich ankommen; der Barth-Fan wird sich über Schmidtwitze weniger amüsieren, als wenn diese von seinem Comedy-Idol vorgetragen werden.

Für meine Untersuchung ist diese Beobachtung dann von Belang, wenn sich der gruppen- oder milieuspezifische Humor-Konsum mit anderen Erlebnisorientierungen in Verbindung setzen lässt bzw. wenn sich alltagsästhetische Schemata er-

---

[71] Birkenbihl (2001), S. 54

[72] Schulze (1992), S. 102

[73] ebd., S. 103

kennen lassen. Denn dann lässt sich Humor auch zielgruppenspezifisch und somit wirkungsvoll einsetzen.
„Die Existenz alltagsästhetischer Schemata ließe sich durch ein einfaches Experiment nachweisen, bei welchem den Versuchspersonen die Aufgabe gestellt wird, weit verbreitete Angebote unseres Erlebnismarktes zu zusammengehörigen Gruppen zu sortieren. (...) Der Killer im Action-Film hat größere Verwandtschaft mit Donald Duck als beispielsweise mit den Helden der griechischen Mythologie, so killerhaft sie in den alten Texten auch dargestellt werden mögen."[74] Volksmusik hat höhere Affinität zum Arztroman, Mozart harmoniert mehr mit Thomas Mann. Genausowenig wie jeder nur denkbare Roman Lesevergnügen bereitet, wird jede Humorproduktion mit Lachen erwidert. Insofern geht es nicht nur um Lachen, sondern um milieuspezifische Stimmigkeit.
Schulzes vorgeschlagenes Experiment, unterschiedliche Angebote des Erlebnismarktes nach Zusammengehörigkeit zu sortieren, wird übrigens bei dem Internetversandhaus Amazon zur Alltagspraxis, indem Statistiken über das Kaufverhalten geführt und diese Auswertungen auch jedem Käufer zur Verfügung gestellt werden. Anhand der eigenen Käufe oder Kaufwünsche, die man in den Warenkorb legt, listet Amazon Empfehlungen auf, indem Bestellungen anderer Käufer, die ebenfalls das soeben gewählte Produkt erworben und weitere Käufe getätigt haben, dargestellt werden. Verblüffend ist, dass selbst über Produktgattungen hinweg diese Empfehlungen den eigenen Geschmack treffen. Wenn ich ein Buch bei Amazon bestelle, werden mir oft Bücher aus völlig anderen Themengebieten sowie CDs und DVDs empfohlen, die ich tatsächlich schon habe oder für die ich Interesse hege. Mein Nachfrageverhalten im Erlebnismarkt zeugt also nicht von singulären Individualinteressen, sondern lässt sich in ein Schema fassen, das letztendlich eine Segmentierung der Gesellschaft zulässt, wie sie Schulze vorgenommen hat. Genauso kann die Humorrezeption und der Konsum von Erlebnissen, die zum Lachen Anlass geben, klassifiziert werden. Umso interessanter ist diese Erkenntnis, als es sich bei Lachen und Humor ja nicht nur um

---

[74] ebd., S. 127

kognitive Aspekte handelt, sondern wahrnehmbare Körperreaktionen damit verbunden sind.

„Erlebnisse haben psychophysischen Charakter. Reduziert man sie, wie es für die Soziologie kultureller Formen typisch ist, auf ihre kognitive Komponente, so bleibt die Analyse unvollständig. Der Verweisungszusammenhang von Subjekt und Gesellschaft hat sowohl eine kognitive wie eine somatische Schicht."[75] Schulze beschreibt die Unterschiede dieser physischen Dimension der Teilnahme am Erlebnismarkt zum Beispiel bei der Rezeption von Musik. Im Hochkulturschema, bei einem Klassik-Konzert etwa, beschränkt sich die körperliche Teilnahme auf ein kontemplatives Zuhören und Stillsitzen, während der Besuch eines Rockkonzertes innerhalb des Spannungsschemas einen möglichst intensiven Körpereinsatz auslöst, der sich nicht nur in wildem Tanzen und Hüpfen, sondern auch im Kreischen und Mitklatschen zeigt. Beim Humorkonsum ist es ähnlich. Auch hier lassen sich die Reaktionen im Trivial-, Spannungs- und Hochkulturschema auf Humor deutlich unterscheiden. Zwischen schenkelklopfendem Gejohle auf der einen Seite und auf Pointen konzentriertes, kurzes Lachen, das von Applaus begleitet wird, auf der anderen Seite lassen sich hier Unterschiede deutlich herausarbeiten. Diese Unterschiede zeigen sich schon in Inszenierungsdetails der Humorproduktion. Im Trivialschema werden Pointen durch einen Tusch bei Büttenreden oder eingespielten Lachern vom Band bei Sitcoms hervorgehoben, während im Hochkulturschema keine Unterstreichung oder Hervorhebung der Pointen stattfindet und keine Hinweise ans Publikum gegeben werden müssen, wann gelacht werden soll.

Auch die werbetreibende Industrie hat erkannt, dass Humor positive Werbewirkung hat und somit Humorvolles auch ein gutes redaktionelles Umfeld für Werbung darstellt. Klaus Moser schreibt in seiner 'Werbepsychologie', dass „der positive Effekt von Humor auf die Aufmerksamkeit des Zuhörers und Glaubwürdigkeit des Senders"[76] trotz widersprüchlicher Studien zu diesem Thema von keinem Autor bestritten wird. Hu-

---

[75] Schulze (1992), S. 89

[76] Moser (1990), S. 185

mor spielt allein aufgrund dieser Aufmerksamkeitsförderung für die Werbung innerhalb des Erlebnismarktes eine zunehmend große Rolle. Auf die Frage, wie der Konsument dieses Angebot nutzt, äußert Schultze die These, dass es unter der Bedingung eines voll entwickelten Erlebnismarktes eine erlebnisrationale Strategie sei, zwar nahezu blind und ziellos, dafür aber in kurzer Folge und kontinuierlich auf Erlebnisangebote zuzugreifen. Die Erheiterung stellt sich dann mit der kalkulierbaren Verlässlichkeit von Zufallstreffern ein.

4. Wirkung des Lachens

Nach den Ausführungen in den vorhergehenden Kapiteln, wie man Humor und Komik beschreiben kann, interessiert uns im Folgenden nicht die Frage, warum Menschen lachen und wie man die Verursachung dessen erklären kann (die bei vielen Abhandlungen zu dem Thema im Vordergrund steht), sondern vielmehr die Wirkung dieses Lachens. Das Lachen im Zusammenhang mit betriebswirtschaftlich relevanten Abläufen zu untersuchen, macht ja nur Sinn, wenn die Effekte des Lachens nachweisbare Auswirkungen auf Leistungsbereitschaft, Kreativität, Produktivität und subjektives Wohlbefinden der Mitarbeiter eines Betriebes haben. Bei den interpersonellen Effekten des Lachens steht zudem die Frage im Mittelpunkt, ob Humor nicht dabei helfen kann, Bestandteile einer angestrebten Unternehmenskultur zu entwickeln oder zu fördern.

4.1 Intrapersonelle Effekte des Lachens

Dass Lachen die beste Medizin sei, ist nicht aus der Luft gegriffen. Was biophysikalisch beim Lachen passiert, ist schnell erklärt: Zwerchfell und Brustkorb zucken krampfartig zusammen, die Lungenflügel werden zusammengedrückt, so dass Luft mit hoher Geschwindigkeit ausgestoßen wird. So entsteht ein abgehackt klingender Laut, das vokalartige 'Ha, ha, ha' oder 'Ho, ho, ho' - eine Art kontrollierte Hyperventilation.[77] Die Lungenelastizität wird durch häufiges Lachen verbessert. William Fry, der an der Stanford University, Kalifornien, ein Institut für Lachforschung gegründet hat, konnte mittels elektrischer Impulse, die von der Vorder- zur Rückseite des Brustkorbs gesendet worden sind, nachweisen, dass sich beim Lachen die Atemfrequenz erhöht. Durch den signifikant höheren Gasaustausch in den Lungenbläschen erhöht sich dank des Lachens auch die Cholesterinausscheidung. Die Oberflächentemperatur der Haut steigt, die Durchblutung wird verbessert,

[77] vgl. Uber, Seite 62

der venöse Blutstrom im Gehirn kühlt sich ab, die Muskulatur wird schlapp. Das spürt man in den Beinen, und, wer intensiv lacht, auch in der Blase. Redensarten wie "Lachen bis zum Umfallen" rühren von der Erfahrung der erschlafften Muskulatur her. Nach etwa fünf bis zehn Sekunden Lachen tritt ein Erschöpfungszustand ein, - ein Effekt, der beim Entspannungstraining erst nach vielen Minuten erreicht wird.
Biochemische Abläufe während des Lachens stoppen im Körper die Ausschüttung des Stresshormons Adrenalin. Stattdessen werden körpereigene Morphine, die sogenannten Glückshormone, produziert. Lachen stimuliert und stärkt das Immunsystem. Fry hat als Pionier in dieser Disziplin bei Selbstversuchen nachgewiesen, dass sich die Zusammensetzung des Blutes bei Betrachtung von lustigen Slapstickszenen in Stummfilmen verändert. Er ließ sich in regelmäßigen Abständen Blut abnehmen. „Die einzelnen Proben wurden anschließend analysiert. Mit einem sensationellen Ergebnis. Wir konnten zeigen, dass die Aktivität der Killerzellen während der Lachphase deutlich zunimmt. Daraufhin haben wir weitergeforscht und herausgefunden, dass die durch Lachen hervorgerufene Stimulation des Immunsystems vier bis fünf Stunden anhält."[78] Diese Versuche wurden vielfach wiederholt und bestätigt. Testpersonen in England wurden die witzigsten Szenen aus Slapstick-Filmen gezeigt. Eine signifikante Steigerung von Lymphozyten sowie ein Anstieg von Wachstumshormonen wurde nachgewiesen. Der Lachforscher Paul McGhee hat experimentell nachgewiesen, dass das Schmerzempfinden nachlässt, wenn man lacht. Die Hände von Versuchspersonen wurden in eiskaltes Wasser mit einer Temperatur knapp über dem Gefrierpunkt getaucht. Die Schmerzgrenze verschob sich, wenn den Testpersonen ständig Witze erzählt worden sind.
Herzliches Lachen hat Auswirkung auf die Zellentwicklung. „Dr. Lee Berk vom Loma Linda University Medical Center in Kalifornien hat nachgewiesen, dass Lachen und Spiel eine spontane Vermehrung der Lymphozyten bewirken. Dies bedeutet, dass die für das Immunsystem so wichtigen T-Zellen in Perioden anhaltenden Lachens in viel größerer Zahl als sonst

---

[78] Fry, zit. nach Uber, Seite 64

produziert werden."[79] Lachen beeinflusst auch den Stoffwechsel positiv, Verdauungssäfte fließen reichlicher. Nach dem Lachen entspannt sich der ganze Körper. Die zuvor gestiegene Herzfrequenz und der Blutdruck sinken. Dr. med Winfried Häuser verweist in einem Internetforum zur Wirkung des Lachens auf die Stärkung des Herzens. „Keine Diät und keine Medizin halten das Herz so gut in Schuss wie Humor und häufiges Lachen."[80]
Diese Erkenntnis fanden auch US-Forscher in einer Studie mit 300 Männern und Frauen bestätigt: Menschen, die gern und oft lachen, waren nur etwa halb so gefährdet, einen Herzinfarkt zu erleiden, wie Persönlichkeiten, die stets mit ernster Miene ihr Leben bestreiten. Häuser zitiert Michael Miller, den Direktor des Zentrums für Präventive Kardiologie an der Universität von Maryland, der auf dem weltgrößten Herzkongress in New Orleans in einem Vortrag folgende Schlussfolgerungen zog: „Wir wissen noch nicht, ob es dem Herz nützt, wenn man sich trotz innerer Verärgerung zum Lachen zwingt. Aber es gibt Mittel und Wege, Unzufriedenheit und Feindseligkeit abzubauen und an der Bereitschaft zum Lachen zu arbeiten". Zum 'Trainieren' empfiehlt der US-Forscher unter anderem lockeren Lesestoff oder auch ein lustiges Video. Als zweiter Schritt sollte der Versuch folgen, sich selbst weniger ernst zu nehmen. Stress wirkt sich negativ auf das Endothelium aus, die als Schutzschicht ausgelegte Wandung der Blutgefäße. Das kann eine Serie von Entzündungsprozessen auslösen, die die Ablagerung von Fett und Cholesterin in den Herzkranzgefäßen fördern und letztendlich zum Herzinfarkt führen. Von den 300 Teilnehmern der oben genannten Studie hatte die Hälfte entweder schon einen Herzinfarkt erlitten oder aber eine Bypass-Operation gehabt. Die andere Hälfte entsprach den Herzkranken in Alter und Lebensbedingungen, war aber völlig gesund. Alle 300 Kandidaten füllten einen Fragebogen aus, auf dem sie nach ihrer Reaktion in verzwickten Alltagssituationen befragt wurden, zum Beispiel: »Wie verhalten Sie sich, wenn Sie eine Party besuchen, auf der jemand das gleiche Kleid trägt wie

---

[79] Weinstein (1999), S. 15

[80] www.rippenspreizer.com - "Der wissenschaftliche Beweis: Lachen ist gesund!"

Sie?« oder »Was tun Sie, wenn der Kellner Soße auf Ihren Anzug kleckert?«. Der Umgang mit solchen Begebenheiten wurde herangezogen, um zu messen, ob und wie stark Humor als Bewältigungsstrategie bei negativen Reizen eingesetzt wird. Das Ergebnis dieser Studie zeigt, dass Humor eine wirkungsvolle Prävention gegen Herzinfarkte darstellt.
Auch Allergien können mittels Lachen in Schach gehalten werden. "So fanden japanische Wissenschaftler heraus, dass Lachen allergische Beschwerden lindern kann. Die Wissenschaftler testeten sechsundzwanzig Personen, die an atopischer Dermatitis litten, mit verschiedenen Allergenen. Anschließend wurden sie durch Comics und lustige Filme zum Lachen gebracht. Resultat: Die lachenden Testpersonen zeigten deutlich weniger allergische Reaktionen als die ernsten."[81]

Lachen verbessert auch die Gedächtnisleistung. Psychologen der Universität Marquette im US-Bundesstaat Wisconsin haben untersucht, ob mit positiven Stimuli das Gedächtnis gestärkt werden kann.[82] Grundlage der Studie war die Erkenntnis, dass verstörende Reize wie beispielsweise Mitschnitte von chirurgischen Eingriffen positive Wirkung auf die Gedächtnisleistung haben. Mark Powless und Kristy Nielson gingen nun der Frage nach, ob Lachen nicht ähnliche Effekte auf kognitive Leistungen hat. Dazu wurden zwei Testgruppen jeweils 30 Wörter vorgelesen. Einer Gruppe wurde im Anschluss ein Sketch aus der US-Comedy-Show 'Saturday Night Live' gezeigt. Nach einer Woche erinnerten sich diese Testpersonen noch an 15 bis 20 Wörter, während die andere Gruppe im Schnitt nur 5 bis 10 Wörter noch im Gedächtnis hatte. Als effektivsten Zeitabstand zwischen Lernen und Lachen ermittelten die Wissenschaftler eine Pause von 30 Minuten, der zu besseren Ergebnissen führte als 15- oder 45-minütige Abstände. Lachen verbessert nicht nur die Lernleistung, sondern unterbricht darüber hinaus geordnete Gedankengänge und steigert somit die Kreativität.[83] „Vermutlich sind während des

---

[81] Emmelmann (2007), S. 48f

[82] vgl. Der Spiegel 32/2004, S. 51: "*Psychologie: Lachen lehrt*"

[83] ebd., unter Berufung auf Ergebnisse eines Mediziner-Kongresses in Basel im Jahr 1999.

Lachens eintretende Aktivierungsvorgänge im mesolimbischen Dopaminsystem verantwortlich, die zu einer derartigen Euphorisierung mit folgendem Kreativitätsschub führen." [84]
Neben physischen und kognitiven Effekten des Lachens soll noch eine psychologische Dimension angesprochen werden. Humor ist ein wirkungsvolles Mittel, die Komplexität des Alltags zu entwirren - durch grobe Vereinfachung. Bei dem Überangebot an Wissen, Möglichkeiten und Lebensalternativen können sich viele nicht mehr für eine Variante entscheiden. „Der amerikanische Psychologe Barry Schwartz hat sogar nachgewiesen, dass die stetig zunehmende Wahlfreiheit die Menschen depressiv statt zufrieden macht."[85] Beispielsweise wird der anhaltende Erfolg von Discountern wie Aldi auch mit dem beschränkten und damit übersichtlicheren Angebot an Waren begründet. Für eine Studie wurde ein Warenhausregal erst mit 60, anschließend mit sechs Marmeladesorten bestückt. Vor den 60 Marmeladen blieben Kunden fünfmal so lange stehen, doch bei nur sechs Marken griffen sie zehnmal häufiger zu und kauften.[86] Vielfach erleichtert ein Überangebot an Waren und Dienstleistungen nicht das Leben, sondern erschwert die Entscheidungsfindung. Humor und Komik lebt von der radikalen Vereinfachung und der Reduktion von Problemen auf überschaubare Einzelheiten. Figuren in Comedysendungen und Sit-Ups zeichnen sich aus durch grob gezeichnete, durchschaubare Charaktere, die den Tücken des Alltags mit verblüffender Konsequenz und Schlagfertigkeit begegnen. Befreiend ist das Lachen, das uns unsere Verkopftheit vor Augen führt.
Diese "lösende", heilsame Wirkung des Lachens ist deshalb ein wichtiges Thema in der Psychotherapie. Humor wird seit vielen Jahren als Therapie eingesetzt. Der Bonner Psychologe Prof. Ralf Hirsch verordnet eine Lachtherapie an seiner Klinik. So versucht man mit Hilfe bestimmter provokativer Gesprächstechniken auf Seiten des Patienten eine "Humorreaktion" hervorzurufen - das heißt Erkenntnisse anzuregen, die die kom-

[84] Uber, Seiner (2006), S. 128
[85] Kohlenberg, Kerstin: "*Am Ende der Kauflust*", in: Die Zeit Nr. 42 vom 7.10.04, S. 16
[86] ebd.

plexe Situation plötzlich vereinfachen, mit Erheiterung einhergehen und sich im Lachen äußern.[87] Zusätzlich wird versucht, die physiologische Heilkraft des Lachens durch bestimmte averbale Übungen in Gang zu setzen. Am bekanntesten in diesem Zusammenhang ist das 'Yoga-Lachen', das in indischen Lachclubs entwickelt wurde.[88] Dabei geht es nicht um den Austausch humorvoller Begebenheiten, sondern um Techniken mechanischen Lachens, die ähnliche Wirkung zeigen wie Witzeerzählen. Lachen löst im Körper positive Prozesse aus; - egal wie es zustande kommt.

Paul Ekman beschreibt die verschiedenen Formen dieses Lachens. Nur jenes, das den musculus zygomaticus maior (Wangenheber) und den orbis ocularis oculi (Augenringmuskel) aktiviert, kann als "echtes Lächeln" verstanden werden. Dieses zeigt nicht allein einen Zustand heiteren Glücksgefühls an, es wirkt sich gleichzeitig als Auslöser positiver Emotionen aus. Man nimmt in diesem Zusammenhang an, dass es eine direkte und zentrale Verbindung zwischen der Mimik und der Hirnaktivität gibt.[89] So konnte nachgewiesen werden, dass ein intensives (echtes) Lächeln die Durchblutung des Gehirns fördert und Stresssymptome mildert.[90] Da sich dieses Lachen oder gar nur Lächeln auch willkürlich hervorrufen lässt, wurde die 'Therapie des bewussten Lächelns' entwickelt, die als eine natürliche Methode zur Überwindung von Stress eingesetzt werden kann.[91] Zugrunde liegt die Erkenntnis des Emotionsforschers Ekman, dass beim echten Lächeln oder Lachen die zwei oben genannten Muskelstränge beteiligt sind, deren Aktivierung Blutgefäße so beeinflusst, dass das Gehirn mit mehr Sauerstoff versorgt wird. Das Empfinden von Glücksgefühlen scheint sich durch die Steuerung dieser beiden Muskeln, dem musculus zygomaticus vom Jochbein zu den Mundwinkeln, und dem musculus orbicularis oculi, der sich ringförmig um

[87] vgl. Titze/Eschenröder

[88] M. Kataria (1999); Uber, Steiner (2006), S. 248f.

[89] Ekman (1988), S. 154-165

[90] R. A. Zajonc (1985): *Emotional and facial efference: A theory reclaimed.* In: Science, 228

[91] L. Hodgkinson (1987), Smile Therapy. London

die Augen schließt, steuern zu lassen. Dies wurde zumindest experimentell bewiesen. Der Sozialpsychologe Fritz Strack hat Teilnehmern seines Versuches Karikaturen vorgelegt, die nach Witzigkeit beurteilt werden sollten. Die Versuchsteilnehmer wurden in zwei Gruppen eingeteilt. Die eine Gruppe musste einen Bleistift so zwischen die Zähne stecken, dass sich ein typisches Lächeln durch die Aktivierung genau jener Muskelpartien ergab, die auch beim natürlichen Lachen beansprucht werden. Die andere Gruppe musste den Bleistift nur zwischen den Lippen halten, ohne eine Spannung in den Mundwinkeln zu verursachen. „Es stellte sich heraus, dass die 'Zahnhalter' diese Karikaturen als wesentlich witziger einschätzten als die 'Lippenhalter'."[92] Es genügt also, einen Bleistift zwischen die Zähne zu schieben und durch einen leichten Biss zu fixieren, um die Hirnaktivität günstig zu beeinflussen.

Dem Gehirn scheint es egal zu sein, was die Lachmuskeln aktiviert. Die Wirkung ist dieselbe: Die eintreffenden Reize werden wohlwollender oder sogar fröhlicher bewertet. Die Interpretation der Wahrnehmungen wird durch Lachen oder die Aktivierung der Lachmuskeln gelöster und positiver ausfallen. Eine Erkenntnis, die die subjektiv empfundene Situation am Arbeitsplatz für viele Werktätige schlagartig verbessern könnte.

Nach einer Studie der Europäischen Agentur für Sicherheit und Gesundheitsschutz am Arbeitsplatz leidet fast jeder dritte Beschäftigte in Europa unter arbeitsbedingtem Stress.[93] Zwischen 50 und 60 Prozent der Krankmeldungen stehen danach in Zusammenhang mit Stress am Arbeitsplatz. Die Folgekosten werden auf 265 Milliarden Euro in der EU geschätzt. Ein Teil davon wäre wohl vermeidbar mittels der 'Therapie des bewussten Lächelns'.

Abschließend sei noch erwähnt, dass Lachen nicht nur gesund ist, sondern auch das berufliche Fortkommen fördert und den (unternehmerischen) Gewinn steigert. Nicht nur, weil bessere Gesundheit zu weniger Arbeitsausfällen und so zu höherer Produktivität führt. Lachen fördert vor allem auch Innovationsfähigkeit und Innovationsbereitschaft. So schreibt etwa der

---

[92] Titze, Patsch (2004), Seite 125

[93] vgl. http://osha.eu.int/info

Harvard-Psychologe Daniel Goleman in seinem Bestseller 'Emotionale Intelligenz', dass das Lachen, wie auch die Begeisterung, helfen kann, weitsichtiger und komplexer zu denken, freier zu assoziieren und gedankliche Beziehungsgeflechte zu entdecken, die sonst verborgen bleiben würden.[94] Das Lachen, so der Autor, trage im Arbeitsalltag nicht nur entscheidend zur Konfliktlösung bei und fördere auch auf diese Weise die Produktivität; es erhöhe auch die geistige Flexibilität, indem es eine 'neue Denkdimension' schafft. Somit sei das Lachen nicht nur im kreativen Bereich, sondern auch bei der Folgenabschätzung wichtiger Entscheidungen eine wichtige Hilfe. Linus Torvalds, Begründer der Linux-Software, sieht in Spaß und Lachen unerlässliche Voraussetzungen für gutes Programmieren. "Die Leute müssen Quatsch machen dürfen", so Torvalds.[95]

4.2 Interpersonelle Effekte des Lachens

Lange, bevor ein Kind sprechen lernt, signalisiert es mittels Lächeln und Lachen die Verbindung und Verbundenheit zu seiner Mutter. Lachen als Interaktion ist folglich eine Fähigkeit, die uns schon kurz nach der Geburt kommunizieren lässt. Die Gesichtsmuskulatur ist bei Geburt bereits voll ausgebildet und funktionsfähig.[96] Jeder Säugling kann ein selektives soziales Lächeln einsetzen, um die Interaktion mit der Bezugsperson zu fördern.[97] Dieses Interaktionslächeln signalisiert „einen aktiven Zustand von Freude (...). Es wirkt wie eine Art Klebstoff, der Säugling und Eltern verbindet."[98] Das lächelnde Gesicht ist ein 'Spielgesicht'.[99] Es stellt ein universales Signal für Freundlichkeit, Kooperationsbereitschaft, Zustimmung und

---

94 Goleman (1997), S. 99ff

95 zitiert nach: Christian Deysson: *"Lachen Sie!"* in Wirtschaftswoche 10/2003

96 P. Ekman (1988): *Gesichtsausdruck und Gefühl.* Paderborn

97 17 J. Bolwlby (1975): *Bindung.* München

98 T. Landau (1995), *Von Angesicht zu Angesicht.* Reinbek, S.178

99 I. Eibl-Eibesfeldt (1972): *Liebe und Hass.* München

Freude dar. Lachen ist eine Kontaktgebärde, ein 'mimischer Stoßdämpfer'.[100]
Bei den Lachclubs, die es mittlerweile weltweit gibt, ist die jeweilige Zusammenkunft einer relativ großen Menschenmenge zu den Lachübungen festzustellen. Dies zeigt, dass Lachen ein soziales Phänomen ist bzw. dass das Lachen anderer ansteckend wirkt und zur Nachahmung reizt.
In einem dpa-Gespräch verwies der Diplom-Psychologe Dr. Michael Titze auf die positiven zwischenmenschlichen Effekte des Lachens im Arbeitsleben.[101] Titze ist als klinischer Psychologe und Psychotherapeut erster Vorsitzender des Vereins HumorCare Deutschland e.V.. Er vertritt die Ansicht, dass Humor im Arbeitsleben hilft, Konflikte zu lösen und Stresshormone abzubauen. „Im Lachen werden positive zwischenmenschliche Signale gesetzt, die Teamgeist, Kreativität und Motivation im Betrieb fördern", sagte Titze in dem dpa-Gespräch.
Dabei wirke sich schon ein Lächeln positiv auf die Hirnaktivität aus. „Lachen ist ein soziales Schmiermittel und weckt die Lebensgeister", sagt Titze. Voraussetzung sei eine optimistische Haltung, die sich auch trainieren lässt. Die wachsende Zahl von Menschen, die Humorseminare und Lachclubs besuchen, zeige, dass dies auch in Deutschland immer ernster genommen werde.
In unserer von Leistungs- und Konkurrenzdruck geprägten Arbeitswelt kann sich nach Ansicht von Titze nur derjenige auf Dauer behaupten, der über eine Menge kreativer Flexibilität verfüge. Dazu gehören Kompetenzen wie kritische Eigeninitiative, autonome Selbstverantwortung, soziale Intelligenz und die Bereitschaft, sich ständig weiterzubilden. Dieser Druck, besser sein zu müssen als der Durchschnitt, werde durch die angespannte Arbeitsmarktsituation ständig bestätigt.
Die Angst vor dem beruflichen Versagen gehe auch einher mit der Angst, mit den Kollegen nicht mithalten zu können, ihnen fachlich unterlegen zu sein. „So entsteht ein Konkurrenz-

---

[100] Rittner, V. (1986): *Das Lächeln als mimischer Stoßdämpfer.* In : Kamper, D./Wulf, Ch. (Hrsg.): Lachen, Gelächter, Lächeln. Frankfurt a.M., S. 322-337

[101] Veröffentlichung des dpa-Textes unter www.humorcare.com/PROFILE/drtitze.html

denken, das eine heitere Stimmung im zwischenmenschlichen Bereich immer weniger aufkommen lässt."[102] Es sei so wie in dem Witz, in dem zwei Afrikareisende von einem Löwen verfolgt werden. Beide laufen um ihr Leben. Der eine ruft dem anderen zu: »Hoffentlich sind wir schneller als der Löwe!« - »Mir reicht es völlig, wenn ich schneller bin als du!«, keucht dieser.

Wenn Menschen regelmäßig und unbeschwert miteinander lachen, erleben sie die vielen 'Beziehungsfallen', die sich gerade am Arbeitsplatz auftun, als eine kommunikative Herausforderung, die mit Humor freundschaftlich relativiert werden kann: „Die eigentliche Funktion des Humors ist nämlich Relativierung - ganz im Sinne des Mottos 'Die Lage ist katastrophal, aber nicht ernst'", sagt Titze, der das Lachen auch therapeutisch einsetzt. Griesgräme wirkten kontraproduktiv. Lachen hingegen sei ein Gesundbrunnen. Die durch das Lachen verursachte Ausschüttung an Glückshormonen seien der Grund, weshalb wir uns nach einem ausgiebigen Lachen rundum wohl fühlen. Dieser Wohlfühleffekt kann genutzt werden, um nicht nur individuelle Spannungen, sondern auch Disharmonien in Gruppen sowie Konkurrenzdruck abzubauen und gruppendynamische Prozesse zielgerichtet zu beschleunigen.

Die Spannungslösung mittels Lachen zur Herstellung eines psychischen Gleichgewichts geht mit nach außen gerichteten Gesten und Signalen einher, die Ähnlichkeiten mit Drohgebärden haben, nämlich Zähne zeigen und guturales Grunzen, wie es bei der Brunft artikuliert wird, sowie Lachgeräuschen, die wie Gebell anmuten. Solche Signalsysteme sind grundsätzlich für Artgenossen bestimmt und haben soziale Funktion. Die Grundfunktion des Lachens besteht offensichtlich hauptsächlich darin, Kontakt und Vertrauen zwischen Mitgliedern einer eng zusammenlebenden Gruppe zu erleichtern. Ursprünglich als Drohgebärden gedachte Verhaltensweisen dienen der Sicherung der körperlichen Integrität in der Gruppe. Was nach außen hin als Warnung dient, gilt nach innen als Entwarnung. Gleichwohl bleiben Schutzreflexe erhalten. Interessant dabei

---

[102] ebd.

ist, dass hierzu ausgerechnet Zeichen verwendet werden, die Inkongruenzen beinhalten und widersprüchliche Bedeutung für unterschiedliche Adressaten je nach Gruppenzugehörigkeit haben. Dieses Wesensmerkmal der Doppeldeutigkeit beschreibt, wie wir im vorherigen Kapitel gesehen haben, nicht nur das Lachen, sondern charakterisiert auch den Humor.[103]
Doppeldeutig ist dabei nicht nur das Symbol des Zähnezeigens als Angriff gegenüber Feinden und Entwarnung gegenüber Freunden, sondern auch die Wirkung des Lachens als Zeichen der Überlegenheit und gleichzeitig Zugehörigkeit. „Dass man gewöhnlich aus einer überlegenen Situation heraus lacht, wird jeder aus eigener Erfahrung bestätigen können. Selbst wer über sich selber lacht, erhebt sich, und zwar über die eigenen Schwächen. Gleichzeitig aber solidarisiert er sich mit den Lachenden. Damit hat das Lachen sowohl eine vertikale als auch eine horizontale Dimension, es erhebt und es solidarisiert."[104]
Das Erhebende des Lachens erfüllt in abgeschwächter Form die Schutzfunktion der einstigen Drohgebärde: Wer die Lacher auf seiner Seite hat, befindet sich in überlegener Position. Der evolutionäre Fortschritt dieses Verhaltens zeigt sich in der Kollektivierung dieser Schutzfunktion. Lachen ist eine soziale, Geselligkeit fördernde Funktion. Lachen scheint darüber hinaus Vergesellschaftung und Individualisierung in ihrer extremen Gleichzeitigkeit zu entschärfen.
Damit ist Humor in hervorragender Weise geeignet, angespannte Situationen zu entspannen und unangenehme Themen angenehmer zu machen. Humor verringert die Distanz zwischen Hierarchien und ist zudem Zeichen psychischer Gesundheit. Solange noch gelacht wird, ist ein Grundkonsens herstellbar. „Gemeinsames Lachen fördert die Gruppenkohäsion und intensiviert die Herzlichkeit."[105]
Jan Thygesen Poulsen, Werbeexperte aus Kopenhagen und Initiator vieler Lachclubs in Dänemark, sagt: „Ein lachendes Gesicht fördert die Interaktion und Kommunikation. Es bedeutet: Hier ist Geborgenheit, hier bist du unter deinesglei-

103 vgl. Gelfert (1998), S. 22f

104 Gelfert (1998), S. 23

105 Kets de Vries (2004), S. 111

chen. Ein archaisches Muster, das schon dem Frühmenschen Gefahrlosigkeit und die Zugehörigkeit zu seiner Horde signalisierte."[106]

Doch wie sieht es mit der interaktionsfördernden Wirkung des Lachens im Berufsleben aus? Peter B. Záboji, Chief Executive Officer bei Tenovis, einem Traditionsunternehmen, das profitable Nischen und neue Geschäftsideen finden musste, schreibt in seinem Buch 'Change' über „die sehr positiven Folgen einer Spaßkultur auf interne Kommunikation, Flexibilität und Betriebsklima."[107]

Lachende Gesichter kommen also überall an, das hat auch die Verhaltensforschung bewiesen. Lachen oder die als anthropomorph interpretierbaren Symbole und Zeichen, die Lachen signalisieren, vermitteln genauso positive Gefühle wie das lachende Gesicht eines Menschen. Uhren in Schaufenstern und Zeitungsanzeigen werden beispielsweise gerne auf zehn Minuten nach zehn oder zehn vor zwei gestellt. Die Uhren machen dann 'ein freundlicheres Gesicht'. „Psychotests zeigten, dass Uhren dann 'besonders sympathisch' auf den Käufer wirken, während die gleichen Modelle mit der Zeigerstellung zwanzig nach acht deutlich weniger ansprechen."[108]

4.2.1 Geschlechtsspezifische Unterschiede

Nicht unerwähnt bleiben sollen geschlechtsspezifische Unterschiede beim Lachen. „Verhaltensforscher haben nachgezählt, dass über neunzig Prozent der Frauen ein Lachen erwidern, bei den Männern sind es nur knapp sechzig."[109] Die Gebärde des Lachens hat offensichtlich für Männer und Frauen unterschiedliche Bedeutung. Ein gravierender Unterschied zwischen den Geschlechtern sind die Kommunikationsinhalte, die zum Lachen Anlass geben. Wann, warum und worüber erzählen

---

[106] zit. nach Uber, Steiner (2004), S. 155

[107] Záboji (2002), S. 176

[108] Uber, Steiner (2004), S. 75

[109] ebd., S. 75

Männer Witze, und wie ist das bei Frauen? „Männer benutzen das Lachen, um mit Gefühlen und Schmerzen umzugehen. Je schwieriger es für einen Mann ist, über bestimmte Gefühle zu sprechen, desto herzhafter wird er lachen, wenn jemand einen Witz darüber reißt, so herz- und gefühllos er Frauen auch erscheinen mag. Männer reden mit anderen Männern selten über ihr Sexualleben, daher reißen sie Witze darüber und tauschen sich auf diese Weise aus. Frauen dagegen besprechen ihr Sexualleben mit ihren Freundinnen bis ins kleinste Detail, ohne jemals auf Witze zurückzugreifen."[110] Das liegt daran, dass Männer mit Gefühlen anders umgehen als Frauen. Frauen verarbeiten und bewältigen Krisen und Tragödien, indem sie ihre Gefühle anderen gegenüber ausdrücken, während Männer ihre Emotionen für sich behalten. „Mit Hilfe von Witzen 'sprechen' Männer auf ihre Art über ein Ereignis, ohne starke Gefühle zu zeigen, denn diese könnten als Schwäche empfunden werden."[111]

Lachen dient gerade in dieser Funktion dem Abbau emotionaler Spannungen. Lachen veranlasst das Gehirn, Endorphine auszuschütten, also Stoffe, die ähnlich wie Morphium wirken: Sie stärken das Immunsystem und beruhigen, um die Spannung zu verringern. „Insofern stellt sich die Frage, wie sich Humor zu dem anderen Mechanismus von Spannungsabfuhr, der Sexualität, verhält. (...) Wie eng die Sexualität mit der menschlichen Lachkultur zusammenhängt, zeigt sich schon daran, dass sie zu den häufigsten Lachanlässen zählt. Verse mit erotischen Anspielungen bis hin zu derben Obszönitäten gehören zum festen Bestand der mündlichen und schriftlichen Überlieferung aller bekannten Kulturen. Das Besondere an dieser Tradition ist, dass sie nahezu ausschließlich von Männern weitergegeben wird. Während die Sammler von Märchen, Volksliedern und Volksballaden ihr Material vor allem von alten Frauen erhielten, war obszöne Folklore fast nur von Männern zu bekommen."[112]

---

[110] Pease (2002), S. 92

[111] Pease (2002), S. 90

[112] Gelfert (1998), S. 146f

Als Begründung für diese männliche Verhaltensweise wird eine Spannung genannt, die problematischer ist als das libidinöse Verlangen selbst, nämlich die Angst vor dem sexuellen Versagen. Diese Angst ist eine spezifisch männliche, oder war zumindest über Jahrhunderte männlich dominiert, da Frauen am Sexualakt meist nur passiv beteiligt waren und somit die Angst, den Ansprüchen des Sexualpartners nicht zu genügen, auf dem Mann als Verführer und Akteur allein lastete. Von seiner sexuellen Kunstfertigkeit und seinen Qualitäten als fantasievoller Liebhaber war es in seiner Vorstellung abhängig, ob eine Frau wirklich befriedigt werden kann. Lachend wird diese latente Angst im Witz abreagiert durch die Thematisierung der Leistungsfähigkeit des Penis, des Triumphs der Verführung, der Unersättlichkeit von Nymphomaninnen oder gerade der Sprödigkeit von Frauen.
Meines Erachtens lässt sich die These, dass Männer ihre Angst bezüglich ihrer Potenz lachend bewältigen, auch auf Bereiche außerhalb der Sexualität übertragen. Lachen gibt Männern Selbstwertgefühl und Bestätigung innerhalb einer Gruppe. So können innerhalb einer Männergruppe in einem Unternehmen Witze über Vorgesetzte und deren Führungsmethoden und Arbeitsanweisungen dazu dienen, Versagensängste und Minderwertigkeitskomplexe mit einem Lachen zu kompensieren. Frauen hingegen signalisieren mit Lachen gegenseitige Sympathien, Männer kanalisieren ihre Angst der Unterlegenheit oder des Scheiterns.
So lässt sich auch schlüssig die oben erwähnte Doppeldeutigkeit des Lachens als Drohgebärde und Solidarisierungsgeste erklären. Lachen hat sich in der Evolution als Mittel der Bewältigung von Angstgefühlen etabliert. „In der Frühzeit der Menschheit diente das Lachen als Warnsignal, mit dem anderen mitgeteilt wurde, dass Gefahr drohte. Affen setzen es auch heute noch so ein. Wenn zum Beispiel ein Schimpanse knapp einem Löwen entkommt, klettert er rasch einen Baum hinauf und macht 'Huu-Huu-Huu-Ha-Ha-Ha'-Geräusche, die ähnlich wie das menschliche Lachen klingen."[113]

[113] Pease (2002), S. 88

Die Rochester University in Amerika hat mittels Vergleichsuntersuchungen am Computertomographen gezeigt, dass bei Männern und Frauen unterschiedliche Areale im Gehirn beim Lachen aktiviert werden. Männer lachen mehr über Dinge, die die rechte Hirnhälfte stimulieren, bei Frauen ist es umgekehrt. „Männer mögen Humor oder Witze, die einen logischen Ansatz haben, Schritt für Schritt vorgehen und deren Schlussfolgerung jedoch trotzdem schwer vorherzusagen ist."[114] Männer sind in geselliger Runde in der Regel auch diejenigen, die aus einem unerschöpflichen Repertoire von Witzen schöpfen können. Das Autorenpaar Pease bemerkt treffend, dass erwachsene Männer Witze erzählen können, die sie in der Volksschule hörten, aber die Namen der besten Freunde ihrer Kinder nicht kennen. Neben dieser einseitigen Gedächtnisleistung halten es die Autoren für typisch männlich, dass diese Provokationen komisch finden, die Frauen eher abstoßen. Nonnen aus dem vorbeifahrenden Auto heraus den nackten Hintern zu zeigen oder Sekundenkleber auf Klobrillen zu schmieren, Furzwettbewerbe zu veranstalten oder bei Junggesellenabschieden den Bräutigam nackt und betrunken mitten in der Stadt nachts an einen Laternenpfahl zu fesseln, seien Scherze, die von Männern ersonnen werden.
„Humor und Witze haben bei Männern drei Zwecke: Mit einem guten Repertoire von Witzen imponieren sie anderen Männern, sie bewältigen mit Witzen tragische Ereignisse oder deren Folgen, und Witze helfen ihnen, die Wahrheit bei einem akuten Problem einzugestehen."[115]
Mich erreichen per E-Mail mehrmals im Monat Witze, die auf Katastrophen oder tagesaktuelle Nachrichtenmeldungen Bezug nehmen. Die Absender sind in der überwiegenden Mehrzahl Männer. Dies entspricht der männlichen Art, Angst, Zweifel und Enttäuschung zu bewältigen.

Die geschlechtsspezifischen Unterschiede beim Lachen sind für unsere Betrachtung von Humor im Wirtschaftsleben insofern interessant, als sie einen Hinweis darauf geben, wie psychische

---

[114] Pease (2002), S. 88
[115] ebd.

Anspannung gerade bei Männern kommuniziert wird. Sie verpacken problembezogene Inhalte in Witzen, ironischen Bemerkungen oder humorvollen Anspielungen, die auf anderem Wege sonst gar nicht mitgeteilt werden würden.
Gerade in Männergruppen ist aber auch die solidarisierende Wirkung des Lachens zu betonen, gerade in Situationen, in denen Kräfte mobilisiert werden müssen. Hier treten Effekte auf, die wir bereits beschrieben haben: „Lachen betäubt den Körper, stärkt das Immunsystem, schützt vor Krankheit und Leiden, unterstützt das Gedächtnis, trägt zum effizienten Lernen bei und verlängert das Leben."[116] Deshalb stärkt das Lachen innerhalb der Gruppe gemeinsame Kräfte und Energien. Lachen wird als so aufbauend empfunden, dass positive Emotionen übertragen und soziale Bindungen verstärkt werden können. Lachen schweißt zusammen innerhalb einer Gruppe.

4.2.2 Kulturspezifische Unterschiede

Herkunft prägt den Humor. Auch wenn Lachen durch alle Epochen und Kulturen hindurch ein weltweit verstandenes Signal ist, lassen sich im internationalen Vergleich unterschiedliche Auslöser feststellen. „Türken wie Tuareg, Grönländer wie Griechen lachen über Fehler, bevorzugt, wenn sie einem anderen passieren. Und einerlei ob Grieche oder Grönländer, alle Menschen überall auf der Welt lachen über entsprechende Witze - Witze über die anderen, den anderen Stamm, das andere Volk, über deren Fehler, deren Schwächen, Ostfriesen-, Polen- und Österreicherwitze haben darin ihren Ursprung. Daneben lachen Menschen über Tabubrüche. Weil aber unterschiedliche Kulturen unterschiedliche Tabus kennen, kann das Lachen darüber in unterschiedlichen Kulturen völlig unterschiedliche Auslöser haben."[117] Die Übertretung gesellschaftlicher Normen kann im Bereich Sexualität, Scham, Religion oder öffentlicher Verhaltensnormen liegen. Das Lachen über den anderen funktioniert dabei nur, wenn kulturelle Un-

---

[116] Pease (2002), S. 92

[117] Uber, Steiner (2006), S. 64

terschiede zwischen sich und dem Anderen wahrnehmbar sind und diese somit mittels Übertreibung, Persiflage und Satire als Grundlage für Witz und Humor herangezogen werden können. Wer über die Gepflogenheiten seiner Nachbarn nicht Bescheid weiß, kann sich nicht lustig machen bzw. versteht die Witze nicht.

„Deshalb funktioniert ein Witz, dessen Pointe auf einem Tabubruch beruht, nicht generell. Tabubrüche, über die Chinesen lachen, sind für Europäer längst nicht lustig und umgekehrt. Das reicht bis ins Regionale."[118]

Wenn diese Witze auch unterschiedliche Zielrichtungen haben, so lässt sich doch verhaltenspsychologisch ein gemeinsames Muster erkennen: Das Verulken findet immer nur zwischen Kulturen statt, die miteinander in enger Beziehung stehen. In den fünfziger Jahren gab es in der BRD Witze über Amerikaner, nicht aber in der DDR. Türkenwitze wurden erst populär, als Türken als Gastarbeiter unter uns wohnten und ihre Lebensgewohnheiten sichtbar wurden. Andererseits gibt es in Finnland keine Spanierwitze und in Spanien erzählt man sich keine Russenwitze.

Lachen ist eine Art Annäherungshandlung gegenüber Fremden. Wir reduzieren damit unsere Distanz und nehmen dem Fremden seine Gefährlichkeit und Undurchschaubarkeit. Dadurch, dass man dessen Schwächen kommuniziert, nimmt man ihm auch den Schrecken. Mit der Überwindung der Gefährlichkeit und Andersartigkeit durch das Lachen integriert man das Fremde.

Oft muss man dazu gar nicht an Tabus rühren, sondern braucht nur vermeintliche oder tatsächliche Unzulänglichkeiten heranzuziehen.

„Erzählt man einem Indianer vom Volk der Lakota einen Polen- oder Österreicherwitz, wird er ihn nicht einmal zum Schmunzeln finden. Ebenso entdecken wir Europäer nichts Lustiges an Huronen-Witzen, über die man sich im Volk der Lakota vor Lachen biegt. Die Lakota gehören zu den Prärie-Indianern, sie sind exzellente Reiter. Hurionen dagegen waren einst Waldgänger. Bei den Lakota gibt es nun eine Fülle von

[118] ebd., S. 69

Witzen, die so oder so ähnlich beginnen: »Reitet ein Hurone auf einem gestohlenen Pferd ...« Allein dieser Einstieg und diese Vorstellung reichen schon, damit ein Lakota zumindest schmunzelt."[119]

Dass in verschiedenen Kulturen über unterschiedliche Begebenheiten gelacht wird, lässt sich schon bei Kindern beobachten. Das Internationale Zentralinstitut für das Jugend- und Bildungsfernsehen in München hat untersucht, ob und wie sich Kinder aus verschiedenen Kontinenten über dieselben Fernsehsendungen amüsieren. Bei rund 1000 Kindern in 18 Ländern wurde der Humor unter der Leitung der Medienwissenschaftlerin Maya Götz untersucht und ausgewertet. „Ihre Studien zeigen, dass Kinder diejenigen Sendungen besonders amüsant finden, die ihnen vertraut vorkommen. »Das Eigene ist lustiger als das Fremde«, sagt Götz. Die Kinder fühlen sich offenbar den Charakteren stärker verbunden und finden die Geschichten dann auch komischer: Mädchen lachen über Mädchen, Weiße lachen über Weiße."[120] Einen Ausschnitt aus einem Zeichentrickfilm, bei dem ein Pinguin in eine Kiste geschubst wurde, fanden beispielsweise deutsche Kinder lustig, während sich südafrikanische Kinder ängstigten. Pinguine wurden früher in Südafrika auch gekocht. Die Kinder, so fanden die Wissenschaftler heraus, hatten deshalb befürchtet, dass der Pinguin im Kochtopf landet.

Wenn Fernsehforscher zu dem Schluss kommen, dass bei Humor die Globalisierung aufhört, sollte dies auch in der Welt der Wirtschaft Beachtung finden. Humor funktioniert in einem Unternehmen spielend und ohne Missverständnisse, wenn dessen Mitarbeiter aus dem gleichen kulturellen Einflussbereich kommen. Der Innendienst macht sich dann über den Vertrieb lustig und umgekehrt oder Abteilungen üben gegenseitig Spott. Arbeiten Menschen verschiedener Kulturen miteinander, kann Humor seine Wirkung verfehlen.

---

[119] Uber, Steiner (2006), S. 63f

[120] Verbeet (2006), S. 61

4.3 Strukturfunktionale Aspekte des Lachens

Lachen hat nicht nur medizinisch und psychologisch nachweisbare Wirkungen im und zwischen Menschen, sondern ist auch eine Kulturtechnik, die gesellschaftliche Strukturen stabilisiert und aufrecht erhält. „Witzige Bemerkungen dienen nicht nur dazu, Spannung zu vermindern und Aggressivität und Feindseligkeit zu kanalisieren (Freud 1905)[121], sondern liefern zusätzlich Informationen zur sozialen Struktur der untersuchten Gruppe. (...) In einer Arbeitsgruppe oder einer Gruppe von Leuten, die mit einer ernsthaften Aufgabe befasst sind, kann ein Witz oder Scherz einen Moment kollektiver Erholung von der aufgenommenen Tätigkeit darstellen und so dazu beitragen, Gruppenkonsens herzustellen. Als Reaktion auf einen Scherz in solchen Situationen zu lächeln oder zu lachen, bedeutet, dass die Anwesenden ihre Akzeptanz der Situationsveränderung unterstreichen. Wenn einige Gruppenmitglieder nicht lachen, grenzen sie sich selbst aus und zeigen, dass sie den Scherzbold und die Mitlachenden, die die zeitweilige Auflockerung der Situation akzeptieren, ablehnen."[122]
Das heißt, Lachen kann nicht nur die physische Reaktion auf etwas Erheiterndes sein, sondern auch eine Geste der Zusammengehörigkeit oder der Unterordnung. Die Akzeptanz wird auch dann gezeigt, wenn der Scherz oder Witz gar nicht so lustig ist. In vielen Gesprächen wurde mir bestätigt, dass über Witze von Vorgesetzten gelacht wird, auch wenn die Pointen nicht wirklich komisch sind.
Dies bestätigt auch die Untersuchung der Kommunikation zwischen Arzt und Patientinnen von Franca Pizzini. „Derjenige, der in einer bestimmten Situation Humor initiiert, gibt den 'Startschuss' dafür, den institutionell vorgegebenen Kontext der ernsthaften Behandlung gewisser Themen zu verlassen. Dieser 'Jemand' nimmt eine bestimmte Position im Beziehungsgeflecht ein: allgemein gesprochen sind diejenigen, die in der Autoritätshierarchie eine hohe Position innehaben, in

---

[121] Die Autorin bezieht sich auf Freuds *„Der Witz und seine Beziehung zum Unbewussten"*

[122] Franca Pizzini: *„Hierarchie in der Scherzkommunikation: Kommunikation im gynäkologischen und geburtshilflichen Bereich"*, Seite 202, in: Kotthoff (Hg.) (1996²)

einer besseren Ausgangslage dafür, den Übergang von einem ernsten in einen humoristischen Rahmen einzuleiten. Unsere statistische Analyse spaßiger Bemerkungen, die deren Verteilung in Abhängigkeit von Status in der Krankenhaushierarchie zeigt, führte zu ähnlichen Ergebnissen wie sie Coser[123] in ihrer Studie darlegte: Tendenziell machen Statusniedrige weniger Scherze."[124]

Zwar trifft man auch auf Unternehmenskulturen, wo unbesehen der Stellung in der Hierarchie die Nase über schlechte Witze oder arg strapazierte Kalauer gerümpft werden darf, viel häufiger jedoch wird durch das Lachen die Macht und der höhere Status des Vorgesetzten bestätigt. Insofern funktioniert die scherzhafte Interaktion als Kommunikation hierarchisch von oben nach unten, und nicht umgekehrt. Pizzini beobachtete dies auch im Krankenhaus: „Wenn bestimmte Schwestern, die daran gewöhnt sind, untereinander Scherze zu machen, dies in Anwesenheit der Ärzte nicht tun, heißt das nicht, dass sie auf einmal ihren Sinn für Humor verloren haben, sondern eher, dass in dieser besonderen Beziehung Scherzverhalten nicht Bestandteil ihrer untergeordneten Rolle in dem asymmetrischen Arrangement ist. Als Beweis dafür dient eine unserer Beobachtungen, wonach die wenigen witzelnden Bemerkungen, die von Statusniedrigen an Statushöhere adressiert waren, von den Anwesenden nicht gewürdigt wurden, sondern ohne ein Lachen still unter den Tisch fielen."[125]

Bei hierarchisch geprägten Interaktionen geht es um Bestätigung der Vorgesetzten in Form eines zustimmenden Lachens der Untergebenen. Das Lachen der Statusniedrigen soll einen bestimmten Eindruck der Akzeptanz hinterlassen oder anders ausgedrückt, man 'spielt' mit, um gruppenkonform zu agieren. Um dies zu illustrieren, sei auf Erving Goffmans Klassiker 'Wir alle spielen Theater'[126] verwiesen, in dem er an vielen Beispielen zeigt, wie wir in sozialen Kontakten Selbstdarstellung

[123] Coser untersuchte die sozialen Funktionen von Humor unter den Fakultätsmitgliedern einer psychiatrischen Klinik. Diese Studie ist ebenfalls bei Kotthoff (1996) zu finden.

[124] Pizzini, ebd., Seite 207

[125] ebd., S. 207f

[126] vgl. Goffman (2003)

als Theater des Alltags betreiben. Wie auf einer Bühne agieren wir in verschiedenen Rollen und spielen wie Schauspieler 'Vorstellungen'. Durch die Perspektive des Theaters vermittelt Goffman die Erkenntnis, dass nicht nur einzelne Personen, sondern auch Gruppen und Organisationen mit vorgetäuschten Fähigkeiten zu überzeugen versuchen. Diese Selbstdarstellung ist ein notwendiges Element des menschlichen Lebens. In der oben beschriebenen Situation des Witzeerzählens eines Vorgesetzten gibt es gemäß Goffman einen Akteur, also den Witzeerzähler, und Zuschauer. „Ist das Publikum zu einer Darstellung zugelassen, dann erlischt damit nicht die Notwendigkeit taktvollen Verhaltens. Wir stellen fest, dass es eine ausgearbeitete Etikette gibt, an der sich Einzelne in ihrer Eigenschaft als Mitglieder des Publikums ausrichten. Dazu gehört, dass man ein hinreichendes Maß an Aufmerksamkeit und Interesse aufbringt; dass man bereit ist, die eigene Vorstellung so weit unter Kontrolle zu halten, dass nicht zu viele Widersprüche, Unterbrechungen und Ablenkungen entstehen; dass man alle Äußerungen und Handlungen unterlässt, aus denen sich ein Fauxpas ergeben könnte; und vor allem, dass man sich bemüht, Szenen zu vermeiden."[127]

Übertragen auf unsere Thematik bedeutet dies, dass der Witz des Vorgesetzten beklatscht wird, auch wenn er schlecht sein sollte. Bezeichnend für diese Art der Kommunikation ist, dass die Reaktion auf einen erzählten Witz eines ranghöheren Organisationsmitglieds unabhängig von der Qualität der Pointe positiv ausfällt und somit nicht die Güte des Witzes, sondern die Stellung des Witzeerzählers dokumentiert wird. Das Lachen wird somit Zeichen der Zustimmung und des Respekts. Die Mitarbeiter signalisieren ihrem Chef, dass er Esprit hat, dass sie zu ihm halten, dass er im übertragenen Sinne Fähigkeiten hat, auf die sie bauen.

Vorgesetzte müssen Macht haben und ausstrahlen. Das Witzeerzählen ist eine kleine 'Machtprobe', eine Art Vertrauensfrage, bei der der Rückhalt in der eigenen Mannschaft überprüft werden kann. Lachen hat somit eine systemische Funktion: In einem Kreis, in dem Witze erzählt werden oder in

---

[127] Goffman (2003), Seite 209

dem gelacht wird, ist eine unausgesprochene Übereinkunft über gemeinsame Interessen oder Ansichten vorhanden. Insofern muss nicht derjenige, der schlechte Witze erzählt, Sanktionen befürchten, sondern derjenige, der nicht darüber lacht.
Auch ist es, um mit Goffman'schen Terminus zu sprechen, nicht jedem in einem 'Ensemble' gestattet, Witze zu erzählen, oder zumindest wird die Reaktion der Gruppe unterschiedlich ausfallen. „Allgemein kann man also sagen, dass diejenigen, die an einer Ensembledarstellung mitwirken, sich voneinander durch verschieden hohe dramatische Dominanz unterscheiden und dass sich die Rollen innerhalb eines Ensembles je nach der Differenz der Dominanz unterscheiden, die sich die Mitglieder untereinander zugestehen."[128] Die Rollenverteilung legt also auch die Formen der Respektbezeugungen untereinander fest. Der Witz des Kollegen kann immer auch ein Flop sein, der Witz des Chefs wohl nie. Neue Mitarbeiter erkennen durch diese Art der Gruppenkommunikation sehr schnell, wie Hierarchien aufgebaut sind. Eine Führungskraft, über deren Witze nicht gelacht wird, wird bald nichts mehr zu lachen haben. Die Beobachtung, dass ranghöhere Organisationsmitglieder Lachen für ihre Bonmots ernten, auch wenn nichts Lustiges daran zu finden ist, lässt sich auch psychodynamisch interpretieren. Denn Unternehmen sind keine seelenlosen Maschinen, die rein rational konstruiert sind, sondern von Menschen geprägte Gebilde. Insofern ist auch Irrationales vorhanden.
Die psychodynamische Perspektive versucht, Systemhandeln zu interpretieren, indem zum Beispiel Projektions- und Identifikationsverhalten unterstellt werden. Führungskräfte sind in besonderer Weise geeignet, Projektionen auf sich zu ziehen, „weil der Geführte auf den Führer Teile seines Selbst projiziert, um sich dann in ihm wiederzufinden."[129]
Sigmund Freud war der Auffassung, dass jeder Mensch im Laufe seiner Entwicklung seinen primären Narzissmus, also seine uneingeschränkte Selbstliebe, überwinden muss, indem er sich entweder mit anderen identifiziert, indem er sie in sich aufnimmt (introjiziert) oder indem er sein Ich-Ideal durch an-

---

[128] Goffman (2003), S. 93

[129] Neuberger, Kompa (1993), S. 200

dere oder äußere Objekte ersetzt. „Mit Hilfe der Konstruktionen von Introjektionen und projektiver Identifikation wird die zunächst 'unerklärliche' Tatsache verständlich gemacht, dass Menschen sich einem anderen unterordnen, seinen Anordnungen gehorchen, ihre Individualität, zum Teil sogar ihr Leben opfern: Der Mechanismus der Verschränkung von Introjektion und Projektion lässt den Führer zum Teil des Selbst werden, er ist kein anderer oder äußerer, sondern das Gute, Mächtige, Richtige, Große, an dem man partizipiert, weil man es 'einverleibt' hat."[130] Die Führungskraft symbolisiert somit alle guten, heroischen und erstrebenswerten Aspekte des Selbst. Situationen, in denen durch gemeinsames Lachen Solidarisierung und Teamgeist ausgelöst werden, können also gerade dazu genutzt werden, die Führungskraft in ihrer Stärke noch größer wirken zu lassen. „Die hohe emotionale Investition erfordert, dass alles Negative (die Schwäche, Kleinlichkeit, Allzumenschlichkeit des Führers) ferngehalten und ausgeblendet wird."[131]

Humor ist ein Teil dieser Stärke, die Führungskräften attestiert wird, da mit Humor auch andere Charaktereigenschaften assoziiert werden. Vielleicht ist Humor in der Beliebtheitsskala an Charaktereigenschaften gerade deshalb so hoch angesetzt, weil man einem humorvollen Menschen Mut, Intelligenz, Flexibilität und Durchsetzungsfähigkeit unterstellt. Einflussreiche Menschen müssen durch Witz glänzen, weil dies ein Garant für pointierte Schärfe auch in schwierigen und verfahrenen Diskussionen ist und intellektuelle Überlegenheit ausstrahlt, die letztendlich Grundvoraussetzung für innovatives Gedankengut ist. Im Allensbacher Jahrbuch der Demoskopie findet man die Frage, welche Eigenschaften bei Menschen am meisten beeindrucken. Unter 18 möglichen Nennungen rangiert Humor an zweiter Stelle hinter Ehrlichkeit.[132] Dieser hohe Stellenwert des Humors wird auch an anderen Stellen immer wieder dokumentiert. In der Monatszeitschrift 'Cicero' beispielsweise, einem Autorenmagazin für politische Kultur, wurde in der Aprilausgabe des Jahres 2006 eine Liste der fünfhun-

---

130 ebd., S. 201

131 ebd.

132 vgl. Noelle-Neumann, Köcher (1993), S.70

dert einflussreichsten Intellektuellen veröffentlicht. Die Liste führt nach Günter Grass der Satiriker Harald Schmidt an. Dies zeigt, welche Bedeutung Humor für die Meinungsbildung und die politische Urteilskraft hat. Unter den ersten fünfzig Nennungen befinden sich mit Dieter Hildebrandt, Robert Gernhardt und Gerhardt Polt vier ausgewiesene Humorfachleute, während die Soziologie beispielsweise nur durch Ralf Dahrendorf (Platz 29) und Ulrich Beck (Platz 50) vertreten ist.

5. Die Grenzen des Humors

5.1 Ideologische Kritik gegenüber einer humorvollen Welt

5.1.1 Die lange Tradition der Humorlosigkeit

Erst die Arbeit, dann das Spiel! Diese Einstellung zur Unvereinbarkeit von ernsthafter, effektiver Leistung und entspannter, spielerischer Lockerheit hat tiefe Wurzeln im abendländischen Denken. Schon Plato war der Meinung, dass eine ideale Gesellschaft keinen Platz hätte für Komödie und Gelächter. Sein Schüler Aristoteles verurteilte Humor und Spiel zwar nicht, wies ihnen aber lediglich die Rolle der Erfrischung und Erholung zu, um schließlich mehr arbeiten zu können. Wir amüsieren uns, weil wir nicht die ganze Zeit arbeiten können. Mit Arbeit hat Spaß aber grundsätzlich nichts gemein.[133] Diese Trennung erfährt im Mittelalter eine weitere Konkretisierung. Es werden Regeln aufgestellt für verschiedene Handwerksberufe und Stände, in denen das Lachen und Spielen aus der Arbeitswelt verbannt wird. Als Puritaner im 17. Jahrhundert in England an die politische Macht kamen, verurteilten sie das Lachen im öffentlichen Leben. In einem Brief an seinen Sohn schreibt der Diplomat und Schriftsteller Lord Chesterfield: "Having mentioned laughing, I must particularly warn you against it. Frequent and loud laughter is the characteristic of folly and ill manners. ... I am neither of a melancholy nor a cynical disposition, but I am sure that since I had fully use of my reason, nobody has heard me laugh."[134] Im viktorianischen Zeitalter wurden ganze Abhandlungen über die Schädlichkeit des Lachens verfasst. George Vasey schreibt in seiner "Philosophy of Laughter and Smiling"[135] über die gesundheitlichen Schäden des Lachens wie Herzrhythmus- und Atemstörungen sowie die physiognomische Entstellung. Für

---

[133] vgl. Morreall (1997), S. 3f

[134] zitiert nach: Morreall (1997), S. 3

[135] vgl. Vasey, G. (1875): *The Philosophy of Laughter and Smiling.* London

Vasey ist Lachen so unnatürlich und gefährlich wie Masturbation, die wohl schlimmste menschliche Verfehlung im viktorianischen Zeitalter. Lachen käme nur durch die falsche Erziehung und Behandlung von Kleinkindern zur Entfaltung. Kitzeln, Necken, Herumalbern würde die nervösen Spasmen fördern, die wir Lachen nennen. Man müsste, so Vasey, nur eine Generation lang gewissenhaft diese üble Praxis im Umgang mit Babies unterlassen, und wir würden zur sittlichen Reife und Würde des menschlichen Geschlechts zurückfinden.
Selbst im 20. Jahrhundert gab es Autoren, die das Lachen verteufelten. Anthony Ludovici beschreibt in 'The Secret of Laughter'[136] Humor als Innovationsbremse. Hart arbeitende Menschen würden nie lachen. Humor verhindere jegliche ernsthafte Entscheidungsfindung, da er alles relativiere. Kontemplation und Inspiration als Bedingung für Problemlösung und Innovation vertrügen sich nicht mit der destruktiven Art von Humor.
Warum ist das Komische kein Wert an sich? Dieser Frage geht der Komik-Produzent und Komik-Kritiker Robert Gernhardt nach. Selbst angesehene Künstler, die sich dem Komischen verschrieben haben wie Busch, Morgenstern, Ringelnatz, Valentin werden nicht für ihr komisches Talent gerühmt, so als wäre das nur Komische nicht würdigenswert genug. „Also wird der sittliche Wert der Komik und der ästhetische Rang der Komiker betont, das Lustmoment aber abgewertet: Wilhelm Busch wird zum Weisen von Wiedensahl hochstilisiert, rühmend werden seine Schopenhauer-Lektüre (...) hervorgehoben. (...) Ringelnatz wird zu einem lächelnden, zutiefst menschlichen Philosophen stilisiert, Valentin zu einem der wichtigsten Dramatiker dieses Jahrhunderts."[137] Für das Komische gibt es zahlreiche herabsetzende Begriffe. Gernhardt führt z.B. Witzeln, Witzelei, Gewitzel, Witzbold, Witzfigur, Witzblatt, Blödeln, Blödsinn, Blödel, Blödelei auf. Ernstelei, Geernstel und Ernstbolde gibt es hingegen nicht. Das heißt, das, was sich mit dem Lachen begnügt, wird selbst der Lächerlichkeit preisgegeben.

---

[136] vgl. Ludovici, A.M. (1932): *The Secret of Laughter*. London

[137] Gernhardt (2000), S. 454

Die Bedenken gegenüber den zersetzenden Kräften des Humors finden sich vor allem im Erziehungssystem und den pädagogischen Bemühungen, Kinder in die ernste Welt der Arbeit zu führen. Spaßvögeln wie in Wilhelm Buschs 'Max und Moritz' wird der Garaus gemacht. In Walt Disneys 'Drei kleinen Schweinchen' werden die stets lachenden, singenden Schweinchen, die dem Müßiggang frönen, vom Wolf gefressen; das fleißige, strebsame Schweinchen kann sich retten.
Lachen in der Schule gilt oft als subversiv. Der Schüler muss sich erklären, was an irgendeiner Situation, wegen der er gelacht hat, so komisch gewesen sein soll. Der Lehrer, der Angst hat, verlacht zu werden oder lächerlich zu sein, will mit seiner Aufforderung den Schüler selbst lächerlich machen. Die Schilderung entbehrt nämlich oft jeglicher Komik und stellt den lachenden Schüler als kindisch und dumm dar. Die Nichtigkeit des Lachanlasses soll zeigen, wie einfältig der Lachende doch ist. Der gewünschte Effekt ist klar: Das Lachen soll unterbunden werden. Morreall schreibt treffend, musisch begabte Schüler landen im Musikzimmer, zeichnerisch begabte im Kunstraum, und Schüler mit Sinn für Humor beim Direktor.

5.1.2 Gefährdung gesellschaftlicher Werte

In der zweiten Jahreshälfte 2004 ist ein kleines Buch auf den Markt gekommen, das nur ein halbes Jahr später bereits in der 35. Auflage vorlag und monatelang in den Bestsellerlisten vertreten war. Das Buch trägt den Titel "Schluss mit lustig! Das Ende der Spaßgesellschaft". Autor ist der TV-Moderator Peter Hahne, der mit seinem Buch zur Rückkehr zu stabilen Werten in einer labilen Gesellschaft auffordert. Der Klappentext formuliert zugespitzt das Plädoyer Hahnes: „Nur eine 'Gesellschaft mit begründeter Hoffnung' hat eine Überlebenschance. Dazu brauchen wir mehr Vorbilder als Vorschriften, und Werte nicht als bloße Worte, sondern als gelebte Begegnung." Es sei an der Zeit, sich zu entscheiden zwischen Ernst und Spaß, zwischen wichtig und lustig, zwischen Wertvollem und Oberflächlichem. „Die Verweigerung der Wirklichkeit, durch die Spaßgesellschaft auf die Spitze getrieben, hat ein

Ende. Die Themen, über die geredet wird, sind plötzlich existenzieller Natur. Die schrille Spaßgesellschaft ist Schock und Trauer gewichen."[138] Ausgelöst hat diesen Schockzustand der Terroranschlag am 11.9.2001 auf die Türme des World-Trade-Centers. Hahne entwirft ein Bild unserer Gesellschaft, deren Mitglieder verweichlicht und konturlos zu wenig Disziplin und Leistung, Sauberkeit und Pünktlichkeit verinnerlicht haben, stattdessen sich der seichten Berieselung und des Spaßkonsums hingeben. Sein Wertebild gleicht einem Kontrastprogramm und bietet allem Paroli, was unter dem Oberbegriff Spaß subsumierbar ist. Seiner Argumentation zufolge liege die Tragik unserer Spaßgesellschaft darin, dass kulturelle Wurzeln verloren gegangen seien und keine Lebensziele mehr existierten. Der Autor zitiert einen Satz aus einem Zeitungsartikel der ZEIT: „Jetzt ist die Gelegenheit, den Kern der Kultur wieder freizulegen, ... weil viele vom Lachen genug haben."[139] Das Ende des 'ironischen Zeitalters' sei angebrochen, ein Comeback der Werte haben selbst Trendforscher ausgemacht, behauptet Hahne. „Die Spaßgesellschaft ist jedoch auch das Ergebnis einer ökonomischen Entwicklung, einer explosiv steigenden Unterhaltungsindustrie, die sich nicht ohne weiteres und vor allem nicht freiwillig zurückdrehen lassen wird und will. Spaß machen ist ein ernstes Geschäft."[140]
Hahne sieht im Spaß selbst kein Ziel, keinen Wert, keine Orientierung. Spaß sei nur Ablenkung und Abwechslung, es sei nicht sinnstiftend, die Vergnügungen der Spaßgesellschaft schmecken seiner Ansicht nach schal. Die entspannende und lösende Wirkung des Lachens, die Ventilfunktion des Humors, um Frust, Druck und Probleme bewältigen zu können, wird von Hahne geringgeschätzt. Er postuliert die Notwendigkeit, sich für oder gegen wahre Werte zu entscheiden und somit für oder gegen Spaß. Dabei sieht er im Spaß und in der Tendenz, sich über alles lustig machen zu dürfen, das Grundübel unserer Zeit.

---

[138] Hahne (2005), S. 14
[139] ebd., S. 29
[140] ebd., S. 83

Fast scheint es, als wolle Hahne mit drohendem Zeigefinger vor der Abstrafung unseres spaß- und lustbetonten Verhaltens beim Jüngsten Gericht warnen. „An der letzten Grenze des Lebens, wo letzter Ernst gefragt ist, muss die Spaßgesellschaft kapitulieren."[141] Hier wird suggeriert, dass jeder, der dem Humor frönt, die Quittung am Ende des Lebens erhalten werde.
Mit dieser Einstellung ignoriert Hahne die gesundheitlichen, zwischenmenschlichen und gruppendynamischen Vorteile, die der Spaß mit sich bringt.
Aus meiner eigenen Arbeitserfahrung als Kabarettist sowie aus vielen Gesprächen mit Kollegen und anderen Humorproduzenten kann ich zudem Hahne widersprechen: Es findet oft eine sehr kritische und intensive Auseinandersetzung mit den wichtigen Dingen des Lebens statt, wenn Pointen produziert werden. Selbst oberflächlicher Spaß lebt von einer sensiblen Wahrnehmung der Wirklichkeit, die kontrastiert, übertrieben dargestellt oder ad absurdum geführt wird. Auch dies bestreitet Hahne: „Eine der gefährlichsten Wirkungen unserer Spaßgesellschaft ist der Verlust des Ernstes. Solange alle Welt dabei ist, sich zu unterhalten, sich abzulenken, sich zu zerstreuen und notfalls alles lustig zu finden, bleibt für ernste Dinge kein Raum. Damit hindert die Spaßkultur das Nachdenken über das, was wirklich wichtig ist. Denn ernsthafte Themen vertragen keine witzige Verpackung. (...) Die Lebenslüge der Spaßgesellschaft liegt ja darin, Inhalte durch Kommunikation zu ersetzen. (...) Umso stärker ist in unseren unsicheren Zeiten der Ruf nach dem Echten, nach Wahrheit, Glaubwürdigkeit, Verlässlichkeit. Wenn die Spaßgesellschaft geht, kommt dieses Wertegefüge wieder zurück."[142]
Die persönliche Meinung Hahnes wäre nicht weiter erwähnenswert, wenn die hohe Auflage seines Buches nicht vermuten lassen könnte, wie sehr er vielen Leuten aus der Seele spricht. Seine Leser scheinen eine Lösung unserer Gegenwartsprobleme in seinen Analysen und Schlussfolgerungen zu sehen. Der Standpunkt Hahnes erinnert mich ein wenig an die Figur des alten Mönches Jorge de Burgos in dem Roman 'Der

[141] ebd., S. 127
[142] ebd., S. 130

Name der Rose' von Umberto Eco. Dieser Mönch verurteilt das Lachen, das eines Mönches unwürdig sei, weil es das menschliche Gesicht zum Antlitz eines Affen verzerre. Burgos' Ansicht nach tötet Lachen die Furcht, ohne die es aber keinen Glauben geben könne. Aus diesem Grund hält er in der Klosterbibliothek das verschollen geglaubte zweite Buch der Poetik des Aristoteles über die Komödie versteckt. Er will die Menschheit vor dem Übel des Lachens bewahren. Hahne tritt in dessen Fußstapfen.

5.2 Negative Auswirkungen von Humor und Komik

Humor wird oft als Selbstzweck betrachtet. „Ein Clown, ein Kabarettist, ein Witzeerzähler will Spaß bringen. Vielleicht hat er auch eine Botschaft, die er über den Humor an seine Zuhörer bringen will. Sein Interesse gilt jedoch nicht dem Humor als Katalysator für Entwicklungsschritte."[143]
Unser Interesse gilt jedoch der Frage, ob und wie Humor im Wirtschaftsleben Organisationsziele unterstützen bzw. eine Entwicklung fördern und Ergebnisse erzielen kann. Vice versa geht es in diesem Kapitel darum, inwieweit Humor schädlich wirkt. Diese Effekte wiegen dann schwerer als Hahnes ideologische Kritik.

5.2.1 Humor als Waffe

Humor kann aggressiv sein. Mit Scherzen will man sich oft als überlegen profilieren. Das beginnt schon im Kindesalter, wie die Freiburger Sprachwissenschaftlerin Prof. Dr. Helga Kotthoff feststellte: „Schon im Kindergarten würde durch Angriffe und Gegenangriffe mit Worten klar gemacht, wer der King ist." [144]

---

[143] Holtbernd (2003), S. 196

[144] vgl. http://www.n24.de/boulevard/nus/?a2004012513584584327

Humor wird folglich als Waffe eingesetzt. Wir spielen mit Sinninhalten, welche wir so verdrehen und entstellen können, dass Gelächter entsteht. In der Scherzkommunikation erhält Unsinn allein dadurch einen Sinn, dass er soziale Ordnung in vielerlei Hinsicht reproduziert. Denn nicht jedem Menschen kommt in jeder Situation das Recht zu, dieselbe durch Witz und Humor zu verändern. Sich das Recht zu nehmen, kann dazu missbraucht werden, andere Menschen bewusst zu verletzen. Das Scherzen dient dann lediglich dem Zustandekommen und der Aufrechterhaltung ungleicher Verhältnisse.

So wird aus Humor schnell auch Verlachen, Intrige und Psychoterror, insbesondere am Arbeitsplatz. Verächtlich machender Humor forciert Phänomene wie Stigmatisierung oder das Abstempeln eines Mitmenschen zum Sündenbock.

Hier entsteht ein fließender Übergang vom vermeintlichen Humor zu Mobbing. Mobbing ist eine konfliktbelastete Kommunikation am Arbeitsplatz, unter Kollegen oder zwischen Vorgesetzten und Untergebenen. Dabei ist die angegriffene Person unterlegen und wird systematisch und während längerer Zeit direkt oder indirekt angegriffen. Ziel oder Effekt der Angriffe ist die Ausgrenzung der betroffenen Person. Diese Definition ist sinngemäß in der Gesellschaft gegen psychosozialen Stress und Mobbing (GpsM) e.V. zusammen mit Heinz Leymann entwickelt worden. Vieles in dieser Definition trifft auch auf Humor zu, der gezielt verletzen will. Ich möchte deswegen einige Fakten über Mobbing aufführen und dabei nicht aus den Augen verlieren, dass Humor Tendenzen hat, die im Mobbing verwendet werden.

In Deutschland schätzt man die momentane Zahl der Mobbingbetroffenen auf über 1.000.000 Erwerbstätige (2,7%)[145]

Mobbing am Arbeitsplatz betrifft insofern einen großen Teil der erwerbstätigen Bevölkerung in unserer Gesellschaft. Gerade sarkastische Bemerkungen und das Lächerlichmachen führen dazu, dass ein Individuum ausgeschlossen wird. Mobbing hat weitreichende negative Folgen für die Gesundheit wie auch für die berufliche und private Situation des Opfers. Regelmäßige feindselige Angriffe rufen negative Gefühle und starke Ver-

---

145 vgl. http://de.wikipedia.org/wiki/Mobbing#Verbreitung

unsicherungen bei den Betroffenen hervor, was zumeist nicht ohne Folgen auf ihr Arbeits- und Leistungsverhalten bleibt. „98,7% der deutschen Mobbingopfer geben an, dass sich Mobbing darauf auswirkt. Am häufigsten nennen Opfer laut Mobbing-Report Demotivation (71,9%), starkes Misstrauen (67,9%), Nervosität (60,9%), sozialen Rückzug (58,9%), Ohnmachtsgefühle (57,7%), innere Kündigung (57,3%), Leistungs- und Denkblockaden (57,0%), Selbstzweifel an den eigenen Fähigkeiten (54,3%), Angstzustände (53,2%) und Konzentrationsschwächen (51,5%)."[146]

Die Folgen von Mobbing am Arbeitsplatz betreffen jedoch nicht nur die Opfer, sondern richten auch ökonomischen Schaden auf betrieblicher und gesellschaftlicher Ebene an.

Der oben erwähnte Mobbing-Fachmann Heinz Leymann hat in seinen Forschungen insgesamt 45 verschiedene Mobbing-Handlungen gefunden und sie in fünf Bereiche aufgeteilt. Vor allem der Bereich 'Angriffe auf das soziale Ansehen' schließt Handlungen ein, die das Thema Humor tangieren: Man macht jemanden lächerlich. Man macht sich über eine Behinderung lustig. Man imitiert den Gang, die Stimme oder Gesten, um jemanden lächerlich zu machen. Man macht sich über das Privatleben lustig. Man macht sich über die Nationalität lustig.[147]

Manche dieser Handlungen sind für sich genommen eher harmlos. Eine einmalige Verletzung ist noch kein Mobbing - die erdrückende Gewalt entwickeln solche Handlungen erst, wenn sie systematisch ausgeübt werden und einen Angriff auf die persönliche Würde oder die berufliche Identität darstellen.

Übrigens gibt das Karriere-Journal der Internetstellenbörse monster.de den Rat, es mal mit einer 'Prise Humor' zu probieren, um Intriganten den Wind aus den Segeln zu nehmen. Man sieht: Humor kann falsch und richtig angewendet werden.

---

[146] ebd.

[147] vgl. www.dgb.de/themen/mobbing

5.2.2 Missverständliches Lachen bei interkultureller Zusammenarbeit

Interkulturelle Teams sind darauf angewiesen, dass Aufgaben wie Entwickeln, Planen, Forschen, Berechnen, Diskutieren und Umsetzen sowie das Finden von Lösungen oder Antworten gemeinsam gemeistert werden. Die erzielten Ergebnisse müssen gemäß gemeinsamer Normen, der Logik oder anerkannter Tatsachen von allen Beteiligten als richtig akzeptiert werden. In internationalen Teams kann es dabei durchaus passieren, dass die Mitglieder unterschiedliche Herangehensweisen wählen und der Weg des gemeinsamen Herausfindens einer Lösung komplizierter ist als bei nationalen Teams, da Methoden der Informationssuche und -verarbeitung relativ unterschiedlich sein können. So kann es vorkommen, dass Mitglieder einer Kultur zum Ziel haben, anwendbare und kommerziell vermarktbare Ergebnisse zu generieren, während Angehörige einer anderen im Team vertretenen Kultur den Schwerpunkt auf das Lösen technischer Problemstellungen legen und die Marktfähigkeit der Ergebnisse in den Hintergrund rückt. Diese kulturelle Unterteilung trifft beispielsweise auf Amerikaner, die eher vertriebsorientiert sind, und Franzosen zu, die technisch interessiert sind.[148] Ein Mittelweg lässt sich schwer finden, wenn kulturelle Gepflogenheiten divergieren und unterschiedliche nationale Präferenzen und Werte in internationalen Teams zu Schwierigkeiten bei der Konsensfindung führen.

Des Weiteren ist es in internationalen Teams häufig der Fall, dass eine gemeinsame Teamsprache, die für einige oder alle Mitglieder eine Fremdsprache darstellt, gesprochen wird. Die Mitglieder, deren Muttersprache nicht die Teamsprache ist, haben einen Nachteil, da sie weniger spontan und redegewandt an der Konversation teilnehmen können, als die Native Speakers. Hier kommt die Rolle von Humor zum Tragen: Während gemeinsames Lachen in verfahrenen Situationen oft die Möglichkeit schafft, sich über Entspannung und Sympathie auf der Beziehungsebene auch sachlich wieder anzunähern, kann missverstandener Humor in interkulturellen Teams als

148 vgl. Neff (1995), S. 17

Spott und Verhöhnung aufgefasst werden und somit zur Ausgrenzung und Verschlimmerung der Situation führen.

Das Übertreten von Tabus oder das Verletzen von Schamgrenzen erhöht Spannungen und Skepsis, statt sie aufzulösen. Werden beispielsweise Teile der Aufgabenstellung von Teammitgliedern persiflierend als unnötig oder lästig dargestellt oder machen sie sich darüber lustig, kann das von Teamkollegen aus anderen Kulturen als persönliche Diffamierung empfunden werden. Zum Beispiel hat Umweltschutz von Nation zu Nation oft einen sehr unterschiedlichen Stellenwert. Sind die Meinungen durch die Kultur der Teammitglieder stark gefestigt, kann die 'Belustigung' auf Kosten solcher Themen schwer lösbare Konflikte auslösen.

Gerade die unterschiedlich kulturell geprägten Konfliktlösungsmethoden können zusätzlich zu Missverständnissen und Unstimmigkeiten führen.[149] In manchen Kulturen werden Konflikte z.B. mit einer dritten neutralen Person gelöst oder durch die Festlegung, dass der Teamälteste Diskussionen leiten und in verfahrenen Situationen auch autoritär Entscheidungen treffen darf. Mit diesen Praktiken sind Angehörige anderer Kulturen wiederum nicht vertraut, was zu Problemen im internationalen Team führen kann. Es muss erst ein einheitlicher Konfliktlösungsweg gefunden werden, bevor man an die eigentlich zu lösende Problemstellung herangehen kann. Auch hier erweist sich Humor oft als Stolperstein: Missverständnisse und konträre Motive unter den Mitgliedern des Teams werden dadurch eher verschärft. Der humorvolle und gerade von Europäern oft gewählte Weg, Misserfolge der Projektarbeit durch selbstironische Kommentierung und das lustvolle Sich-lustigmachen über alte Irrwege und Fehlversuche als überwunden und somit gelöst darzustellen, kann auf Asiaten sehr demotivierend wirken. Oft wird lieber Klarheit statt Ironie gewünscht. Mangelnde Klarheit der Aussagen kann bei High Kontext Kulturen entstehen, die wenige Inhalte verbal kommunizieren, da der Kontext relevante Zusätze beinhaltet und Mitteilungen ergänzt; zumindest werden Vertreter von Low Kontext Gesellschaften irritiert sein, da diese ausführliche, informationsreiche

[149] vgl. Hubbard (1999), S. 304

Kommunikation gewohnt sind, wie zum Beispiel Venezuelaner im Gegensatz zu Japanern.[150]
Ein weiteres Augenmerk muss auf den hierarchischen Status der Teammitglieder gerichtet werden. Nicht in allen Teamkonstellationen darf gewitzelt werden. In Gegenwart eines Vorgesetzten oder höherstehenden Mitarbeiters gelten andere Spielregeln als bei homogener Zusammensetzung auf gleicher hierarchischer Ebene. Der berufliche Status ist in verschiedenen Kulturen dabei unterschiedlich wichtig und Angehörige einer bestimmten Profession sind nicht von allen Individuen im Team gleich angesehen und dürfen auch nicht gleich behandelt werden. Über die Bonmots des Chefs darf in allen Kulturen gelacht werden, aber nicht überall über den Chef. Der Vorgesetzte darf sich in der Regel über jeden lustig machen, über den Vorgesetzten sollte man sich umgekehrt nur lustig machen, wenn dies in der Vergangenheit schon sanktionslos geschehen durfte.
Solche Traditionen der Humorkultur erfahren in verschiedenen Kulturen unterschiedliche Ausprägungen. In Deutschland gibt es Vorbilder und kulturelle Rituale für das Lächerlichmachen, die akzeptiert und tradiert werden. Das alljährliche "Politiker-Derblecken" am Nockherberg in München zur Eröffnung der Starkbiersaison beispielsweise geht mit den politischen Machthabern hart ins Gericht. Ein als Bruder Barnabas in Mönchskutte gekleideter Kabarettist übt beißende Kritik an deutschen Spitzenpolitikern, die oftmals selbst im Publikum sitzen und sich trotz der Häme die Predigt persönlich anhören. So sitzt meist der bayerische Ministerpräsident mitsamt seinem Kabinett im Saal. Als weiteres Beispiel seien die Büttenreden erwähnt, die im deutschsprachigen Kulturraum zur Fastnachtszeit zum etablierten Sitzungskarneval gehören. Die meist gereimten und von einem speziellen Rednerpult (der „Bütt“) aus im lokalen Dialekt vorgetragenen Reden gehen auf die mittelalterliche Sitte des 'Rügerechts' zurück, in dessen Rahmen der einfache Mann zur Fastnachtszeit die Herrschenden ungestraft kritisieren durfte. Irgendwann tauchten Büttenred-

150 vgl. Govindarajan, Gupta (2001), S. 65

ner auf, die von Festsaal zu Festsaal zogen und dort von den Veranstaltern ein Entgelt bekamen.
Kritik, als Humor verpackt, hat also Tradition in unserem Kulturkreis - und das nicht erst seit gestern. Schon die alten Griechen nutzten den Humor zur Krisenbewältigung. „Auf dem Olymp im alten Griechenland lachten die Götter. Sie liebten es kurzweilig, trieben Schabernack, auch Ehebruch, selbst niederträchtige Gefühle waren ihnen nicht fremd. Der Mensch der Antike hatte sie nach seinem Ebenbild geschaffen."[151]
Anders bei den Muslimen, wie der Karikaturenstreit im Frühjahr 2006 erschreckend gezeigt hat. Weil europäische Zeitungen Karikaturen über den Propheten Mohammed gedruckt hatten, bezichtigten Gläubige den Westen der Gotteslästerung, überrannten Botschaften und verbrannten Fahnen. Dieser Kulturkampf zeigt, wie sehr sich Abend- und Morgenland in der Wahrnehmung von Satire unterscheiden und wie unterschiedlich Humor interpretiert wird: Auf der einen Seite als zu bekämpfende, blasphemische Respektlosigkeit vor der Religion, auf der anderen Seite als Ausdruck einer Meinungsfreiheit, die als Grundrecht verstanden und geschützt werden muss. Der Spott über das Göttliche entspringt dem modernen Individualismus der europäischen Aufklärung. Durch seinen Witz, durch Sarkasmus und Ironie macht sich der Mensch Gott ebenbürtig. Gerade deshalb verdammen fundamentalistische Muslime schon Ironie als subversiv und sehen Spott als Entweihung des Religiösen. Dass hier keinerlei Annäherung auf intellektueller Ebene möglich ist, liegt auf der Hand. Hier hat Lachen seine versöhnliche und solidarisierende Wirkung verspielt. Wer in einer gereizten Situation in interkulturellen Auseinandersetzungen, die womöglich durch Satire ausgelöst oder noch verschärft worden ist, Humor als soziales Schmiermittel einsetzen will, wird die Verhärtung noch verschlimmern. Witz und Komik werden dann nicht mehr als Kommunikationstechniken wahrgenommen, die entspannen können, sondern als Waffen, die die persönliche Ehre und das jeweils vom anderen stark unterschiedliche Kulturverständnis angreifen sollen.

[151] Bednarz, Dieter et al.: *Tage des Zorns.* in: Der Spiegel 6/2006, Seite 88

Um nicht versehentlich in so eine Situation zu geraten, gibt es mittlerweile Coachs und Trainer, die 'interkulturelle Kompetenz' vermitteln. Sie klären Westeuropäer beispielsweise darüber auf, dass Asiaten sehr viel schneller als Europäer fürchten, durch öffentlich vorgebrachte Kritik ihr Gesicht zu verlieren. Die individuelle Leistung muss also zunächst entsprechend gewürdigt und Änderungen an Arbeiten dürfen nicht als Fehler oder Versäumnis gewertet werden. Asiatische Kollegen fühlen sich durch Ironisierung oder humorvolle Anspielungen leicht bloßgestellt, während deutsche Teammitglieder sich durchaus herausgefordert und angestachelt fühlen.
Umgekehrt bedeutet, so wurde mir von verschiedenen Gesprächspartnern mit reichlich interkultureller Business-Erfahrung berichtet, ein Lächeln eines asiatischen Geschäftspartners nicht unbedingt Wohlwollen, Sympathie oder gar Zustimmung, sondern es stelle lediglich eine Geste der Höflichkeit dar.

5.2.3 Galgenhumor

In interkulturellen Teams ist Humor, wie oben beschrieben, manchmal kontraproduktiv, weil er missverständlich ist und damit zu Divergenzen führt, wo eigentlich Harmonie erreicht werden soll. Gegenüber Außenstehenden ist das aber oft das beabsichtigte Ziel von Humor, nämlich auszugrenzen. Das Lachen innerhalb einer Gruppe versöhnt und schweißt zusammen. Für Gruppenfremde kann es jedoch feindselig klingen.
Diese Erkenntnis wird von der anthropologischen These untermauert, dass das Lachen entstanden sei aus einem Gefühl des befreienden Spannungsabbaus nach einem Kampf auf Leben und Tod, bei dem ein Tier erlegt oder Feinde in die Flucht geschlagen worden sind.[152] Das brüllende, laute Lachen trage der vorhergehenden Anstrengung Rechnung und signalisiere Befreiung und Triumph. „Es mag wohl so sein, dass Lachen immer noch dazu da ist, den Sieg über einen Feind zu feiern; freilich ist das gewöhnlich kein äußerer Feind mehr, sondern

[152] vgl. Hirsch (2001), S. 9

irgendein innerer Gegner, das Gewissen vielleicht oder eine Hemmung, ein moralisches Verbot oder ein unterdrückter Hass."[153] Mit dem Lachen löst sich etwas, das uns physisch oder psychisch stark beansprucht. Man überwindet innere Grenzen, löst Unbewältigtes, verletzt Tabus und Normen. Unterdrücktes, Triebhaftes darf artikuliert werden, das sonst keinen Raum bekommt. Im betrieblichen Kontext kann dies auch die Angst vor dem Arbeitsplatzverlust oder einer drohenden Unternehmensinsolvenz sein. Insofern ist beispielsweise ein Witz, über den wir herzhaft lachen, ein Schlüssel zu seelischen Vorgängen und Problemen. Das Lachen hat etwas Befreiendes an sich, weil es das Besiegen eines Gegners symbolisiert.
Das bedeutet aber auch, dass selbst da noch gelacht wird, wo der Kampf schon verloren ist oder man ihn verloren glaubt und nur deshalb noch lacht, weil man dies als Überlegenheitsgeste nutzt, um das Gesicht nicht zu verlieren. In Krisenzeiten, in denen in Firmen regelrechte Untergangsstimmung herrscht, entwickeln Abteilungen oft einen Galgenhumor, der alle Maßnahmen des Managements zur Rettung des Unternehmens konterkariert und aufkeimende Hoffnung verpuffen lässt. Spott und Hohn, Sarkasmus und Parodie machen dann jeden innovativen Geist und jegliche Motivation zunichte.

Der Galgenhumor deutet eine ausweglose Situation an: Ein Witz über die eigene Zukunft, der von einem zum Tode Verurteilten im Anblick des Galgens gerissen wird, ist definitiv Galgenhumor, aber auch Witze von gerade gekündigten Menschen über ihre Situation werden als Galgenhumor angesehen. Darunter sind all die Bemerkungen und Witze zu verstehen, die Ausweglosigkeit und Unveränderbarkeit der jeweiligen Situation zum Ausdruck bringen. Im Gegensatz zum schwarzen Humor wird dieser jedoch von den Betroffenen selbst gemacht. Humor macht normalerweise allein durch die Tatsache Mut, dass sich durch Veränderung des Betrachtungswinkels Chancen und Alternativen im wahrsten Sinne des Wortes auftun. Galgenhumor löst keinerlei Veränderungsbereitschaft mehr aus, sondern dient der Selbstdarstellung. Man bemitleidet und

153 ebd.

feiert sich selbst, da man dem Untergang so vorausschauend und tapfer entgegenblickt. Ändern kann oder will man eh nichts mehr.

6. Humor und Arbeitswelt

Mit dem folgenden Teil sollen zwei Dinge erreicht werden. Zum einen soll Anspruch und Wirklichkeit vom 'Humor am Arbeitsplatz' in der deutschen Wirtschaftswelt untersucht und verglichen werden. Zum anderen soll an einzelnen Beispielen exemplarisch der Einsatz von Humor hinsichtlich seiner Wirksamkeit dargestellt werden. Beim Thema Humor treten dabei, sofern man empirisch arbeiten will, forschungspraktische Probleme auf: Humor ist eine so positive menschliche Eigenschaft, dass nahezu jeder als humorvoller Mensch gesehen werden will und sich auch in dem Umfeld, in dem er tätig ist, als Förderer von Humor und guter Laune einschätzt. Bei Umfragen nach den Lebensmaximen, bei denen sich Befragte selbst einschätzen müssen hinsichtlich ihren Einstellungen bezüglich Durchsetzungskraft, Risikofreude, Anpassungsfähigkeit etc., erhält die Aussage, dass man 'gesellig und fröhlich' sei, den größten Zuspruch.[154]
Wer Humor im Wirtschaftsleben analysieren will und in Organisationen Mitglieder nach deren eigener Humorbereitschaft und -fähigkeit fragt, wird also eher das sozial erwünschte Profil mitgeteilt bekommen als eine objektive Einschätzung. Selbst- und Fremdwahrnehmung weichen voneinander ab. Um die kulturellen und sozialen Denksysteme einer Organisation objektiv beurteilen und analysieren zu können, konzentriere ich mich zunächst auf Inhaltsanalysen aus Stellenanzeigen und Firmendokumenten sowie Werbeanzeigen.
Die Inhaltsanalyse ist im besonderen Maße geeignet, bei einer repräsentativen Auswahl von Texten „die Häufigkeit des Vorkommens und die Bedeutung gewisser gewichtiger Themen festzustellen."[155] Ob Humor in Organisationen kontinuierlich eine Rolle spielt, lässt sich folglich daran ablesen, wie häufig und in welchem Zusammenhang dieser Begriff oder seine Synonyme in aussagekräftigen Texten über die Organisation verwendet werden.

---

[154] vgl. Noelle-Neumann, Köcher (1993), S. 39f

[155] König (1974), S. 258

Ich vergleiche Stellenanzeigen und Arbeitsplatzbeschreibungen aus Qualitätshandbüchern, also Stellenausschreibungen und Stellenbeschreibungen, indem ich nach den gleichen Schlüsselbegriffen suche, die Anhaltspunkte dafür sein können, dass Humor oder Lachen wirklich gefragt ist. Stellenanzeigen wurden über einen festgelegten Erhebungszeitraum aus dem Internet ausgewählt, weil dies einen überregionalen, branchenübergreifenden Einblick ermöglichte. Für die Stellenbeschreibungen habe ich Qualitätshandbücher ausgewertet, wie sie im Zuge von Zertifizierungsverfahren für jeden Arbeitsplatz zur Beschreibung einzelner Arbeitsabläufe erstellt werden. Hierbei habe ich die Deutsche Gesellschaft für Qualität e.V. und die LGA Training & Consulting GmbH gebeten, ebenfalls eine Stichwortsuche bei allen verfügbaren Audit-Dokumenten aus dem selben Untersuchungszeitraum wie bei den Stellenanzeigen vorzunehmen. Darüber hinaus wird ein weiteres Augenmerk auf Arbeitszeugnisse und Werbeunterlagen gelegt, um der Frage nach der Bedeutung von Humor nachgehen zu können.
Da es bei dem Thema Humor im Wirtschaftsleben nicht nur um einzelne Arbeitsplätze geht, wie sie durch Stellenanzeigen und Qualitätshandbücher dokumentiert werden, sondern um Unternehmensabläufe und -prozesse, die ganze Gruppen, Abteilungen und Unternehmenseinheiten betreffen, schließen sich diesen Analysen Einzelfallstudien an. Hier geht es um die Beschreibung von Maßnahmen in Unternehmen, die gezielt Lachen auslösen sollen. Hier steht die Frage im Vordergrund, ob und in welchem Maße es gelingt, Humor dazu zu nutzen, vorher definierte unternehmerische Ziele zu erreichen. Die Einzelfalldarstellungen dienen letztendlich als Vorlage für die Konstruktion eines idealtypischen Einsatzes von Humor, wie er im letzten Kapitel vorgenommen wird.

6.1 Inhaltsanalysen

Unter dem Begriff 'content analysis' wurden in den 20er und 30er Jahren des 20. Jahrhunderts in den USA durch Paul F. Lazarsfeld und Harold D. Lasswell die kommunikationswissenschaftlichen Grundlagen einer quantitativ orientierten Analyse von Medien gelegt. Danach erfolgte eine interdisziplinäre Erweiterung und Differenzierung, so dass sich der methodische Ansatz auch auf Linguistik, Psychologie, Soziologie, Geschichtswissenschaft und Kunstwissenschaften ausweitete. Normalerweise werden Kommunikationsinhalte bei einer konventionellen quantitativen Inhaltsanalyse nach festgelegten Regeln in Kategorien klassifiziert und anschließend kodifiziert, um statistische Angaben über Häufigkeitsverteilungen machen zu können. Die meisten Verfahren der herkömmlichen quantitativen Inhaltsanalyse beruhen darauf, das Auftreten bestimmter Worte zu erfassen, zu quantifizieren und zu zählen. Dabei werden für jede Dimension Analysekategorien entwickelt, denen das vorliegende Material zugeordnet wird. Auf dieser Basis erfolgt die statistische Auswertung. Die qualitative Inhaltsanalyse bezieht auch Kommunikationsinhalte, die nicht explizit ausgesprochen werden, in die Analyse ein. Durch eine systematische Interpretation wird die inhaltliche Bedeutung von Aussagen ermittelt, ohne das Material auf quantifizierbare Aussagen zu reduzieren. Dabei wird zunächst nach Sichtung des Materials ein System von Kategorien festgelegt, anhand dessen durch die interpretativen Techniken der Zusammenfassung, Explikation oder Strukturierung Aussagen aus dem Text herausgefiltert werden.

Diese kurze Definition der Gegensätze zwischen 'qualitativen' und 'quantitativen' Verfahren soll zeigen, dass beim Thema Lachen, Humor und Komik ein quantitatives Verfahren nur teilweise Sinn macht. Humor lässt sich nicht daran erkennen und messen, wie oft bestimmte Worte vorkommen. Lediglich bei der Analyse von Stellenanzeigen und Arbeitsplatzbeschreibungen wurde rein quantitativ nach Suchworten vorgegangen, um die sehr große Datenmenge bewältigen zu können. Bei allen anderen Texten bin ich von der Voraussetzung ausgegangen, dass Aussagen humorvoll, witzig, doppeldeutig, satirisch, frech, augenzwinkernd gemeint oder spöttisch sein können, ohne dass dies an einzelnen Begriffen, Wendungen oder Satzkonstruktionen festgemacht werden kann. Dies gilt im Besonderen für die untersuchte Werbung.

Humor ist oft etwas Subtiles, Zartes. Gerade im Wirtschaftsleben wird nicht das brüllend Komische und die schenkelklopfende Ausgelassenheit angestrebt sein, sondern geistvoller Esprit und intelligenter Witz. Insofern muss man die Stellen, die Humor transportieren, erklären und interpretieren. Oft wird erst durch die Bezugnahme auf andere Texte das Humoristische transparent. Wenn beispielsweise in einem firmeninternen Schreiben der Slogan eines Mitbewerbers persifliert wird oder als Tagungsmotto bekannte Film- oder Buchtitel herangezogen oder leicht modifiziert werden, so ist das Originelle und Witzige daran nicht feststellbar, wenn der ursprüngliche Bezug nicht bekannt ist und erkannt wird.
Hier sind mir meine Recherchen bei den Briefings als Kabarettist für meine Firmenauftritte eine sach- und lachdienliche Quelle, um diese Querverweise und Hintergründe zu erschließen. Bei den Einzefallanalysen versuche ich folglich, eine eher hermeneutische Analyse des Einsatzes von Humor vorzunehmen, ohne Plattitüden abzuliefern. Es geht nicht darum, beispielsweise in Unternehmensleitbildern Sätze aufzuspüren wie 'Uns macht die Arbeit Spaß', sondern Formulierungen und Formen zu finden, die davon Zeugnis ablegen, wieviel Spaß die Arbeit tatsächlich macht. Also nicht 'Spaß' als Vokabel, sondern als Ausdrucksmittel hat Aussagekraft.
Von den Möglichkeiten einer qualitativen Inhaltsanalyse, wie sie Mayring[156] unterschieden hat, ist für die Zwecke dieser Untersuchung die explizierende Inhaltsanalyse geeignet, dem Thema Humor gerecht zu werden und nachzuspüren. Diese Methode untersucht Inhalte unter Hinzuziehung sonstiger Materialien und ergänzender Informationen, um Bedeutungsebenen herauszuarbeiten und transparent zu machen.

---

[156] vgl. Mayring (1997). Mayring unterscheidet vier Formen der qualitativen Inhaltsanalyse.

1. Die zusammenfassende Inhaltsanalyse, die das Textmaterial zu einem Kurztext unter Beibehaltung der wesentlichen Inhalte reduziert.
2. Die induktive Kategorienbildung, die Entwicklung von Kategorien (oder Codes) anhand des Textmaterials, unter die Inhalte oder sonstigen Textmerkmale subsumiert werden können.
3. Die explizierende Inhaltsanalyse, die versucht, die untersuchten Inhalte so gut wie möglich - auch unter Hinzuziehung sonstigen Materials, Hintergrundwissens usw. – verständlich zu machen.
4. Die strukturierende Inhaltsanalyse, die das Textmaterial unter bestimmten Kriterien analysiert, um spezifische Aspekte besonders herauszuheben.

6.1.1 Auswahl der Dokumente

Diese Untersuchung erhebt nicht den Anspruch, repräsentativ alle Branchen, Organisationsformen von Unternehmen und Betriebsgrößen abzubilden. Es wird aber der Versuch unternommen, möglichst viele Facetten des Berufslebens aus Organisationen in Deutschland widerzuspiegeln. Insofern sind kleine mittelständische Unternehmen genauso berücksichtigt wie Weltkonzerne, Dienstleister werden analysiert wie das produzierende Gewerbe. Die Unternehmenskulturen von Freiberuflern und Selbständigen stehen neben denen von Firmen mit Kammerzugehörigkeiten. Personengesellschaften sind vertreten und Aktiengesellschaften.
Das untersuchte Material entstammt dem Zeitraum Ende 1999 bis Anfang 2006, umfasst also die erste Hälfte der ersten Dekade im 21. Jahrhundert. Es soll folglich keine historische Entwicklung oder Veränderung untersucht werden, sondern eine Momentaufnahme der jetzigen Situation im Wirtschaftsleben erfolgen. Bei der Schnelllebigkeit von Managementmethoden und -modellen ist damit nur eine Analyse der gegenwärtigen Situation möglich.

6.1.2 Stellenanzeigen

Immer mehr Unternehmen erkennen die Zusammenhänge zwischen guter Laune und unternehmerischen Erfolgen. Das Lachen wird dann gezielt nutzen. Die US-Fluggesellschaft Southwest Airlines etwa, eines der erfolgreichsten Unternehmen in der amerikanischen Luftfahrtgeschichte, erkannte die subtilen Querverbindungen zwischen Humor, Kreativität und Produktivität früher als viele andere und setzt sie besonders systematisch für sich ein.
„Wer sich um einen Job bei Southwest Airlines bewirbt, wird schon im Bewerbungsgespräch nach seinem Sinn für Humor befragt und muss darlegen, wie er ihn in der Arbeitsumgebung einzusetzen gedenkt. Wem dazu nichts einfällt, der braucht sich keine Hoffnungen auf einen Arbeitsvertrag zu ma-

chen."[157] Die Airline räumt dem Humor ihrer Mitarbeiter mehr Bedeutung ein als luxuriösen Ausstattungsdetails an Bord. Der Erfolg ist nachweisbar: Seit 30 Jahren fliegt die Gesellschaft ununterbrochen Gewinne ein und hatte noch nie eine betriebsbedingte Kündigung.

Wenn Sinn für Humor nachweislich gewinnbringend für ein Unternehmen ist, so stellt sich die Frage, wie oft diese Fähigkeit schon bei Stellenangeboten explizit angefragt wird. Um dies zu untersuchen, habe ich in den größten deutschen Internetjobbörsen gezielt nach den Suchbegriffen 'Humor', 'Spaß', 'Lustig' und 'Laune' gefahndet. Auf das naheliegende Wort "Lachen" musste leider verzichtet werden. Zwar wies es eine Trefferquote von 129 Fundstellen auf, aber die Stichproben zeigten, dass hier stets nur von „flachen Hierarchien" gesprochen worden ist, in denen sich 'lachen' als Wortbestandteil versteckt hielt.

Der Untersuchungszeitraum umfasst den Januar 2005. Analysiert wurden 19 Jobbörsen, die insgesamt 126.445 Stellenangebote veröffentlicht hatten. Die Stellen verteilten sich auf die verschiedenen Branchen wie folgt (jeweilige Zahl der Stellenangebote in Klammern):

Architektur / Bauwesen (807),
Handel / Verkauf / Vertrieb (12.386),
Aus- und Weiterbildung (1.826),
Ingenieurwesen / Technik (15.984),
Banken / Finanzdienstleister (7.140) ,
IT / Telekommunikation (12.635),
Beratung / Consulting (8.327),
Leitung / Management (4.002),
Berufseinstieg / Trainee (1.057),
Marketing / PR / Werbung (6.017),
Biologie / Chemie / Pharma (2.445),
Medizin / Sozialwesen (1.549),
Büro / Sekretariat (5.534),
Öffentlicher Dienst / Verwaltung (4.625),
Design / Grafik / Medien (2.898),
Personalwesen (3.726),

---

[157] Christian Deysson: *"Lachen Sie!"* in Wirtschaftswoche Nr. 10/2003

Einkauf / Logistik / Materialwirtschaft (4.942),
Recht / Steuern (3.213),
Entwicklung / Forschung (5.708),
Transport / Verkehr (2.048),
Ernährung (185)
Versicherungen (5.127),
Finanz- und Rechnungswesen (7.900)
sonstige Berufsfelder (3.721),
Gastronomie / Hotel / Tourismus (2.643)

Der folgenden Liste ist die Verteilung der Suchbegriffe, aufgelistet nach Jobbörsen zu entnehmen.

Jobbörse	Treffer der Suchbegriffe			
	Humor	Spaß	Lustig	Laune
Jobware	1	0	0	0
stellenanzeigen.de	2	118	0	3
StepStone	12	252	3	5
JobScout24	19	730	2	4
jobpilot	76	124	0	15
Monster	112	1000	0	18
hotel-career.de	21	240	2	8
sueddeutsche.de	11	75	0	0
jobsintown.de	0	25	0	0
DIE ZEIT	0	2	0	0
Michael Page	0	3	0	0
ingenieurkarriere.de	0	21	0	6
Junge Karriere	0	0	0	0
Handelsblatt	0	1	0	0
Top Arbeitgeber	0	3	0	0
medienhandbuch.de	0	22	0	1
Unister.de	0	3	0	0
Tagesspiegel	0	4	0	0
UNICUM.de	0	0	0	0
"TREFFER" Summe der Stellenangebote:	254	2623	7	60

Bei Stellenanzeigen, in denen Humor als Stichwort auftauchte, wurde dies meist als Soft Skill neben Qualifikationskriterien genannt, die Ausbildung, Erfahrung und Themenportfolio beinhalten.
Typische Aussagen lauten meist wie folgt: „Am besten passen Sie in unser Team, wenn Sie durch sicheres Auftreten, Eigeninitiative und Flexibilität überzeugen und auch eine Portion Humor haben." Dieses Zitat entstammt einer Anzeige der Personalberatung Staufenbiel mit der Überschrift „Berufschance: Innovative Managementberatung"[158], mit der Staufenbiel im Auftrag eines Kunden einen Consultant sucht.
Fast wortgleich sucht die Vedior Personaldienstleistungen GmbH einen Vertriebsassistenten mit folgender Passage: „Eine gute Portion Humor rundet Ihr Profil ab."[159]
Aber auch Ingenieure in der Luft- und Raumfahrttechnik sollten zu Späßen aufgelegt sein: „Wenn Einsatzbereitschaft ebenso zu Ihren Stärken gehört wie Teamgeist und Humor, dann freuen wir uns auf Ihre Bewerbung." Dies zumindest verlangt die Aeroconseil Germany GmbH.[160] Wo nicht Humor produziert werden soll, wird zumindest „und nicht zuletzt: Sinn für Humor" verlangt, zumindest von der Xerox GmbH für einen zukünftigen Sales Assistenten.[161]
Gute Laune wird vor allem dann verlangt, wenn sie normalerweise aufgrund von Stress abhanden kommt. Exemplarisch für viele andere sucht beispielsweise die Manpower GmbH & Co. KG Personaldienstleistungen eine/n Bankkaufmann/Bankkauffrau in München mit dieser Fähigkeit: „Sie verfügen über eine gute Kommunikationsfähigkeit, arbeiten selbständig, sorgfältig und bewahren auch in stressigen Situationen den Überblick und Ihre gute Laune."[162]
Schluss mit lustig ist übrigens bei dem Stichwort 'lustig'. Denn wer hier hofft auf Spaßkultur zu stoßen, muss leider feststel-

[158] vgl. Jobangebot "Jobware - JW-05874"
[159] vgl. Jobangebot "www.stepstone.de"
[160] vgl. Jobangebot "http://jobsuche.monster.de"
[161] vgl. Jobangebot "http://jobsuche.monster.de"
[162] vgl. Jobangebot "http://www.stepstone.de - Referenznummer MP058021537"

len, weit entfernt vom Ziel zu sein: Gesucht werden lediglich Bewerber, die 'reiselustig' sind.[163]

Reduziert man also die Auswahl um all die Jobangebote, die 'Lustiges' suchen oder bieten und schränkt man weiterhin ein, dass die gesuchte 'gute Laune' als Charaktereigenschaft von Stellenbewerbern nicht unbedingt heißen muss, dass man mit häufigem Lachen konfrontiert werden möchte, sondern dass vielmehr sichergestellt sein soll, dass hohe Arbeitsbelastung kein mürrisches Gesicht hinterlässt, so ist die Ausbeute sehr mager.

Nur 2,3 Prozent der 126.445 Stellenangebote erwähnen explizit, dass Arbeit etwas mit Humor und Spaß zu tun haben sollte. Gesucht werden also in erster Linie Qualifikationen auf fachlicher Ebene. Als Auswahlkriterium geeigneter Bewerber für eine offene Stelle spielt Humor so gut wie keine Rolle. Dennoch bestätigten mir Personalchefs, -berater und Consultants, dass bei gleicher Qualifikation meist derjenige den Job bekommt, der über mehr Humor verfüge.

Am Rande von Briefinggesprächen für Auftritte von mir haben mir Führungskräfte von Kienbaum Consultants erklärt, dass Humor mit steigender Position in einem Unternehmen eine zunehmend wichtige Rolle spiele. Kienbaum ist eine der führenden deutschen Personalberatungsfirmen, die mit Headhuntern für Auftraggeber nach geeigneten Kandidaten für Positionen im Topmanagement sucht. In einem mehrstufigen Auswahlverfahren werden nach fachlicher Eignung auch Persönlichkeitseigenschaften abgefragt. Es gebe zwar keine objektiven Kriterien, die Qualität von Humor zu bemessen, aber Personalberater würden anhand ihres persönlichen Eindrucks nach einem Gespräch und einem nicht näher analysierbaren Bauchgefühl humorvollen Menschen immer den Vorzug geben.

Weiter erklärte man mir, dass Stellenanzeigen nicht nur für die jeweiligen Bewerber einer offenen Stelle getextet werden, sondern darüber hinaus für jeden Leser ein gewisses Image der werbenden Firma vermitteln sollen. Insofern legen die meisten Unternehmen großen Wert auf Seriosität und den Eindruck,

---

[163] vgl. Jobangebot "JobScout24 - 08.2004.WE10"

dass nur hochqualifizierte Mitarbeiter in motivierten Teams dort beschäftigt seien und gesucht werden. Immerhin will man Kunden erstklassige Produkte oder Dienstleistungen verkaufen. Wenn das Lachen eine große Rolle spiele, ließe sich das schwerer vermitteln.

6.1.3 Qualitätshandbücher

Wenden wir unseren Blick nun Unterlagen zu, die nicht für die externe Kommunikation gedacht sind. Hier interessieren Einblicke in die konkrete Arbeitssituation und die Beschreibung von Arbeitsabläufen, um bemessen zu können, ob Humor hier überhaupt Raum bekommt und gefördert wird oder gefordert ist.

Unternehmen, die ihre gleichbleibend hohe Produktions- oder Arbeitsqualität sicherstellen und dem Kunden garantieren wollen, lassen sich zertifizieren. Innerhalb solcher Zertifizierungsverfahren nach DIN ISO 9000f werden alle Arbeitsabläufe analysiert und detailliert beschrieben.

„Das Herzstück eines nach ISO 9000 aufgebauten QS-Systems bildet das QS-Handbuch. Von der Qualitätsphilosophie über Verteilerlisten und Dokumentationen bis hin zu den Einzelheiten und Ablaufdiagrammen spezieller Prozeduren ist hier alles enthalten."[164]

Das Handbuch bildet sozusagen alle Prozessabläufe eines Unternehmens ab und beschreibt sämtliche Aufgaben und Zuständigkeiten jedes einzelnen Arbeitsplatzes. Wenn Humor struktureller Bestandteil spezifischer Prozeduren von Organisationsteilen sein soll, so müsste das im Qualitätshandbuch festgehalten sein oder dort dokumentiert werden.

Diese Überlegung veranlasste mich zunächst, mit Auditoren zu sprechen, die das Qualitätsmanagement bei BMW-Niederlassungen umsetzen und zertifizieren mussten. Der Automobilhersteller BMW ist für unsere Untersuchung insofern interessant, als der Slogan "Freude am Fahren" den Spaßaspekt sportlicher Mobilität in den Vordergrund rückt und nicht

---

[164] Glaap (1993), S. 83

etwa technologische oder sicherheitsrelevante Aspekte. Da Spaß bzw. Freude konkret verbalisierte Begriffe sind, die Kunden mit BMW assoziieren sollen, könnten Mitarbeiter oder Repräsentanten dieser Marke im besonderen Maße angehalten sein, in ihrem Verhalten und ihrer Kommunikation dies auch mit Leben zu füllen. Das QM-Verfahren bei BMW ist laut der unternehmensinternen Auditoren strenger und schärfer als Zertifizierungsmaßnahmen nach ISO 9000f. Bei Briefinggesprächen mit Mitarbeitern aus den Niederlassungen Stuttgart, Hamburg und Hannover wurde mir bestätigt, dass sowohl Strenge der Vorgaben, Kontrolle der Umsetzung als auch der Umgangston keinerlei Zweifel daran ließen, dass „das Ganze kein Spaß sei". Die Auditoren, die für etwa jeweils zwei Monate in den Niederlassungen vor Ort als Projektleiter eingesetzt waren, galten als „scharfe Hunde", „Inquisitoren" und „Spielverderber". So wurde es mir beschrieben, als ich an Briefings anlässlich interner Feiern zu abgeschlossenen QM-Maßnahmen teilnehmen konnte.
Doch unabhängig vom Zustandekommen der Ergebnisse zählt der Inhalt. Die zu erfüllenden Leistungsvorgaben in Hinblick auf Qualität, Sicherheit, Kundenorientierung und Umweltschutz beinhalteten jedoch keinerlei Hinweis darauf, ob und wie "Freude am Fahren" durch vorgelebte Freude im Autohaus vermittelt werden soll. Zwar durfte ich in die BMW-Handbücher keinen Einblick nehmen, da es vertrauliche Unterlagen sind, die auch einen Wettbewerbsvorteil gegenüber Mitbewerbern darstellen, doch wurde mir berichtet, dass beim BMW-Qualitätsmanagement nur Prozesse berücksichtigt werden, die quantifizierbare Leistungsmerkmale hinsichtlich des Einsatzes von Manpower, Material und Servicetätigkeiten benennen. Es gehe nicht darum, Arbeitsabläufe so zu gestalten, dass sie Freude bereiten und Humor entstehen oder verwirklichen lassen, sondern sie so zu standardisieren, dass eine gleichbleibend hohe Qualität erzielt werden kann.
Ich wandte mich an die Deutsche Gesellschaft für Qualität e.V. und die LGA Training & Consulting GmbH mit der Bitte, eine Stichwortsuche, wie ich sie zur Analyse von Stellenanzeigen vorgenommen habe, bei verfügbaren Audit-Dokumenten aus dem selben Untersuchungszeitraum vorzunehmen. Die Such-

wortrecherche in den zur Verfügung stehenden Unterlagen eines Auditors, der über 120 Unternehmen in den letzten fünf Jahren im Zuge der Einführung von Qualitätsmanagementsystemen betreute, war ernüchternd. Der Begriff Humor sowie die für die Analyse der Stellenanzeigen gewählten Synonyme 'Spass', 'Lustig' und 'Laune' kommen schlichtweg nicht vor bei der Beschreibung von Arbeitsabläufen in Unternehmen.

Zwar gebe es in vielen der betreuten Unternehmen zum Beispiel Teeküchen und Etagenkopierer, die Inseln der humorvollen Kommunikation seien, auch würde bei Meetings gescherzt und gelacht, und die Unterredungen in Abteilungen wären begleitet von Schabernack und komischen Momenten, wie mir der Auditor aus eigener Erfahrung berichtete, doch finden diese Formen der zwischenmenschlichen Kommunikation keinen Widerhall in den Dokumenten. Humor wird nicht als notwendiger Bestandteil zur Erfüllung spezifischer Aufgaben gesehen, deswegen muss er nicht dokumentiert werden. Dies sei aber auch nicht bei anderen Motivationsmaßnahmen der Fall, sofern sie nicht Bausteine des Fortbildungswesens oder der Qualifizierungsmaßnahmen für die Mitarbeiter sind. In den sehr kurz gehaltenen Beschreibungen der Qualitätshandbücher reduziert man Arbeit auf die Schritte, die zwingend notwendig sind, um vorgegebenen Ziele zu erreichen. Das 'Was' wird detailliert beschrieben, um es quantifizieren und kontrollieren zu können, nicht aber das 'Wie'.

Dies ist umso überraschender, als eine Revision der ISO 9000 Reihe im Jahre 2000 dazu beitragen sollte, Unternehmen „auf die relevanten, markt- und kundenorientierten Abläufe auszurichten und damit Sicherheit, Flexibilität und Effektivität (zu) gewährleisten."[165] Dazu wurden acht Managementprinzipien definiert, die das Erreichen von Zielen ermöglichen sollen. 'Kundenorientierung' ist eine dieser acht Prinzipien und wird folgendermaßen beschrieben: „Die jetzigen und die künftigen Erfordernisse der Kunden verstehen, die Kundenforderungen

[165] vgl. "*Die Revision*", Infobroschüre des Verbandes akkreditierter Zertifizierungsgesellschaften e.V.

erfüllen und das Bestreben, die Erwartungen der Kunden zu übertreffen. "[166]
Kundenzufriedenheit war vor dem Jahr 2000 kein Kriterium der ISO 9000 Normenfamilie. Außerdem wurde in den Jahren zuvor weder ein prozessorientierter Ansatz verfolgt, noch konnten andere Managementsysteme integriert werden. Nun aber steht Nutzenorientierung statt blinder Normerfüllung im Mittelpunkt. Qualitätsmanagement berücksichtigt insofern auch merkmalbezogene Begriffe wie 'Höflichkeit', 'Ehrlichkeit', 'Wahrheitsliebe'. Gerade die LGA Training & Consulting GmbH ist bemüht, die Servicequalität zu fördern: „Kundenbegeisterung ist heutzutage oft das Entscheidungskriterium zwischen Erfolg oder Misserfolg. Dafür nehmen wir alles unter die Lupe, was Ihrer Dienstleistung zu Exzellenz verhilft. Vom Lächeln Ihrer Mitarbeiter bis zur Unternehmensführung."[167]
Das Lächeln der Mitarbeiter ruft aber nicht das Thema Humor auf den Plan: Lediglich fachliche und persönliche Kompetenzen werden abgefragt und eine Kunden- sowie Mitarbeiterbefragung durchgeführt. Daraus erstellt man eine Bestandsaufnahme mit einem Empfehlungsbericht. Schließlich wird die Umsetzung der Handlungsempfehlungen in einem Audit überprüft.
Für dieses Prüf- und Zertifizierungsverfahren spielt Humor am Arbeitsplatz als dokumentierwürdiges Verhalten immer noch keine Rolle.

6.1.4 Arbeitszeugnisse

Sollte Humor eine Eigenschaft sein, von der sich Vorgesetzte eine positive Wirkung auf betriebliche Abläufe versprechen, so ist auch eine Analyse von Arbeitszeugnissen aufschlussreich. Hier besteht immerhin die Möglichkeit, einem Mitarbeiter die Förderung eines humorvollen Arbeitsklimas zu attestieren oder das Thema Humor mit persönlichen Qualifikationen in Verbindung zu bringen. Bei der Interpretation von Arbeitszeugnissen

---

166 ebd.

167 vgl. http://www.lga.de/de/tc/premium_service.shtml

muss vorausgeschickt werden, dass jeder Arbeitnehmer in Deutschland ein Recht auf eine faire und objektive Beurteilung seiner Leistungen hat. So legt es das Bürgerliche Gesetzbuch zumindest fest. Negative Formulierungen sind dabei unzulässig, – so haben mehrere Gerichte entschieden.
Personalchefs haben deshalb eine Art verklausulierten Code entwickelt, mit dem sie ungünstige Beurteilungen möglichst positiv klingen lassen können.
Unter www.arbeitszeugnis-info.de bietet die Private Wirtschafts Akademie Feldafing (W.A.F.) Informationen im Bereich Wirtschaft, Wissenschaft und Verwaltung. Auf einer Seite wird der „Geheimcode" der Arbeitgeber bei Zeugniserteilungen entschlüsselt. Als Übersetzung gängiger Formulierungen werden folgende Vorschläge geboten:
Steht im Zeugnistext beispielsweise "Wir lernten ihn als umgänglichen Kollegen kennen", so bedeutet dies laut Übersetzung der W.A.F.: „Viele Mitarbeiter sahen ihn lieber von hinten als von vorn." Wenn direkt gute Laune angesprochen wird, so kann man in Zeugnissen beispielsweise lesen: „Durch seine Geselligkeit trug er zur Verbesserung des Betriebsklimas bei." Im Klartext heißt dies gemäß W.A.F.: „Er neigt zu übertriebenem Alkoholgenuss."
Mit dieser Interpretation erscheint Humorfähigkeit schlagartig in einem völlig anderen Licht.
Weitere Beispiele für Formulierungen und deren wahre Bedeutung findet man unter www.arbeitzeugnis.de. Zum Herunterladen wird hier die „Geheimcode-Liste von arbeitszeugnis.de" angeboten. Hier finden sich folgende Einträge, die auf unser Thema passen:
„Im Umgang mit Kollegen und Vorgesetzten zeigt er durchweg eine erfrischende Offenheit (= Er war sehr vorlaut)"
„Bei Kunden war er schnell beliebt (= Er machte viele Zugeständnisse, besitzt keine Verhandlungsstärke)"
„Er praktizierte einen kooperativen Führungsstil und war deshalb von seinen Mitarbeitern sehr geschätzt (= Er kann sich nicht durchsetzen)" In den Check- und Vorschlagslisten, die in dem Handbuch 'Arbeitszeugnisse richtig schreiben und be-

werten'[168] für das Verfassen eines Arbeitszeugnisses gegeben werden, sind Formulierungen in Abstufung der Leistungen und Qualitäten eines Mitarbeiters als Empfehlungen enthalten. Unter der Rubrik 'Verhalten/Zusammenarbeit' finden sich in den Textbausteinen zur Würdigung der bestmöglichen Beurteilung Passagen wie „natürliche Freundlichkeit und Offenheit", „sehr sicher und bestimmt", „versteht es sehr gut anzuleiten" oder „weiß, wann er/sie sich einordnen und wann sie/er sich durchsetzen muss".
Das Verhalten findet dann höchste Anerkennung, wenn der Mitarbeiter „stets hilfsbereit und aufgeschlossen" ist, er „korrekt und beherrscht" ist oder „hilfsbereit, kameradschaftlich und sich für Andere einsetzt". Es ist außerdem erwünscht, wenn er „den nötigen Abstand" hält und er gerecht ist. Humor findet keinerlei Erwähnung und harmoniert eher nicht mit den genannten Tugenden. Bedenkt man, dass das qualifizierte Arbeitszeugnis mit der Beurteilung der Leistung und des Verhaltens bei einer möglichen Neubewerbung eine entscheidende Rolle spielen kann, ist es bei kritischer Würdigung obiger Beispiele eher nachteilig, wenn über den Humor und die Qualitäten als Spaßvermittler eines Mitarbeiters ein Vermerk im Arbeitszeugnis steht. In der Beurteilung eines Mitarbeiters durch einen Vorgesetzten scheinen Qualitäten wie Arbeitseifer, Leistungsfähigkeit und Effizienz eher abgeschwächt zu werden, wenn jemand oft lachend angetroffen worden ist.

Arbeitszeugnisse sind zumeist der einzige Nachweis für die Leistungen in vergangenen Arbeitsverhältnissen. Ruft man sich ins Gedächtnis, dass „Sinn für Humor" bei einigen wenigen Stellenanzeigen noch gewünscht war, kann es nur überraschen, dass diese Eigenschaft in Arbeitzeugnissen überhaupt keine positive Erwähnung mehr findet.
Die Bedeutung von Arbeitszeugnissen steigt mit den Anforderungen der Stelle und Qualifikation, so dass kein Bankangestellter oder Versicherungskaufmann seinen Arbeitsplatz ohne entsprechende Zeugnisse wird wechseln können. Am entscheidendsten wirken sich die Zeugnisse bei Führungskräf-

---

168 vgl. Sabel (1998)

ten im mittleren Management aus, so die Meinung der Autoren in den einschlägigen Internetseiten über Arbeitszeugnisse. Gerade Führungspositionen verlangen eine hohe Belastbarkeit und die Fähigkeiten, Teams auch in schwierigen Situationen 'bei Laune zu halten'. Humor kann hierbei ungemein nützlich sein. Offensichtlich geben Arbeitszeugnisse darüber jedoch keine Auskunft.

Zusammenfassend lässt sich nach Durchsicht der Quellen sagen, dass Humor nicht als Qualifikation eines Mitarbeiters gilt, die als förderlich zur Erreichung der Unternehmensziele angesehen wird. Deswegen scheint man auch niemandem einen Gefallen zu tun, wenn man dessen Sinn für Humor im Arbeitszeugnis festhält. Eher im Gegenteil: Solch eine Bemerkung kann Anlass zu Skepsis und Vorsicht sein und schadet wohl dem Betroffenen.

6.1.5 Werbeunterlagen

Die im Folgenden zur Untersuchung herangezogenen Dokumente habe ich im Zuge meiner Vorbereitungen als Kabarettist in den letzten fünf Jahren zusammengetragen und mit meinen Notizen und Aufzeichnungen aus den Briefings archiviert. Es handelt sich im weitesten Sinne um Image- und Werbedrucksachen, die die Unternehmenskultur transportieren. Hauptsächlich sind sie für Kunden, Geschäftspartner, Aktionäre und die Öffentlichkeit bestimmt. In einigen Fällen, z.B. bei Projekten des Change-Managements, bei Fusionen, Leitbildentwicklungen oder neuen Produkteinführungen sind auch Texte für Mitarbeiter darunter, die nur für die interne Kommunikation gedacht sind.
Der Schwerpunkt des Textmaterials liegt hier bei Dokumenten, die Aussagen machen über typische Leistungsmerkmale des jeweiligen Unternehmens oder zu spezifischen Unterschieden zu Mitbewerbern. Hier geht es also im Gegensatz zu den Qualitätshandbüchern um Ideelles oder eine angestrebte Unternehmenskultur. Nicht die Arbeitsinhalte der einzelnen Mitarbeiter oder Organisationsmitglieder werden dabei thematisiert,

sondern das Selbstverständnis gegenüber Kunden und Mitarbeitern. Das Dienstleistungs- oder Produktversprechen steht im Mittelpunkt. In diesem Themenkomplex werden auch die Soft Skills angesprochen. Deswegen müsste sich das Thema Humor hier am schnellsten verorten lassen, wenn es denn Bestandteil einer unternehmensweiten Philosophie sein soll.
Innerhalb der Unternehmenskommunikation sind gedruckte Unterlagen für unsere Recherche nach Humor als Bestandteil einer Firmenphilosophie geeignet, da sie die Identität eines Unternehmens nach innen wie nach außen kompakt und prägnant in Kurzform darstellen. Das strategische Dach wird hier oft schneller vermittelbar als in einzelnen Arbeitsabläufen. Allein durch Gestaltung, Wortwahl bei Überschriften, ausgewählte Bilder und Illustrationen wird ein Eindruck vermittelt, wie humorvoll sich ein Unternehmen gibt. Unternehmen können so vergleichbar mit Menschen als ganzheitliche Persönlichkeiten wahrgenommen werden.
Untersucht wurden 428 Dokumente mit insgesamt ca. 9800 Seiten, die chronologisch nach Auftrittsdaten in Regalen bei mir archiviert sind. Gerade dadurch, dass keinerlei Vorselektion durch mich in Hinblick auf Branchen, den Unterhaltungswert oder den beinhalteten Humor stattfand, ergibt das Material einen Einblick in typische Werbeunterlagen der deutschen Wirtschaft. Die Unterlagen dienten mir als Recherchematerial über Firmen und Organisationen. So ist eine Stichprobe an Drucksachen unterschiedlicher Macharten, Intentionen, Inhalten und Branchen möglich gewesen.

Anforderungen einer Stichprobenkonstruktion an die Verallgemeinerung auf eine Grundgesamtheit sind insofern vernachlässigbar, als eine Grundgesamtheit aller Werbemittel weder angebbar noch empirisch definierbar ist.[169] Das Auswahlverfahren entspricht einer bewussten Auswahl nach dem Konzentrationsprinzip. „Hierbei beschränkt man die Erhebung auf die für den Untersuchungsgegenstand besonders 'ins Gewicht fallenden' Fälle."[170] Diese Beschränkung ist in der hier

169 vgl. Kromrey (1986), S. 136f

170 Kromrey (1986), S. 142

vorliegenden Untersuchung dadurch erfolgt, dass mir Gesprächspartner aus den jeweiligen Firmen das Material als Auswahl verfügbarer Drucksachen aushändigten, das sie als besonders aussagefähig für das Unternehmen eingestuft haben. Querbeet wurden Kataloge von IT-Firmen genauso unter die Lupe genommen wie Patienteninformationen von Pharmafirmen, Seminarunterlagen von Dienstleistern, Imageprospekte und Produktinformationen.

Die Dokumente wurden in meiner Werbeagentur von zwei bei mir für 2 Monate tätigen Praktikantinnen, einem bei mir angestellten Auszubildenden zum Mediendesigner und meiner Buchhaltungskraft in einem Zeitraum von 2 Wochen im November 2005 danach ausgewertet, ob Bildinhalte oder Überschriften als humorvoll einzustufen sind. Mit der Begutachtung durch andere Personen wollte ich ausschließen, dass meine Betriebs- und Themenblindheit einen verzerrten Eindruck ergibt. Diese empirische Inhaltsanalyse erhebt allerdings keinen Anspruch auf Objektivität.

„'Objektivität' als Definitionsmerkmal der empirischen Inhaltsanalyse kann sich nur beziehen auf eine 'Objektivierung' des Verfahrens der systematischen Datengewinnung durch vorab formulierte explizite Regeln des Vorgehens."[171] Selbst mit dieser Einschränkung stößt man bei der Inhaltsanalyse an Grenzen der Auswertung bezüglich der Einstufung, was lustig sei. Zwar kann man Kategorien des 'Humorgehalts' von Text- oder Bildelementen bilden, aber der Anspruch, dass zwei Vercoder bei der Zuordnung von Text oder Bild zu einer Kategorie zum gleichen Ergebnis kommen, also dass die assoziierten gedanklichen Vorstellungsinhalte identisch seien, ist nicht erfüllbar. Hier gilt die Erkenntnis: „Alle Menschen lachen über das Gleiche, aber nicht über dasselbe."[172]

Was zum Schmunzeln Anlass gab, wurde von jedem separat notiert. Die Durchsicht fand jeweils nur von einer Person statt, um gegenseitige Beeinflussung auszuschließen. Ich teilte auch niemandem den Grund für die Recherche nach humorvollem Material mit. Damit wollte ich vermeiden, dass eine Selektion

---

[171] Kromrey (1986), S. 172

[172] Uber, Steiner (2006), S. 63

nach lediglich 'dissertationswürdiger' Qualität an Humor stattfindet. Die Notizen wurden am Ende der Durchsichten von mir verglichen. Hatten mindestens zwei Personen für dasselbe Dokument eine Auswahl vorgenommen, so wurde dies als "humorvoll" eingestuft. Da die Indikatoren für diese Entscheidung nicht vorher festgelegt waren, geschah die Operationalisierung nachträglich durch eine Befragung. Die Antworten wurden herangezogen, um eine Differenzierung dessen, was Humor vermittelt oder ein Lachen auslöst, benennen zu können.
Dieses Verfahren berücksichtigt dennoch lediglich eine Kategorisierung in der Dimension humorvoll/nicht humorvoll. Es soll hier auch lediglich plausibel und nachvollziehbar eine Tendenz aufgezeigt werden, ob und wie häufig Humor als Stilmittel eingesetzt wird. Jede detailliertere Untersuchung würde den Rahmen dieser Arbeit sprengen und letztendlich die hier gestellten Fragen nicht besser beantworten können. Dennoch sei der Vermerk erlaubt, dass ein Mangel an empirischen Untersuchungen zum Thema Humor im Wirtschaftsleben festzustellen ist.
Nun aber zu den Ergebnissen: Von den 428 Dokumenten wurden lediglich acht ausgewählt, die zum Lachen oder Lächeln Anlass gaben. Die Dokumente sollen im Folgenden kurz skizziert werden, so dass erkennbar wird, was als humorvoll betrachtet worden ist.

Eine Werbebroschüre für Zahnimplantate der Marke Tiolox wirbt mit einem herzhaft lachenden Nomaden auf der Titelseite. Unter Turban und drahtigem Schnauzbart sieht man einen Oberkiefer, dem alle Schneidezähne fehlen. Das breite Lachen und die Headline 'Lächle, und die Welt lächelt mit Dir." greifen das Thema Zahnersatz so liebenswert auf, dass man selbst lachen muss. (Der Kontrast zwischen Luxus-Implantat und Wüstennomade bzw. Hightech-Zahnästhetik und zahnlosem Lachen sind die verschiedenen Ebenen, die hier aufeinander treffen).

In einer kleinen Infobroschüre der Neumarkter Lammsbräu ist es ebenfalls ein Bild, das zum Schmunzeln einlädt. Eine Buntstiftillustration neben der Überschrift 'Im Sudhaus kocht's' zeigt neben dem Sudhaus eine grinsende Kuh mit wedelndem Schwanz, die vor einem Trog mit Treber steht. (Hier ist es die Assoziation mit einem Hund - wegen des wedelnden Schwanzes -, die für Verblüffung und Heiterkeit sorgt).

Das Personalberatungsunternehmen Boyden International (global executive search) zeigt auf der Titelseite einer Imagebroschüre einen Holzschnitt, der auf den ersten Blick wirkt, als sei er eine Buchillustration aus dem 19. Jahrhundert. Das Motiv erinnert an eine Bibelillustration. Es zeigt vier Männer in einem Ruderboot, das wellenumtost auf eine steil aufragende Insel zusteuert. Ein langhaariger, bemantelter Mann, der als einziger im Boot steht, sieht durch ein Fernglas. Auf den zweiten Blick erkennt man, dass die anderen Männer Businesskleidung tragen, - Anzug und Krawatte -, und somit irgendwie fehl am Platze wirken. Die Skurillität und Dramatik dieses Motivs erzeugt eine humoristische Wirkung. Pathos und Ironie treffen unvermittelt aufeinander.

In einem Prospekt der Firma ProTec Service werden Instandhaltungs- und Montagedienstleistungen angeboten. Auf der Titelseite steht der Satz „Wer träumt nicht ab und zu von grünen Männchen ..." Der Aha-Effekt stellt sich beim Betrachten der Fotos auf den Innenseiten ein: Nicht Marsbewohner oder andere Außerirdische sind mit der Titelzeile gemeint, sondern Servicekräfte, die sich so manch leidgeprüfter Kunde herbeisehnt, dessen Produktionsanlagen stillstehen. Die grünen Männchen sind ProTec-Mitarbeiter mit ihren grünen Helmen und Overalls. Als fleißige Hilfskräfte, die beim Kunden zur Stelle sind, erkennt man sie auf den Fotos.

Der Büromöbelhersteller Wilkhahn stellt in einer Broschüre die Anforderungen an Kommunikationsräume im heutigen Arbeitsleben dar. Auf der Titelseite sieht man eine Luftaufnahme von Stonehenge, der sagenumwobenen Megalith-Anlage im Süden Englands, mit der Überschrift "Vom steinzeitlichen Palaver zur effizienten Kommunikationsförderung". Unwillkürlich erinnert die Fotografie der teils umgefallenen Steinquader neben den noch im Kreis stehenden Steine dieses Kultplatzes aufgrund des Bezugs zu Büromöbeln an einen chaotischen, hektisch verlassenen Konferenzraum.

Die Schwanhäußer Industrieholding, Produzent der Marke Schwan Stabilo, lädt alle Mitarbeiter zu einer Betriebsfeier unter dem Motto 'Let's move' mittels einer Einladungskarte mit beweglicher Drehscheibe ein. Durch Drehung der Scheibe werden in einem ausgestanzten Kreis alle wichtigen Informationen über Veranstaltungsort, Zeit und Programm sichtbar. Die kurzen Texte nehmen immer wieder das Thema Bewegung und Drehung witzig auf. Für die Rückantwort kann man auch Kreise ankreuzen mit Texten wie „Ja, das bewegt mich (...)" oder „Ja, das hat mich dazu bewogen (...)". Unterzeichnet ist die Einladung mit „Das Bewegungsplanungskomitee". Hier muss man nicht nur schmunzeln, sondern man merkt in der kreativen und witzigen Umsetzung des Mottos bis in kleine sprachliche Details, mit wie viel Liebe und Begeisterung den Mitarbeitern etwas Originelles geboten wird.

Schwarzen Humor regt das Titelbild der 'ergo aktuell' an, einer Mitarbeiterzeitschrift der Ergo-Pharm. Man sieht eine lachende Frau mit einer geöffneten Heckenschere über einen Blumenstrauß gebeugt, die gerade im Begriff ist, die Blumen 'einen Kopf kürzer zu machen'. Dieses Bild soll das Titelthema 'Giftstoffe raus bei Allergien' illustrieren. Komisch, vielleicht unfreiwillig komisch, ist die Überschrift, die direkt neben den 'heckenscherenbewaffneten' Händen zu einem weiteren Thema zu lesen ist: „Hilfe durch heilende Hände". Hier denkt man eher an einen finalen 'kurzen Prozess' als an Heilung. Schließlich fiel in einem opulent bebilderten Imagebuch der Werbeagentur 'defacto' die Headline „Ach, das ist ja Net!" zur Einleitung des Kapitels 'Neue Medien' als humorvoll auf.

Die genannten Beispiele zeigen zum einen, wie simpel und banal Humor funktioniert. Weder subtile Anspielungen noch brachialer Witz sind in den oben aufgeführten Dokumenten anzutreffen. Lediglich humorvolle Details zeigen sich als punktuelle Einsprengsel und ziehen sich in den genannten Beispielen nicht als wiederkehrendes Kommunikationsmerkmal

durch das Gestaltungs- oder Textkonzept. In keinem Dokument sind es darüberhinaus Situationen aus dem Berufsalltag oder Begebenheiten von Mitarbeitern, die humorvoll verpackt werden.
Welche Aussagekraft haben die gefundenen Stellen nun aber über die 'Humorkultur' in den Firmen? Da nirgends firmenspezifische Abläufe humorvoll dargestellt werden, lassen die Werbeunterlagen kaum Rückschlüsse auf die Unternehmenskultur und den Stellenwert von Humor im Unternehmensalltag zu, da für Ideen und Umsetzungen der werblichen Inhalte wahrscheinlich externe Agenturen zuständig sind. Die gefundenen Lachauslöser in Text und Bild spiegeln somit nicht unbedingt den Geist des jeweiligen Unternehmens wider, sondern die Kreativität der betreuenden Agentur. Es ist ja gerade das Verdienst von Werbeagenturen, dass selbst bierernste Organisationen sympathisch und locker erscheinen. Es soll deshalb im Folgenden ein kurzer Blick in die Welt der Werbung geworfen werden, um zu ermitteln, welchen Stellenwert dort Humor hat, um Produktvorzüge und Firmenidentitäten zu beschreiben.

6.1.6 Exkurs: Humor und Werbung

Die Werbewirkung, - mit oder ohne Humor -, wird generell häufig überschätzt. Die Trefferquote von Werbung ist ernüchternd: Je nach Studie sind bei 50 bis 75 Prozent aller Werbemaßnahmen keinerlei Wirkungen nachweisbar.[173] Das heißt, von den ca. 45 Mrd. Euro, die jedes Jahr in Deutschland in Werbung investiert werden, verpuffen bis zu 32 Milliarden. Das Interesse an Werbung, egal in welcher Form und mit wie viel Humor sie dargeboten wird, ist beim Konsumenten auf einem Tiefpunkt angelangt. Selbst wenn der Verbraucher nichts Besseres zu tun hätte als voll konzentriert Werbebotschaften wie Vokabeln zu pauken, könnte er gar nicht alles aufnehmen, geschweige denn behalten, was sich an Werbung aufdrängt, denn die Werbemenge ist in den letzten Jahren explodiert. Allein im Fernsehen hat sich die Zahl der ausge-

[173] vgl. Turner (2000), S. 63ff

strahlten Spots von 1990 bis heute von 300.000 auf 1,5 Millionen verfünffacht. Die Deutschen gucken aber nicht fünfmal so viel Fernsehen. Und wenn sie fernsehen, verlieren sie sofort das Interesse an Werbung: Vor zehn Jahren haben 3/4 der Zuschauer einen Spot bewusst wahrgenommen, wenn sie ihn achtmal gesehen haben. Heute führen acht Kontakte nur noch bei 50 Prozent der Betrachter zu einer erinnerbaren Wahrnehmung. Bei Print-Werbung ist es nicht viel besser: Nicht einmal zwei Sekunden schenkt der Betrachter durchschnittlich einer ganzseitigen, farbigen Anzeige. Bei den ca. 3000 Werbeimpulsen, die auf jeden Bürger tagtäglich einströmen, ist es kein Wunder, dass das meiste gar nicht mehr zur Kenntnis genommen werden kann.
Das alles sei vorausgeschickt, um zu unterstreichen, wie wichtig die richtige Ansprache des Konsumenten ist, um einen nachhaltigen Kommunikationserfolg zu erzielen. Und hier kommt der Humor ins Spiel. Denn Werbung, die versucht, heimlich etwas unterzujubeln oder den Konsumenten 'anbrüllt', ist nicht nur nervig, sondern kontraproduktiv. Hingegen spielt gewitzte, geistvolle und originelle Werbung für die Macher eine große Rolle, da es die einzige Möglichkeit ist, Aufmerksamkeit zu erzeugen und nicht gleichzeitig abzuschrecken. Carsten Niepmann, Geschäftsführer einer Werbeagentur in Berlin und Lehrbeauftragter für Wirtschaftskommunikation, zitiert in seinem Buch 'Wirkungsmodelle der Werbung' aus einem Artikel der Wochenzeitung 'Die Zeit', der anlässlich des Werbefilmfestivals in Cannes verfasst worden ist: „Gefragt ist die intelligente Art des Verkaufens, die leiste, die spannende, die satirische Werbung."[174] Schmunzeln fördert Wissensvermittlung. Ein guter Eyecatcher in einer Werbeanzeige oder ein guter Werbespot beinhaltet eine Art Mnemotechnik: Gerade das Außergewöhnliche prägt sich dem Gedächtnis ein. Das Besondere am Witzigen: Die Pointe muss erst 'geknackt' werden, das heißt, man setzt sich mit dem Inhalt auseinander. Man freut sich beim Witze-Verstehen über die eigene Intelligenz, das Komische, Verblüffende erkannt und verstanden zu haben. Man lacht erst nach dem Aha-Effekt. Physisch und

---

[174] Niepmann (1999), S. 97

psychisch kann einem gar nichts Besseres passieren, als in dem Moment, in dem etwas gelernt werden soll, guter Laune zu sein. Gehirngerecht lernen heißt nämlich, ganzheitlich konzentriert zu sein. Konzentration hat etwas mit Konzentraten zu tun; und eine gute Pointe ist ein hochwirksames Konzentrat! Ähnliches gilt für die inhaltliche Aufbereitung von Werbebotschaften: Produkte und Dienstleistungen, die in der Werbung angepriesen werden, sollten Probleme lösen oder das Leben einfacher machen können. Jede Problemlösung ist prinzipiell originell und eine angenehme Überraschung. Wenn es Werbung nicht gelingt, diese Überraschung zu kommunizieren, verfehlt sie ihr Ziel bei der Zielgruppe.
Ist Humor aber ein Garant für höhere Verkaufserfolge? Dies ist zumindest ein Ergebnis einer groß angelegten Studie mit über 12.000 Interviews, die als 'The ARF Copy Research Validity Project' im Jahr 1990 veröffentlicht worden ist.[175] Die Studie hat überprüft, welche Faktoren bei Werbung für einen vorhersehbaren Verkaufserfolg am aussagekräftigsten sind. „Zweifellos die überraschendste Entdeckung in der Studie war, dass eine starke Abhängigkeit festgestellt wurde zwischen Likability und ihrer Auswirkung auf den Verkauf. (...) 'Likable' bedeutet 'liebenswert, sympathisch, nett'. 'Likability' wird in Werbekreisen fast automatisch mit 'Unterhaltungswert' gleichgesetzt. In der Sprache der Forscher klingt das etwas so: Likability fasst alle affektiven Reaktionen auf eine Werbung zusammen."[176]
Fachleute, die in der Werbebranche tätig sind, nehmen für sich folglich gerne in Anspruch, Humor gezielt einzusetzen. Ein angesehener Werbeexperte in Deutschland, Sebastian Turner, bestätigt dies. Er ist Vorstandssprecher des Art Director Clubs Germany und Geschäftsführer der Werbeagentur Scholz & Friends, die bei nationalen Kreativrankings immer einen der oberen Plätze belegt. Turner lehrt an der Hochschule der Künste Berlin. Das 'Wall Street Journal' titulierte Turner als „the German Advertising Guru". In seinem Buch 'Spring! - Das Geheimnis erfolgreicher Werbung' zählt er 20 Erfolgsregeln

---

[175] ebd., S. 98
[176] ebd., S. 98

der Werbung auf. Regel 14 lautet: „Probieren Sie Humor!" Im gleichnamigen Kapitel liefert er die Begründung: „Es ist eines der wirkungsvollsten und schwierigsten Werbemittel: Humor. Wer ihn hat, hat die Lacher, aber noch lange keinen Respekt. Aber: Humor macht aus Respekt Sympathie." [177] Aus diesem Grund ist es kein Wunder, dass Werbung grundsätzlich der Bereich der Unternehmenskommunikation ist, der am originellsten und witzigsten in Aufmachung und Inhalten wirkt.
Insofern hat mich die magere Ausbeute an Humorvollem in den oben untersuchten Werbeschriften überrascht. Das mag daran liegen, dass von den Auftraggebern der Werbung Humor kritischer gesehen wird als von Machern in Werbeagenturen.
Bestätigung erhalten die Skeptiker von Werbepsychologen, die Humor als Mittel zur Verkaufsförderung nüchtern betrachten: „Die Wirkung von Humor in der Werbung bleibt bis heute umstritten (...). Der positive Effekt von Humor auf die Aufmerksamkeit des Zuhörers und Glaubwürdigkeit des Senders wurde auch später kaum bestritten (...). Aber es findet sich vielfach das Resümee, dass Humor eher ein Mittel zur Aufmerksamkeitssteuerung ist und Verständnis, Überzeugung oder Kaufabsicht kaum zu beeinflussen vermag."[178]
Selbst zur Steigerung der Aufmerksamkeit wird Humor nur bei einem geringen Teil der Werbemittel eingesetzt, wie meine Stichprobe gezeigt hat.

6.2 Fallstudien

Mit den Inhaltsanalysen von Stellenanzeigen, Qualitätshandbüchern, Arbeitszeugnissen und Werbeunterlagen konnte nicht umfassend analysiert werden, wie Humor im Wirtschaftsleben eingesetzt oder gefördert wird. Lediglich eine Einschätzung der Bedeutung von Humor im Berufsleben konnte vorgenommen werden. Um tiefere Einblicke gewinnen und komplexere Zusammenhänge beschreiben und analysieren zu können,

[177] Turner (2000), S. 279
[178] Moser (1990), S. 185

möchte ich im Folgenden deshalb drei Beispiele präsentieren, die exemplarisch zeigen sollen, wie mit Humor gearbeitet wird. Dank meiner Tätigkeit als Kabarettist konnte ich in vielen Firmen Veranstaltungen begleiten, bei denen Humor als Mittel eingesetzt worden ist, um Prozesse zu optimieren oder zu beschleunigen. Da diese Prozesse in den ausgewählten Einzelfällen von allgemeiner Bedeutung sind und Themen beinhalten, die im Wirtschaftsleben generell eine Rolle spielen und somit auch in anderen Organisationen vorkommen oder bewältigt werden müssen, lohnt sich der Blick auf Einzelfälle, bei denen meine eigene Rolle und Herangehensweise mit in die Beschreibung und Interpretation eingeht. Das erste Beispiel betrifft die internen Kommunikationsmaßnahmen anlässlich der Übernahme einer traditionsreichen deutschen Versicherung in eine internationale Holding. Das zweite Beispiel thematisiert die Motivationsmethoden bei einem verunsicherten Mitarbeiterstamm nach einem Personalabbau und Managementwechsel und der dritte Fall befasst sich mit dem Versuch, die vom Gründer eines Unternehmens eingeführte Unternehmenskultur in der nächsten Generation weiter zu pflegen und mit Leben zu füllen.

6.2.1 Thuringia
Humor bei der internen Kommunikation während eines Fusionsprozesses

In der Banken- und Versicherungsbranche werden seit Jahren Konzentrations- und Fusionspläne verwirklicht. Der Globalisierung von Finanzgeschäften wird mit schlagkräftigen, international agierenden Organisationsformen Rechnung getragen. So hat die AMB Generali Holding unter der Führung des italienischen Versicherungskonzerns Generali die Mehrheitsanteile der Aktiengesellschaften Aachen-Münchener Versicherungen, der Volksfürsorge und der Thuringia sowie weiterer deutscher Versicherungen übernommen. Schrittweise wurde das Management der Einzelgesellschaften 'auf einheitlichen Kurs' gebracht.

Die Eingliederung der Thuringia als traditionsreiche deutsche Versicherung in den Generali-Konzern habe ich durch meine Tätigkeit als Kabarettist mitverfolgen können.
In Briefing-Gesprächen mit Vorständen, Organisations- und Vertriebsdirektoren sowie Mitarbeitern im Innendienst und im Vertrieb habe ich Hintergrundinformationen über Ziele und Hindernisse, Chancen und Gefahren erfahren und einen Überblick über die Situation gewinnen können. Die strategische Ausrichtung war dabei von vornherein klar: Der Markenname 'Generali' sollte über kurz oder lang überall Verwendung finden, Thuringia-Kunden mussten also über diesen Schritt informiert werden und das Gefühl vermittelt bekommen, neben den traditionellen Werten und Qualitätsmerkmalen ihrer alten Versicherung nun noch Vorzüge eines großen internationalen Konzern nutzen zu können. Man war sich dabei seitens des Managements bewusst, dass sich die Thuringia-Mitarbeiter aufgrund ihrer eigenen Herkunft und Tradition zunächst wohl kaum mit einem italienischen Versicherungskonzern identifizieren würden, zumal Generali bislang ein Mitbewerber und Konkurrent war, dessen Produkte man beim Kunden als die schlechteren darstellen musste, sofern ein Vergleich zum Gespräch kam. Was schlimmer wog war, dass Softwaremodule und das verwaltungsspezifische Procedere der Generali übernommen werden mussten. Nicht nur, dass man sich umstellen musste, viele Mitarbeiter hielten die bislang praktizierten, eigenen Arbeitsabläufe und -strukturen für besser. Schließlich interessierte die Mitarbeiter bei anstehenden oder bereits getroffenen Personalentscheidungen, die aufgrund der Umstrukturierungen und dem Zusammenlegen von Abteilungen notwendig geworden waren, nicht so sehr die individuellen Qualifikationen, sondern die Frage, ob es sich um einen ehemaligen Thuringia- oder Generali-Kollegen handelte. Hatte man es also in Zukunft mit jemandem zu tun, der aus dem 'eigenen Stall' war, oder mit einem, der 'anders tickt'?
Dass man in so einer Phase erst einmal die Bereitschaft der Mitarbeiter gewinnen muss, konstruktiv am Gelingen des Umbauprozesses mitzuwirken, bevor Synergieeffekte und Einsparungen erzielt werden können, war allen beteiligten Managern klar. Hier wurden verschiedene Maßnahmen diskutiert. Da es

in unserer Arbeit um den strukturellen Einsatz von Humor im Wirtschaftsleben geht, möchte ich im Folgenden genau die Aspekte erörtern, die Maßnahmen betreffen, bei denen Humor als Mittel zur Erreichung von Kommunikationszielen zur Sprache kam und eingesetzt worden ist.

Seitens des Generali-Managements habe ich folgende Zielsetzungen mitgeteilt bekommen: Dem Frust und der Enttäuschung der Thuringia-Mitarbeiter über den Verlust ihres Firmennamens und der damit verbundenen Angst, dass die von ihnen erreichten Erfolge in Zukunft nicht mehr entsprechend gewürdigt werden würden, sollte wirkungsvoll entgegengetreten werden. Die Zusammenarbeit und Kooperationsbereitschaft von Thuringia-Mitarbeitern mit Generali-Mitarbeitern sollte zudem sichergestellt werden. Perspektiven für Kunden und Mitarbeiter mussten so vermittelt werden, dass vor allem die Außendienstmitarbeiter bereit waren, glaubwürdig und hoffnungsfroh die Veränderungen als Gewinn zu kommunizieren.

Diesbezügliche Bedenken ergaben sich aus der Beobachtung, dass die im Zuge der Übernahme angekündigten Veränderungen mit Argwohn und Skepsis aufgenommen worden waren. Schlimmer noch, den Thuringia-Führungskräften wurde offen oder unter vorgehaltener Hand vorgeworfen, dass sie bedingungslos die eigene Unternehmenskultur preisgegeben oder zumindest nicht offensiv gekämpft hätten gegen Umstellungen, die in Augen der Thuringia-Mitarbeiter keine Verbesserung darstellten.

Wenn die Mitarbeiter also schon der Meinung waren, dass vieles 'ein Witz bei dieser Umstellung war', warum dann nicht genau dies thematisieren und den Mitarbeitern aus der Seele sprechen? Diskutiert wurden in Absprache mit den Vorständen von den für Veranstaltungen zuständigen Fachkräften aus Vertrieb und Marketing Events für Innen- und Außendienst, bei denen die Notwendigkeit der beschlossenen Maßnahmen kommuniziert werden sollten. Schnell rückte man dabei von der Idee ab, Mitarbeitern ein Forum zu schaffen, in dem sie Dampf ablassen hätten können. Man wollte die Dramaturgie nicht aus der Hand geben und vermeiden, dass durch vorgebrachte Kritik, Enttäuschung oder gar Unmut ein insgesamt eher negatives und betrübliches Stimmungsbild erzeugt wird.

Eher sollte Aufbruchsstimmung vermittelt werden und die Potenziale und Chancen für alle im Vordergrund stehen.
Man wählte also den Weg, Kritik dadurch zu entschärfen, dass man sie vorwegnimmt - mittels Humor. So kam ich als Kabarettist ins Spiel, der für eine Reihe von Veranstaltungen gebucht wurde, bei denen ich die Maßnahmen, die Kritik hervorriefen, ironisch und satirisch kommentieren sollte sowie Führungskräfte 'derbleck'n' durfte, also als Sprachrohr der Mitarbeiter dem Management gehörig die Meinung sagen konnte. Dabei wollte man zweierlei erreichen. Erstens sollte vermittelt werden, dass die Kritik und der Unmut der Mitarbeiter bis zur Geschäftsleitung durchgedrungen ist. Man ging davon aus, dass allen Mitarbeitern wohl klar sein musste, dass ich all mein Wissen über die Situation in der Firma ja von einem Informanten 'von ganz oben' haben musste oder die Weitergabe an Informationen zumindest von der Geschäftsleitung abgesegnet sein musste. Zweitens wollte man Souveränität dadurch beweisen, dass man über sich selbst lachen kann, quasi als Zeichen und Beleg, dass man nicht fehlerfrei, aber auf dem richtigen Weg sei. Wenn von mir Kritik schärfer geäußert wird als sie von Seiten der Mitarbeiter vorgebracht hätte werden können, und dies auch noch im öffentlichen Rahmen vor versammelter Mannschaft passiert, ist das Bedürfnis nach 'Anklage' erst einmal gestillt.
Ich sprach den Menschen nicht nur aus der Seele, sondern amüsierte sie gleichzeitig, indem ich mich pointenreich über Situationen lustig machte, die von der Geschäftsführung verlangt worden waren. Ich sah mich in der Rolle des klassischen Hofnarren, und das war wohl auch die Rolle, für die man mich bestimmt und bezahlt hatte: Ich durfte Versäumnisse aufzeigen, Ungerechtigkeiten aufdecken, Sinnlosigkeiten geißeln und somit letztendlich Hoffnung säen, dass der gesunde Menschenverstand noch funktioniert und dazu genutzt werden kann, aus Veränderungen dann doch schließlich Verbesserungen zu machen. Diese Aufgabe hatte zum Teil nicht nur unterhaltsamen Charakter, sondern therapeutischen Effekt. Viele Betroffene, die sich über Arbeitsaufgaben und Maßnahmen sowie die damit verbundenen Schwierigkeiten und Probleme ärgerten, waren erleichtert, als sie merkten, dass sie nicht al-

lein davon betroffen sind, sondern dass alle darunter zu leiden haben. Dieser Nebeneffekt von Humor, solidarisierend das Gefühl entstehen zu lassen, alle 'säßen im gleichen Boot', basiert auf der Kommunikationsstrategie, Probleme als gemeinsame Probleme und Ängste als kollektive Ängste darzustellen.

In verschiedenen Branchen hat man gute Erfahrungen mit Gesprächsgruppen erzielt, die einen Erfahrungsaustausch ermöglichen. Busfahrer beispielsweise leiden unter dem aggressiven Verhalten anderer Verkehrsteilnehmer und sind stets großen Belastungen ausgesetzt. Gesprächsangebote mit Kollegen wirken nicht nur psychisch entspannend, sondern senken nachweislich die Krankheitsrate.[179] Auch Soldaten und Sanitäter, die von Einsätzen in einem Krisengebiet zurückkehren, leiden unter seelischen Wunden. Gerade hier hilft die Erkenntnis, dass andere das Gleiche durchmachen. In einem Artikel der Nürnberger Nachrichten über eine Selbsthilfegruppe für Bundeswehrsoldaten nach Auslandseinsätzen wird ein Soldat mit den Worten zitiert: „Ich habe irgendwann mal mit einem Kameraden über mein Problem gesprochen. Der kannte dieses Gefühl auch. Und danach war's weg."[180]
Schulterklopfen, Danksagungen und begeistertes Feedback sowie der gezollte Respekt, den Nagel auf den Kopf getroffen zu haben mit meinen Darbietungen, zeigten, dass das Konzept aufging. In Nachbesprechungen und Feedbacktelefonaten teilten mir Führungskräfte auf verschiedenen Ebenen, vom Regionalleiter bis zum Vertriebsdirektor mit, dass die Kooperationsbereitschaft spürbar gestiegen sei. Die Mitarbeiter verwehrten sich, so wurde mir geschildert, weniger gegen neue Regeln und Anforderungen. Zwar war auch vor den Veranstaltungen bewusst, dass die Änderungen nicht zurückgenommen werden können, aber dennoch begegnete man ihnen zunächst mit größten Vorbehalten, Skepsis und innerer Distanz. Die Veranstaltungen lösten Spannungen und neutralisierten aufgestaute Aggressionen und ebneten den Weg in eine Um-

---

179 vgl. Spies/Beigel (1996)

180 Hans Peter Kastenhuber: "*Wenn die Seele streikt*". In: Nürnberger Nachrichten 14.4.06, S. 3

setzung mit weniger negativen Emotionen. Dies ließ sich auch daran ablesen, dass Kritik und Frotzeleien gegen Neuerungen in den Regionalorganisationen wie Gebietsdirektionen deutlich nachließen.

Für den Innendienst wurde das Konzept ähnlich ausgearbeitet. Da die Hauptverwaltung der Generali Versicherungen in München beheimatet ist, besann man sich eines berühmten humoristischen Vorbildes. Angelehnt an das Erfolgsstück 'Ein Münchner im Himmel' von Ludwig Thoma, in dem ein Gepäckträger des Münchner Hauptbahnhofs, der nach seinem Tod im Himmel nur lästert, schimpft und 'grantelt', wurde auf dem legendären Münchner Nockherberg, auf dem alljährlich die Starkbiersaison mit Bruder Barabas kabarettistisch eröffnet wird, zu einer Auftaktveranstaltung im besonderen Stil geladen. Es wurde eine Theaterinszenierung geboten, bei der das neue Leitbild der Generali Versicherungen präsentiert worden ist. Mit einem aus dem Fernsehen bekannten Kabarettisten wurde ein Präsentator gewonnen, der Sympathien auf sich zog und eine ideale Identifikationsfigur abgab, da er mit gespieltem Unverständnis und beißender Häme die Machenschaften kommentierte. In einem abwechslungsreichen Abendprogramm, mit Musicalelementen, Kabarett und Unternehmenstheater hatte er die Lacher auf seiner Seite und konnte gerade so Offenheit und Bereitschaft erzeugen, sich mit den Inhalten und Zielen auseinanderzusetzen. Die begeisterte Stimmung übertraf alle Erwartungen. Um das emotional positive Erlebnis dieses Abends konservieren zu können, wurde ein Videomitschnitt sowie eine Broschüre mit vielen Bildern und den wichtigsten Kernaussagen des Abends allen Mitarbeitern wenige Wochen nach der Veranstaltung ausgehändigt. In einem Begleitschreiben wendet sich der Vorsitzende des Vorstandes an seine Mitarbeiter: „Liebe Mitarbeiterinnen und Mitarbeiter, die Veranstaltung vom 23. September in München zur Präsentation des Leitbilds war für unser Haus einzigartig - einzigartig in ihrer Größe, in ihrer Ausstattung - einzigartig aber vor allem in Ihrem Engagement und in Ihrer Begeisterung. Ich habe nur noch gestaunt, als Sie alle sich am Ende der Veranstaltung erhoben und das Leitbild mit Standing Ovations begrüßten." Sicher wurde nicht das Leitbild so frenetisch begrüßt, sondern einem gemeinschaftlich erlebtem Hochgenuss gebührend applaudiert. Aber dennoch beantwortet diese Reaktion auch die Frage, ob es gelingen kann, Statements von Vorständen und ernste Themen oder Botschaften im Rahmen einer sehr unterhaltsamen Show zu präsentieren.

Meines Erachtens fördert diese Kulisse und der inszenierte Rahmen sogar die Wirkung. Eine Talkrunde, Interviews und Reden, wie sie abends auf dem Nockherberg stattgefunden haben, werden nicht lächerlich gemacht, indem man sie satirisch moderiert. Wichtig und richtig war die Entscheidung, einen professionellen Kabarettisten den Widerpart des spöttischen Besserwissers übernehmen zu lassen und nicht jemanden aus eigenen Reihen zu wählen. Zum einen ist das Engagement eines medienbekannten Satirikers allein schon aufgrund seiner anzunehmenden Gagenforderung Hinweis auf die Wichtigkeit des Themas, zum anderen kann er mit peinlichen Situationen und 'Fettnäpfchen' wesentlich professioneller umgehen. Denkbar wäre ja auch, dass sich Vorstände und Vorgesetzte selber aufs Korn nehmen.

Aus meiner Erfahrung ist es als problematisch zu bewerten, wenn Führungskräfte ihre eigenen Entscheidungen durch ironische Bemerkungen würzen oder Stimmung und Heiterkeit bei ihren Zuhörern erzeugen möchten, indem sie das, was sie ernsthaft vertreten, mit gewitzten Bemerkungen relativieren oder konterkarieren. Leicht verspielt man somit jegliche Glaubwürdigkeit und auch Kompetenz. Dies ist vielleicht die Gratwanderung, die Humor bei solchen Aufgabenstellungen schaffen muss. Maßnahmen und Vorgehensweisen dürfen in Frage gestellt werden, nicht aber das Unternehmensziel und der Zweck eines Changemanagements. Insofern sind die Repräsentanten des Unternehmens sicher Zielscheibe allen Ärgers, dürfen sich aber nicht selber einreihen unter diejenigen, die lästern und spotten, da sie die Maßnahmen ja zu verantworten haben. Letztendlich soll auch die Intention des Veränderungsbestrebens von der Mehrheit der Mitglieder einer Organisation befürwortet werden. Über die Mittel kann man gerne streiten. Die Beschwerlichkeiten auf dem Weg des zu erreichenden Zieles, die Irrwege und Sackgassen dabei dürfen Anlass zum Lachen sein. Die Sinnhaftigkeit des übergeordneten Unterneh-

menszweckes darf nicht in Zweifel gezogen werden, auch wenn einzelne Aufgaben und Arbeitsbereiche in Frage gestellt werden.
Für unseren Fall einer Versicherung bedeutet das beispielsweise, dass das Solidarprinzip, in dem alle Kunden kleine Beiträge zahlen, um für den Einzelnen den Schadensfall in den finanziellen Konsequenzen so klein wie möglich halten zu können, nicht ins Lächerliche gezogen wird, wohl aber die Absurditäten des Verwaltungsalltags, bei dem auch der Kunde manchmal zum Verzweifeln gebracht wird. Genauso kann die Kunst des Versicherungsvertreters humoristisch beleuchtet werden, dem Kunden Angst vor Schäden zu machen, deren Eintreten statistisch wesentlich seltener ist, als das die schauerlichen Ausführungen des Vertreters glauben lassen.
Das hier gewählte Beispiel hat nicht nur Aussagekraft für den Bereich Versicherungen. Fusionen sind heute für viele Branchen nichts Ungewöhnliches, - und das, obwohl Analysen zeigen, dass Shareholder davon in den meisten Fällen nicht profitieren, also keine höhere Dividende oder eine Wertsteigerung ihres Aktienpaketes erzielen.
Folgende Beobachtungen lassen sich aus dem hier geschilderten Fall für alle Branchen, in denen Fusionen und Zusammenlegungen geplant sind oder bereits durchgeführt werden, ableiten und legen nahe, es dann 'mit Humor zu versuchen'. Man kann davon ausgehen, dass die Zusammenführung unterschiedlicher Unternehmenskulturen selten ein spannungsfreier und harmonischer Prozess ist, sondern dass es Gewinner und Verlierer gibt. „In Phasen der Umwälzung geht es um Jobs, um persönliche Profilierung und Positionierung. Viele kochen ihr eigenes Süppchen und machen hinter den Kulissen Politik."[181] Humor kann dabei den 'Verlierern' helfen, das Gesicht zu wahren und den Abschied von den eigenen identitätsstiftenden Unternehmensabläufen weniger schmerzvoll zu erleben. Dies kann dann erzielt werden, wenn sich nicht über die 'Verlierer' lustig gemacht wird, sondern über die Fehler und Marotten der 'Gewinner'.

---

181 Záboji (2002), S. 108

Kritisch angemerkt werden sollte noch, dass Humor im vorliegenden Fall nur deshalb als bewusst forciertes Mittel zum Einsatz kam, weil die Stimmung schon am Kippen war und man Widerstand bei den Mitarbeitern gespürt hat. Hätte man die Fusion von vorne herein unter Befragung und Mithilfe aller Beteiligten langfristig geplant und Anregungen aufgenommen, wäre womöglich keine so große Skepsis aufgekommen. Humor diente hier ganz bewusst als 'emotionaler Kitt', wo sonst Annäherungen und Bindungen kaum noch möglich gewesen wären.

6.2.2 Quelle Versandhaus: Humor bei einem Führungs- und Strategiewechsel

Das Beispiel Thuringia hat gezeigt, wie Humor inszeniert werden kann, um Mitarbeiter zu begeistern und ihre Kooperationsbereitschaft zu steigern. Bei dem folgenden Fall steht ebenfalls die Vermittlung von spezifischen, unternehmenswichtigen Themen mittels Humor im Mittelpunkt. Es betrifft das Versandhaus Quelle. Aus kleinen mittelständischen Ursprüngen entwickelte sich die Quelle AG nach dem zweiten Weltkrieg rasant zu Europas führendem Versandhaus. Die Unternehmenskultur nährte sich aus einem sehr familiären und traditionsbewussten Denken, das die Unternehmensgründer und ehemaligen Alleininhaber Grete und Gustav Schickedanz mit ihren Werten und Moralvorstellungen prägten. Im Mittelpunkt stand dabei ein ethisch verantwortungsbewusstes Handeln, das den Mitarbeiter nicht nur als 'Rad im Getriebe', sondern als Individuum sah, das gefördert und in allen Lebensbereichen unterstützt werden soll.[182]

Durch die Fusion mit Karstadt zur KarstadtQuelle AG setzte eine spürbare Verunsicherung der Mitarbeiter auf allen Ebenen ein. Der schnelle und unvorhersehbare Wechsel bei Führungs-

[182] Die Informationen über die Quelle entstammen Briefinggesprächen aus den Jahren 2001 bis 2005, die ich mit Abteilungsleitern und Vorständen führte, sowie einem Experteninterview mit einer bei der Quelle fest angestellten Eventmanagerin, das ich im April 2006 führte.

positionen bis hin zum Vorstandsvorsitzenden ließ viele hochtrabende Verlautbarungen gegenüber den Mitarbeitern, welch positiven Effekte diese Fusion doch mit sich bringen würde, unglaubwürdig erscheinen. Was die Mitarbeiter vermissten, war eine ehrliche Informationspolitik seitens des Managements und Transparenz hinsichtlich der langfristigen Unternehmensstrategie. Die Tatsache, dass der Handelsriese Karstadt mit einigen Kaufhäusern erhebliche Verluste schrieb und Quelle-Gewinne zur Sanierung des Gesamtkonzerns verwendet wurden, stieß bei den Quelle-Mitarbeitern sauer auf. Zudem war man verärgert, dass man bestehende Arbeitsabläufe und -methoden zuliebe der konzerneinheitlichen Kommunikation ändern musste. Auch die Einkaufspolitik und die bestehenden Kontakte zu Lieferanten mussten modifiziert und auf Konzernlinie gebracht werden. Um nach einer abermaligen Umbesetzung in der Geschäftsführung von Quelle die Integrität und Identifikation der Mitarbeiter mit dem Unternehmen nicht weiter aufs Spiel zu setzen, hat man sich schließlich für eine Kommunikationsoffensive entschieden, deren Schwerpunkte wie folgt lauteten:

Ein neuer Führungsstil sollte vermittelt werden, nämlich ein menschlicher, sympathischer, offener Stil, der Mitsprache nicht nur zulässt, sondern geradezu fordert. Dazu musste auch eine neue Fehlerkultur etabliert werden. Die Mitarbeiter sollten sehen, dass Veränderung ein fehlerbehafteter Prozess ist. Fehler sind schließlich der beste Beweis, dass ein Prozess im Gange ist. Nicht die jeweilige Methode zur Umsetzung von Maßnahmen soll im Bewusstsein der Beteiligten Priorität haben, sondern das gemeinsam verfolgte Ziel. Die Mitarbeiter sollten sich als wichtigster Faktor im Sanierungsprozess sehen. Statt fragwürdiger Mottos und Parolen als Motivationsstütze wurde nun vermittelt, dass die Mitarbeiter selbst Motor der Zielerreichung seien.

Wie kann man in einer Phase, in der vorherige strategische Maßnahmen immer mehr auf Skepsis gestoßen sind, ein neues Konzept vermitteln? Mit Humor! Um Kompetenz und Wichtigkeit des ganzen Teams, also der Mitarbeiter, zu untermauern, hat sich die Geschäftsführung in internen Veranstaltungen bewusst nicht abgesetzt, sondern statt auf Podien mitten unter

die Mitarbeiter begeben. Nicht von oben herab und nicht in teuren Maßanzügen, sondern in Businesskleidung aus dem eigenen Textilangebot der Quelle traten die Führungskräfte nun ihren Mitarbeitern entgegen. Auszubildende durften in launigen Interviews und eigenständig konzipierten Präsentationen zu verschiedenen Unternehmensthemen ihre Vorgesetzten auch mal aufs Korn nehmen. Damit sollte spürbar der Beweis erbracht werden, dass Hierarchien abgebaut werden und die Nähe zu den Mitarbeitern ernst gemeint ist. „Wir gehören zu euch und hören auf euch" kann die Botschaft überschrieben werden, die die Geschäftsführung in Ansprachen selbst vermittelt hat. Um eine offene Aussprache in Gang zu bringen, hat man eigene Fehler zugegeben und gleichzeitig Zuversicht und Fröhlichkeit ausgestrahlt. Anders als bei der Thuringia wollte und konnte man den Mitarbeitern allerdings nicht ein fertiges Spaßprogramm vorsetzen, um nicht wieder alle vor vollendete Tatsachen zu stellen. Man entschied sich dafür, Programme für Betriebsveranstaltungen und -feste von Mitarbeitern entwickeln und umsetzen zu lassen. Für eine interne Präsentation neuester Mode wurde so zum Beispiel eine Modenschau mit Mitarbeitern geplant. Bei der Modenschau hat man auf professionelle Models verzichtet und Mitarbeiter nicht nur einen Laufsteg entlang laufen, sondern Situationen aus dem Berufsalltag bei der Quelle spielen lassen. Wie eine Art 'Unternehmenstheater' wurde so nicht nur die neue Kollektion präsentiert, sondern die eigene Arbeit und der alltägliche 'Sand im Getriebe' persifliert.
Dieser Gute-Laune-Faktor wurde in der Kommunikation weitergeführt. Intranet-Einträge und persönliche E-Mails von Vorgesetzten an Mitarbeiter hatten nun nicht mehr den Charakter von Anweisungen und Dienstvorschriften, sondern wurden menschlich, persönlich und sympathisch gehalten und dienten in erster Linie dazu, Managementmaßnahmen transparent zu machen. Mit bewusst flapsigen und gewollt umgangssprachlichen Formulierungen wollte man transportieren, dass man bei der Quelle als Lohnempfänger in erster Linie Mensch sein darf. Die Mitarbeiter sollten lieber schmunzelnd als zähneknirschend Information aufnehmen und Kommunikation als heiteren Austausch erleben.

Nach Einschätzung einer Quelle-Eventmanagerin hat man mit dieser neuen Führungskultur sicher nicht den 'alten Mief' aus vielen Abteilungen bringen und auch nicht das wertkonservative Selbstverständnis vieler langjähriger Mitarbeiter verändern können, aber Ängste wurden gemildert und eine positive Stimmung konnte überall festgestellt werden.
Der Erfolg lag ihres Erachtens darin, dass Humor nicht verordnet oder bestehenden Strukturen übergestülpt worden ist, sondern dass mit vorgelebter Fröhlichkeit und spürbarem Spaß an der Arbeit keine Behauptungen aufgestellt, sondern Verhalten umgesetzt worden ist. Maßgeblichen Einfluss auf das Gelingen dieses Vorhabens hatte angeblich die Lektüre des Wirtschaftsbestsellers 'Fish' des Autorenteams Lundin, Paul und Christensen.[183] Dieser als 'ungewöhnliches Motivationsbuch' titulierte Ratgeber beschreibt die Erfolgsgeheimisse eines Fischmarktes in Seattle, auf dem die ehemals frustrierten und demotivierten Angestellten anfingen, spielerisch und mit Spaß ihre Arbeit zu verrichten. Als Vorteile des spielerischen Umgangs mit der Arbeit werden in dem Buch folgende Punkte aufgezählt: „• Glückliche Menschen behandeln auch andere gut. • Spaß macht die Menschen kreativ. • Die Zeit vergeht wie im Flug. • Sich zu amüsieren ist gut für die Gesundheit. • Die Arbeit selbst erscheint als Lohn, nicht nur als Mittel zum Lohn."[184] Das Buch kursierte im Management, ein dazugehöriges Video wurde in verschiedenen Abteilungen gezeigt, Workshops wurden dazu abgehalten und vielfach wurde das Buch auch an Mitarbeiter verschenkt. In Analogie zu der Aussage im Buch, „dass man, wenn sich ein Fischmarkt zu einem großartigen Arbeitsplatz machen lässt, auch aus jeder Abteilung der First Guarantee einen großartigen Arbeitsplatz machen kann", wurden die Problemlösung und die Klimaverbesserung bei der Quelle mit Zuversicht angegangen.
Dieses 'Mehr an Humor' in der Führungskultur kann jedoch nur dann erfolgreich fortgeführt werden, wenn die Führungskräfte mit Leib und Seele hinter den Maßnahmen stehen und sie weiterhin mit Leben füllen.

---

[183] vgl. Lundin, Paul, Christensen (2001)

[184] Lundin, Paul, Christensen (2001), S. 99

6.2.3 GETRAG: Fortführung der humorvollen Unternehmenskultur des Firmengründers

Die Unternehmenskultur von mittelständischen Unternehmen wird oft stark von den Unternehmensgründern geprägt. Ein typisches Beispiel hierfür ist das Unternehmen GETRAG, ein Hersteller von PKW- und Motorradgetrieben sowie Antriebssystemen. Hier entwickelte eine Unternehmerpersönlichkeit quasi aus dem Nichts einen internationalen Konzern, dem er durch seine Persönlichkeit eine starke Prägung gab.

„Dieses Erreichte ist uns ja nicht zugeflogen, auch nicht in die Wiege gelegt worden, sondern es wurde hart erarbeitet von Menschen, von mehreren Generationen. 1935 von Hermann Hagenmeyer als Getriebe- und Zahnradfabrik gegründet und in Jahrzehnten nachhaltig in Jahresringen ausgebaut, hat sich das Familienunternehmen in der zweiten Generation zum internationalen Automobilzulieferkonzern entwickelt. (...) Um nahezu 5.500 Menschen ist das Unternehmen in den letzten sechs Jahren weltweit auf über 9.000 Beschäftigte gewachsen."[185] Dies sagte Erwin Teufel, der damalige Ministerpräsident des Landes Baden-Württemberg anläßlich der Einweihung eines GETRAG InnovationsCenters. Wie man sich Hermann Hagenmeyers Vorbildfunktion als Führungskraft und Firmengründer vorstellen muss, erfährt man in einer Broschüre zur Gedenkfeier zum 20. Todestages von Hermann Hagenmeyer. In den veröffentlichten Reden werden die Charakter- und Führungseigenschaften des Unternehmensgründers näher beleuchtet. Hier verweist einer der amtierenden Geschäftsführer auf den großartigen Humor des Gründers: „Klare Vorstellungen über unternehmerische Vorgänge und einen starken Willen, seinen Visionen auch Taten folgen zu lassen, haben ihn stets ausgezeichnet. Dazu war er ein fröhlicher, ein lebensbejahender Mensch, der seine Umgebung geradezu ansteckte und so manche schwierige geschäftliche Situation oder auch Verhandlungssituation auf eine neue Basis stellte. Wer zum Bei-

---

185 entnommen der Festschrift "*Raum für neues Denken*", die anlässlich der Einweihung des GETRAG InnovationsCenters Untergruppenbach im Mai 2002 herausgegeben wurde.

spiel einmal die Chance hatte, an der Schlussbesprechung einer steuerlichen Außenprüfung teilzunehmen oder an der Einfädelung eines neuen Geschäfts diesen Hermann Hagenmeyer zu erleben, der weiß, was ich meine. Es verging keine Betriebsversammlung, ohne dass Herr Hagenmeyer nicht eine Anekdote oder einen Witz erzählt hätte. Ich kann mich an Betriebsversammlungen in Neuenstein oder Rosenberg erinnern, wo die Mitarbeiter unter dem Tagesordnungspunkt "Sonstiges" Herrn Hagenmeyer aufgefordert haben, doch endlich einen neuen Witz zu erzählen. Und meistens blieb es nicht bei einem."[186]

Der Sohn des Gründers und jetzige Firmeninhaber, Tobias Hagenmeyer, benennt in seiner Rede als wesentliche Eigenschaften seines Vaters „Humor, Fröhlichkeit, Menschlichkeit". „Genau dies was immer das Sinnen und Trachten unseres Vaters gewesen, das Unternehmen fortzuentwickeln, in eine neue Zukunft hineinzubringen. Aber nicht gegen die Menschen, sondern für und mit den Menschen und dies ist auch (...) der Kern unserer Unternehmensvision, die wir vor 12 Jahren ins Leben gerufen haben. In dieser Unternehmensvision ist auch, und dies war für uns immer wichtig, der Gründer Hermann Hagenmeyer in seinen Werten verankert."[187] Diese Feststellung wirft auf die Unternehmensvision ein ganz besonderes Licht und macht sie für unsere Untersuchung besonders interessant. Denn hier ist explizit formuliert, dass der Humor des Unternehmensgründers als sozialer Kitt für die Harmonie im Unternehmen und Motivation der Mitarbeiter sowie als Strategie in Verhandlungen und Auseinandersetzungen seine Fortführung in der Unternehmensvision erfahren soll. Die Vision wurde schließlich unter dem Slogan „Wir machen's besser" in einer Broschüre für die Mitarbeiter formuliert. Acht Themen wurden für wichtig erachtet: Mitarbeiter, Lieferanten, Umwelt, Familie, Gesellschafter, Kunden und das Unternehmen. In der Einleitung heißt es: „Als wir 1990 unsere Unternehmensvision und deren Leitsätze entwickelten, wählten wir ein starkes,

[186] Dieter Schlenkermann in: Gedenkfeier zum 20. Todestag von Hermann Hagenmeyer, Untergruppenbach, 19. April 2002, S. 7

[187] ebd., S. 19

emotionales Sinnbild: Die erste Geige. Denn die Ersten Geigen in einem Orchester und wir bei GETRAG haben viele gemeinsame Eigenschaften: Tradition, Kultur, Qualität, Präzision, Harmonie, Know-how, Spitzenleistung und Formvollendung."
Die Statements zu den acht Themen zeugen von sozialer Verantwortung und hoher Unternehmensethik. Heiterkeit, Fröhlichkeit und Humor finden hier aber kaum noch Erwähnung. Unter der Rubrik 'Mitarbeiter' steht die Anmerkung: „Deshalb leben wir einen positiven Umgang, unterstützen unsere Mitarbeiter in Selbständigkeit und Verantwortung. Wir lösen die gestellten Aufgaben in vertrauensvoller und kreativer Zusammenarbeit - damit die Arbeit Spaß macht." Harmonische Zusammenarbeit ist sicher ein guter Nährboden für Spaß bei der Arbeit, aber kein Garant für den Spaß, den der Unternehmensgründer vermitteln konnte.
In meinen Gesprächen mit Mitarbeitern der Firma wurde deutlich, dass der Sohn und Nachfolger die Tradition des Witzeerzählens in ähnlicher Weise und Kunstfertigkeit pflegt wie sein Vater, doch findet diese Technik, durch Witze voranzukommen, laut Auskunft derselben Mitarbeiter nirgends Widerhall in der Art und Weise, wie Mitarbeiter grundsätzlich geschult, qualifiziert, weitergebildet und informiert werden.
In diesem Unternehmen, dessen Mitarbeiter durch eine starke Unternehmerpersönlichkeit Humor als wesentlichen Teil der Unternehmenskultur kennengelernt haben, wird Lachen also nicht zu einem Bestandteil vieler Unternehmensabläufe, sondern bleibt eine punktuelle Erscheinung im Berufsalltag.

6.3 Interpretation der Untersuchungsergebnisse und Ausblick

Wenn Lachen gesund und Humor der Schlüssel zur besseren Verständigung ist, müssten Personalverantwortliche viel dafür tun, dass in ihren Unternehmen gelacht wird. Die Wirklichkeit sieht anders aus, wie wir bei den vorhergehenden Analysen gesehen haben. Da es mir zumal um 'strukturelle Humor-Maßnahmen' in Organisationen geht und nicht um die Recherche nach spontanen und zufälligen Lachanlässen, sei eine weitergehende Analyse und Interpretation der vorgefundenen Situation erlaubt: Die Besinnung auf Kernkompetenzen führt oft zum Abbau von Bereichen, die Frohsinn vermitteln. Bereiche, in denen das Zwischenmenschliche und damit das Humorvolle gedeihen können, werden outgesourct: Pförtnerlogen und Empfangsräume, Hausdruckereien, Poststellen, Wachdienste und Hausmeistereien sind Inseln des Smalltalks und die dort Beschäftigten oft langjährige Mitarbeiter und somit Seismographen für die Unternehmenskultur. Wenn Menschen in diesen Bereichen von Fremdfirmen kommen, fehlt der Bezug zur Unternehmenskultur und der Blick fürs Soziale. Wer nichts über einen Bereich weiß, kann keine Witze darüber machen. Wem der Überblick fehlt, kann keinen Spott verbreiten. Nur so funktioniert aber Humor: Durch Kennerschaft und Einfühlungsvermögen. Witz ist eine soziale Leistung. Laut Sigmund Freud ist der Witz „die sozialste aller auf Lustgewinn zielender seelischer Leistungen."[188] Witz findet deshalb gerade im Arbeitsleben statt, weil Erwerbstätigkeit unseren Alltag dominiert und hier Menschen notwendigerweise zusammenkommen.

„In modernen Organisationen der Wirtschaft und Verwaltung wirken dieselben Prozesse wie in primitiven Stammeskulturen der Vor- und Jetztzeit. In Unternehmen werden heute - wie seit jeher - nicht nur absatzfähige Güter und komplexe Leistungen produziert, sondern auch Macht, Gewohnheiten, Sinn, Persönlichkeit, Beziehungen, Ängste, Umwelten."[189] Die Arbeit prägt uns genauso wie Lebensgemeinschaften, Wohnumfeld und Bildung. Vielleicht sogar mehr, weil wir am Arbeitsplatz mental mehr gefordert sind als beim Frühstück, am Feierabend und vor dem Fernseher zuhause. Dass Humor als Ventil für den Druck, dem wir im Berufsleben ausgesetzt sind, also genau hier seine Berechtigung hat, liegt auf der Hand.

Das Lachen ist den meisten aber längst vergangen. In Zeiten von Leanmanagement hat das Komische keine Konjunktur. Zwar gilt weiterhin die Volksweisheit, dass Lachen gesund sei. Doch darum soll sich jeder selbst kümmern. Die Chancen, mit

188 Freud (1999), S. 135

189 Neuberger, Kompa (1993), S. 37

einer Humorkultur im Unternehmen gemeinsam Mitarbeiterpotenziale zu entfalten, werden verkannt. Lieber halten Führungskräfte langatmige und langweilige Reden, als sich durch Esprit und Witz der Gefahr auszusetzen, lächerlich zu wirken.
Diese Sorge lässt viele humorvollen Ansätze im Keim ersticken. Arbeit muss nach Anstrengung aussehen, damit man sich Respekt verschaffen kann. Leistung heißt Überstunden, Verzicht und Zähne zusammenbeißen. Keiner hat etwas gegen Humor, es tut aber auch keiner etwas dafür. In den untersuchten Stellenanzeigen und Unternehmensleitbildern, in Firmenphilosophien und Grundsätzen wird der Spaß an der Arbeit zwar oft beschworen, in Handbüchern zu Qualitätsmanagementsystemen, in denen für jeden Arbeitsplatz die detaillierten Arbeitsabläufe beschrieben sind, sucht man danach jedoch vergeblich. Als konkreter Bestandteil der tagtäglich zu bewältigenden Aufgaben ist Spaß nicht eingeplant. Der muss schon von selbst kommen.
Wer bei der Arbeit lacht, setzt sich dem Verdacht aus, nicht akribisch genug seinem Auftrag nachzugehen. Obwohl jeder schon erfahren hat, dass Kreativität und Motivation durch Heiterkeit und Gelöstheit beflügelt werden, sieht man, wenn es um Kompetenzanspruch und ergebnisorientierte Leistungsbereitschaft geht, eher ernste Gesichter. Das Lachen in der Abteilung verstummt, wenn der Vorgesetzte vorbeikommt. Man will nicht den Eindruck erwecken, man habe zu wenig zu tun und würde seine Zeit 'verblödeln'.
Dass Arbeit Spaß machen kann oder darf, ist folglich keine Selbstverständlichkeit. Das räumt auch Prof. Dr. Horst W. Opaschowski vom BAT-Freizeitforschungsinstitut ein: „Spaß und Arbeit galten schließlich viele Jahre als unvereinbare Begriffe. Diese Auffassung hat sich zwar seit einiger Zeit verändert, wie auch Studien des BAT-Freizeitforschungsinstitutes deutlich machen, doch ein Buch über Spaß an der Arbeit als Wirtschaftsfaktor (...) gab es bisher nicht."[190]
Passt das überhaupt zusammen - Witz und Wirtschaftsleben, Humor und Humankapital, Lachen und Leanmanagement? Ist man im Erwerbsleben nicht tagtäglich mit versteinerten Mie-

---

[190] Opaschowski, In: Rieger (1999), S. 8

nen, kritischen Blicken und skeptischen Fragen konfrontiert? Wird einem nicht selbst als Kunde signalisiert, dass Vergnügtheit fehl am Platze ist? Spaß wird überwiegend im Zusammenhang mit Freizeit gesehen, „während im Berufsleben davon bisher eher selten die Rede ist. Stattdessen klagen Unternehmer über vielfältige Schwierigkeiten mit Behörden, über schlecht zahlende Kunden und zunehmende Konkurrenz, während Arbeitnehmer zur Arbeit gehen, weil sie Geld verdienen müssen, nicht unbedingt jedoch, weil ihnen ihr Job Spaß macht."[191]

Vielleicht liegt die Zurückhaltung beim Thema Humor im Wirtschaftsleben aber auch einfach nur daran, dass kein Patentrezept vorliegt, das den Zusammenhang von Lachen und kommerziellem Erfolg vermittelt. Denn worüber gelacht wird, ist von Kultur zu Kultur unterschiedlich. Wir unterscheiden britischen von jüdischem Witz, weil unterschiedliche Tabus in verschiedenen Gesellschaften gelten. Witze sind die Kurzform dieser Tabubrüche. Parodien über Diktatoren machen solange Spaß, so lange diese an der Macht sind. Dasselbe gilt für Witze über Chefs. Witze über Randgruppen und Minderheiten funktionieren in Zeiten der "political correctness" besonders gut. Witzig ist, was Regeln bricht, Moral untergräbt und Gebote oder Verbote bewusst missachtet. Der Hofnarr lies im 17. Jahrhundert im wahrsten Sinne des Wortes die Hosen herunter, als Furzen in Gesellschaft verpönt war. Genauso sind Witze über den Beruf umso komischer, je mehr sie die tatsächlich erlebten Verbote und Anweisungen der individuellen Situation am Arbeitsplatz widerspiegeln.

Trotz der Zurückhaltung beim Thema Humor und der Erkenntnis, dass Arbeit aufgrund der Leistungskriterien wie Fleiß, Effizienz und Konzentration in vielen Fällen nicht mit Humor in Verbindung gebracht wird und gebracht werden soll, ist nicht zu übersehen, dass der Zeitgeist unserer Tage andererseits oft mit Worten wie 'Fun-Gesellschaft' und 'Spaß-Gesellschaft'

---

191 ebd., S.11

beschrieben wird.[192] Das Prinzip, 'alles muss oder kann Spaß machen', ist vor allem in der Werbung omnipräsent. Suzuki bezeichnet sich als 'Fun Factory'.[193] BMW bietet das 'Z3 Fun Leasing' an und der BMW-Slogan 'Freude am Fahren' wurde für die 5er-Reihe erweitert, indem man hier den 'Spaß zur Tugend' erklärt hat. Humorvolle Ansagen an Bord der Deutschen BA sind mittlerweile genauso gewöhnlich wie der unterhaltsame, augenzwinkernde Wetterbericht von Jörg Kachelmann. Hätte es 2002 nicht das Jahrhunderthochwasser in Deutschland gegeben, wäre auch der Spaßwahlkampf der F.D.P. nicht ins Wasser gefallen. Westerwelles 'Guido-Mobil' sollte für gute Laune beim Wähler sorgen. Lachtherapeuten oder sogenannte Klinikclowns in Krankenhäusern haben sich mittlerweile genauso etabliert wie Lachclubs in Indien oder Kopenhagen, in denen Menschen zusammenkommen, um in einer dem Yoga nicht unähnlichen Methode zu lachen. Die Love-Parade in Berlin mit hunderttausenden Teilnehmern versteht sich als politische Spaßdemonstration. Und aus dem Fernsehen ist Comedy nicht mehr wegzudenken, nachdem auch die werbetreibende Industrie festgestellt hat, dass in der werberelevanten Zielgruppe der 14- bis 49-jährigen ein erheiterndes Programmumfeld besonders gut für die Werbewirkung der ausgestrahlten Spots ist. Harald Schmidt mit seiner eigenen Fernsehshow ist schon lange Kult und als gefeiertes Enfant terrible des Feuilletons wünschte man ihn in seiner einjährigen Sendepause sehnsüchtig auf den Bildschirm zurück.
Auch die größte deutsche Tageszeitung, die 'Bild-Zeitung', sorgt mit den täglich veröffentlichten Witzen für das Wohlbefinden und die Gesundheit der Werktätigen. „Lachen ist die beste Medizin. Das ist sogar wissenschaftlich bewiesen. Wer lacht, bewegt 80 Muskeln, allein 17 Gesichtsmuskeln und natürlich Bauch-, Schulter-, Brust- und Zwerchfell-Muskulatur. Im Schnitt lacht ein erwachsener Deutscher täglich sechs Minuten am Tag. Lachen baut Streß ab, es kräftigt das Herz und

---

192 vgl. Wertheimer, Zima (Hrsg.), 2001. Der programmatische Buch-Untertitel "*Infantilisierung in der Fun-Gesellschaft*" geißelt die Tendenz in unserer Gesellschaft, mit und bei Allem immer nur Spaß ohne intellektuelle Reflektion haben zu wollen.

193 vgl. Rieger (1999), S. 13

stärkt das Immunsystem. Fröhliche Menschen sind auch im Job erfolgreicher."[194] Dies steht quasi zur Begründung für den täglichen Witz in der Bild-Zeitung als Geleitwort zu einem Buch, in dem die besten Witze aus der Bild-Zeitung veröffentlicht sind. Dennoch kann dieser Boom an vermeintlicher Lebensfreude nicht darüber hinwegtäuschen, dass man eher Skepsis und Vorurteile erntet, wenn man Arbeit und Spaß verquickten möchte. Genau darum aber geht es im nächsten Kapitel.

---

194 ohne Autor, Bild-Buch (2000), S. 2

7. Entwicklung einer Humorkultur in Organisationen

Ich möchte im Folgenden aufzeigen, wie man eine Humorkultur in einem Unternehmen etablieren und konkret umsetzen kann. Denn neben den positiven Effekten des Lachens für Individuen und Gruppen, wie sie im Kapitel 4 beschrieben worden sind, bietet Humor in Organisationen die Möglichkeit, Schwächen zu erkennen, Fehler zu beheben und den Teamgeist zu stärken.

Sich über 'Dummheiten' in einer Organisation lustig zu machen, kann helfen, diese Dummheiten zu überwinden. Dummheiten dieser Art sind all die Firmenabläufe und Verhaltensweisen, die verschwenderisch, ineffektiv oder zwecklos sind - und somit eine der hervorragendsten Quellen von Humor und Komik. Denn die Komik dessen, der sich dumm anstellt, liegt darin, dass er extrem aufwändig oder übertrieben vorsichtig handelt und uns das Missverhältnis zwischen Aufwand und Wirkung bewusst werden lässt. In Zeiten, in denen effizientes Handeln und schlanke Strukturen eingefordert werden, kann Humor so die Augen öffnen. „Auch dabei steht das Prinzip der Ökonomie im Mittelpunkt. Denn für Freud kommt es bei der komischen Wirkung auf die 'ökonomische Differenz' im Vergleich zum anderen an. Man stellt ein Abweichen von der Norm der ökonomischen Angemessenheit fest. Sei es, dass er es sich unnötig schwer macht, sei es, dass er sich >Aufwand erspart hat, den ich für unerlässlich halte<. Wer es sich zu schwer macht, ist dumm. Wer es sich zu leicht macht, ist auch dumm. Die Lust an der komischen Dummheit entsteht aus dem Nachvollzug der Aufwandsdifferenz zwischen uns und dem anderen, unser Lachen wird Ausdruck 'lustvoll empfundener Überlegenheit.'"[195]

Wer sich lustig macht, weist auf diese Aufwandsdifferenz hin. Der Witz des Mitarbeiters kann den Mangel an Selbstkritik ausgleichen. Irrtümer sind erst schlimm, wenn man sie nicht

---

[195] Uwe Wirth: *'Diskursive Dummheit'* in: Wertheimer, Zima (2001), S. 52

bemerkt. Die Blindheit gegenüber eigenen Fehlern wird dank des Humors anderer bemerkt. Humor bietet somit die Möglichkeit, die Effektivität und die Erfolgsaussichten von Managemententscheidungen aus Sicht der Mitarbeiter zu spiegeln und zu kommentieren.

7.1 Die Konstruktion einer idealtypischen Humorkultur

Hier soll nun der Versuch unternommen werden, Maßnahmen zu benennen, wie Lachen in Unternehmen gefördert werden kann. Dabei stelle ich modellhaft einen Katalog an Vorschlägen verschiedener Autoren zusammen. Diese Ansätze sind nicht willkürlich ausgewählt, sondern beinhalten nur Ideen, deren Wirksamkeit im Einsatz ich in den letzen Jahren erlebt habe oder deren Gelingen mir von Unternehmensangehörigen berichtet worden ist. Die aufgelisteten Maßnahmen sind zudem keine punktuellen Eingriffe, sondern dienen dazu, Humor im Unternehmen nicht dem Zufall zu überlassen, sondern eine strukturelle Basis zu geben. Die verschiedenen Maßnahmen, die einzeln in unterschiedlichen Unternehmen schon umgesetzt worden sind, fasse ich in einer idealtypischen Organisation zusammen.

Das Beispiel eines Wirtschaftsunternehmens stellt im Sinne der soziologischen Betrachtung ein einmaliges historisches Erkenntnisobjekt dar. Wir möchten jedoch zu allgemeineren Aussagen kommen und durch eine geisteswissenschaftlich zulässige Verallgemeinerung die Realität über die individuelle Unternehmenskultur einer Firma hinaus in zutreffender Weise beschreiben. Eine durch Zufallsauswahl erzeugte Repräsentativität lässt sich nicht herstellen. Für unsere Zwecke scheint es daher geeignet, trotz aller erkenntnistheoretischen Unzulänglichkeiten über die Konstruktion eins Idealtyps, wie ihn Max Weber vorgeschlagen hat, typische Muster zu einem in sich geschlossenen Bild zusammenzufügen. Zu den Qualitäten des Idealtypus äußert sich Weber folgendermaßen:

„Dieses Gedankenbild vereinigt bestimmte Beziehungen und Vorgänge des historischen Lebens zu einem in sich widerspruchslosen Kosmos gedachter Zusammenhänge. Inhaltlich trägt diese Konstruktion den Charakter einer Utopie an sich, die durch gedankliche Steigerung bestimmter Elemente der Wirklichkeit gewonnen ist. Ihr Verhältnis zu den empirisch gegebenen Tatsachen des Leben besteht lediglich darin, dass da, wo Zusammenhänge der in jener Konstruktion abstrakt dargestellten Art (...) in der Wirklichkeit als in irgendeinem Grade wirksam festgestellt sind oder vermutet werden, wir uns die Eigenart dieses Zusammenhanges an einem Idealtypus pragmatisch veranschaulichen und verständlich machen können. (...) Er wird gewonnen durch einseitige Steigerung eines oder einiger Gesichtspunkte und durch Zusammenschluss einer Fülle von diffus und diskret, hier mehr, dort weniger, stellenweise gar nicht, vorhandenen Einzelerscheinungen, die sich jenen einseitig herausgehobenen Gesichtspunkten fügen, zu einem in sich einheitlichen Gedankenbilde."[196]
Zum Erfolg äußert sich Weber zudem: „Ob es sich um reines Gedankenspiel oder um eine wissenschaftlich fruchtbare Begriffsbildung handelt, kann a priori niemals entschieden werden: es gibt auch hier nur einen Maßstab: den des Erfolges für die Erkenntnis konkreter Kulturerscheinungen in ihrem Zusammenhang, ihrer ursächlichen Bedingtheit und ihrer Bedeutung. Nicht als Ziel, sondern als Mittel kommt mithin die Bildung abstrakter Idealtypen in Betracht."[197]
Anhand des Idealtypus können schließlich auch die im vorhergehenden Kapitel beschriebenen Fallbeispiele bewertet und bemessen werden. Zweck ist letztlich, die Wirklichkeit begrifflich zu ordnen, auch und gerade wenn die historischen Individuen nicht reproduzierbar sind.
Die ausgeprägten idealtypischen Denkgebilde besitzen den Vorteil, leichter in einer klaren und verständlichen begrifflichen Form fassbar zu sein, während die reale historische Mannigfaltigkeit sich nur schwer festen Begriffen beugt. Der Idealtypus ist ein fiktives Extrem. Unter diesem Gesichtspunkt

---

196 Weber (1991), S. 72f

197 ebd., S. 76

sind die nachfolgenden Beispiele auch ausgewählt. Es sind ausschließlich Empfehlungen aus Büchern von Humorberatern, Trainern oder Therapeuten, die mit den beschriebenen Maßnahmen positive Ergebnisse erzielt haben. Dies ist als Bedingung für unseren Idealtypus auch nötig, denn er kann seine Funktion nur erfüllen, wenn er nicht nur in der Phantasie denkbar ist, sondern gemäß unserer alltags-, wie auch forschungspraktischen Erfahrungen umgesetzt werden kann.
Sicher muss bei originellen Methoden, Humor zu fördern, nicht die in deutschen Firmen tatsächlich existente Wirklichkeit repräsentiert werden. Die idealtypische Begriffsbildung hat immer nur Sinn wegen einer als Interessenskriterium dienenden Wertbeziehung.
Es wäre zum Beispiel fragwürdig, in einem idealtypischen Entwurf die besondere Vorliebe für bestimmte Witze von Unternehmensführern aufzunehmen, da sich aus diesen individuellen Eigenarten keine relevanten Rückschlüsse auf die Qualität des Führungsstils und die Wirkung auf Interaktionsmuster ziehen lassen. Umgekehrt ist die Frage berechtigt, ob von einem Idealtypus ausgehend konkrete Handlungsempfehlungen für ein Unternehmen gegeben werden können, das einen Wandel hin zu einer humorpflegenden und humorunterstützenden Organisation anstrebt. Oder anders formuliert: Wenn man Lachen systematisch zur Ergebnisverbesserung in Unternehmen fördern möchte, wie kann dieses Unterfangen initiiert und gesteuert werden?
Möglichkeiten bietet hier die Strukturierung der Maßnahmen gemäß den Programmen der Organisationsentwicklung.

7.2 Methoden der Organisationsentwicklung

Wenn Lachen als Verhalten in Unternehmen gefördert werden soll, so kann es als ein Ziel der Organisationsentwicklung definiert werden. „Die Organisationsentwicklung ist ein geplantes Programm, das von einer dualen Zielsetzung bestimmt wird. In der Regel werden als gleichrangige Hauptziele die Humanisierung der Arbeitswelt und die Leistungsfähigkeit der Organisation genannt."[198] Humanisierung bedeutet, Voraussetzungen zu schaffen, die der Befriedigung der Bedürfnisse von Organisationsmitarbeitern nach mehr Autonomie und Selbständigkeit Rechnung tragen. Mitbestimmung, Individualität des Verhaltens und Spontaneität sowie die Entfaltung der Persönlichkeit und ein hoher Grad an Selbstverwirklichung dienen ebenfalls der Humanisierung.

Humorförderung ist somit ein Teil dieser Humanisierung, da Humor Spontaneität und Entspannung, Freiraum und Persönlichkeitsentfaltung schafft. Damit wird man jedoch keine Führungskraft überzeugen können, Mittel in solch ein Programm zu investieren. Das Lachen zu fördern wird als Ziel wohl genauso wenig Priorität haben wie andere Humanisierungsziele. Diese Ziele scheinen lediglich Mittelcharakter zu haben. Letztendlich werden sie verfolgt, um eine Verbesserung der Leistungsfähigkeit der Organisation zu erreichen.

Jede Entwicklung bedarf der Internalisierung der Organisationsziele durch die Mitglieder. Lachen kann als Motor für die generelle Änderungsbereitschaft dabei sehr dienlich sein. Die dazu angewandten Methoden der Organisationsentwicklung werden in der Literatur unterschiedlich als Interventionstechniken typologisiert. Für unsere Zwecke scheint eine Gliederung in personale und struktural-technologische Ansätze vernünftig zu sein, zumal viele in der Praxis entwickelten Modelle dieser Gliederung folgen.

Unter personalen Ansätzen sind die Maßnahmen zu verstehen, die auf eine Änderung der Einstellungen und Verhaltensbereitschaften der einzelnen Person aufgrund von Lernprozessen abzielen.

Strukturelle Ansätze gehen von der Annahme aus, dass durch die Organisationsstruktur das Verhalten der Unternehmensmitglieder beeinflusst wird.

Unter diesen zwei Blickwinkeln, der personalen und der struktural-technologischen Ansätze, werden wir im Folgenden Maßnahmen zur Einführung einer Humorkultur betrachten und das variantenreiche Spektrum der Vermittlungsmöglichkeiten von Humor strukturieren.

---

198 Hentze, Brose (1985), S. 184

7.3 Personelle Methoden der Entwicklung einer Humorkultur

„In den englischsprachigen Ländern wird Humor in Geschäftssituationen systematisch eingesetzt - in jedem Land etwas anders, in keinem Land so häufig wie in Großbritannien. Die Angelsachsen erreichen in Verhandlungen mit einem Witz, einer kleinen Anekdote, einem pointierten Zitat oft mehr als mit einem nüchternen Argument, denn Lachen verbindet und schafft eine entspannte Atmosphäre. Wir Deutschen hingegen gelten nicht ganz zu Unrecht auf internationalem Parkett als humorlos: The shortest book of the world: a compendium of German humour. Wir neigen eher dazu, Geschäfte mit dem 'notwendigen Ernst' zu betreiben."[199]
Das Arbeitsethos in Deutschland verleitet dazu, den Spaß aus ernsten Angelegenheiten wie der Arbeit herauszuhalten. Das Komische gilt als das 'Unernste'. „Das Komische erscheint als Antithese zu den ernsten Angelegenheiten. Das Bewusstsein von einer solchen Antithese drückt sich häufig in den Versuchen aus, eine humorvoll vorgebrachte Bemerkung abzumildern, die jemanden kränken könnte. (...) Das geschieht dann mit der stehenden Wendung: 'Es war doch nur Spaß'."[200] Wenn ein Scherz zu weit geht, muss zumindest bestätigt werden, dass eine Verletzung des Gegenüber nicht beabsichtigt war. Oft trifft man jedoch mit einer Pointe genau ins Schwarze und „hält den Finger in die Wunde". Dieses Beispiel zeigt übrigens, wie unscharf die Grenze zwischen den beiden Realitätsebenen des Arbeitsalltags und des Witzes oder humorvoller Bemerkungen liegt. Der 'zu weit gegangene' Witz dringt in die ernste Angelegenheit ein und ist weit mehr als nur ein Witz. Insofern ist die ontologische Interpretation des Komischen als unernster Teil des Seins, wie sie von Philosophen vorgenommen worden ist, fragwürdig.[201] Die Bereiche sind ineinander verwoben und leben von gegenseitigen Bezüglichkeiten. Die

---

199 Kleinschroth (1998), S. 8

200 Berger (1998), S. 9

201 vgl. Kapitel 3.1.1 Komik als geschlossener Sinnbereich

Trennung beider Bereiche als abgeschlossene Einheiten macht folglich wenig Sinn.
Vielleicht sind auch nur wir Deutschen übersensibel und kritisch, was den vermeintlich korrekten Umgang miteinander anbelangt. Damit vergibt man sich die einmalige Chance - gerade bei Verhandlungen und Geschäftssituationen -, ein Feedback des Gesprächspartners einzuholen und somit zu erfahren, woran man ist. „Es gibt keine eindeutige voraussehbare Reaktion, die einem Redner sagt, ob er es geschafft hat, seine Zuhörer zu überzeugen, doch wenn er einen Witz erzählt, dient Lachen als experimenteller Beweis. Humor ist die einzige Form der Kommunikation, bei der ein Reiz auf einer hohen Stufe der Komplexität eine stereotype, vorhersehbare Reaktion auf der Stufe der physiologischen Reflexe auslöst. Das erlaubt es uns, diese Reaktion als Indikator für jene schwer fassbare Eigenschaft zu benutzen, die wir Humor nennen - wie wir das Ticken des Geigerzählers benutzen, um Radioaktivität zu erkennen. Ein solches Verfahren ist in keiner anderen Kunstform möglich."[202] Es macht also allein deshalb Sinn, Humor gezielt einzusetzen, weil es eine gemeinsame Kommunikationsbasis herstellt, positive Emotionen erzeugt und Feedback eingeholt werden kann.

7.3.1 Vorgelebtes Führungsverhalten

Führungskräfte scheinen Lachen dennoch nicht für rollenkonform zu halten. Abbildungen von Vorständen, Aufsichtsräten, führenden Managern sowie Portraits von Führungskräften und Vorsitzenden zeigen meist Personen mit ernstem Gesicht. Machtmenschen, nicht nur im Wirtschaftsleben, blicken, als hätten sie nichts zu lachen. Lachen wird historisch nur selten dokumentiert. Wirkt Lachen lächerlich, zeugt es von Verletzbarkeit?
Doch nicht nur die Selbstrepräsentation wird mit Ernsthaftigkeit betrieben und gleichgesetzt. Auch wird von Mächtigen ihr Einflussbereich und Betätigungsfeld als humorfreie Zone konstruiert, man verwahrt sich gegen humorvolle Tendenzen.

---

[202] Birkenbihl (2001), S. 54f.

Denn Humor macht gerade diejenigen lächerlich, die sich für klüger, mächtiger, reicher halten. Wer über die Diskrepanz von Anspruch und Wirklichkeit der Erscheinung der Mächtigen lacht, entzieht sich dem Druck und der Unterlegenheit - zumindest für den Moment. Dies möchten die Mächtigen vermeiden.
Vorgesetzten einer Organisation zu empfehlen, mehr Humor und Witzigkeit zu leben und zuzulassen, stößt folglich zunächst auf Skepsis. Es gibt dennoch Mittel und Wege, Führungskräfte von der Wirksamkeit des Spaßeinsatzes zu überzeugen. Die 'Playfair'-Organisation beispielsweise ist in Amerika im Bereich Managementtraining ein Vorreiter in Sachen Humor. Bei Vorträgen und Seminaren für über 400 Kunden im Jahr ist der Spaß ein zentrales Anliegen. Die von Playfair entwickelten Techniken basieren auf Lachen, Spiel und Spaß. Der Einsatz genau dieser Prinzipien soll die Arbeitsmoral verbessern, die Produktivität erhöhen und eine mitarbeiterkonzentrierte Unternehmenskultur schaffen. Letztendlich geht es aber um eine höhere Rentabilität. Als Leitspruch hat sich die Firma Playfair folgendes Motto gegeben: „Wenn Sie sich selbst allzu ernst nehmen, dann haben Sie die besten Chancen, ernsthaft krank zu werden!"[203] Bei Playfair ist man sich bewusst, dass Fröhlichkeit und Verspieltheit in Vergessenheit geratene Kommunikationsformen sind, die Erwachsene jedoch leicht wieder erlernen können. Matt Weinstein behauptet in seinem Buch 'Management by fun', dass die Begeisterung, mit der das Publikum seine Vorträge aufgenommen hat, ihn dazu verleitet habe, eine Geld-zurück-Garantie zu gewähren. Wenn ein Referent von Playfair nach Beendigung seines Programms keine Standing ovations erhält, bekommt der Veranstalter das Referentenhonorar zurück. Damit ist im eigenen Angebot ein Teil der Botschaft verdeutlicht, die Playfair vermitteln will: Man muss Begeisterung auslösen, - und das funktioniert am besten mit Humor. Weinstein zitiert ein Vorstandsmitglied des Control Data Management Clubs, der anlässlich einer Präsentation die einleitenden Worte sprach: „Wir haben mit dem Vortragenden dieses Abends ver-

---

[203] Weinstein (1999), S. 9

einbart, dass wir ihm nichts bezahlen müssen, wenn Sie ihm nach Beendigung seines Vortrags keine Standing ovations geben. Nun, ich muss Sie wohl nicht daran erinnern, dass dieser Unternehmensbereich letztes Jahr einen Verlust von mehr als 10 Millionen Dollar geschrieben hat und wir mit jedem Groschen rechnen müssen! Sie können heute Abend also etwas tun, um dem Unternehmen ein bisschen sparen zu helfen (...)."[204]

Heutzutage gibt es kaum noch ein Produkt oder eine Dienstleistung, die nicht von anderen Produzenten oder Dienstleistern in gleicher Qualität, zum gleichen Preis oder in der selben Zeit angeboten werden kann. Aufgrund der marginalen Unterschiede bei objektiven Vergleichskriterien kommt dem 'Bauchgefühl' immer mehr Bedeutung zu. Das heißt, Sympathie oder das gute Gefühl, mit einem Unternehmen zusammen arbeiten zu können, wird für den Entscheider ausschlaggebend, wenn alle anderen Aspekte gleichwertig sind.

Unternehmen, deren Mitarbeiter Spaß haben, gerne Kundenprobleme lösen und Aufträge in einer Art erledigen, die signalisiert, dass sie voller Enthusiasmus ihren Job machen, haben demnach einen Wettbewerbsvorteil. Wie schafft man aber ein Arbeitsumfeld, das Begeisterung weckt und auch Außenstehende rasch erkennen lässt, dass in diesem Unternehmen Freude herrscht? Matt Weinstein sieht diese Aufgabe als Führungsaufgabe. Man muss einem Mitarbeiter einen Anlass zum Lächeln geben, damit er seine Arbeit mit einem Lächeln auf den Lippen erledigt. Wer durch den Einsatz von Spaß und Humor als Managementinstrumente eine entspannte, fröhliche Unternehmenskultur mitgestalte, beeinflusse positiv Teambildung, Stressbewältigung, Kundenservice und ganz allgemein die Arbeitsmoral. Dadurch ließen sich Burn-out-Syndrome vermeiden und die Mitarbeiterfluktuation stark reduzieren. Voraussetzung sei eine Spiel- und Spaßmentalität, die den Arbeitsalltag begleite.

Doch genau hier treten wieder die Missverständnisse auf, die eingangs genannt worden sind. Arbeit und Spiel werden als Gegensätze empfunden. Leistung hat nichts mit Spaß zu tun. Wer vergnügt am Arbeitsplatz angetroffen wird, macht nicht

---

[204] ebd., S. 11

den Eindruck, als würde er konzentriert und zielgerichtet arbeiten. Die vergnüglichen Momente im Arbeitsleben werden eher kurz gehalten, als dass sie offen und ohne schlechtes Gewissen gelebt und gepflegt werden. Aus vorauseilendem Gehorsam wird eine gelöste, kommunikative Feier- oder Spaßlaune auch unterdrückt, wenn ein Vorgesetzter dazukommt. Bei Briefings zu Kabarettauftritten habe ich oft erlebt, dass der sprudelnde Informationsfluss seitens Mitarbeitern zu den Flops und Pannen einer Firma bzw. den Verschrobenheiten von Vorgesetzten versiegte, wenn eine Führungskraft zum Gespräch erschien.

Viele Firmen sind daran interessiert, eine effektive, reibungslose Organisationsform zu finden, klammern aber die menschliche Seite oft aus und schaffen so Gebilde, die herzlos und kalt sind und eher zur Arbeitsunzufriedenheit beitragen statt die Mitarbeitermotivation zu fördern.

Einsparungspotenziale bei Verschlankung und Automatisierung sind Unternehmensführern bewusst und werden stets gefordert. Unter diesem Aspekt muss jede entspannte Lachpause natürlich wie eine unter Gewinnaspekten überflüssige Faulenzerei wirken. Die Effekte vom Vergnügtsein bei der Arbeit sind statistisch bislang nicht erfasst und folglich wird der Spaß weder gefördert noch gefordert.

Matt Weinstein hält gegen all diese Einwände seine Erfahrung entgegen: „Anstatt die vergnüglichen Momente im Berufsalltag zu unterdrücken, sollten Sie sie fördern und kultivieren, denn sie können sich äußerst vorteilhaft auf die Arbeitsmoral und Produktivität Ihres Betriebes auswirken."[205] Allerdings bedarf es bei einer Einführung von neuen Elementen in die Unternehmenskultur, die Spaß und Freude fördern sollen, einer überlegten und wohldosierten Vorgehensweise. Gerade Führungskräfte ernten eher Skepsis als Zuspruch, wenn sie sich mit 'Tricks' anbiedern, die die Mitarbeiter in ihrer Intension nicht verstehen. „Jede abrupte Verhaltensänderung, und sei sie noch so gut gemeint, würde nur Argwohn und Misstrauen unter seinen Mitarbeitern schüren - mit gutem Grund: Plötzlich wird das Reglement geändert, und niemand weiß, warum.

[205] Weinstein (1999), S. 26

Wenn ein Generaldirektor oder Manager das Reglement ändern will, muss er sich Zeit lassen, denn jede Änderung einer Unternehmenskultur von oben her setzt Vertrauen voraus; und die Vertrauensbildung erfordert ihrerseits wieder Zeit."[206]
Der in Absatz 6.2.2 geschilderte Einsatz von Humor beim Versandhaus Quelle war auch deshalb erfolgversprechend, weil neue Führungskräfte von Beginn an Humoraffinität und ein lockeres Verhalten zeigten. Mitarbeiter mussten nicht den abrupten Wechsel des Führungsstils einer Person in dessen Amtszeit 'verarbeiten', sondern erlebten diesen Wechsel beim Übergang des Postens auf eine andere Person.
Wenn die 'Änderung des Reglements' innerhalb der Amtszeit einer Führungskraft durchgeführt werden muss, setzt Weinstein deshalb nicht auf ein Managementmodell, das Auswirkungen in allen Handlungsebenen und Führungsentscheidungen sichtbar werden lässt, sondern plädiert für Einzelaktionen, die anfangs nur punktuell eingesetzt werden sollen. Die positiven Erfahrungen und das Feedback der Mitarbeiter würden von selbst eine Dynamik nehmen, die die Spaßkultur forciert.
Bei den unzähligen Möglichkeiten, wie eine Unternehmenskultur Impulse zu mehr Humor, Vergnügtheit und damit Menschlichkeit bekommen kann, nennt Weinstein vier Grundsätze für das Führungsverhalten als Einstiegshilfe, die aus seiner Erfahrung heraus Fehler oder einen Start in die falsche Richtung vermeiden helfen. Letztendlich soll Spaß und Spiel langfristiger Bestandteil der Unternehmenskultur und unentbehrlicher Faktor im Berufsleben werden. Die Grundsätze selbst enthalten keinerlei Empfehlung zum Thema Humor, sondern betreffen die eigene Einstellung sowie die Empathie gegenüber der Zielgruppe:
- Gehen Sie mit gutem Beispiel voran.
- Tragen Sie nur Entscheidungen, hinter denen Sie voll und ganz stehen.
- Denken Sie an den konkret betroffenen Personenkreis.
- Veränderungen brauchen Zeit.

Alle Maßnahmen führen nur dann zu einer positiven Veränderung, wenn das Management das Geforderte oder Er-

206 ebd., S. 45

wünschte auch selbst anwende. Schließlich orientieren sich die Mitarbeiter eines Unternehmens in ihrem Verhalten an den Führungskräften und bewerten die Reaktion ihrer direkten Vorgesetzten auf ihr Verhalten als Richtschnur für erwünschtes Verhalten.

Dass verordnete Spaßkultur nicht greift und Leitsätze ergebnislos verpuffen können, wenn sie nur kommuniziert, aber nicht vorgelebt werden, erfuhr ich als Kabarettist in Gesprächen mit Mitarbeitern einer Reederei am Rande einer Veranstaltung. Vorstände stellten dort zehn Kernsätze als Unternehmensleitbild vor, die von Textern einer Werbeagentur griffig formuliert worden waren. Der Hintergedanke war, dass die Werte und Qualitätsmerkmale, die die Kunden auf Kreuzfahrtschiffen dieser Reederei erleben sollten, nämlich Spaß, Freude, Abwechslung und Überraschung, auch im Arbeitsalltag der Mitarbeiter im Innendienst wahrnehmbar sein sollten, quasi als Beweis dafür, dass die Kundenbedürfnisse und Wünsche der Gäste an Bord eines Schiffes verinnerlicht seien. Die drei Vorstände dieser Reederei saßen bei der Veranstaltung frontal ihren Mitarbeitern auf einer Bühne gegenüber und lasen die Texte aus der Broschüre vor, die auch den Mitarbeitern ausgehändigt worden war, - ohne Anteilnahme, persönliche Interpretation oder in irgendeiner Art vorgelebt. Die Mitarbeiter äußerten sich mir gegenüber enttäuscht darüber, dass von oben herab Unternehmensleitsätze zum Thema Miteinander und Freude am Arbeitsplatz verkündet werden, statt die Mitarbeiter nach Veränderungs- und Verbesserungspotenzialen zu fragen. Die Vermutung liegt nahe, dass sich die Mitarbeiter mit den Leitsätzen nicht identifizieren werden, da sie nicht aus ihrer Mitte stammen und offensichtlich ja auch von den Vorständen nicht in ihrem Führungsverhalten adaptiert worden sind. Hätten die Mitarbeiter sich konstruktiv im Vorfeld bei der Findung von Kernaussagen beteiligen können, wären sie wohl eher bereit, "ihre" Philosophie zu leben und Kunden zu demonstrieren, auch wenn Vorstände es nicht so zeigen können. Vielleicht konnten die Vorstände der Reederei das Quäntchen Spiel und Spaß, das sie selbst jedem Mitarbeiter abverlangen wollten, mit ihrem Selbstverständnis als seriöse und Verantwortung tragende Manager nicht vereinbaren. Die negative

Wirkung bei der Präsentation, die die Diskrepanz zwischen formulierten Leitsätzen und der dabei gezeigten Ausstrahlung bei den Mitarbeitern erzeugte, ebnet der erhofften Verhaltensänderung nicht den Weg.
Insofern ist Weinsteins Grundsatz ernstzunehmen, dass man voll und ganz hinter den gewünschten Veränderungen stehen müsse. Genauso wichtig scheint meiner Einschätzung nach das Einfühlungsvermögen und die Empathie gegenüber den Mitarbeitern zu sein.

7.3.2 Spaßvermittlung durch externe Trainer und Berater

In Deutschland gibt es mittlerweile wie in Amerika Humortrainer für Führungskräfte, die mit Witz und Ironie Denkblockaden beseitigen, Mitarbeiter in Stimmung bringen und eine bessere Unternehmenskultur fördern sollen. Selbst Kongresse, die ursprünglich nur dem „therapeutischen Lachen" eine Plattform boten, öffnen sich für Unternehmensthemen. Vom 2. bis 5. Mai 2002 beispielsweise fand in Stuttgart eine vom dortigen Bildungszentrum der Evangelischen Kirche initiierte Veranstaltung unter dem Thema "Heilsames Lachen - Therapeutischer Humor in Aktion" statt. Mediziner, Therapeuten, Pfarrer und andere, die sich bislang nicht unbedingt als Lachexperten profiliert haben, fanden sich zu diesem ersten Lachkongress in Deutschland zusammen. Knapp tausend Besucher erfuhren Wissenswertes übers Lachen. Einblick in die mehr oder weniger witzige Welt der Wirtschaft gab dabei der Humortrainer Thomas Holtbernd. Bei Daimler-Chrysler, so berichtete er, wurden Lach- und Humorseminare mit Führungskräften Pkw und Lkw aller Ebenen längst durchgeführt. Holtbernd ist Psychologe und Theologe in Bottrop und steht seit 15 Jahren im Dienst der guten Laune. Er hält Vorträge über die Wirkung des Lachens. Holtbernd, der verschiedene Funktionen in der Alten- und Krankenpflege ausübte und einige Jahre Krankenseelsorger war, weiß, dass Lachen der Krankheit schadet, auch präventiv. Deshalb machte er die Freude am Spaß zur Profession. Nicht nur bei Daimler-

Chrysler, auch bei anderen großen Unternehmen und an Volkshochschulen lehrte er das Lachen. „Man kann alles im Leben leichter nehmen, wenn man lachen gelernt hat"[207], sagt Holtbernd. Bei den Daimler-Chrysler-Angestellten spürte er am Anfang seiner Seminare „einen riesigen Druck, weil die Konkurrenz in der Automobilindustrie mörderisch ist". Da ist mehr als ein Witz fällig, um für Auflockerung zu sorgen. „In unserer Arbeitsgesellschaft geht es rau zu. Da wird Leichtigkeit geradezu zwanghaft gesucht. Mit anderen zu lachen befreit."
Die Mittel dazu sind oft banal. Der Humortrainer holt oft Pappnasen aus dem Utensilien-Koffer, die sich dann Manager überstülpen. Die Clownnasen wirken befreiend, weil sie das sichtbare Zeichen sind, 'verrückt' sein zu dürfen: „Hinter der Maske eröffnete sich ihnen ein Raum, in dem sie ganz anders sein konnten als in ihrer Rolle. Das Bedürfnis nach diesem Anderssein ist ungeheuerlich, gerade bei Führungskräften."
In Amerika fiel Holtbernd wiederholt auf, wie locker Manager auftreten, wenn sie für Humor aufgeschlossen und für Ironie zugänglich sind: „Eine ganz andere Arbeitskultur. Das Verbissene, Misstrauische, Verletzende, wie wir es hier kennen, kommt gar nicht erst auf." In Amerika wird im Geschäftsleben schon länger gelacht. Dafür haben 'Lachpapst' Paul McGhee und der Clown und Lachtherapeut Patch Adams gesorgt. Letzterer arbeitete unter anderem mit Kindern in Kabul, der Hauptstadt Afghanistans, als es dort ansonsten wirklich wenig zu Lachen gab.
Lachen ist für Holtbernd zunächst sinnfrei. Er selbst leistet mit seinen Seminaren eine Starthilfe zur Entwicklung des eigenen Humors. „Doch die meisten Erwachsenen müssen erst wieder entdecken, was sie zum Lachen bringt". Kinder wissen das noch intuitiv. Zirkusclowns sind beliebt wie eh und je. Klinikclowns, die bettlägerigen Nachwuchs aufheitern, kommen immer häufiger zum Zuge, weil sie die sterile Krankenhaus-Situation entkrampfen. Großeltern, die mit Enkeln Blödsinn anstellen, sind beliebter als Großmütter, die stets mit Süßigkeiten locken, so die Erfahrung von Holtbernd. Auch Groß-

---

[207] Dieses und nachfolgende wörtliche Zitate stammen aus einem Artikel der Stuttgarter Zeitung vom 26.4.2002: "*Beruf und Karriere: Mit Witz und Ironie wider die Denkblockaden*"

eltern profitieren von dieser Strategie: Kinder, die lachen, bewältigen leichter Ängste und Unsicherheiten. Das erweist sich als rentabel für ihre Entwicklung. Weil sie lachen, also loslassen können, sind sie lustiger, kreativer und produktiver als Gehemmte. Somit erscheinen sie Erwachsenen als Sonnenschein und bieten auch den Großeltern eine nachahmenswerte Leichtigkeit beim Umgang mit Alltagserlebnissen.
Holtbernd und mittlerweile über ein Dutzend Humortrainer hier zu Lande wollen diese Mechanik auf Unternehmen übertragen. Lachen bricht Denkblockaden auf. Humor sei eine Eigenschaft, die sich ausbauen und nutzen lässt, sagt Holtbernd. Der Humortrainer erlebt in seinen Kursen und Workshops ganz oft, dass gelacht wird und dann plötzlich eine neue Idee geboren ist, da eine angespannte Atmosphäre aufgelockert und Druck abgebaut werden konnte. Heiterkeit legt seiner Erfahrung nach oft den Grundstein für neue Ansätze. Er ortet darin auch einen 'Trend zur Sinnfindung: „Mit vierzig scheut man sich, immer noch die Sinnfrage zu stellen. Man kann es aber locker tun, wenn man sich auf der Humorschiene zugleich Abstand verschaffen kann. Man darf sogar Scheitern zugeben, wenn man es in Humor und Ironie verpackt."[208]
Wer über eine falsche Entscheidung im Arbeitsprozess oder eine misslungene Operation nur Ärger empfindet, bleibe auf seinem Fehler sitzen. „Wer dazu eine Anekdote erfindet oder anderweitig mit Humor umgeht, dem wird eine positive Fehlerkultur zugeschrieben", konstatiert Holtbernd.
Positive Emotionen, zu denen auch Lachen gehört, führen dazu, dass Lerninhalte besonders fest im Gedächtnis gespeichert werden. Humor überrascht immer neu, das ist der Merkvorgang. Humorvolle Elemente in die eigene Kommunikation einzubauen, beflügelt dieselbe und verschafft mehr Aufmerksamkeit. Auch Selbstironie kommt gut an. „So kann man Dinge sagen, die sonst verletzen würden", sagt Holtbernd. „Humor ist eine andere Sprache. In vielen Firmen sollte der Hofnarr wieder eingeführt werden. Der brachte ja schon bei Hofe nicht nur zum Lachen, sondern auch zum Nachdenken."

[208] s.o.

Holtbernd illustriert dies an einem Beispiel: Man stelle sich vor, ein Krisenmeeting sei angesetzt. Die Teilnehmer sind um den Tisch versammelt, alle haben düstere Mienen. Die Unterredung beginnt, wird ernst, Ratlosigkeit breitet sich aus. Da kramt der Chef einen Lachsack aus seinem Aktenkoffer und lässt ihn loslegen. „Das ist das Signal: Genug gejammert," meint der Humortrainer, „jetzt werden die Ärmel hochgekrempelt. Die Spannung fällt ab, alle lachen mit."
Nicht so einfach gehe das bei Mobbingsituationen, denn da könnten humoristische Mittel missverstanden werden. Ansonsten aber seien dem Humor kaum Grenzen gesetzt. Er taugt selbst noch da, wo das übliche Management-Instrumentarium an Wirkungsgrenzen stößt. Er kenne Firmen, die zeitweise Meetings von Clowns moderieren ließen, um eine andere Sichtweise und Sprache hineinzubringen. „Der Humor ist ein menschlicher Faktor mit betriebswirtschaftlichen Auswirkungen." Allerdings gebe es keine deutsche Humormentalität. „Im Süden wird mehr gelacht als im Norden, in katholischen Gegenden mehr als in protestantischen." Es gibt aber auch Grund zur Hoffnung. Die E-Mail-Kultur zum Beispiel werde immer witziger. Cartoons und geschriebene Witze heitern das Arbeitsleben zunehmend auf. Am meisten gelacht werde laut Holtbernd über Unternehmensberater. Die gelten als Störenfriede. Indem man sie zur Witzgruppe stilisiert, hält man sie sich vom Leib.
Der Darmstädter Psychologe Marc Hassenzahl, wissenschaftlicher Mitarbeiter an der Technischen Universität (TU) Darmstadt, hält es ebenfalls für empfehlenswert, Humor professionell in Firmen von Trainern zu vermitteln und dem Lachen eine bedeutungsvolle Plattform zu geben. Er empfiehlt Trainingskurse nach amerikanischem Vorbild.[209] Denn eine optimistische Lebenshaltung ist für den Darmstädter Wissenschaftler erlernbar. Er hält es für sinnvoll, Trainings anzubieten, wie sie die University of Pennsylvania mit ihrem Penn Optimism Program durchführt. Entsprechende Forschungen hat der US-Psychologe Martin Seligman vorangetrieben. Aufgrund seiner Forschungsergebnisse fordert er eine 'Positive

---

[209] vgl. Wiesbadener Kurier, 27. Dezember 2001

Psychologie', die sich mit den freudigen Aspekten des Lebens beschäftigt: Glück, Optimismus, Weisheit. Bisher untersuchten die Wissenschaftler vor allem Fehler, Krankheit und Verhaltensauffälligkeiten. Optimismus sei die Fähigkeit, gute Ereignisse als Reaktionen auf eigene Anstrengungen zu beziehen und schlechte als Folge weltlicher Einflüsse zu sehen. Bei Pessimisten verhalte es sich umgekehrt, so der Wissenschaftler Hassenzahl: „Wenn Pessimisten etwas Gutes widerfährt, sprechen sie meist von Glück, Optimisten schreiben solche Entwicklungen ihrem Verdienst zu." Übungen könnten solche Erklärungs-Stile verändern. Eine optimistische Lebenshaltung versetze den Menschen in die Lage, handlungsfähig zu bleiben. Der Psychologe warnte aber davor, Optimismus als Allheilmittel zu verstehen. Es gebe durchaus Situationen, in denen Optimismus gefährlich werden kann.
Den 'strategischen Optimismus', der von vielen Wirtschaftsunternehmen nicht nur in Deutschland für die Mitarbeiter propagiert wird, beurteilt der Wissenschaftler mit Vorsicht. Dieses Konzept sehe vor, dass sich Mitarbeiter ein Ziel setzen und dieses mit hohem Risiko ansteuerten. Das Leitbild verführe dazu, Risiken und Konsequenzen nicht ausreichend zu überdenken. Besser ist es, mit Humor auch Gefahren und Schwächen überspitzt zu artikulieren. Gerade deshalb sei der Einsatz von Humortrainern sinnvoll, da die Möglichkeiten von Humor in seiner ganzen Bandbreite vermittelt und bewusst gemacht werden können. Gezielt eingesetzte Ironie, Satire und in der Steigerung davon auch Zynismus öffnen die Augen und öffnen den Blickwinkel für Alternativen. Ambivalenz in der Entscheidungsfindung ist oftmals besser als das blauäugige Vertrauen auf rosarote Missions- und Visionsvorgaben in Leitbildern.

Die Lachtrainerin Anke Möhlmann aus Münster beschreibt auf ihrer Homepage www.lach-training.de die Gründe für ihren Einsatz als Humorcoach ganz pragmatisch: „Freundliche und humorvolle Mitarbeiter sind nachweislich die besseren Verkäufer. Bei der Auswahl verschiedener Arten von Motivationstrainings muss zum einen die Kostenseite betrachtet werden und zum anderen muss das Training auf schnellstem

Wege und vor allem nachweislich erfolgreich sein, sich also im Erfolg des Unternehmens widerspiegeln und messen lassen. Humor & Lachtraining ist ein herausragendes Instrument, dem ein vorderer Platz im Bereich des Motivationstrainings beizumessen ist. (...) Die positiven Wirkungen des Humor & Lachtrainings zeigen sich nicht nur durch einen freundlicheren und humorvolleren Umgang der Mitarbeiter. Konkret lässt sich der Erfolg u.a. auch daran fest machen, dass sich die Mitarbeiter aufgrund des verbesserten Arbeitsklimas mit dem eigenen Unternehmen identifizieren, motivierter und leistungsbereiter sind und weniger krankheitsbedingt ausfallen."[210]

7.3.3 Unternehmenstheater

Mitarbeiter für Neues zu begeistern, funktioniert vor allem dann, wenn eine positive Grundstimmung im Unternehmen herrscht. Bei neuen Zielen und Aufgaben, anspruchsvollen Herausforderungen und hochgesteckten Jahreszielvorgaben setzen viele Unternehmen mittlerweile auch auf professionelle Schauspielgruppen, die am Rande von Tagungen und Veranstaltungen Unternehmensthemen in Szene setzen.
Diese Aufgabe hat sich beispielsweise das 'Scharlatan-Theater' aus Hamburg zum Ziel gesetzt, das als eines der renommiertesten Anbieter im Businessbereich maßgeschneiderte Programme für die Wirtschaftswelt ausarbeitet. Es bringt Firmenprobleme auf die Bühne und lässt die Betroffenen über sich selbst lachen. Mit Theater, das zum Lachen komisch ist, sollen so Innovationen näher gebracht werden.
Lange Zeit haben viele Firmen ausschließlich auf Schulungen mit Flip-Charts und Powerpoint-Präsentationen gesetzt. Damit löst man aber meist keine Begeisterung aus. Das hat auch ein typischer Kunde und Auftraggeber des Scharlatan-Theaters so empfunden, der Vertriebsleiter Heinz Konjer der DekaBank, der Finanzgruppe der Sparkassen. Zur Einführung eines neuen Vertriebskonzeptes, bei dem die Berater in Zukunft unter dem Stichwort 'ganzheitliche Beratung' auf die Gesamtsituation der

---

210 vgl. http://www.lach-training.de/konzept.htm

Kunden eingehen sollten, wollte Konjer Begeisterung bei seinen Mitarbeitern wecken. So kam er auf die Idee, Komik als Stilmittel in die Schulungen einzubeziehen. „So schaffen wir es, Interaktion zu fördern und die Mitarbeiter zum Mitdenken zu bewegen."[211] Das Scharlatan-Theater hat so als Auflockerung von Seminaren Sketche ausgearbeitet, die nichts anderes widerspiegeln als Situationen aus dem Firmenalltag, etwas überspitzt und pointiert dargestellt. So werden beispielsweise Beratungsgespräche mit Kunden parodiert oder Firmensmalltalks, bei denen Mitarbeiter über Kollegen lästern, gespielt. Nach dem ersten Durchlauf werden die Szenen unter Anleitung eines Moderators vom Scharlatan-Theater noch einmal unter die Lupe genommen. Die Gäste bzw. Firmenangehörigen sind aufgefordert, in die Handlung einzugreifen, Rollen umzugestalten und Konfliktsituationen zu entschärfen. So wird vor den Augen der Betroffenen aus einem abweisenden ein freundlicher Filialleiter und die negative Kraft von Lästerei und destruktiver Bremserei wird transformiert in konstruktive Kritik und Optimierung von Prozessen. Bei allem Slapstick und Spaß bleibe dennoch die lehrreiche Erkenntnis, so die Erfahrung des Vertriebsleiters Konjer: „Aus Erfahrung wissen wir, dass Mitarbeiter danach eher bereit sind, ihr Verhalten zu ändern."[212]

Das Scharlatan-Theater unter der Leitung von Ali Wichmann unterstützt Firmen wie die DekaBank dabei, Mitarbeiter humorvoll auf Kurs zu bringen. Es wurden im Laufe der Jahre spezielle Programme entwickelt, die sich dem Thema Business und dabei speziell Firmenproblemen annehmen. Anfangs, so Wichmann, sei es schwierig gewesen, Vertrauen in die Wirksamkeit von Business-Theater zu wecken. Inzwischen lassen zahlreiche Unternehmen Produkteinführungen oder neue Verkaufsstrategien innerbetrieblich von 'Scharlatan' oder anderen Unternehmenstheatern begleiten. Selbst komplexe und schwierige Prozesse wie Change-Management und Reengineering werden phasenweise durch Unternehmenstheater aufgelockert, entschärft und vorangetrieben. Je besser dabei recher-

---

[211] zitiert nach Pütz (2004), S. 55f

[212] ebd.

chiert wird und je größer die Ähnlichkeiten von gespielten Rollen zu lebenden Personen sind, umso erfolgreicher sind die 'Inszenierungen'. Immer wieder zu beobachten ist dabei, dass Lachen die Bereitschaft fördert, Probleme wahrzunehmen und das eigene Verhalten zu überdenken. Slapstick, Parodie und Komik sind dabei nur die Türöffner, Konflikte zu lösen und Veränderungen zu beschleunigen. Abwehrhaltungen können so aufgebrochen werden und selbst Chefs kann deutlich der Spiegel vorgehalten werden. Lachen verbindet dabei. Die Botschaft, die Unternehmenstheater im besten Falle vermittelt, ist die, dass alle aus der Firma in einem Boot sitzen.
Ein weiteres wirkungsvolles Mittel, die Routine zu stören und Erwartungshaltungen zu durchbrechen, hat 'Scharlatan' durch den verdeckten Einsatz von Schauspielern entwickelt, - eine Art 'unsichtbares Theater', wie es Augusto Boal in Südamerika als eine Form des politischen Theaters etabliert hat.[213] 'Unsichtbares Theater' ist eine Spielart, bei der die Zuschauer nicht wissen, dass es sich um Theater und Schauspieler handelt. Erlebte Szenen werden so nicht als inszenierte Kunstform wahrgenommen, sondern als Alltagserlebnis, in das man als Betroffener oder als Augenzeuge involviert ist. Was bei Boal durchaus revolutionäre Züge trug und eine Befreiungsbewegung bei Feldarbeitern und Tagelöhnern initiieren sollte, wird von 'Scharlatan' ohne ambitionierte politische Hintergedanken praktiziert. Es geht allein um die Wirkung: Wer Theater bewusst als Theater erlebt, misst der Handlung und dem Verhalten der Schauspieler in Hinblick auf die Lösungsstrategien bezüglich eigener Alltagsprobleme weniger Bedeutung bei, als wenn er das Gleiche nicht auf einer Bühne, sondern im richtigen Leben erlebt. Der Unterschied ist die Handlungsrelevanz des Erlebten und die Betroffenheit, die das Ereignis auslöst.
Sehr erfolgreich haben die 'Scharlatan'-Akteure beispielsweise ein Kellnerprogramm im Angebot, bei dem Schauspieler als Servicekräfte anfangs unauffällig ans Werk gehen, um dann immer mehr aus der Rolle zu fallen. Das Fehlverhalten innerhalb der erwarteten Kellner-Rolle irritiert die Gäste anfangs, belustigt sie dann und schließlich macht es ihnen großen Spaß

---

[213] vgl. Boal (1979), S. 34ff

zu beobachten, wie andere Gäste, die das Spiel noch nicht durchschaut haben, auf die Aktionen der vermeintlichen Kellner hereinfallen.
Die Erfahrung, dass jemand, der wie ein Kellner herumläuft, nicht unbedingt Kellner sein muss, kann eine wertvolle Erkenntnis für Veränderungsprozesse sein. So halten Schauspieler von 'Scharlatan' bei Firmenseminaren oder Fortbildungsveranstaltungen auch Vorträge als vermeintliche Gastreferenten. Was beispielsweise als Vortrag eines hochnäsigen, verquasten und realitätsfremden Beraters beginnt, entpuppt sich als unterhaltsame, kabarettistische Nabelschau des Unternehmens. Die ablehnende Haltung der Zuhörer gegenüber eines Vertreters oder Fürsprechers des ungeliebten Change-Managements weicht so einem herzhaften Lachen. Und dennoch öffnen sich die Mitarbeiter dadurch einem ungeliebten Thema oder nehmen Lösungsansätze für Firmenprobleme positiver wahr.
Humor verhilft dazu, hinter die Dinge zu blicken, an der Fassade zu kratzen und auch eigene Ansichten auf den Prüfstand zu stellen.

7.3.4 Die Institutionalisierung des Humors

Es ist auch denkbar, mit der Schaffung einer neuen Stelle in einem Unternehmen dafür zu sorgen, dass die positiven Effekte des Lachens gezielt genutzt werden. Die Aufgabe eines Humorbeauftragten oder 'Lachverständigen' wäre es dann, zusätzliche Anlässe zum Lachen zu schaffen, indem er als Mittler oder Animateur für Humor eingesetzt wird und eine Art 'Management by Laughter' etabliert. Wäre nicht zumindest bei vielen Entscheidungen im Wirtschaftsleben der satirische Blick von Vorteil bei der Abwägung der Meinungen? Hilft die geistreiche Provokation nicht bei Betriebsblindheit? Der Kabarettist Dieter Hildebrandt hat in einer satirischen Rede den Vorschlag unterbreitet, Satiriker sollten sich ähnlich den Interessensverbänden zusammenschließen, „die seit Jahrzehnten ihren Einfluss durch Verbindungsmänner und Abgeordnete im Bundestag unablässig verstärkt haben. (...) Wer hindert uns

daran, aus Mitteln unseres Verbandes einen Beratervertrag für einen einflussreichen Politiker auszuschreiben? Nur so können wir erreichen, dass satirische Beiträge unserer Mitglieder in den Massenmedien auch einmal vor 24 Uhr erscheinen."[214]
Der Vergleich mit einem Hofnarren liegt nahe und so abwegig scheint die Idee der Einführung solcher Jobs gar nicht. Ernstzunehmende Autoren plädieren dafür: Der Psychoanalytiker und Unternehmensberater Manfred Kets de Vries hat psychologische Motive ermittelt, die das Denken und Handeln von Führungspersonen bestimmen. Tiefe Einblicke in das Verhalten von Führungskräften lieferte ihm seine Leitung von Topmanagement-Seminaren am European Institute of Business Administration (INSEAD). Dabei, sowie bei Tätigkeiten als Organisationsberater stellte er fest, dass er oft die Rolle des Narren spielte, nicht weil er Blödsinn erzählte, sondern weil er die Rolle als Verkünder der Wahrheit zugewiesen bekommen hat. „Bei zahlreichen Gelegenheiten wurde ich in Organisationen gebeten, den Machthabern gegenüber bestimmte unangenehme Themen anzusprechen, die zwar seit Jahren drängten, aber immer wieder zurückgestellt und von Managern, die nicht zum Boten schlechter Nachrichten werden wollten, vergessen wurden", so schreibt er in einem Buch mit dem treffenden Titel 'Führer, Narren und Hochstapler - Die Psychologie der Führung.'[215] Er zeigt, dass der Narr in moderner Interpretation ein effektives Instrumentarium zur Auseinandersetzung mit Arroganz, Machtbesitz, Regelübertretung und Gefahrenverdrängung von Führungskräften zur Verfügung stellen kann.
„Traditionellerweise spielte der Weise/der Narr die Rolle eines Mittlers zwischen Führern und Anhängern, indem er hintergründige (über das unmittelbar Sichtbare hinausgehende) Informationen ausgab und die eigentliche Bedeutung zur Debatte stehender Vorgänge bewusst oder unbewusst aufdeckte."[216]
Die Beobachtung, dass eine Nachricht immer in Zusammenhang mit dem Sender gesehen und bewertet wird, ist eine Er-

[214] Hildebrandt (o.J.), S. 21f

[215] Kets de Vries (2004), S. 14f

[216] Kets de Vries (2004), S. 106

kenntnis, die schon Erasmus von Rotterdam in seiner Schrift 'Lob der Torheit' festhielt, indem er schrieb, „dass das gleiche Wort, das im Munde eines Weisen zu einem todwürdigen Verbrechen würde, im Munde des Narren unglaubliches Vergnügen hervorruft."[217]

Führungskräfte neigen gemäß Kets de Vries dazu, sich eigene Realitäten zu schaffen und blind zu werden für die Konsequenzen dieses Verhaltens. Sie sind zudem eingenommen von der eigenen Meinung und nicht bereit, um Rat zu bitten. Ausgelöst wird so ein Verhalten durch unkontrollierten Narzissmus, eine Antriebskraft für das Verlangen nach Führerschaft und Macht.

Die Rolle des Narren müsste laut Kets de Vries in Unternehmen besetzt werden, um den in der Beziehung zwischen Führern und Untergebenen entstehenden regressiven Kräften entgegenzuarbeiten und eine wirkungsvolle Kraft im Unternehmenssetting zu aktivieren.

In der Geschichte war es der Narr, der gegenüber Kaisern oder Königen diese korrigierende und relativierende Rolle einnahm. Mit verschiedenen Methoden erinnert der Narr an die Vergänglichkeit von Macht und zeigt die Gefahren der Verblendung. „Er wird zum Hüter der Realität und verhindert in paradoxer Weise närrische Handlungen."[218]

Der Rolle des Narren ist seine Bekanntheit aus Volkskunst, Mythen, der Literatur und aus der Anthropologie dienlich. Als Typ ist er geläufig, auch wenn er in verschiedenen Verkleidungen auftritt. Mal ist er der Distinguierte, mal der Schnippische, mal der Tollpatsch. Er verursacht Chaos, das jedoch zu einer höheren Einsicht führt. Er parodiert menschliche Bedürfnisse und Schwächen und macht sich lustig über Triebe genauso wie über Normen. Dabei macht ihn seine Gratwanderung zwischen Dummheit und Gerissenheit so interessant. Ihm hört man gerne zu, weil man sich den Spiegel vorhalten und verblüffen lassen möchte. Gerade ihm als Spaßvogel gelingt es, das Unerklärliche mit dem Vertrauten und das Neue mit dem Erwarteten zu verbinden.

[217] zitiert nach Kets de Vries (2004), S. 102

[218] Kets de Vries (2004), S. 108

„Die anthropologische Forschung legt nahe, dass wir auf die Gestalt des Narren unsere eigenen Schwächen, Ideale und Ängste projizieren können, so dass er in zahlreichen Gesellschaften eine wichtige Rolle spielt. Welsford geht so weit, den Narren als Erzieher zu bezeichnen, da 'er die latente Narrheit seines Publikums zutage fördert' (1935, S.28). Indem er ein negatives Beispiel vorlebt, unterstützt der Narr wahre Werte und gerechtfertigtes Handeln."[219]

Der Narr ist uns somit sowohl historisch als auch psychologisch vertraut. Gelegentlich hat jeder auch schon mal den Narren gespielt. Ich möchte deshalb die Rolle des Narren aus seiner langen Tradition und Überlieferung heraus im Folgenden noch etwas genauer beleuchten.

7.3.4.1 Historischer Exkurs: Der Hofnarr

Beschreibungen über die Figur des Narren finden sich in fast allen Gesellschaften auf der ganzen Welt. Vor allem seine soziale Kompetenz, die sympathische Fähigkeit der Einsicht ohne moralische Keule und der weisen Voraussicht ohne erhobenen Zeigefinger machen ihn zur Identifikationsfigur. Als Hofnarr oder Clown ist seine Rolle institutionalisiert, und seine Aufgabe besteht darin, das für andere Unsagbare auszusprechen. Das gelingt ihm, indem er sich harmloser gibt, als er ist und sich hinter der Maske des Wahnsinns oder der Dummheit verbirgt. Die Requisiten des Hofnarren, Schellenkappe und Narrenzepter, sind gewiss Verspottung der königlichen Insignien der Macht, nämlich Krone und Zepter, auf der anderen Seite machen sie den Narren selbst zum Gespött. Die Verkleidung wirkt wie ein Schutzschild, das gleichzeitig als Waffe eingesetzt wird. Dank seiner schon rein äußerlich wahrnehmbaren Außenseiterrolle ist er dann auch der Einzige, der Wahrheiten, die alle betreffen, 'von außen' erkennen und aussprechen kann. Er öffnet uns die Augen, wenn ein verengter Blickwinkel Schlimmes befürchten lässt.

---

[219] Kets de Vries (2004), S. 109

Im Altertum, im Mittelalter und bis weit in die Neuzeit hinein gab es an fast sämtlichen Höfen den Hofnarren als Fachmann für das Vergnügliche. Bei Kaisern und Königen, Sultanen und Päpsten, Bischöfen und Duodezfürsten waren sie hoch geehrt und wurden in wichtige Ämter befördert. Neben den Volksnarren des platten Landes, die rekrutiert wurden, schlossen Ritterbürtige und Akademiker freiwillig Verträge bei Hof, in denen sie sich zu närrischem Dienst verpflichteten.[220] Sie sind mächtig, oft intrigant, bewahren ihre Herren vor Schaden oder liefern sie ans Messer, kommen zu Reichtum und verprassen ihn wieder. Sie machen Politik, bis sie im 18. Jahrhundert durch die Mätressen ihrer Ämter enthoben werden. Die ersten Hofnarren gab es im Orient. Torheiten und Ticks, Schwachsinn und Wahnsinn galten als Zeichen Gottes, denen die Umwelt mit Respekt und Ehrfurcht begegnete. Der Narr als Sprachrohr Gottes war für seine Taten nicht verantwortlich und stand außerhalb des Gesetzes.[221] Da der Herrscher ebenfalls von Gott legitimiert war und seine Taten im Auftrag des Himmels ausübte, standen sich Narr und Fürst sehr nahe. Sie gehören zusammen, sind zwei Antipoden des göttlichen Willens. Historisch bedeutsam ist das Hofnarrentum aufgrund des Privilegs des freien Wortes zu Zeiten strengster Zensur und absolutistischer Unterwürfigkeit. Der Narr inspiriert und motiviert, ergötzt und heitert auf; der Lohn dafür ist die uneingeschränkte Meinungsfreiheit, die somit „parlamentarische und publizistische Funktionen zu Zeiten, in denen das Volk schweigen muss und Medien unbekannt sind"[222], erfüllt.
Interessant wird dieser Aspekt gerade dadurch, dass Hofnarren keineswegs nur Krüppel, Zwerge und Geisteskranke waren. „Es befinden sich unter ihnen eminent kluge Männer, die sich bewusst unter der Narrenkappe tarnen und verstecken, weil sie sonst ihre Botschaft nicht verkünden, ihren Einfluss nicht ausüben könnten. Der bewusste Anschein der Torheit bringt sie ans Ziel."[223] Dabei lebt der Hofnarr nicht ungefährlich. Mit

---

220 vgl. Amelunxen (1991), S.7

221 ebd. S. 7

222 Amelunxen (1991), S. 8

223 ebd.

seiner Keckheit provoziert er und weiß dabei nie, wie weit er gehen darf. Hat er es übertrieben und steht vor der Androhung der Todesstrafe, muss er mit einer Narretei, die alles andere zuvor noch übertrifft, seinen Kopf aus der Schlinge ziehen. Dazu braucht man einen kühlen Kopf und gute Nerven. Der Hofnarr des weisen König Salomons sollte aufgrund seiner Rüge der Weiberwirtschaft am Hofe aufgehängt werden. Als letzten Wunsch erbat er, sich den Baum, an dem er baumeln sollte, selbst aussuchen zu dürfen. Als er die Schergen des Königs wochenlang ergebnislos durchs Lande geführt hatte, zerrten die ihn entnervt abermals vor den König. Der musste über den klugen Schachzug so lachen, dass er seinen Hofnarren begnadigte.

Als ein Seldschuken-Fürst seinem Hofnarren nackt beim Bade entgegentritt und fragt, wieviel er wert sei, antwortet dieser unerschrocken „dreißig Asper", ein Betrag im Gegenwert weniger Cents. Als der Fürst empört kontert, allein das Badetuch sei so viel wert, entgegnet der Hofnarr, das sei schon mitgerechnet. Der Fürst amüsiert sich königlich über diese Unverschämtheit. Nicht weniger keck war der berühmte Hofnarr Taubmann am sächsischen Hof, der die Frage seines Kurfürsten, ob denn der Landesherr auch zu den vielen Narren am Hofe zähle, auf lateinisch beantwortete: "Ille est eximius", - eine zweideutige Antwort, die heißen kann, der ist ausgenommen oder der ist es in ausnehmendem Maße.[224]

Aber nicht alberne Belanglosigkeiten, sondern auf den Punkt treffende, beißende Kritik machen den Reiz des Hofnarren aus. Auch weit reichende Entscheidungen konnten Hofnarren beeinflussen. Als der Mongolenherrscher Tamerlan mit großen Heerscharen gegen das türkische Reich anstürmte, wollte Sultan Bajazet I. nach einer aufgedeckten Offiziersverschwörung dessen Teilnehmer hinrichten lassen. Sein Hofnarr Nasuddin Hodscha kommentierte sarkastisch, dass er sie ruhig alle köpfen lassen solle. Dann könne der Sultan die Fahne schwingen und er die Trommel rühren, wenn sie ganz allein gegen die ungläubigen Mongolen ziehen. Bajazet begnadigt die Verurteilten und erlebt mit Genugtuung, wie sich die Begnadigten

[224] vgl. Amelunxen (1991), S. 9

nun aus Dankbarkeit und Ergebenheit im Kampf todesmutig tapfer schlagen. Um ihrer Unabhängigkeit Ausdruck zu verleihen, legten Hofnarren Wert auf Gleichberechtigung mit ihren Fürsten, indem sie sie duzten und meist jegliche Ehrbezeugung wie Ringküssen verweigerten.

„Wenn hohe Herren ihren Unmut äußern, weil der Narr an ihrer rechten Seite geht, so eilt dieser flugs nach links und sagt mit Betonung: 'Aber mir macht es gar nichts aus, einen Narren rechts gehen zu lassen!' Und wenn der Fürst seinem Narren im Spaß einen Rollentausch anbietet mit der Bemerkung: 'Mich würde es nicht stören, Dich als Fürsten zu sehen!', so muss jener trocken erwidern: 'Aber mich würde es stören, Dich als Narren zu haben.'"[225]

Dennoch wird die Symbiose vertraglich besiegelt, um bei allem Rollentausch dem Status Ausdruck zu verleihen. Noch vor den christlichen Fürsten waren es osmanische Sultane, die offiziell Hofämter einführten, regelmäßige Besoldung und Pension gewährten, die Leibeigenschaft der Hofnarren aufhoben und Gesetze erließen, die die Bedrohung oder Herabsetzung der Hofnarren unter Strafe stellten. In Zentraleuropa etablierten sich die Hofnarren erst später, zumal es Höfe als ortsgebundene Residenzen kaum gab. Die Ottonen sind noch von Pfalz zu Pfalz gezogen. Hofnarren wurden aus den umherziehenden Possenreißern rekrutiert oder aber aus dem großen Gefolge der Herren selbst. Man musste eher gut zu Fuß oder im Sattel sein als intellektuell zu brillieren, wenn man im Dienste eines Herren stand. Die Blütezeit des europäischen Hofnarrentums beginnt in der Mitte des 15. Jahrhunderts.

Mit der Verehrung der Majestät 'von Gottes Gnaden' als idealisierte Herrscherfigur, in dessen Händen das Wohl des Volkes liegt, gilt der Herrschende als höheres Wesen, für den alltägliche Handlungen und Handgriffe nicht mehr opportun sind. Was gewöhnlichen Sterblichen erlaubt ist, muss sich der Herrscher versagen. Der Hof inszeniert sich, abgeschirmt von der Außenwelt, im Zeremoniell, die dem Herrscher Funktionen abnimmt, die er nicht selber ausüben darf. Dazu wurden minutiös geplante Abläufe des Hofstaates festgelegt, die in aber-

[225] ebd., S. 10

witzig abgestuften Hierarchieebenen jeden Handgriff genau regelten: Unter dem obersten Regierungsbeamten stand der Obersthofmeister an der Spitze des Hofstaates, gefolgt von Hofmeistern, Kommandanten, Hof- und Unterärzten, Oberkämmerern, Kammerherren, Leibdienern, Oberstallmeistern, dem Oberhofkaplan, dem Quartiermeister und den vielleicht wichtigsten Personen, den Leitern des Küchen- und Tischdienstes. Aufgrund der symbolischen Bedeutung der Nahrungsaufnahme des Herrschers war dieser Dienst in besonderem Maße überorganisiert. Immerhin war damit das Wohlergehen des Herrschers direkt verbunden, - und somit auch des Volkes Wohlergehen. Obergeschirrmeister, Oberfruchtmeister, Oberkellermeister, Obertrunkenmeister (für kalte Speisen) und Oberküchenmeister, Spezialist für Gesottenes, Gebratenes und Omelettes kümmerten sich als nur für Teilbereiche zuständige Spezialisten um das leibliche Wohl des Herrschers.

Die streng hierarchischen Strukturen, wie sie hier im Hofstaat geschildert werden, wirken wie eine groteske Übertreibung heutiger bürokratischer Organisationsformen. An der fürstlichen Tafel wie überall am Hofe gab es nur einen, der Vorschriften durchbrechen, Rituale stören und das Zeremoniell einschließlich aller Gäste verspotten durfte: der Hofnarr.

Sein besonderer Status ist durch seinen Titel, seinen Hofrang, seine Privilegien und sein Gehalt dokumentiert. Die Narren am kurfürstlichen Hof zu Dresden beispielsweise wurden im 16. Jahrhundert nicht nur mit Kost und Obdach, Hofkleidung und Naturalien versorgt, sondern erhielten obendrein ein üppiges Jahresgehalt. Der Wert des jährlichen Verdienstes von 150 Goldgulden war ein kleines Vermögen. Im Vergleich: Mit 30 Gulden jährlich konnte ein Wittenberger Student gut leben. Der Wert des Narren bestand darin, dass Hofnarren oft die besten Ratgeber waren.

Der Hofnarr beeinflusst positiv Gesetzgebung, Beschlüsse, Verwaltungsakte, Gnadenentscheidungen oder gewisse Vergünstigungen. Soldaten werden vor dem Strick gerettet, Unschuldige aus dem Kerker und Verbannte aus dem Exil befreit. Sie rieten von Feldzügen in schwierigem Gelände oder gegen unkalkulierbare Gegner ab.

Oft erreichten sie das mit genialer List, indem sie das Gegenteil des Erwünschten rieten oder durch absurde Empfehlungen ihre Herren nachdenklich stimmten. Ihre närrischen Predigten wurden entgegen den Ratschlägen anderer unbefangen aufgenommen, da Narrenweisheiten unverbindlich scheinen. Narren agieren absichtlich tollpatschig, um Machthaber nicht zu düpieren, sind sich aber der beabsichtigten Wirkung ihres Tuns sehr wohl bewusst und agieren mit einem sicheren Gespür für das Richtige.

7.3.4.2 Der moderne Narr in Unternehmen

Kets de Vries ist der Auffassung, dass die Macht des Führers auf die Torheit des Narren angewiesen sei. Die gemeinsame Interaktion hält die gesamte Organisation im Gleichgewicht. Die Rollen müssen zudem von zwei Menschen gespielt werden; wer als Führer selbst das Gelächter auf sich zieht, beraubt sich der Glaubwürdigkeit und des Respekts, der für die Organisation stabilisierenden Charakter hat und deshalb nicht angezweifelt werden darf. Der Narr zieht das Lachen auf sich und hilft so, die Erhabenheit des Vorstands oder Führers einer Organisation zu bewahren.
Wenn der Narr eine unentbehrliche Rolle für das Funktionieren des sozialen Lebens spielt, sollte jene Rolle auch ins Organisationsleben integriert werden, da auch hier zum Beispiel der Schutz vor Machtmissbrauch ein legitimes Anliegen aller Beteiligten sei. Zwar gibt es verschiedene strukturelle Sicherheitsmaßnahmen in Form von Regeln, Aufsichtsgremien und Personen sowie einem transparenten Organigramm, dennoch ist eine Organisation im Wirtschaftsleben weit davon entfernt, demokratisch geführt zu werden. Manager und Führungskräfte sind oft Geheimniskrämer, die viel Energie darauf verwenden, sich abzuschotten und ihre Autonomie zu verteidigen. Strategien werden oft im Dunkeln gelassen und Mitarbeiter erst dann in Kenntnis von Maßnahmen gesetzt, wenn diese auch schon der Presse bekannt gegeben worden sind. Dies kann ich als Kabarettist bestätigen. Von Firmenmitarbeitern eines Pharmaunternehmens habe ich während eines Fusionsprozes-

ses erzählt bekommen, dass Mitarbeiter noch Monate nach der Fusionsbekanntgabe weder über die Verlängerung ihres Arbeitsvertrages noch über den zukünftigen Firmenstandort Auskunft erhalten haben. Statt Transparenz wird Informationsblockade betrieben, statt Vertrauen herrscht Macht. Ohne Vertrauen entsteht jedoch eine Atmosphäre der Vorsicht, Absicherung und Fehlervermeidung.
Statt offene Kommunikation zu führen wird darauf gewartet, dass Anweisungen gegeben werden. „Es ist eine Binsenweisheit, dass Macht - die Fähigkeit, gewaltigen Schaden anzurichten oder Gutes zu tun - eine Suspension moralischer Werte bewirkt."[226] Nicht nur der Führer ist durch seine Machtfülle anfällig für illegitimes Handeln, auch der Untergebene kann in seiner Enttäuschung über mangelnde Offenheit oder Kommunikationsbereitschaft Geheimnisse oder Gerüchte ausplaudern. Oft sieht er sich moralisch legitimiert, unverantwortliches oder kriminelles Handeln seiner Vorgesetzten an die Medien oder die Öffentlichkeit zu melden, um seinem Ärger Luft zu machen. „Die schmerzliche Ironie besteht darin, dass die persönliche Integrität und Vertrauenswürdigkeit der Ausplauderer, die sie ursprünglich zu ihren Handlungen veranlassten, in Frage gestellt werden, und häufig endet alles damit, dass sie selbst für genau die Missstände, die sie ans Licht gebracht haben, verantwortlich gemacht werden - eine klassische Reaktion: Der Überbringer schlechter Nachrichten wird getötet."[227] Insofern hat es ein normaler Mitarbeiter als Künder der Wahrheit schwer bzw. ist es äußerst riskant, Geheimnisse oder geheime Machenschaften bzw. das Wirken von Seilschaften und die Pläne von mächtigen Individuen einer Organisation an die große Glocke zu hängen.
Hier bedarf es eines 'Narren', der als äußerst couragiertes Individuum jederzeit Personen und Entscheidungen in Frage stellen muss und den Führungskräften entgegen der untertänigen Jasagerei der Mitarbeiter kritisch und unabhängig die Meinung sagt. Dafür wird er übrigens wenig Rückhalt in der Organisation finden, wenn es ihm nicht gelingt, "Schutzklei-

---

226 ebd., S. 115
227 ebd., S. 116

dung" wie die der Hofnarren zu tragen, die ihn vor Sanktionen und Abstrafungen bewahrt. Umso mehr wird aber klar, dass diese Aufgabe kein normaler Mitarbeiter übernehmen kann. Denn durch das schlechte Licht, das aufgrund der Bekanntgabe negativer Informationen auf die Organisation fällt und der damit verbundenen Bloßstellung wird der Ausplauderer keinen Schutz finden. Obrigkeitsdenken und mangelnde Kommunikation werden auch Solidaritätsbekundungen seitens der Untergebenen ausbleiben lassen. Zumindest wird man die Sanktion abwarten, bevor man Partei ergreift. Erst wenn eine Führungskraft für die Organisation wirklich nicht mehr tragbar ist, werden sich bestätigende Äußerungen zu der vorherigen 'Majestätsbeleidigung' vermehrt vernehmen lassen. Meist, so bestätigt auch Kets de Vries, verlaufen Angriffe von normalen Mitarbeitern gegen die Führungsspitze übrigens im Sande, egal wie berechtigt sie sind. Auch nach einem kurzzeitigen gewaltigen Medienecho erlischt das Interesse der Öffentlichkeit schnell und man kann zum Business as usual übergehen.
Der Einsatz eines Narren bedarf also Fingerspitzengefühl für die Auswahl geeigneter Person hinsichtlich der Belastbarkeit für diese Aufgabe. Genauso muss die Unternehmensführung ihre Toleranz gegenüber schonungsloser Offenheit bei kommunizierten Missständen abschätzen können. Der Einsatz von Narren setzt also ein gewisses Maß an Vertrauen voraus. Wo Kommunikation nicht offen gepflegt wird und Informationen nicht kontinuierlich verfügbar sind, kann sich ein Narr nicht halten, denn jeder Führer verkraftet nur ein gewisses Maß an Konflikten. Der Narr soll ja stabilisierend wirken und Kontrolle gewährleisten, die eine Eskalation vermeiden hilft.
Beide Funktionen, Führungskraft und Narr, in Personalunion ausüben zu wollen, muss übrigens scheitern, wie bereits oben erwähnt wurde. Wer als Führungskraft die Rolle der Respektsperson nicht durchhält und durch Satire oder Ironie das eigene Handeln selbst in Frage stellt oder relativiert, verunsichert seine Mitarbeiter und Kunden mehr, als er dazu beitragen kann, eine Situation zu entkrampfen oder zu entspannen. Dieses Phänomen habe ich selbst in einigen Tagungen und Kundenveranstaltungen erlebt. Der Geschäftsführer eines Autohauses beispielsweise hat anläßlich der Vorstellung eines neuen Fahr-

zeugmodells die typische Rede, die man zu so einem Anlass erwartet hätte, parodiert. Die Wirkung bei den Gästen blieb aus. Denn selbst wenn Zuschauer aus Erfahrung bestätigen, dass Grußworte, Reden und Referate bei Festakten oder Präsentationen meist langweilig und inhaltsleer seien, kann ein Repräsentant dieses Systems nicht 'die Seiten wechseln' und dafür eintreten, dass auch er dem Ganzen nichts abgewinne. Immerhin trägt er ja Verantwortung für die Art und den Ablauf der Veranstaltung.
Wer die Macht hat, kann sich nicht über die Art, wie die Macht ausgeübt wird, lustig machen. Narren können das sehr wohl, - und mit großem Erfolg. Sie dürfen sich Kommentare erlauben, die bei allen anderen scharf sanktioniert werden würden und können Führer wie Gefolgschaft satirisch darstellen. Der Humor des Narren beinhaltet dabei eine Selbstentwertung, die bedingt ist durch die Verletzung von Normen und das Übertreten von Tabus. Die schützende Immunität durch vermeintliche Dummheit oder Wahnsinn führt dazu, dass der Narr für seine Handlungen nicht verantwortlich gemacht wird. Die Adressaten seiner Späße empfinden sogar Befriedigung, weil ihre teils unbewussten Wünsche durch den Narren enthüllt und erfüllt werden. Er ist Sprachrohr der Mitglieder einer Gemeinschaft oder einer Organisation in Richtung der Mächtigen und Führer, gleichzeitig werden dank seiner Verschrobenheit und Lächerlichkeit Minderwertigkeitsgefühle auf ihn abgeladen. Im Vergleich zum Narr fühlt man sich etabliert, rechtschaffen und vernünftig. Narren „schaffen ein Ventil für die elementarsten antisozialen Gefühle und bringen, indem sie absurde Situationen herstellen, die Befürchtungen und Ängste anderer zum Ausdruck."[228] Darüber hinaus entschärfen sie spannungsgeladene Situationen. Ihre humorvolle Art bietet die Möglichkeit, potenzielle Konflikte in der Gesellschaft zu bewältigen.
Die Reaktion auf das, was der Narr sagt oder tut, - nämlich das Lachen -, charakterisiert das Verhältnis zu ihm als freundschaftlich, auch wenn in seinem Tun feindselige Attacken beinhaltet sind. Man empfindet die Feindseligkeit als gespielt

---

[228] ebd., S. 112

und als Ausdruck seiner Respektlosigkeit, während das Lachen eine verbindende Gemeinsamkeit herstellt. Dies harmonisiert die Gemeinschaft.

Erst wenn Machtmissbrauch und Unterdrückung oder Ausbeutung empfunden wird, läuft der Narr Gefahr, als ironischer Repräsentant der Macht zum Sündenbock gestempelt und abgestraft zu werden für das, was er eigentlich selbst kritisiert. Doch auch in der Rolle des Sündenbocks wirkt er stabilisierend auf das System oder die Organisation, da er die Möglichkeit bietet, Dampf abzulassen und ob der Art seines Auftretens Angriffsfläche bietet. Sich beim obersten Chef zu beschweren, wagt wohl keiner, - sofern man überhaupt Gelegenheit bekommt, sich an höchster Stelle Gehör zu verschaffen. Doch der Narr ist greifbar und angreifbar. Hier deckt sich die Rolle Kets de Vries als Organisationsberater mit der sozialen Funktion, die der Narr seit Jahrhunderten innehat: Puffer und Entschärfer, Sicherheitsventil und Frühwarnsystem. Er hält statt des Königs oder der Führungsperson seinen Kopf hin, denn er ist der Übermittler der schlechten Nachricht. Aber er verkleidet sie humorvoll so gekonnt, dass alles unter Kontrolle bleibt und die destruktiven Aspekte der Führung nicht zu Aufruhr oder zur Verweigerung der Gefolgschaft oder gar Revolution führen.
Der Narr macht Belastungen und Unzufriedenheit erträglich und kann auch unangenehme Aufforderungen formulieren. Was dem Narr dabei zugute kommt, ist seine Emotionalität und seine Solidarität mit den Untergebenen. Er kämpft auf der Seite der Schwachen, weil er selbst Schwäche zeigt. Andererseits ist er Vorbild und Idol, weil er sich nicht den Mund verbieten lässt, sarkastisch und böse auch zu Stärkeren und Mächtigen ist und den Finger stets in die Wunde legt.

Der Einsatz eines Hofnarren ist insofern ein Wagnis, da sein Wirken nicht planbar und seine Wirkung nicht vorhersehbar ist. Letztlich muss man als Führungsperson die Entscheidung treffen, ob man jemanden an seiner Seite dulden kann, der Fehler und Versäumnisse, Schwächen und Unkorrektheiten stets lustvoll aufdeckt und mit Häme kommentiert.

7.4 Struktural-technologische Ansätze

Nicht nur persönliches Engagement und die eigene humorvolle Art des Miteinanders trägt dazu bei, dass Lachen häufiger stattfindet. Es gibt auch Möglichkeiten, Arbeitsabläufe und Arbeitsräume so zu gestalten, dass mehr Spaß bei der Arbeit entsteht. Im Sinne einer Ausweitung der Humorkultur einer Organisation sollte es dabei darum gehen, dass Humor nicht nur punktuell in Veranstaltungen inszeniert wird oder in Form von Beiträgen kontrolliert in einem vorgegebenen Rahmen stattfindet, sondern sich kontinuierlich auf allen Ebenen ständig entfalten kann.

Mit diesem Ansatz wird die gängige Meinung auf den Kopf gestellt, Arbeitsräume sollten lediglich disziplinierte, konzentrierte Arbeit ermöglichen. Lachen ist da fehl am Platz. Das Komische „gibt jegliche ernsthafte Anmaßung der Lächerlichkeit preis - auch die des Heiligen. Insofern ist die Komik aller öffentlichen Ordnung gefährlich. Sie muss unter Kontrolle gebracht und in eine Art Freigehege gesperrt werden."[229] Das Komische und der Humor werden deshalb gerne eingegrenzt. Freiräume des Komischen wie Karneval sind die Ritualisierung in gesellschaftlich akzeptiertem Rahmen. Kabarett als Kunstform darf sich über Politik und Arbeitswelt lustig machen, aber nur außerhalb von Politik und Arbeitswelt. Indem man dem Komischen seinen Platz gibt, verweist man es aus den eigenen Reihen, wo es störend wirkt und unkontrollierbar ist. Humor wird geduldet, aber nur in dem dafür vorgesehenen Rahmen. „Das Grundprinzip ist Beherrschung durch Vereinnahmung."[230]

Mit der Forderung nach Integration des Lachens in die Arbeitswelt kann man sich jedoch auf die frühesten Wurzeln der Komödie im klassischen Griechenland berufen. Ehe sich die Komödie als eigenständige Theaterform etablierte, war sie Bestandteil der Tragödienaufführung - als Nachspiel im dionysischen Stil sorgte sie für Heiterkeit nach dem schwermütigen Drama. Den Zuschauern sollte dadurch der Schmerz und die

[229] Berger (1998), S. 20

[230] ebd., S. 21

Trauer, die Verzweiflung und das Schicksal erträglicher werden, die Heiterkeit sollte die Spannung lösen im Übergang zur Alltagsrealität. Schließlich muss mit einer gewissen Gelassenheit ja der Alltag und die Arbeit gemeistert werden, ohne dass Sorgen und Kummer einen zu sehr belasten. Das soeben Erlebte sollte durch das Heitere relativiert und leichter zu ertragen sein. Humor diente somit auch in seiner inszenierten Form als Bindeglied zwischen Muss und Muße. Analog dazu lässt sich überlegen, wo Humor und das Komische Platz haben kann in der Arbeitswelt. Wenn man Humor im Unternehmen Raum geben will, muss dieser Raum definiert werden. Dann lassen sich Veränderungen auch beobachten. Die möglichen strukturellen Maßnahmen zur Etablierung einer Humorkultur werden im Folgenden beschrieben.

7.4.1 Artefakte

Die Ausbreitung von Humor lässt sich tatsächlich nicht nur durch persönliche Verhaltensweisen, sondern durch Raumstrukturen und innenarchitektonische Maßnahmen beeinflussen. Die Häufigkeit von zufälligen Kontakten und Begegnungen, die zum Lachen und zur Fröhlichkeit animieren, ist nämlich gezielt steuerbar. Smalltalk, 'Geplänkel' und Humor am Etagenkopierer, in der Teeküche, im Archiv oder auf dem Gang fördert die Kommunikation. Kommunikation ist der Schlüssel zur Innovation. Wer Kommunikationsinseln schafft oder die Bürokommunikation beflügelt, erhöht die Produktion neuer Ideen. Dies ist das Ergebnis einer Studie der Londoner Beratungsfirma Space Syntax.[231] Dort untersuchte man den Zusammenhang von Kommunikationsverhalten und Arbeitsleistung - in Abhängigkeit der Verkehrsströme in einem Bürogebäude.

Lebhafter Büroverkehr führt zu zufälligen Begegnungen, schnellen Nachfragen und unerwarteten Inspirationen. Randlagen sind somit Innovationsbremsen. Wer hier sitzt, wird weniger inspiriert und ist somit weniger innovativ. Space Syntax

---

231 vgl. Dworschak (2002), S. 194ff. In: DER SPIEGEL 13/2002

„analysiert die Wegenetze der Kundschaft am Computer und weissagt, wo die Zonen liegen, in denen es brummt - und wo die Mitarbeiter in Abgeschiedenheit zu verstocken drohen. Manchmal genügen dann ein paar Umbauten, und der Verkehr kommt in Fluss. Der Lohn, wenn alles gut geht: mehr Begegnungen, mehr Gespräche, mehr Ideen. Und damit vielleicht mehr Gewinn."[232] Dabei gehen die Forscher davon aus, dass die Optimierung der Verkehrsströme systematisierbar sei. Es geht schlicht darum, Menschen dazu zu bringen, sich zwanglos über den Weg zu laufen. Dies ist deshalb notwendig, da Zählungen ergeben haben, dass schon bei einem Arbeitsabstand von 25 Metern kaum noch Kommunikation stattfindet. Meist unterhalten sich Mitarbeiter nur mit ihrem Nachbarn. „Dabei ist es gerade der Kontakt zu Kollegen außerhalb der eigenen Arbeitsgruppe, der mit Abstand die meisten Anregungen stiftet."[233] Nicht Fachgespräche und Faktenkenntnis, sondern locker-heitere Gesprächsthemen beflügeln die Fantasie.
Anhand von Grundrissen mitsamt aller Flure, Freiflächen, Tischen und Raumteilern werden die Routen im Computern simuliert, die Fußgänger in den Gebäuden wählen. Dabei favorisiert das Computerprogramm Wege mit möglichst wenig Abbiegungen. Das simple Verfahren geht von der menschlichen Bequemlichkeit aus, den einfachsten Weg zu wählen. Der Mensch liebt freie Strecken und Sichtschneisen; dreimal Abbiegen ist hingegen nicht beliebt. Ein Ort, der von allen Winkeln leicht erreichbar ist, wird häufig angesteuert. Es ist sozusagen das Bindeglied vieler individueller Routen. Der Hauptverkehr fließt folglich in all den Lagen, die die wenigsten Richtungswechsel mit sich bringen. Hier ballt sich der Verkehr.
Analysen von Videoaufnahmen in Firmen haben zudem ergeben, wie ein typisches Gespräch zu Stande kommt: „In vier von fünf Fällen sitzt der eine Kollege gerade an seinem Platz, sieht einen anderen, der zufällig des Weges kommt, und ruft ihn herbei. Leute, die sitzen, werden dagegen selten gestört; es ist offenkundig, dass sie arbeiten. Sobald sie aber aufstehen,

[232] Dworschak (2002), S. 194
[233] ebd., S. 194

gelten sie als rekrutierbar."[234] Das Vorbeikommen am Arbeitsplatz anderer ist somit Nährstoff für Innovation. Der häufigste und unkomplizierteste Einstieg in einen Smalltalk ist natürlich, einen Witz zu erzählen oder ein kleines Bonmot zum Besten zu geben.

Gegenseitige Begegnungen und Zusammenkünfte können forciert werden durch die Verteilung der abteilungsspezifischen Infrastruktur. Statt Computer-Peripheriegeräte und Kopierer beispielsweise direkt am Arbeitsplatz zu installieren, kann man sie so verteilen, dass kurze Wege, vorbei an Kollegen, notwendig werden. Kaffeeautomaten, Teeküchen, Poststellen, Lager für Vorratsmaterialien sind ideale Treffpunkte, die dann auch als 'Humorinseln' genutzt werden.

Wer die humorvolle Kommunikation im Unternehmen und somit die Inspirationshilfe für Innovation fördern will, muss folglich nur für Bewegung sorgen und einen regen Austausch von Mitarbeitern unterschiedlicher Arbeitsbereiche oder Projekte ermöglichen.

7.4.2 Humorvolle Individualisierung des Arbeitsplatzes

Humor von unten, also auf Veranlassung der Mitarbeiter statt als gewünschte Kommunikation von oben, wird in Unternehmen sehr wohl gepflegt. Wenn Mitarbeitern Raum und Möglichkeit gegeben wird, diesen Humor ungehindert zu kommunizieren, schadet man folglich nicht dem Unternehmensziel, sondern kann positive Effekte erzeugen. In Unternehmen wird sich so oder so lustig gemacht, auch und gerade über das Unternehmen selbst. Davon dringt allerdings wenig nach außen. „Unternehmen haben eine Sonnen- und eine Schattenseite. Die eine wird - zum Teil mit großem publizistischen Aufwand - zur Schau gestellt, die andere mit oft ebenso großem Aufwand im Dunklen gehalten. Die herrschende 'Hochkultur' stellt sich selber in Unternehmensgrundsätzen, Führungsleitsätzen, Corporate-Identity-Programmen, Firmenphilosophien, Slogans,

[234] Dworschak (2002), S. 196

Hymnen und Sprachregelungen öffentlich dar. Die protestierende Subkultur muss andere Wege suchen: Sie bedient sich eher subversiver Techniken, um die Verhältnisse bloßzustellen (Graffiti, Witze, Spitznamen, Poster, Sticker)."[235] Dabei werden die Slogans, Phrasen und Wendungen der Hochkultur-Sprache oft persifliert, um die deutlichen Diskrepanzen zwischen der Darstellung des Unternehmens, wie sie von Geschäftsführung, Marketing und Öffentlichkeitsarbeit betrieben werden, und dem erlebten Berufsalltag einzelner Mitarbeiter zu verdeutlichen. So sind Spitznamen für Vorgesetzte und Verballhornungen von offiziellen Bezeichnungen oft entlarvend und charakterisieren treffend, was durch Abkürzungen oder Hochwertbegriffe kunstvoll verschleiert wird.

So gibt es beispielsweise oft treffende Übersetzungen von Kürzeln. Aufgrund der Umstellungsprobleme bei der Einführung von bereichsübergreifender Software und den damit verbundenen Wartezeiten, bis man zu gewünschten Ergebnissen kommt, wird SAP oft als 'Sanduhrenanschau-Programm' bezeichnet. „Wallraff nennt zum Beispiel als Arbeiterübersetzungen von MTM (Methods Time Measurement, ein System vorbestimmter Zeiten, das unter anderem zur Ermittlung von Vorgabezeiten für Akkordarbeit eingesetzt wird): Mach tausend mehr! Mehr tun müssen! Mit teuflischen Methoden."[236] Solche Sprüche werden nicht nur mündlich, sondern auch als Graffitis, E-Mails, etc. schriftlich verbreitet. Teils anonym an im Unternehmen öffentlich zugänglichen Stellen, teils aber auch mit 'Bekennercharakter', indem sie von Mitarbeitern direkt am Arbeitsplatz ausgestellt werden, am meisten mittlerweile wohl auch durch die Versendung als E-Mails im Intranet. Die Zitate, Aphorismen, Texte oder Hinweise laden zum Schmunzeln oder zur inneren Bestätigung ein. „Sie legen auf geistreiche Art und Weise allgemeine Mängel bloß. Es geht bei ihnen ja nicht um persönliche Denunziationen; sie sprechen vielmehr 'nur' aus, was alle im Grunde schon wissen, aber sich entweder noch nicht klargemacht haben oder sich nicht zu

---

[235] Neuberger, Kompa (1993) S. 107

[236] Neuberger, Kompa (1993), S. 122

sagen getrauen."[237] Was durch offizielle Sprachregelungen im Unternehmen kaschiert worden ist, wird so ungeschminkt enttarnt. Auf humorvolle Art sollen auch Anderen die Augen geöffnet werden. Spitze Bemerkungen, Sottisen, Aperçus und sarkastische Kommentare in Kurzform sind „wie absichtlich produzierte 'Fehlleistungen' im psychoanalytischen Sinn: Sie bedienen sich der Techniken von Verschiebung und Verdichtung und sprechen tabuisierte Themen - in dieser verkleideten Form aber dennoch offenkundig - an."[238] Damit werden andere Ansichten, eventuell auch Einstellungs- und Verhaltensalternativen aufgezeigt.

Wichtiger noch scheint der Effekt für die eigene Psyche. Ironie und Witz schaffen eine Rollendistanz, die einen nicht als willenloses, ausführendes Organ fragwürdiger Arbeitsanweisungen erscheinen lassen. Die Reflexion der Fehler, Schwächen und Fragwürdigkeiten im eigenen Unternehmen zeigt, dass man das System durchschaut, auch wenn oft genug Masochismus bei den Äußerungen mitklingt, man sich also durchaus in der 'Opferrolle' sieht. Doch ist der Erkenntnisvorsprung für das Maß an Erträglichkeit eines Missstands entscheidend. „Bevor einem die anderen sagen, wie sehr man sich ausnutzen oder erniedrigen lässt, sagt man's sich lieber selbst."[239] Mit Humor lässt sich aber auch Frustration und Aggression kanalisieren. Aggressionen werden durch Wortwitz und kreative Wortspiele salonfähig. Anknüpfend an bekannte Redensarten kommt oft die überraschende Pointe: „Ordnung ist das halbe Leben, - Unterordnung die andere Hälfte."[240] Die treffende Pointe gleicht keinem Keulenschlag, sondern einem Nadelstich. Nicht plumpe Wahrheiten oder persönliche Forderungen werden artikuliert, sondern subtile Anspielungen ausgesprochen. Dennoch zeigt der Verfasser sein Gesicht und grenzt sich damit sowohl von Andersdenkenden ab wie auch ein - in die Gruppe derer, die wissen, 'was läuft'. Schließlich hat Witz und Humor im Betrieb auch eine nicht zu unterschätzende Kon-

---

[237] Neuberger, Kompa (1993), S. 124

[238] ebd., S. 124

[239] ebd., S. 125

[240] Dieses Zitat ist entnommen aus: Neuberger, Kompa (1993), S. 125

taktfunktion. Man will auf sich aufmerksam machen durch die Verzierung des Arbeitsplatzes mit Aufklebern, Sprüchen oder Karikaturen.
Diese Individualisierung des Arbeitsplatzes trägt somit zur Akzentuierung und Darstellung der eigenen Persönlichkeit bei. Je mehr Flächen zur individuellen Gestaltung zur Verfügung stehen, umso persönlicher wird das Umfeld auch verändert, - mittels Büro-Accessoires, Aufklebern, Bildern, Fotos, etc..
Bei vielen Briefings habe ich zu hören bekommen, wie empört Mitarbeiter sind, wenn ihnen die Gestaltungsmöglichkeiten beschnitten werden. So wurden bei einer Bank im Zuge der Umsetzung der Corporate Identity den Mitarbeitern vorgeschrieben, aus welchen Tassen Sie Ihren Kaffee trinken und wie die Kannen beschaffen sein müssen, aus denen man Kunden Heißgetränke ausschenken darf. Die Schreibtischfläche musste frei von privaten Utensilien sein.
Der Architekt eines Neubaus für eine der größten deutschen Wirtschaftsprüferkanzleien hat abgeschrägte Fensterbretter einbauen lassen, damit Mitarbeiter nicht Unterlagen, Pflanzen und irgendwelche Utensilien abstellen können und somit der kühle, moderne Eindruck des Gebäudes nicht durch Beliebigkeit beeinträchtigt wird. Solche Maßnahmen werden als Gängelei betrachtet, wenn nicht ganz und gar spöttisch verurteilt.
Größten Unmut lösten meiner Beurteilung nach Pläne aus, individuelle Arbeitsplätze gänzlich abzuschaffen. Dies ist das Konzept bei non-territorialen Büros, in denen Büroräume ohne oder nur mit teilweise fester Belegung konzipiert werden und keine fest zugewiesenen persönlichen Arbeitsplätze mehr bestehen. Bei dieser Büroform stehen die meisten Arbeitsplätze allen Beschäftigten zur Verfügung und werden entweder nach fachlichem Bedarf oder nach Anwesenheit zugewiesen. Dieses 'Desk Sharing' bedeutet, dass nur noch ein Rollcontainer mit persönlichen Unterlagen ausgestattet und zum jeweils freien oder für die Aufgabe zugewiesenen Arbeitsplatz gerollt wird. Das führt zu einer entpersönlichten, funktionalen Arbeitsumgebung, die kaum noch Raum für persönliche Ausgestaltung bietet. Meines Erachtens steht dem reduzierten Flächenbedarf, der Kosten senkt, eine Entfremdung gegenüber, der Arbeitskraft auf bloße Funktion reduziert. Mit der Austauschbarkeit

des Arbeitsplatzes ist schnell die Austauschbarkeit der Arbeitskräfte assoziierbar. Die geforderte Flexibilität geht dabei so weit, dass man möglichst keine Spuren hinterlässt.
Bedenkt man, wie gern man seinen Arbeitsbereich als 'sein Revier' kennzeichnet, von der mit Graffitis übersäten Schulbank über den fotobeklebten Kleiderspind bis zur Schreibtischschublade mit persönlichen Erinnerungsstücken, Glücksbringern, Geschenken und Krimskrams, scheint es kontraproduktiv, dieses Bedürfnis der Individualisierung zu erschweren oder unmöglich zu machen. Vor allem geht so der Raum für Humorvolles verloren.

7.4.3 Ritualisierte Formen der Humorkultur

Im Internet lassen sich mittlerweile viele Homepages finden, die zum einen für Humor am Arbeitsplatz sorgen und zum anderen Anleitung geben, wie Humor durch eigene Initiative zum regelmäßigen Bestandteil in der Arbeitswelt werden kann. So sind beispielsweise unter der Überschrift „Arbeit ist viel zu ernst, um darüber nicht zu lachen. - Sie wollen mehr Spaß - den sollen Sie haben!"[241] auf der Homepage der Coachs und Trainers Hans-Jürgen Walter, www.visionintoaction.de, Vorschläge gesammelt, die den Spaßfaktor im Beruf erhöhen sollen. Wörtlich heißt es: „Hier 18 Ideen, wie Sie mehr Humor in Ihren Arbeitsalltag bekommen."
Die präsentierten Ideen decken sich zum Teil mit Initiativen und Aktionen, die ich selbst als erfolgreiche Maßnahmen in verschiedenen Firmen erleben konnte oder werden auch von mehreren anderen Autoren als geeignete und erprobte Maßnahmen genannt. Im Folgenden möchte ich deshalb die 18 Vorschläge vorstellen, um zu zeigen, wie einfach die Anleitung zum Spaßhaben sein kann. Sie stellen eine komprimierte Liste von Ideen dar, die stark inspiriert sind von dem Buch "301 ways to have fun at work"[242] von Dave Hemsath und Leslie Yerkes. Die 18 Ideen sind hier gekürzt zusammengefasst:

---

[241] vgl. www.visionintoaction.de/THINKTANK/THINK-TANK-333.htm
[242] vgl. Hemsath; Yerkes (1997)

• Ein Firmenmaskottchen soll immer dann in Erscheinung treten, wenn jemand einen schlechten Tag hat oder besonders gestresst ist.
• Einem Büro-Haustier, z.B. einem Wellensittich, soll mit viel Freude und Tricks das Sprechen beigebracht werden.
• Stressmindernde Aktivitäten sollen eingeführt werden, zum Beispiel in der Eingangshalle eine Art Kegelbahn. Die Personalkantine könnte mit einer Rutschbahn mit anderen Stockwerken verbunden werden.
• Musik-CDs mit 'Gute-Laune-Titel' können zusammengestellt werden. Jeder Kollege kann ein Musikstück beitragen, das per se gute Laune verbreitet. z.B. „Don't worry - be happy".
• Sport und Spaß gehören eng zusammen. Auf dem Parkplatz kann man einen Baskettballkorb installieren, um Pausen für ein gemeinsames Match zu nutzen.
• Mitarbeiter sollen sich einen 'Alter-Ego-Spitznamen' zulegen und diesen Spitznamen in Memos oder E-Mails verwenden.
• Es sollen Listen angelegt werden mit Stilblüten und humorvollen Aussagen. Unfreiwillig komische Fragen oder Kommentare finden sich häufig in Briefen und Formularen.
• Ein Spass-Briefkasten kann installiert werden, in den neue Ideen und Aktivitäten-Vorschläge geworfen werden können. Die beste Idee wird in regelmäßigen Abständen prämiert.
• Als Führungskraft soll man sich zumindest für besondere Anlässe wie Betriebsversammlungen einen Hofnarren halten, der widerspiegelt, was er so wahrnimmt.
• Firmenziele sollen nicht immer ernst formuliert werden. Unternehmensziele können als Sketch oder Parodie dargestellt werden.
• Besprechungen müssen nicht immer im Besprechungszimmer mit Flipchart und Beamer durchgeführt werden; es bieten sich für Meetings gelegentlich auch verrückte Orte an, beispielsweise der Swimming-Pool eines Hotels, eine Skihütte oder ein Künstleratelier. Jeder Tapetenwechsel bringt Farbe in die grauen Zellen.
• Meetings können mit Spaß statt mit Zahlen und Balkendiagrammen eröffnet werden.
• Konventionelle Fragestellung können umgedreht werden. Statt „Wie können wir das Problem lösen?" kann die Frage

lauten: „Wie können wir das Problem noch schlimmer machen, die Reklamationsquote noch steigern, noch schneller noch mehr Kunden verlieren?" Dadurch fokussiert man das Problembewusstsein.

- Metaphern und Analogien können die Arbeit inspirieren. Während einer Sitzung kann man beispielsweise drei Strandbälle in der Luft kursieren lassen, wobei keiner herunterfallen darf. Nach einer gewissen Zeit diskutieren Sie die Parallelen zwischen der erforderlichen Zusammenarbeit, um neue Arbeitssituationen zu meistern, und der nötigen Teamarbeit, um die Bälle in der Luft zu halten.
- Schwarze Bretter sollten eingerichtet werden, auf denen die witzigsten und günstigsten Vorschläge für einen Betriebsausflug präsentiert werden.
- Büroteams können sich als Gruppen jeweils Spitznamen geben.
- Mütter und Väter sollen ihre Kinder bei einem Besuchstag für Kinder mit zur Arbeit nehmen. Die neuen Eindrücke, Informationen und Sichtweisen können für das Marketing genutzt werden.
- Firmenkameras oder Einwegfotoapparate können bereitgestellt werden, damit jeder während des Arbeitstages Schnappschüsse von amüsanten Ereignissen machen kann.

Neben diesen eher progressiven Anregungen, die das Lachen fördern sollen, gibt es auch dem Yoga ähnliche Übungen und regelmäßige Zusammenkünfte vor Arbeitsbeginn oder in Pausen, die immer mehr Anklang und Anwendung finden. „Denn Laughter without Reason ist die wahre Lachkunst, wie sie in den Clubs praktiziert wird und die Menschen zu wahren Lachausbrüchen stimuliert (...) Es sind allein die über zweitausend Jahre alten Atemübungen des Yoga, die mit pantomimischen Einlagen ergänzt und durch permanente Wiederholung zuerst zu einem zaghaft künstlichen, dann aber zu echtem, intensivem Lachen führen."[243] Diese Übungen wurden vor etwa 10 Jahren mit dem Ziel, das Lachen zu fördern, angeregt und angewandt von dem indischen Arzt Madan Kataria, der als Pio-

243 Uber, Steiner (2006), S. 76f

nier des Hasya-Yoga gilt. „Mittlerweile hat die Hasya-Yoga-Bewegung auf dem Subkontinent Millionen Menschen erfasst, und das auch an zunächst unerwarteten Orten. So beginnt in einigen Fabriken in Bombay das Tagwerk mit halbstündigen Lachyoga-Übungen, in etlichen Schulen startet der Unterricht erst, nachdem sich die Kinder fünfzehn Minuten lang richtig ausgelacht haben. ‚Die Schüler kommen frühmorgens pünktlich zur Schule, weil sie lustig beginnt, und später während des Unterrichts sind sie weit weniger zappelig und höher konzentriert', wissen die Lehrer und Lehrerinnen von den positiven Nebeneffekten des Lachyoga zu berichten."[244]
Diese Form des Yogas wird mittlerweile auch in Deutschland praktiziert und gerade im beruflichen Bereich propagiert. Die 'Management by Laughter'-Trainerin Anke Möhlmann lehrt in ihrem Seminar 'Erfolgsfaktor - Humor und Lachen' die Technik des Hasya-Yoga.[245] Dabei vermittelt sie zunächst den theoretischen Zusammenhang zwischen Lachen, Humor, Motivation, Freundlichkeit und Erfolg. Dann löst sie bei den Teilnehmern mit dynamischen Atemübungen Verspannungen und Blockaden.
Spezielle Lachtechniken und Tricks für die tägliche Praxis dienen dazu, den Zugang zum Lachen durch die Auslösung eines natürlichen Reflexes zu erleichtern. Auch der 3. Deutsche Humorkongress vom 15. bis 17. Oktober 2004 in Essen widmete sich in Vorträgen dem Thema Lachyoga. Sowohl der philosophische Hintergrund als auch praktische Übungen wurden von Gundula Steiner-Junker, der Leiterin des Yoga Lachzentrums Deutschland und der Initiatorin der 'Lachbewegung Deutschland', vorgestellt.
„Unterstützung für diese spirituelle Sicht des Lachens kommt mittlerweile auch von der Naturwissenschaft: ‚Lachyoga (...) ist ein Training, bestimmte Systeme im Gehirn zu aktivieren, die einen heiter, zufrieden und glücklich machen.'"[246]

---

[244] ebd., S. 81

[245] vgl. http://www.lach-training.de/seminare.htm

[246] Uber, Steiner (2006), S. 83

7.4.4 Innovations- und Kreativitätstechniken, die Humor nutzen

Wir haben gesehen, dass Humor die Kreativität beflügelt und in schwierigen, festgefahrenen Situationen hilft, neue Strategien zu finden, da das problemlösende Denken mit ungewöhnlichen Assoziationen angeregt werden kann. Unter den 18 Vorschlägen, die oben aus der Empfehlungsliste der Homepage www.visionintoaction.de zitiert worden sind, waren auch einige Anregungen, Humor dahingehend zu nutzen.
„Humor ist das Verlassen eines Musters und das Hinüberwechseln in ein anderes. Humor ist aber auch die Humanisierung des Alltags, wie Thomas Mann meinte. Bei einem Witz zwingt Sie die zweifache Bedeutung eines Wortes oder Satzes dazu, das Denkmuster zu wechseln. (...) Das Prinzip des Umstrukturierens ist das Grundprinzip kreativen Querdenkens."[247]
Im Folgenden werden einige erprobte Kreativitätstechniken vorgestellt, bei denen Humor als 'Katalysator' genutzt wird, um ungewöhnliche Ideen zu generieren.
Die Grundidee des Humoreinsatzes bei Kreativitätstechniken ist einfach: Es werden Assoziationen erzwungen, die von skurrilen oder absurden Themen oder Worten ausgehen. Selbst leichte Modifikationen der Ursprungsfrage erzeugen diese Wirkung. Der amerikanische Werbefachmann und Autor Alex F. Osborn, der als Erfinder des 'Brainstormings' gilt, hat eine sehr einfache Checkliste entwickelt, die diese Modifikationen erzeugen helfen.[248] Die 1957 erstmals veröffentlichte Liste dient als Anleitung zu angewandtem Einfallsreichtum bei der systematischen Generierung von neuen Produkten und Prozessen und besteht aus einer Reihe von Worten wie 'vergrößern, verkleinern, ersetzen, neu anordnen, umkehren und kombinieren'. Die vorgegebene Methodik soll Anregungen geben und die Vorstellungskraft beflügeln.
Eine ganz ähnliche Vorgehensweise benutzen übrigens Karikaturisten oder Parodisten. Durch geringfügige Übertreibung,

[247] Simon (2001), S. 148

[248] vgl. http://de.wikipedia.org/wiki/Osborn-Checkliste

Hervorhebung und Akzentuierung werden Details deutlich und signifikante Unterscheidungsmerkmale herausgearbeitet. Diese auf wenige Merkmale reduzierte Typisierung genügt für eine Wiedererkennung, die zudem hohen Unterhaltungswert hat.
An einem Beispiel soll diese Methode illustriert werden. Aufgabenstellung ist, dass einige Neuerungen beim Catering einer Veranstaltung eingeführt werden sollen, um die langweilige Routine zu durchbrechen. Die oben genannte Checkliste führt zu möglichen Alternativen: Das Wort 'vergrößern' führt zu der Idee, Riesengemüse und Obst zu präsentieren, indem aus kleinen Portionen optisch große Dekoeinheiten geformt werden. Mit dem Wort 'verkleinern' kann assoziiert werden, weniger kalorienreiche Lebensmittel zu verwenden. Die Worte 'neu anordnen' inspirieren dazu, das Buffet nicht konventionell nach Salaten, Vorspeisen, Hauptgerichten und Dessert anzuordnen, sondern alphabetisch, nach Farben oder nach Kalorien.

Checklisten und stichwortgebende Assoziationshilfen können natürlich von vornherein humorvoller sein als die, die Osborn empfiehlt. Je themenfremder die Liste ist, umso verblüffendere Ergebnisse werden erzielt. Beispielsweise können Inhaltsverzeichnisse von Zeitschriften verwendet werden, oder zufällig aus irgendwelchen Büchern aufgegriffene Begriffe. Das Branchenbuch der Post kann genauso ein Ideengenerator sein wie Reisekataloge oder einfach die Buchstaben eines Wortes aus der Problemdefinition.
Gerade weil diese Technik nicht sofort zu dem führt, was man als Lösung eigentlich sucht, setzt sie eine ungewöhnliche Ideenproduktion in Gang. Gerade der Versuch, eine Verbindung zwischen zwei ursprünglich unabhängigen Begriffen oder Themen zu erzwingen, lässt neue Produkte oder Ideen entstehen.
Diese Methode entspricht einer unserer Definitionen von Humor, die das Zusammentreffen unabhängiger Sinnbereiche postuliert. Mickey-Maus-Uhren oder elektrische Büchsenöffner-Entsafter-Kombinationen sind beispielsweise Ergebnisse von erzwungenen Verbindungen, – oder ein Restaurant aus Eisenbahnwagen. Daraus sind die Gaststätten der Londoner Victoria Station hergestellt.

Erzwungene Verbindungen entstehen normalerweise zufällig. Sie lassen sich aber auch 'mechanisch' erzeugen: Man kann zum Beispiel eine Schachtel mit 'Ideenanregern' anlegen. Humorvolle Assoziationen und abwegige Nutzungszwecke oder Anwendungsgebiete für vorhandene Produkte können dabei verblüffende Eigenschaften eines Gegenstands aufzeigen, die dann tatsächlich vermarktbar sind und neue Zielgruppen ansprechen. Die Aufmerksamkeit wird dabei gezielt auf jede einzelne Produkteigenschaft gerichtet, um so neue Anwendungsideen zu kreieren. Der Vorteil dieses Ansatzes liegt darin, dass er hilft, aus gewohnten Denkmustern auszubrechen. Die Ideen, die aus dieser Brainstorm-Methode hervorgehen, sind oft nur der Ausgangspunkt für den anschließenden kreativen Prozess. Meistens ist eine große Zahl von Versuchen, Verfeinerungen und Weiterentwicklungen nötig, bis schließlich eine brauchbare Idee geboren ist.

Schnapsideen und 'verrückte Einfälle' sind Gedanken, und Gedanken sind flüchtig. Wer sie nicht festhält, wird einen Großteil wieder vergessen oder sie keinesfalls zur Einführung ernstzunehmender Innovationen weiterverfolgen. Es gibt andererseits keine Methode, vorherzusagen, wann einem Ideen durch den Kopf schießen werden. Deshalb ist der einzige Weg, den Verlust zu verhindern, immer vorbereitet zu sein. An Arbeitsplätzen sollten deshalb immer Notizbücher oder Karteikarten liegen, die dazu einladen, diese Schnapsideen oder andere humorvolle Ideen schriftlich festzuhalten, sobald sie auftauchen. Sobald man anfängt, Humorvolles, Verrücktes, Abwegiges aufzuschreiben, verinnerlicht man auch, dass Ideen, die zum Lachen sind, nicht lachhaft sein müssen bei der Entwicklung neuer Gedankenansätze. Niedergeschriebene Ideen bringen zudem beim erneuten Lesen abermals neue Ideen hervor.
Wie bei allen kreativen Phasen gilt, dass die Entstehung neuer Ideen durch den Verzicht auf Bewertungen gefördert wird. Neue Ideen zu entwickeln und sie gleichzeitig nach Güte zu klassifizieren, schränkt den Ideenfluss ein. Humor und Albernheiten sollen ja gerade dazu führen, den 'inneren Zensor' auszuschalten und auch Unausgegorenes zu kommunizieren. Ur-

teile über den Wert der Ideen sollten erst gefällt werden, wenn die Kraft zur Ideenproduktion erschöpft ist. Die Anzahl der Ideen kann so gesteigert werden, und je mehr Ideen vorgelegt werden, desto größer ist die Aussicht, dass eine hervorragende darunter ist. Als innovativ und bahnbrechend kann dabei all das gelten, das wirklich Neuland für das Denken bedeutet. Hier wird die Nähe zum Humor und zur Komik offensichtlich: „Alle Komik entspringt einem gemeinsamen Bedürfnis, dem nach Veränderung, Verunstaltung, Negierung, Aufhebung der Realität, alle Komik hat ein einziges Ziel, das der vollständigen Überwältigung des Gegenüber. (...) Dabei scheint anfangs alles ganz einfach: Komisch ist das, worüber ich lache. Wie jede Lust aber ist auch die Lachlust doppelgesichtig: Das Ziel ist immer das gleiche, doch der Weg muss nach Maßgabe der Möglichkeiten wechseln."[249]
Von der Komik kann man also lernen, wie man steten Wandel mit hohem Überraschungseffekt erzeugt.

249 Gernhardt (1988), S. 464f

8. Resümee

Wenngleich das Lachen, wie in den ersten Kapiteln gezeigt, universell für den Menschen ist, unterscheiden sich Wirtschaftsorganisationen in ihren 'Lachkulturen'. Es wird nicht mit gleicher Selbstverständlichkeit und Häufigkeit gelacht. Noch heute gibt es Gesellschaften, in denen öffentliches Lachen verpönt ist. Und dies scheint auch für viele Unternehmen zu gelten. Wo Hierarchien existieren, unterliegt das Lachen auch der gesellschaftlichen Disziplinierung. Genau darin liegt das Hemmnis für die Entwicklung einer Humorkultur. Das Egalisierende des Lachens durchbricht Respekt und Untertänigkeit. Das Lachen des Untergebenen wird vom Vorgesetzten als respektlos empfunden und umgekehrt fürchtet der Vorgesetzte, durch sein haltloses Lachen an Autorität zu verlieren. „Ungeniertes Lachen können sich nur die leisten, die entweder keinen Status zu verlieren haben oder so hoch stehen, dass sie nicht zu befürchten brauchen, vor irgendwem das Gesicht zu verlieren."[250] Ansonsten hat der unkontrolliert Lachende mit seinem Statusverlust zu rechnen. Trotz der vielen vorgebrachten Gründe, die für ein humorvolleres Miteinander im Geschäftsleben sprechen, scheint es deshalb auch unvereinbare Gegensätze zwischen Erheiterndem und Erwerb zu geben. Das Komische greift Regeln an, gibt Normen der Lächerlichkeit preis. Komisch sein heißt schamlos, taktlos, rücksichtslos sein. Oder, wie der amerikanische Komiker Mel Brooks sagt: „Geht es um Komik, kriegt jeder was ab."[251]

„Haben die Komiker nicht etwas von Kötern oder Aasgeiern? Von schamlosen Schmarotzern, die, tausendmal verscheucht, sich immer wieder dort einfinden, wo sie Macht und Kraft, Sinn und Glanz, Ernst und Kult wittern, um entweder begierig das Kraftlose, Sinnlose, und Lästerliche auszuspähen und es niederer Lächerlichkeit preiszugeben oder aber um - Gott sei's geklagt! - mit dem Ernst des Lebens versöhnen und für ihn kräftigen soll, ganz gleich, worüber sie lachen, ob es sich nun

---

[250] Gelfert (1998), S, 24

[251] zit. nach Gernhardt (2000), S. 446

um einen Bunten Höhlenabend, ein Mittelalterliches Fastnachtspiel oder ein Modernes Telequiz handelt."[252]
Das Komische wird von denen, die Macht haben und im System ganz oben sitzen, gering geschätzt, aus Sorge, dass Werte und Wahrheit in Gefahr seien, - „wo doch feststeht, dass das Komische zu keiner Zeit und in keiner Kultur der Menschheitsgeschichte auch nur mit einem Nebensatz dort zu Wort gekommen ist, wo seit alters nun wirklich die Weichen ins Verderben gestellt werden, in all den Heiligen Schriften nämlich und all den Gesetzestexten, all den Heldensagen und all den Speisevorschriften, all den Besteuerungssystemen und all den Weltbildern."[253]
Gerade in Deutschland galt und gilt das Sprichwort „Am Lachen erkennt man den Narren". Nur der durfte frei heraus lachen, da er als Hofnarr quasi eine 'Lachlizenz' eines Herrschers als Legitimation dazu hatte. Ansonsten mussten und müssen die einen nach oben hin Respekt erweisen und die anderen nach unten hin Autorität darstellen.
Insofern sehe ich keine etablierten Humorbereiche im Wirtschaftsleben. Die Organisationsentwicklung sowie Qualifizierungs- und Förderungsmaßnahmen von Mitarbeitern erfolgen meist entweder intuitiv oder nach allgemeinen Weiterbildungsmodellen, wie fachliche Fertigkeiten vermittelt werden können. Die humorvollen zwischenmenschlichen Facetten werden dabei nur ungenügend abgebildet und Humor als unerschöpfliche Quelle für Entwicklungs- und Kreativitätspotenziale meist außer Acht gelassen.
Obwohl der Humanfaktor in neuerer Zeit mehr Beachtung findet, fehlt derzeit ein systematischer Ansatz zur Analyse von Einflussgrößen des Humanfaktors, die zur Steigerung des Unternehmenserfolgs führen. Insofern wird meines Erachtens Humor als ein Aspekt des Humanfaktors im Kontext der Zukunftsfähigkeit von Unternehmen unterschätzt.
Eine Kosten-/Nutzenbetrachtung und darauf aufbauend eine gezielte Unternehmensberatung über die Chancen des Humoreinsatzes als Steuerungsinstrument ist mangels fehlender Da-

---

252 Gernhardt (2000), S. 451
253 ebd. S. 452

ten derzeit nicht möglich. Zwar gibt es, vor allem aus Amerika, Bücher und Beispiele von erfolgreich gelebter, humorintensiver Unternehmenskultur, aussagefähige Experimente oder Studien, die die Auswirkungen einer Humorkultur oder Korrelationen zwischen Humor und Arbeitsleistung oder Arbeitsqualität untersuchen, allerdings nicht.
Ob jeder Führungskultur und jedem Unternehmen eine Humorkultur empfohlen werden kann, die Akzeptanz findet, bleibt derzeit damit unbeantwortet. So verfehlen derzeit Ansätze verschiedener 'Humorkulturen' möglicherweise ihre Wirkung. Dennoch wollte ich mit der Auflistung von exemplarischen Beispielen in Kapitel 7 Entwicklungsmöglichkeiten einer Humorkultur aufzeigen. Denn anders als im medizinischen oder therapeutischen Bereich besteht im Wirtschaftsleben Nachholbedarf, was die Auseinandersetzung mit den Möglichkeiten von Humor anbelangt.
Journalistisch scheint das Thema Humor im Businessbereich mittlerweile 'salonfähig' geworden zu sein. Fand man vor Jahrzehnten in der Wirtschaftspresse zwar Cartoons und Witze, aber keine redaktionelle Auseinandersetzung mit dem Thema Humor, so stößt man heute immer häufiger auf Artikel über den Wert des Lachens im Berufsalltag. Auch die Zahl der jährlich neu erscheinenden Bücher zum Thema hat in den letzten Jahren deutlich zugenommen.
Das Thema Humor wird auch von Managern nicht 'ganz links liegen gelassen', was die Zahl an Neugründungen von Humor-Dienstleistern wie Humor-Trainern und Unternehmenstheatern zeigt. Doch die Tatsache, dass Unternehmen punktuell Humorberater, Kabarettisten oder auf Unternehmenstheater spezialisierte Schauspieler für ihre Zwecke einspannen, darf nicht darüber hinwegtäuschen, dass Humor in den Köpfen von Machern und Entscheidern keineswegs als strukturell zu verankernder Teil einer Unternehmensphilosophie gesehen wird. Hier gilt in vielen Firmen noch die Devise „Erst die Arbeit, dann der Spaß!"
Doch anders als für so manche Managementmodelle, die gerade im Trend liegen, sehe ich für den Humor im Wirtschaftsleben eine langfristige Perspektive: Der Witz überlebt auch schlechte Zeiten. Humor ist gerade für schwierige Situationen

im Wirtschaftsleben ein wirkungsvolles Ventil, um Frust, Belastungen und Stress abzubauen. „Langsam beginnt man auch bei uns zu begreifen, wie wichtig Humor als Fähigkeit ist - sowohl im Sinne der sozialen Kompetenz als auch als Anti-Stress-Strategie (also als Prävention von Stress-Schäden) und im Sinne von Heiterkeit als Heilungs-Prozess!"[254] Das sagt Vera Birkenbihl, eine der einflussreichsten Businesstrainerinnen und Management-Coachs in Deutschland.
Es macht sich auch die Erkenntnis breit, dass das postindustrielle Zeitalter andere Werte braucht als es zum Aufbau einer Industrienation bedarf. Nicht Fleiß und Anstrengung, sondern Flexibilität und Anpassung sind nun gefragt. „Simply working harder and longer doesn't solve our small-scale problems today."[255] Enthusiasmus, Empathie und Risikobereitschaft statt der Befolgung simpler Arbeitsanweisungen sind in einer Dienstleistungsgesellschaft die wichtigeren Erfolgsrezepte. Das Human-Kapital eines Unternehmens ist somit einer der entscheidenden Faktoren für anhaltenden Erfolg.
Wie viele Unternehmen klagen aber darüber, dass ihre Mitarbeiter zu wenig motiviert sind! Das Schlagwort der 'inneren Kündigung' nimmt immer breiteren Raum in der Personaldiskussion ein. So bewarb der Deutsche Manager-Verband e.V. eine Veranstaltung im Jahre 2006 zu dem Thema 'Warum wir Führung völlig neu überdenken müssen' mit folgendem Einladungstext: „Forschungen haben bewiesen: Je wohler sich ein Mitarbeiter im Unternehmen fühlt, je mehr Freude er hat, desto leistungsfähiger ist er. Doch sieht es in deutschen Unternehmen in den letzten Jahren eher umgekehrt aus. Laut der Gallup-Studie haben gerade einmal 12% aller Deutschen Spaß an ihrem Job, 70% tun nur das Nötigste und 18% haben innerlich bereits gekündigt."[256] Dies gilt für alle Hierarchiestufen.
Mehr denn je suchen Mitarbeiter nach Identifikationspotenzialen. Sie möchten stolz auf Ihr Unternehmen sein, - dann identifizieren sie sich auch mit ihrer Arbeit. Es ist ein Unterschied, ob man beispielsweise einfach nur Autos baut oder ob

---

[254] Birkenbihl (2001), S. 99

[255] Morreall (1997), S. 9

[256] vgl. www.dmvev.de/html/rueckblick_mgrevent.shtml

man ‚bei Daimler schafft'. Attraktivität heißt nichts anderes als Anziehungskraft. Ob es nun Mitarbeiter sind oder Vertreter der Presse oder Kunden - sie alle werden durch ein positives Image angezogen. Je positiver, lösungsorientierter und fröhlicher das Bild ist, das man nach außen bietet, umso stärker wird diese Anziehungskraft sein. Und hier kommt dem Humor eine tragende Rolle zu. Humor gilt nämlich nicht nur bei Persönlichkeitseigenschaften als attraktiv und anziehend, sondern auch als Attribut einer Unternehmenskultur.
Und schließlich gilt, was Thomas Holtbernd in seinem Artikel 'Lebenskunst und Humor im Management' schreibt: „Selbst wenn der ökonomische Gewinn des Humors im Unternehmen quantitativ nur sehr schwer oder kaum zu erfassen ist, hat es mit Humor mehr Spaß gemacht. Humor macht die Arbeit nicht leichter, aber lebendiger und freudvoller."[257]
Was kann die Soziologie zu dem Thema noch beitragen? Die Erwartungen könnten gering sein, gerade von anderen Geisteswissenschaften, die Humor im Blickfeld haben: „Man hat gemeint, dass Soziologie und Humor viel gemeinsam haben, ja, dass sie kongenial seien, da beide auf eine Relativierung der unreflektierten Routinen des Alltagslebens zielen, indem sie jene einer genaueren Untersuchung unterwerfen. Doch fehlt der mainstream-Soziologie fast völlig die Ausgelassenheit, der Witz, die Phantasie und der Sinn für kulturelle Kritik. In Alpträumen von Ethnologen erscheinen Soziologen oft als dumpfe, rüpelhafte, herrische Fieslinge, die das Offensichtliche erklären."[258]
Oft muss man aber das Offensichtliche erklären, da es sonst nicht wahrgenommen wird. Das war für mich die Motivation für diese Untersuchung. Ausgehend von der Erkenntnis als Kabarettist, dass Humor in Wirtschaftsunternehmen positive Veränderungen auslösen kann, beschäftigte ich mich intensiver mit der Frage, welche Möglichkeiten Humor in Unternehmen noch bietet. Die gewonnenen Erkenntnisse bestärken mich, mit der Arbeit fortzufahren. Ich bin dankbar dafür, die

[257] www.humorcare.com/informationen/texte/lebenskunstundhumor.html

[258] Driessen, H.: *Humor, Lachen und die Feldforschung: Betrachtungen aus dem Blickwinkel der Ethnologie.* In: Bremmer; Roodenburg (1999), S. 172

Möglichkeit geboten bekommen zu haben, das Thema soziologisch anzugehen. Denn Wissenschaft schafft Wissen, - in den Köpfen von Managern glaubwürdiger als es derzeit Humor vermag.

9. Literaturverzeichnis

Ohne Autor (2000): *Die besten Witze von Bild.* Hamburg.

Ohne Autor (2002): *Mit Witz und Ironie wider die Denkblockaden.* Stuttgarter Zeitung 26.4.2002

Alewyn, R. (1989): *Das große Welttheater. Die Epoche der höfischen Feste.* München.

Arbeitsgruppe Soziologie (Hg.) (1987): *Denkweisen und Grundbegriffe der Soziologie. Eine Einführung. (Campus Studium: Kritische Sozialwissenschaften Bd. 543).* 7. Auflage. Frankfurt/M./New York.

Berger, P. L. (1977): *Einladung zur Soziologie.* München.

Berger, P. L. und B. (1988): *Wir und die Gesellschaft. Eine Einführung in die Soziologie - entwickelt an der Alltagserfahrung.* Hamburg.

Berger, P. L. (1998): *Erlösendes Lachen: Das Komische in der menschlichen Erfahrung.* Berlin/New York

Bergson, H.; Frankenberger, J.; Fränzel, W. (1948): *Das Lachen.* Maisenheim/Glan

Berlyne, D.E. (1969): *Laughter, humour and play.* In: Handbook of Social Psychology, Vol. 3. Reading

Bernhardt, J.A. (1985): *Humor in der Psychotherapie.* Weinheim (Beltz)

Birkenbihl, V. F. (2001): *Humor - An Ihrem Lachen soll man Sie erkennen.* Landsberg am Lech

Boal, A. (1979): *Theater der Unterdrückten.* Frankfurt a. M.

Boehncke, H.; Johannsmeier, R. (1987): *Das Buch der Vaganten, Spieler, Huren, Leutebetrüger.* Köln.

Bollnow, O. F. (1975): *Das Doppelgesicht der Wahrheit. Philosophie der Erkenntnis (2. Teil).* Stuttgart/Berlin/Köln/Mainz.

Bon, G. l. (1982): *Psychologie der Massen. (Mit einer Einführung von P. R. Hofstätter).* 15. Auflage. Stuttgart.

Dietzsch, S. (1993): *Luzifer lacht - Philosophische Betrachtungen von Nietzsche bis Tabori.* Leipzig

Dörner, D. (1993): *Die Logik des Misslingens. Strategisches Denken in komplexen Situationen.* Hamburg.

Dworschak, M. (2002): *Geistesblitze auf dem Flur.* in: SPIEGEL 13/2002, S. 194ff

Duerr, H. P. (1993): *Der Mythos vom Zivilisationsprozeß. Bd. 3: Obszönität und Gewalt.* Frankfurt/M.

Durkheim, E. (1970): *Die Regeln der soziologischen Methode.* 3. Auflage. Neuwied/Berlin.

Ekman, P. (1988): *Gesichtsausdruck und Gefühl*, Paderborn
Elias, N. (1990): *Über den Prozess der Zivilisation. Soziogenetische und psychogenetische Untersuchungen. 1. Bd.: Wandlungen des Verhaltens in den weltlichen Oberschichten des Abendlandes*. Ulm.
Elias, N. (1992): *Über den Prozess der Zivilisation. Soziogenetische und psychogenetische Untersuchungen. 2. Bd.: Wandlungen der Gesellschaft. Entwurf zu einer Theorie der Zivilisation*. Ulm.
Emmelmann, Ch. (2007): *Das kleine Lachyoga Buch*. München
Endruweit, G.; Trommsdorff (Hg.) (1989): *Wörterbuch der Soziologie*. 3 Bde. Stuttgart.
Esrig, D. (1985): *Commedia dell'Arte. Eine Bildgeschichte der Kunst des Spektakels*. Nördlingen.
Farrelly, F.; Brandsma, J. (1985): *Provokative Therapie*. Berlin
Frankl, V.E. (1959): *Grundriss der Existenzanalyse*. In: Gebsattel, F.; Schultz, J.H.; Frankl, V.E. (Hg.): *Handbuch der Neurosenlehre und Psychotherapie, Bd. III*, München
Freud, S. (1991): *Massenpsychologie und Ich-Analyse. Die Zukunft einer Illusion*. Frankfurt/M.
Freud, S. (1992): *Der Witz und seine Beziehung zum Unbewussten · Der Humor*. Frankfurt/M.
Gehlen, A. (1993): *Der Mensch. Seine Natur und seine Stellung in der Welt. Textkritische Edition unter Einbeziehung des gesamten Textes der 1. Auflage von 1940*. Frankfurt/M.
Gelfert, H.-D. (1998): *Max und Monty. Kleine Geschichte des deutschen und englischen Humors*. München
Gernhardt, R. (2000): *Was gibt's denn da zu lachen? Kritik der Komiker, Kritik der Kritiker, Kritik der Komik*. Zürich.
Ghiselin, B. (Hg.) (1952): *The creativ Process. A Symposium*. Berkeley, California.
Glaap, W. (1993): *ISO 9000 leichtgemacht - Praktische Hinweise und Hilfen zur Entwicklung und Einführung von QS-Systemen*. München.
Glucksmann, A. (1985): *Die Macht der Dummheit*. Stuttgart.
Goettle, G. (1993): *Deutsche Sitten. Erkundungen in Ost und West*. Frankfurt/M.
Goleman, D. (1997): *Emotionale Intelligenz*. München
Greene, R. (2002): *Die 24 Gesetze der Verführung*. München
Grieswelle, D. (1978): *Allgemeine Soziologie. Gegenstand, Grundbegriffe und Methode der Soziologie*. 2. Auflage. Stuttgart/Berlin/Köln/Mainz.
Habermas, J. (1985): *Zur Logik der Sozialwissenschaften*. Frankfurt/M.
Hegel, (1979): *Vorlesungen über die Ästhetik*. Frankfurt/M.

Hemsath, D.; Yerkes, L. (1997): *301 Ways to Have Fun at Work.* San Francisco
Henecka, H. P. (1989): *Grundkurs Soziologie.* 2. überarbeitete Auflage. Opladen
Hentze, J.; Brose, P. (1985): *Studienbibliothek Organisation.* Landsberg am Lech
Hildebrandt, D. (o.J.): *Spaß ist machbar.* Freiburg i. Br.
Hillard (1954): *Herren und Narren der Welt.* München
Hirsch, E. Chr. (2001): *Der Witzableiter - oder Schule des Lachens.* München
Hodgkinson, L. (1987): *Smile Therapy*, London
Hondrich, K. O. (1975): *Menschliche Bedürfnisse und soziale Steuerung. Eine Einführung in die Sozialwissenschaft.* Hamburg.
Hugh, T. (1984): *Geschichte der Welt.* Stuttgart.
Institut für Sozialforschung (Hg.) (1991): *Soziologische Exkurse: Nach Vorträgen und Diskussionen.* Hamburg.
Jonas, F. (1976): *Geschichte der Soziologie. 2 Bde.* Hamburg.
Kamper, D.; Wulf, C. (Hg.) (1986): *Lachen - Gelächter - Lächeln,* Frankfurt
Kataria, M. (1999): *Laugh for no Reason.* Bombay
Kets de Vries, M. F. R. (2004): *Führer, Narren und Hochstapler – Die Psychologie der Führung.* 2. Auflage. Stuttgart
Kleinschroth, R. (1998): *Business by Jokes - Gewitztes für die Welt der Geschäfte.* Reinbek b. Hamburg
König, R. (Hg.) (1974): *Handbuch der empirischen Sozialforschung. Bd. 4: Komplexe Forschungsansätze.* 3. umgearbeitete und erweiterte Auflage. Stuttgart.
Kotthoff, H. (Hg.) (1996): *Das Gelächter der Geschlechter - Humor und Macht in Gesprächen von Frauen und Männern.* Zweite, erweiterte und überarbeitete Auflage. Konstanz
Kraepelin, E. (1885): *Zur Psychologie des Komischen.* In: Philosophische Studien, hrsg. v. Wilhelm Wundt, Bd. 2. Leipzig
Kromrey, H. (1986): *Empirische Sozialforschung. Modelle und Methoden der Datenerhebung und Datenauswertung.* 3. überarbeitete Auflage. Opladen
Landau, T. (1995): *Von Angesicht zu Angesicht.* Reinbek
Lentz, M.; Thoma, D.; Howland, Ch. (1999): *Ganz Deutschland lacht! 50 deutsche Jahre im Spiegel ihrer Witze.* München
Lixfeld, H. (Hg.) (1986): *Witz - Arbeitstexte für den Unterricht.* Stuttgart
Loo, H. v. d.; Reijen, W. v. (1992): *Modernisierung. Projekt und Paradox.* München.

Lorenz, M.; Rohrschneider, U. (2004): *Bewerbungstraining - Übungen und Tests.* Freiburg i. Br.
Luhmann, N. (1988): *Soziale Systeme. Grundriß einer allgemeinen Theorie.* Frankfurt a. M.
Lundin, S. C.; Paul, H.; Christensen, J. (2001): *Fish! - Ein ungewöhnliches Motivationsbuch.* Frankfurt/Wien
Mackensen, L. (1985): *Ursprung der Wörter. Etymologisches Wörterbuch der deutschen Sprache.* Wiesbaden.
Marcuse, H. (1967): *Der eindimensionale Mensch. Studien zur Ideologie der fortgeschrittenen Industriegesellschaft.* Darmstadt.
Marcuse, H. (1980): *Kultur und Gesellschaft I.* 14. Auflage. Frankfurt/M.
Marcuse, H. (1979): *Kultur und Gesellschaft II.* 10. Auflage. Frankfurt/M.
Maslow (1970): *Motivation and Personality.* New York.
Mayring, P. (1990): *Einführung in die qualitative Sozialforschung. Eine Anleitung zum qualitativem Denken.* München.
Morreall, J. (1987): *The Philosophy of Laughter and Humor.* Albany, New York
Morreall, J. (1997): *Humor Works.* Amherst.
Moser, K. (1990): *Werbepsychologie: eine Einführung.* München
Niepmann, C. (1999): *Wirkungsmodelle der Werbung. Die erfolgreichsten Konzepte und ihre Entwicklung.* Hamburg
Noelle-Neumann, E.; Köcher, R. (Hg.) (1993): *Allensbacher Jahrbuch der Demoskopie 1984-1992 (Bd. 9).* München/New York/London/Paris.
Opp, K.-D. (1973): *Methodologie der Sozialwissenschaften. Einführung in Probleme ihrer Theorienbildung.* 3. Auflage. Hamburg.
Pease, A.; Pease, B. (2002): *Warum Männer lügen und Frauen immer Schuhe kaufen.* München
Pütz, Uwe (2004): *Business - zum Lachen komisch.* In: DB mobil 3/2004
Räwel, J. (2005): *Humor als Kommunikationsmedium.* Konstanz
Rubinstein, H. (1985): *Die Heilkraft Lachen.* Bern
Sabel, H. (1998): *Arbeitszeugnisse richtig schreiben und bewerten.* Würzburg
Scherhorn, G. (1959): *Bedürfnis und Bedarf.* Berlin.
Schoeck, H. (1987): *Der Neid und die Gesellschaft.* Frankfurt/M./Berlin.
Schoeck, H. (1990): *Das Recht auf Ungleichheit.* Frankfurt/M./Berlin.
Schütz, Alfred (1962): *On Multiple Realities.* Collected Papers, Bd. 1, The Hague

Simon, W. (2001): *Lust aufs Neue. Werkzeuge für das Innovationsmanagement.* Offenbach
Spies, S.; Beigel, H. (1996): *Einer fehlt, und jeder braucht ihn. Wie Opel die Abwesenheit senkt.* Wien
Swabey, M. S. (1961): *Comic Laughter: A Philosophical Essay.* New Haven
Thirn, H. P. (1976): *Soziologie der Kultur.* Stuttgart/Berlin/Köln/Mainz.
Titze, M. (1999): *Die heilende Kraft des Lachens.* München
Titze, M., Eschenröder, C. (2000): *Therapeutischer Humor.* Frankfurt
Titze, M.; Gröner, H. (1989): *Was bin ich für ein Mensch?* Freiburg.
Titze, M.; Patsch, I.(2004): *Die Humor-Strategie. Auf verblüffende Art Konflikte lösen.* München
Turner, S. (2000): *Spring! - Das Geheimnis erfolgreicher Werbung.* Mainz
Uber, H.; Mondhe, P. P. (2000): *Länder des Lachens. Reisen zu heiteren Menschen.* München
Uber, H.; Steiner, A. (2004): *Das Lachprinzip.* Frankfurt a. Main
Uber, H.; Steiner, A. (2006): *Lach dich locker - So lachen Sie sich erfolgreich, glücklich und gesund.* München
Verbeet, M. (2006): *Humor: Pinguin in der Kiste - Eie internationale Studie erkundet die ganz eigene Lachlust von Kindern.* In: Der Spiegel 19/2006, Seite 61
Vischer , F. T. (1837): *Über das Erhabene und Komische. Ein Beitrag zu der Philosophie des Schönen.* Stuttgart
Watzlawick, P. (1978): *Wie wirklich ist die Wirklichkeit? Wahn. Täuschung. Verstehen.* München/Zürich.
Watzlawick, P. (1995): *Vom Unsinn des Sinns oder vom Sinn des Unsinns.* München/Zürich.
Weber, M. (1991): *Schriften zur Wissenschaftslehre.* Stuttgart.
Wellek, A. (1970): *Zur Theorie und Phänomenologie des Witzes.* In: A.W.; Witz - Lyrik - Sprache. Beiträge zur Literatur- und Sprachtheorie mit einem Anhang über den Fortschritt der Wissenschaft. Bern/München.

Zusammenfassung

Lachen hat positive Wirkung nicht nur für den einzelnen Menschen, sondern auch in Wechselwirkung mit Anderen und auf komplette Organisationen. Dies belegen zahlreiche Studien. Ausgehend von dieser Erkenntnis stellt sich die Frage, welchen Stellenwert Humor im Wirtschaftsleben hat. Dabei steht am Anfang der Untersuchung die historische Entwicklung des Begriffes Humor und die geisteswissenschaftlichen Definitionen und Analysen, um vor diesem Hintergrund die heutige Bedeutung einschätzen zu können. Auch wenn die Grenzen und Gefahren von Humor berücksichtigt werden, überwiegen aufgrund der psychischen und physischen Effekte des Lachens die Chancen, die Humor im Beruf mit sich bringen kann. Die Auswertung von Dokumenten aus dem Arbeitsleben wie Stellenanzeigen, Qualitätshandbücher, Arbeitszeugnisse und Werbeunterlagen lässt jedoch den Eindruck entstehen, Humor habe nur eine geringe Bedeutung in der deutschen Wirtschaft. Drei ausgewählte Fallbeispiele sollen deshalb zeigen, dass Humor zielgerichtet eingesetzt bei der Erreichung von Unternehmenszielen hilfreich sein kann. Der Autor ist als Kabarettist seit über 10 Jahren mit seinem Lachverstand für Firmen tätig und lässt seine Beobachtungen aus Besprechungen, Werksbesichtigungen und Auftritten in diese Beispiele einfließen. Dennoch wird selbst bei diesen Fällen klar, dass Humor nicht strukturell als integrierte Managementmaßnahme eingesetzt wird. Im letzten Teil der Arbeit werden deshalb wirkungsvolle Möglichkeiten vom Führungsverhalten bis hin zur individuellen Gestaltung des Arbeitsplatzes vorgestellt und zu einer idealtypischen Humorkultur zusammengefasst, um vermehrtes Lachen in Firmen anzuregen und zu fördern.

Das ist ja wohl das Allerletzte:

"Ich schreibe eine Doktorarbeit!
Ich schreibe eine Doktorarbeit!"
ruft ein Hase fröhlich durch den Wald hüpfend.
Ein Wolf schleicht sich heran. „Was ist denn das Thema
deiner Doktorarbeit, Häschen?", fragt er.
„Die geistige Überlegenheit der Hasen über die Wölfe",
antwortet der Hase.
„Ich zeige dir gleich meine geistige Überlegenheit"
ruft der Wolf wutentbrannt und springt ins Gebüsch –
dem Hasen hinterher. Die Geräusche eines heftigen Kampfes
sind zu vernehmen. Plötzlich wird es ruhig.
Nach wenigen Minuten kommt der Wolf hervorgekrochen –
mit eingezogenem Schwanz, eingerissenem Ohr,
das Fell ganz zerzaust. Hinter ihm erscheint ein riesiger Bär.
Zufrieden legt er seine großen Tatzen auf den Bauch und brummt:
„Das Thema einer Doktorarbeit ist nebensächlich –
auf den Doktorvater kommt es an!".

SUSANNE LIEDER

Agatha CHRISTIE

atb aufbau taschenbuch

SUSANNE LIEDER

Agatha CHRISTIE

In der Liebe sucht sie
nach Hoffnung,
mit ihren Krimis erobert
sie die Welt

ROMAN

atb aufbau taschenbuch

MIX
Papier | Fördert
gute Waldnutzung
FSC® C083411

ISBN 978-3-7466-4094-5

Aufbau Taschenbuch ist eine Marke
der Aufbau Verlage GmbH & Co. KG

1. Auflage 2024

www.aufbau-verlage.de
10969 Berlin, Prinzenstraße 85

Satz Greiner & Reichel, Köln
Druck und Binden CPI books GmbH, Leck, Germany

Printed in Germany

Für meine unvergleichliche Agentin

Seit Lucrezia Borgia bin ich die Frau,
die am meisten Menschen umgebracht hat,
allerdings mit der Schreibmaschine.

– Agatha Christie –

Haus Ashfield in Torquay, im Sommer 1926

Auf den Knien saß Agatha im Wohnzimmer ihres Elternhauses, um sich herum Kisten, Koffer, Hutschachteln und Schmuckkästchen. Manche bereits leer, warteten andere noch darauf, von ihr durchsucht und genauestens inspiziert zu werden. Dann würde sie entscheiden, was sie behalten oder weggeben wollte.

Agatha war in diesem Haus aufgewachsen. Ihre Eltern hatten es nach der Geburt ihrer älteren Schwester bezogen, und im Laufe der Zeit hatte sich mehr und mehr angesammelt. So viel, dass Agatha vor ein paar Tagen, als sie angekommen war, von Raum zu Raum ging und sich fragte, wo um alles in der Welt sie nur anfangen sollte.

Der Tod ihrer Mutter im Frühjahr hatte ihr vollkommen den Boden unter den Füßen weggezogen. Er hatte sie sprachlos – im Sinne des Wortes – und zunächst auch handlungsunfähig gemacht. Tag für Tag, Stunde um Stunde hatte sie bloß dagesessen und vor sich hin gestarrt. Ihr Leben würde weitergehen, natürlich, das tat es ja immer, aber wie?

Agatha stand träge auf und wanderte durchs Zimmer. Die Vorhänge waren halb zugezogen, ein Sonnenstrahl fiel durchs Fenster und ließ Staubkörnchen tanzen. Früher hätte sie das Schauspiel betrachtet, hätte gelächelt und die Hand ausgestreckt, als könne sie das Licht einfangen und für einen Moment festhalten.

Sie ging zum Fenster, verschränkte die Arme und schaute in den Garten. Wie durch einen Nebel nahm sie wahr, wie die Zweige der Rotbuche sacht im Wind schaukelten, und eine Amsel angeflogen kam, sich auf einem der Äste niederließ und begann, ihr Gefieder zu putzen. Ein paar verblühte Rosen an den Sträuchern zeugten davon, dass ihre Mutter sich schon eine Weile nicht mehr darum hatte kümmern können. »Der Garten ist das Aushängeschild eines jeden Engländers«, hatte sie stets erklärt. »So wie die Scones zum Nachmittagstee.« Wie hatte sie ihn zelebriert!

Und wie habe ich es geliebt, mit ihr auf dem Sofa zu sitzen und ein Tässchen zu trinken, dachte Agatha und rang den Impuls nieder, ihren Kummer laut herauszuschreien. Es würde nichts bringen, außerdem hatte sie das längst getan.

Wieder durchschritt sie das Zimmer, stellte sich vor, wie es hier früher ausgesehen hatte. Als sie noch ein kleines Mädchen gewesen war und ihre Welt aus Spielen und Plänen bestanden hatte. Pläne, die nur den kommenden Tag betroffen hatten. Die Frage, etwa, ob sie im Wäldchen umherstreifen sollte, um Ausschau nach Eichhörnchen zu halten. Oder doch lieber auf der Mauer balancieren und darauf hoffen, eine Eidechse zu finden.

Ihr Vater hatte ihr zum fünften Geburtstag einen Hund geschenkt, einen Yorkshire-Terrier. Tony hatte sie auf Schritt und Tritt begleitet. *Du darfst ihn aber nicht allzu sehr verwöhnen*, hatte ihr Vater gemeint. *Er muss wissen, wo seine Grenzen sind. Du musst sie ihm zeigen.*

Feierlich hatte sie versprochen, es zu beherzigen.

Sie sah ihren Vater im Sessel dort drüben am Fenster sitzen, die Zeitung aufgeschlagen. *Setz dich zu mir, Agatha. Ich lese dir etwas vor.*

Sie sah ihre Geschwister durchs Zimmer toben und den kleinen Beistelltisch beinahe umrennen. Hinter ihnen, dicht auf ihren Fersen, Nursie, die Kinderfrau. *Wenn ich euch erwische! Vorsicht, die Vase! Gebt um Himmels willen acht!*

Die Erinnerungen waren noch so lebendig, und sie machten Agatha traurig. Sie verließ das Wohnzimmer und ging in die Küche, um Teewasser aufzusetzen. *Tee hilft immer*, hörte sie Nursie sagen. *Wenn man Bauchweh oder sich das Knie aufgeschlagen hat, und sogar, wenn man traurig ist.*

Während es im Kessel rauschte und zischte, stand Agatha mit versteinerter Miene da, die Zähne so fest aufeinandergepresst, dass ihr Kiefer zu schmerzen begann. Als der Kessel pfiff, goss sie das dampfende Wasser in die Kanne. Tränen verschleierten ihren Blick, und sie räusperte sich energisch. *Hör auf zu heulen! Als würde das irgendwas helfen!*

Erst jetzt fiel ihr auf, dass sie vergessen hatte, Teeblätter in die Kanne zu geben.

Mit einem leisen Aufschluchzen sank sie auf einen Stuhl und verbarg das Gesicht in ihren Händen.

Gott noch mal, sie war fast sechsunddreißig und fühlte sich wie eine alte Frau. Sie war verwirrt, vergesslich und so erschöpft, dass sie sich kaum auf den Beinen halten konnte.

Es geht weiter, Agatha, das weißt du doch. Kopf hoch, sieh nach vorn! Immer nur nach vorn.

Sie trank ihren Tee, und als die Sonne unterging, legte sie sich angezogen auf ihr früheres Bett und rief sich das Gesicht ihrer Mutter in Erinnerung. Was, wenn sie es irgendwann vergessen würde?

Ihr Vater starb, als Agatha elf Jahre alt war.

Damit endete nicht nur abrupt ihre bis dahin sorglose Kindheit, ihr ganzes Leben veränderte sich.

Die finanziellen Schwierigkeiten hatten bereits Jahre zuvor angefangen. Ihr Vater stammte aus wohlhabendem Haus und hatte stets ein sicheres Einkommen zur Verfügung gehabt, ohne auch nur einen Finger krumm machen zu müssen. Einer der Treuhänder, die ihm all die Jahre zur Seite gestanden und dafür gesorgt hatten, dass er und später seine Familie ein unbekümmertes Leben führen konnten, verstarb, ein anderer erkrankte schwer. Außerdem hatten sie sich offenbar alle eifrig in die eigene Tasche gewirtschaftet. Für Agathas Vater ein schwerer Schock. Er verstand etwas davon, den lieben Gott einen guten Mann sein zu lassen, aber nicht das Geringste von den Geschäften seines Vaters, denen er seinen Wohlstand verdankte.

Im Laufe der Jahre hatte Agathas Vater unzählige Ölgemälde und kostbare, äußerst geschmackvolle Möbelstücke angeschafft, die nun nach und nach verkauft werden mussten.

Sparsamkeit war die Devise, so würden sie hoffentlich über die Runden kommen.

Das Verkaufen der Möbel und Gemälde war für Agatha nicht schlimm, ihr bereitete es Kummer, dass ihr Vater still und kränklich wurde. Sie kannte ihn bis dahin als strahlenden, unbekümmerten Mann, der morgens das Haus verließ, mit der Kutsche in seinen Club fuhr und abends gut gelaunt wieder heimkam.

Doch alles Sparen half nichts, und so beschlossen ihre Eltern, Ashfield samt Dienstboten zu vermieten und für eine Weile nach Frankreich zu ziehen, wo das Leben erschwinglicher war.

Die Ehe ihrer Eltern war für Agatha ein Juwel, das man still betrachtet und an dem man sich erfreute. Ihre Eltern liebten sich aufrichtig, sie gingen rührend und behutsam miteinander um, als wagten sie nicht, in Gegenwart des anderen auch nur die Stimme zu erheben. Irgendwann, das wusste sie schon früh, wollte Agatha auch ein solches Juwel haben. Sie wäre gern Pianistin oder Sängerin, eine glückliche Ehe zu führen jedoch stand an erster Stelle.

In Frankreich hatte ihr Vater bereits zweimal einen Arzt aufsuchen müssen, der eine Nierenkrankheit diagnostiziert hatte. Zurück in England, wurde es nicht besser, und er begab sich in die Hände seines Hausarztes. Der stellte jedoch eine andere Diagnose, und so wurden weitere Ärzte, alles sogenannte Spezialisten, zu Rate gezogen. Jeder stellte eine andere Diagnose und hielt sie für die richtige. Am Ende wusste man gar nicht mehr, woran ihr Vater erkrankt war.

Er wurde schwächer, litt unter Atemnot.

Agatha litt mit ihm, und sie litt auch mit ihrer Mutter, die nicht von seiner Seite weichen wollte. Nie zuvor hatte sie sie so verzagt, so niedergeschlagen erlebt.

Auch die finanziellen Sorgen ebbten nicht ab. Ihr Vater hatte auch Häuser in New York geerbt, die verpachtet waren, aber praktisch nichts abwarfen. Irgendwann kam zu seinem ohnehin angeschlagenen Gesundheitszustand eine Erkältung hinzu, die zu einer Lungenentzündung wurde.

Agatha stromerte unruhig und voll böser Vorahnung durch das Haus. Würde er sterben? Würde ihr geliebter Vater von ihr gehen?

Als sie die Treppe hochkam, sah sie, wie ihre Mutter mit einem erstickten Schluchzen aus dem Schlafzimmer gelaufen kam und im Zimmer nebenan verschwand. Der Schlüssel wurde umgedreht, und Agatha stand wie erstarrt da, das Herz pochend bis zum Hals, das Blut rauschte wie Seewind in ihren Ohren.

Ihr Vater war tot. Sie wusste es, bevor es ihr jemand sagte.

Das war der Tag, an dem ihre Kindheit jäh endete.

Danach lebte sie allein mit ihrer Mutter und ein paar wenigen Dienstboten in Ashfield. Die Angst, auch ihre Mutter zu verlieren, wollte sie manchmal übermannen, doch das hatte sie verheimlicht, um ihrer Mutter nicht noch mehr Kummer zu bereiten.

Agatha hatte ein paar Stunden schlafen können, doch als sie aufstehen wollte, war es, als gehörten ihre Beine nicht zu ihrem

Körper. Nie zuvor hatte sie sich so elend, so krank gefühlt. Sie war stets eine äußerst robuste Person gewesen, nicht zimperlich, nicht wehleidig. Jetzt jedoch meinte sie, ernstlich krank zu werden oder es bereits zu sein. Sie verspürte weder Hunger noch den leisesten Appetit. Wann hatte sie überhaupt das letzte Mal etwas zu sich genommen? Sie erinnerte sich nicht.

Wie schon am vorherigen Tag und den Tagen davor wanderte Agatha rastlos durchs Haus. In einem der Zimmer fand sie einen Umschlag mit mehreren Fünfpfundnoten darin und schließlich, eingewickelt in einem Strumpf, die Diamantbrosche ihrer Großmutter. Überrascht und nun zielstrebiger suchte sie weiter: unter dem Bett, ganz hinten im Kleiderschrank, darauf und darunter – dazu musste sie sich flach auf den Bauch legen und mit dem ausgestreckten Arm fischen – und anschließend sogar unter einer losen Bodendiele. Wer konnte schon wissen, was ihre Großmutter – Agatha hegte keinerlei Zweifel, dass sie es gewesen war – sonst noch versteckt hatte?

Bäuchlings blieb sie auf dem Läufer liegen, die Augen geschlossen. Nach wenigen Minuten stand sie wieder auf.

Sie würde den Wagen nehmen und ein bisschen umherfahren. Vielleicht würde sie das auf andere Gedanken bringen und wenigstens für eine Weile ablenken.

Ausgehfertig stand sie kurz darauf vor ihrem Wagen, den sie an der Straße geparkt hatte. Mit einer Hand strich sie über die Motorhaube, die in der Sonne glänzte. Das Automobil hatte sie sich selbst zum Geschenk gemacht.

Der Himmel war fast wolkenlos, die Vögel zwitscherten, und es roch nach Meer, süßen Blüten und reifen Kirschen.

Torquay war ein hübsches kleines Städtchen an der Südküste; ein Erholungsort mit mildem Klima und daher sehr beliebt bei Touristen, die gern am Strand entlangpromenierten und sich den meist lauen Wind um die Nase wehen ließen. Die Gärten der Bewohner waren gepflegt, manche sehr überschaubar, andere weitläufig wie ein Park. Die meisten waren von einer Hecke umgeben, viele auch von einer Steinmauer, über die man dennoch leicht hinwegklettern konnte. Und auf denen es sich herrlich und manchmal auch recht wagemutig herumbalancieren ließ. Wieder wurde Agatha kurz in ihre Kindheit zurückkatapultiert. Wie oft hatte ihre Mutter geschimpft, wenn sie mal wieder von den mit Moos bedeckten Steinen abgerutscht war und sich die Knie aufgeschrammt hatte.

Ein älteres Ehepaar spazierte an Agatha vorbei, grüßte freundlich und schlenderte weiter. *Touristen*, ging ihr durch den Kopf, *sie genießen das Leben, den Sommer, ihre Zweisamkeit.*

Sie hörte sich seufzen. *Ich sollte aufhören, mich zu quälen*, dachte sie und beugte sich kopfschüttelnd hinunter und griff nach der Handkurbel. Ein sehr flüchtiges Gefühl von kindlicher Vorfreude auf eine kleine Spazierfahrt erfasste sie. Es war so herrlich, mit dem Automobil umherzubrausen.

Das Gefühl verging so rasch wieder, wie es gekommen war, und sie schämte sich, dass sie überhaupt so empfunden hatte. Wie konnte sie auch nur den Hauch von Glück empfinden, wo sie doch in Trauer war!

Agatha drehte die Kurbel. Drehte und drehte. Drehte erneut.

Der Motor sprang nicht an. Sie streckte sich, versuchte es wieder. *Verfluchter Wagen! Willst du wohl so gut sein!*

Doch er gab keinen Mucks von sich. Sie spürte Tränen aufsteigen und fragte sich verwirrt, ob sie so verärgert war.

Sie nahm ihre Handtasche, die sie auf der Motorhaube abgelegt hatte, presste sie an ihre Brust und stapfte zum Haus zurück. Sie schloss auf, blieb fassungslos in der Diele stehen und schnappte nach Luft. Erst als sie laut schluchzte, bemerkte sie, dass sie weinte. Mit bebenden Schultern lief sie ins Wohnzimmer und warf sich auf das Sofa.

Irgendwann setzte sie sich auf und putzte sich die Nase, und das, was ihr durch den Kopf ging, fühlte sich ganz und gar nicht gut an. Vielmehr war es erschreckend und zutiefst beunruhigend. Ob sie dabei war, den Verstand zu verlieren?

Sie brach in Tränen aus, weil ihr Wagen nicht ansprang, das musste doch ein Zeichen sein, dass etwas mit ihr nicht stimmte.

Agatha griff nach einem der Kissen und schlang die Arme darum. Sie würde alles dafür geben, ihrer Mutter nur noch ein einziges Mal sagen zu dürfen, wie sehr sie sie geliebt hatte. Und wie sehr sie sie nun vermisste.

Aber sie würde sich mit ihren Erinnerungen zufriedengeben müssen, mehr hatte sie nicht.

I.

Die Jahre 1908-1910
Reisejahre

1.

Paris

Agatha saß auf dem Klavierschemel, die Hände auf den Tasten, die Augen geschlossen. Rücken und Schulterblätter schmerzten vor Anspannung.

Konzentrier dich!

Sie war bereits zwei-, dreimal ins Stocken geraten, hatte einen falschen Ton gespielt und wäre am liebsten im Erdboden versunken. Sie setzte erneut an und wusste schon da, dass es wieder ein falscher Ton war.

Ängstlich blickte sie nach rechts, wo Madame Legrand, ihre Klavierlehrerin, stand; die Miene besorgniserregend finster, der Mund verkniffen.

Agatha schwitzte. Sie hatte sich bereits bis auf die Knochen blamiert, nicht zum ersten Mal übrigens. Dabei hatte sie am Tag zuvor Beethovens Sonate *Pathétique* noch fehlerfrei spielen können, auch wenn sie ihr nicht leicht von der Hand gegangen war. Vielleicht sollte sie es endlich einsehen: Sie mochte die Vorstellung, Pianistin zu sein, aber sie spielte nur leidlich.

Besonders schlimm war es, wenn sie vor Publikum spielen sollte. Dann fühlten sich ihre Finger steif und unbeweglich an, als gehörten sie ihr gar nicht, unmöglich, damit über die Tasten zu gleiten.

»Mademoiselle Miller.« Madame Legrand räusperte sich. »Vielleicht lassen wir es gut sein.« Ein Seufzen, das deutlich machte, dass sie ein hoffnungsloser Fall war. »Am besten, Sie und Ihre Mutter reisen zurück nach England.«

Bevor sie heulen würde, sprang Agatha auf und rannte zur Tür. Und dort begriff sie, dass sie träumte.

Mit einem erleichterten »Huh!« fuhr sie hoch und setzte sich im Bett auf. Das Kopfkissen war feucht, vermutlich nicht von ihren Tränen, sondern vom Schweiß. »Gott sei Dank, nur ein Traum«, murmelte sie und sank zurück aufs Laken.

Sie war fünfzehn gewesen, als sie mit ihrer Mutter nach Paris kam, um ein Mädchenpensionat zu besuchen. Mehr als zwei Jahre war das nun her, im Spätsommer wurde sie achtzehn.

Das Pensionat, das schon ihre Schwester Madge besucht hatte, hatte sich verändert. »Es geht damit bergab«, meinte ihre Mutter. Und Agatha ahnte, was das bedeutete: dass sie sich bereits nach einem neuen Pensionat umsah. Ihre Mutter fackelte nie lange, und wenn sie sich etwas in den Kopf gesetzt hatte, musste es angegangen werden. So oder so. Ernüchterungen, Enttäuschungen schreckten sie nicht im Geringsten. In Windeseile hatte sie neue Pläne.

Agatha liebte es, mit der Metro oder dem Bus durch die Stadt zu fahren und über den Blumenmarkt zu schlendern. Nicht allein, versteht sich, sondern stets in Begleitung einer älteren Frau, die Madame Legrand oder ihre Mutter ihr zur Seite stellte. Als junges Fräulein hatte man in Paris nicht allein umherzustreifen, das wusste Agatha natürlich längst. Es würde ein schlechtes Licht auf die Erziehung werfen und noch dazu die Herren womöglich auf dumme Gedanken bringen.

Daheim in England sah man es ein wenig lockerer.

Agatha wusste, dass sie sich besser früher als später einen Ehemann suchen müsste. So recht behagte ihr die Vorstellung nicht, weil ihr bislang noch kein Mann begegnet war, in den sie sich verlieben könnte. Aber was nicht war, konnte ja noch werden.

Sie besuchte leidenschaftlich gern das Museum, das Theater und die Oper. Alles saugte sie auf wie ein Schwamm.

Bis ihre eigensinnige Mutter ihr wie befürchtet eröffnete, dass es besser war, das Pensionat zu wechseln. »Wie gesagt, Agatha, es geht bergab, und ich will, dass du eine vernünftige Ausbildung erhältst.«

Und so kam Agatha zu Miss Dryden, die zwölf Mädchen in ihrer Obhut hatte; Engländerinnen, Amerikanerinnen und natürlich Französinnen. Agatha mochte das Pensionat. Der Unterricht machte ihr Spaß, sicher auch, weil das Hauptaugenmerk auf der Musik lag. Da sie in England keine Schule besucht hatte, sondern von ihrer Mutter unterrichtet worden war, genoss sie vor allem aber das Zusammensein mit ihren Mitschülerinnen. Das Plaudern, Kichern und Herumalbern und das Tuscheln über hübsche junge Burschen.

Abend für Abend, wenn Agatha in ihrem Bett lag, sagte sie sich, dass aus ihr vielleicht ja doch noch eine mehr als passable Klavierspielerin werden könnte. Doch so recht mochte sie nicht mehr daran glauben.

Agatha sang auch für ihr Leben gern und nahm Gesangsstunden bei Monsieur Boué, einem Opernsänger mit schöner Baritonstimme. Er wohnte in einem mehrstöckigen Haus ohne Aufzug. In England hatte Agatha Golf, Kricket und Tennis gespielt, war geritten und mit großer Begeisterung Rollschuh gelaufen. Bewegung war sie folglich gewöhnt, das Treppensteigen hinauf in den fünften Stock jedoch bereitete ihr Probleme. Keuchend und schwer atmend kam sie bei Monsieur Boué an.

Er musterte sie ohne jegliches Mitgefühl und meinte, sie solle sich erstens nicht so haben und zweitens sei es kein Wunder, dass sie so schnaufe, sie würde ja vollkommen falsch atmen.

Wie konnte man falsch atmen? Agatha war es schleierhaft, doch sie wollte ihn nicht verärgern.

Monsieur Boué klopfte auf ihre Schulterblätter und befahl ihr, tief Luft zu holen. Das tat sie, und er eilte davon, um ein Maßband zu holen, das er um ihren Oberkörper schlang, dort, wo sich ihr Zwerchfell befand. »Und nun atmen Sie schön tief ein und aus, Mademoiselle. Himmel, doch nicht so! Was tun Sie da?«

»Ich atme.«

»Falsch, ganz falsch.« Er schüttelte den Kopf, seufzte fassungslos und machte es ihr vor.

Agatha musste grinsen, konnte es aber verbergen.

»Singen ist eine Frage des Atmens. Versuchen Sie es wieder, Mademoiselle, nur nicht aufgeben.«

»Ich würde nie aufgeben zu atmen«, erwiderte sie, und er bedachte sie mit strengem Blick.

»Das richtige Atmen ist eine ernste Angelegenheit, Mademoiselle. Wie wollen Sie singen, wenn Sie nicht richtig atmen?«

»Tja …«

Monsieur Boué schnalzte mit der Zunge, betrachtete das Maßband, das sich hob und senkte und nickte schließlich. »Schon besser.«

Ihre Stimme war »akzeptabel«, wie er behauptete, doch er riet ihr, es mit Mezzosopran zu versuchen, um die mittlere Stimmlage zu entwickeln. Beim Singen umkreiste er sie, die Arme verschränkt, das Kinn auf die rechte Hand gestützt, und murmelte vor sich hin. »Wie lange sind Sie schon in Paris, Mademoiselle?«

»Zwei Jahre, Monsieur.«

»Sie sprechen recht gut Französisch.«

»*Merci.*«

Wäre doch auch ihre Grammatik so gut, aber die ließ sehr zu wünschen übrig. Agatha hatte gelernt, sich die französische Sprache nach Gehör anzueignen, und sie war gut darin. Hieß es aber, sie solle das, was sie eben gehört hatte, niederschreiben, standen Wörter auf dem Papier, die ihre Lehrer schier verzweifeln ließen. »Nicht *autel*, Mademoiselle, sondern *hôtel*«, bekam sie zum Beispiel zu hören. »Und es geht nicht um Ihren Glauben, sondern um die gebratene Leber. *Foie*, Mademoiselle, nicht *foi*.«

»Aber es klingt vollkommen gleich, und ich dachte …« Es war egal, was sie dachte, sie verwechselte auch weiterhin ähnlich klingende Wörter.

»Noch mal von vorn«, ordnete Monsieur Boué an und stellte sich vor sie hin. »Mund weit auf. Weiter.«

Wenn er mir noch tiefer in den Hals schaut, wird er sehen, was ich zu Mittag gegessen habe, dachte sie und verschluckte sich, weil sie lachen musste.

Er sah sie fragend und ein wenig empört an, als verstünde er beim besten Willen nicht, was so lustig war.

»*Pardon.*« Sie räusperte sich.

»Tzz.« Er schüttelte wieder den Kopf.

Er wird heute Abend Nackenschmerzen haben, ging ihr durch den Kopf, und erneut zwickte es sie im Zwerchfell.

»Sie möchten Sängerin werden?«, fragte er plötzlich.

»*Oui*. Oder Pianistin. Oder beides.«

»Soso.« Er sah sie an. »Na, wir werden sehen.«

Verstohlen schaute sie auf die Kaminuhr. Zeit für einen Tee.

»Mademoiselle?«

»*Pardon.*« Einen wunderbar heißen, belebenden Tee, dazu ein, zwei Scones oder etwas Ingwergebäck. Ihr Magen knurrte, und sie unterdrückte ein Seufzen.

Als sie später die Tür hinter sich schloss, musste sie das Heimweh niederringen. Sie war gern in Frankreich, aber Frankreich war nun mal nicht England. Außerdem hatte sie das ungute Gefühl, von ihrem Ziel, eines Tages eine berühmte Musikerin zu sein, weiter entfernt denn je zu sein.

Unermüdlich lernte Agatha weiter, machte Fortschritte und genoss das Leben. Genauso unermüdlich kämpfte sie gegen das Heimweh. Einmal hörte sie zufällig, wie sich drei Mitschülerinnen über sie unterhielten. »Sie ist so herrlich verschroben, findet ihr nicht? Aber sie ist nett.«

Verschroben?, hatte sie verwundert gedacht. Was war an ihr verschroben?

Theatermitglieder der *Comédie Française* kamen ins Pensionat und hielten Vorträge, zum Beispiel über Molière, und Sänger des Konservatoriums sangen für sie. Es war wundervoll, und Agatha saß stets in der vorderen Reihe und applaudierte am lautesten. Ihre Lehrerin Madame Legrand schaute sie dann und wann missbilligend an, und sie tat so, als sähe sie es nicht.

»Sie müssen lernen, Ihr Temperament zu zügeln«, würde sie sich später anhören müssen.

Abends besuchten die jungen Studentinnen hin und wieder die *Comédie Française*, und Agatha hielt vor Aufregung die Luft an, als die berühmte Sarah Bernhardt die Bühne betrat. Sie hatte sie sich ganz anders vorgestellt und raunte Marie, die neben ihr saß, ins Ohr: »Ich gebe zu, ich bin ein bisschen enttäuscht.«

»Wieso?«

»Sie ist so … alt.«

Das stimmte, dennoch strahlte die Bernhardt Würde und Eleganz aus.

Miss Dryden bot einen Schauspielkurs für die Studentinnen an, an dem Agatha mit Begeisterung teilnahm und besonders gern tragische Heldinnen spielte. Sie legte sich mächtig ins Zeug, hob die Stimme und gestikulierte theatralisch.

»Das war recht schön, Mademoiselle«, meinte Miss Dryden hinterher. »Aber weniger ist manchmal mehr.«

Seit einiger Zeit besuchte Agatha den Klavierunterricht bei Monsieur Fürster, der kein Franzose, sondern Österreicher war.

Er war ein guter, wenn auch überaus strenger, wenn nicht gar angsteinflößender Lehrer. Während sie spielte, schritt er durchs Zimmer, schaute in die Töpfe seiner Zimmerpflanzen, begutachtete deren Blätter, nickte oder schüttelte auch den Kopf, wenn er vergessen hatte zu gießen, spazierte weiter, nahm ein Buch aus dem Regal und schlug es auf. Er blätterte darin, murmelte etwas, klappte es wieder zu und stellte es zurück.

Anfangs hatte Agatha geglaubt, er sei gar nicht bei der Sache.

Warum nahm er Schülerinnen auf, wenn ihn ihr Spiel überhaupt nicht interessierte? Nur des Geldes wegen?

Bis sie eine falsche Note spielte, er plötzlich neben ihr stand und am Klavierdeckel rüttelte. Erschrocken hatte sie die Finger zurückgezogen.

»Mademoiselle!«, rief er fassungslos. »Was war das denn gerade?«

»*Pardon*, Monsieur«, sagte sie leise, den Blick beschämt gesenkt.

»*Pardon*?« Er schnaubte. »Damit ist es nicht getan, Mademoiselle! Wollen Sie mich oder gar Chopin beleidigen?«

»Oh, das war ganz und gar nicht meine …«

»*Mon dieu*!« Er wollte sich gar nicht beruhigen, als nähme er die falsch gespielte Note persönlich.

Doch mit der Zeit gewöhnte Agatha sich an seine sonderbaren Ausbrüche und verstand, dass seine Verehrung für Chopin der Grund dafür war. Jede falsche Note tat ihm in der Seele weh.

»Spielen Sie nicht nur mit den Händen, Mademoiselle«, sagte er einmal, als er neben dem Klavier stand und einem Walzer lauschte. »Sie müssen Chopin auch mit dem Herzen spielen.« Er neigte den Kopf, und sie bildete sich ein, es sei ein Zeichen von Wohlwollen. Er schürzte die Lippen und nickte. »Das war schon recht ordentlich. Noch einmal von vorn, Mademoiselle Miller.«

2.

Beliebt waren auch die Sonntagsspaziergänge mit Miss Dryden im Bois de Boulogne, einem herrlichen Waldgebiet.

An diesem sonnigen Nachmittag gingen die jungen Mädchen paarweise nebeneinanderher, manche hatten sich untergehakt, und schnatterten unablässig. Miss Dryden ließ sie, vermutlich, weil sie selbst tief in Gedanken versunken schien. Die Hände auf dem Rücken spazierte sie vor ihnen her, den Blick mal in den Himmel, mal in die Bäume gerichtet. Dann und wann huschte ein versonnenes Lächeln über ihr Gesicht, und Agatha fragte sich, ob sie wohl gerade an einen Mann dachte.

Im Wald gab es einen bezaubernden See mit glasklarem Wasser, in dem das Sonnenlicht glitzerte, das durch die Baumkronen fiel. Die jungen Mädchen blieben stehen und schwiegen ehrfürchtig. Er war so wunderschön anzuschauen.

Ein Reiher landete am Ufer und stolzierte gemächlich umher. Miss Dryden legte den Finger auf die Lippen. »Schsch, Mesdemoiselles«, wisperte sie. »Wir wollen ihn nicht aufschrecken.«

»Ich wünschte, ich hätte meinen Zeichenblock dabei«, flüsterte Helène, die neben Agatha stand.

»Und ich wünschte, ich könnte meine Kleider abstreifen und ins Wasser springen.«

Helène sah sie an, als habe sie ihr anvertraut, den Reiher zum Abendessen verspeisen zu wollen. »Du möchtest *baden* gehen?« Es klang angeekelt.

»Zu gerne.« Agatha seufzte schwer.

»Ganz ohne, ähm Kleider?«, raunte Helène schockiert.

»Ich könnte schlecht in meinem besten Sonntagskleid in den See springen, oder?«

Der Reiher stob auf, und Miss Dryden sah die beiden anklagend an.

Es ging weiter. Die Schar war kaum ein paar Schritte vom See entfernt, als plötzlich ein Mann vor ihnen auf dem Weg stand. Helène war so erschrocken, dass sie nach Agathas Hand griff und fest zudrückte. Sie schlug die Hand vor den Mund, wahrscheinlich, um einen Schrei zu unterdrücken.

Agatha dagegen war mehr überrascht als erschrocken. Wo war der Mann hergekommen? Und wieso um alles in der Welt trug er keine Hosen? Am Oberkörper vornehm mit Jackett und Weste gekleidet, war er von der Taille an vollkommen unbekleidet.

So schnell, wie er aufgetaucht war, verschwand er wieder hinter einem der Bäume. Ihre Augen mussten ihr einen Streich gespielt haben. Warum sollte ein Mann ohne Hosen im Wald umherlaufen? Sie wünschte, sie könnte mit Miss Dryden darüber sprechen, doch deren Gesichtsausdruck verhieß nichts Gutes.

Den Sonnenschirm schwenkend, nein, vielmehr drohend, stürmte sie an ihr vorbei. »Was fällt Ihnen ein, Monsieur!«, rief sie aufgebracht. Hatte sie vor, den Mann zu verfolgen? Und ihre Schützlinge sich selbst zu überlassen?

Agatha war fasziniert, so hatte sie Miss Dryden noch nie erlebt. Andererseits war auch noch nie etwas Derartiges vorgefallen.

Miss Dryden blieb stehen, reckte den Schirm in die Luft und wandte sich schließlich zu den jungen Mädchen um, die betreten dastanden, die Blicke auf ihre Schuhspitzen gerichtet. »Mesdemoiselles.« Sie rang nach Atem. »Das, was Sie gerade glauben, gesehen zu haben, vergessen Sie am besten so schnell wie möglich wieder. Haben Sie verstanden?«

Die Mädchenschar schwieg, die Wangen gerötet, der Rest ihrer Gesichter blass. Ein paar nickten, ohne den Kopf zu heben.

»Hast du gesehen, was ich gesehen habe?«, flüsterte Helène.

»Ich weiß es nicht«, musste Agatha zugeben.

»Er hatte keine Hosen an«, wisperte Helène schockiert. »Wenn ich das *maman* erzähle …«

»Dann lässt du's besser.« Agatha gluckste.

»Findest du das etwa komisch?«

»Nein, eigentlich nicht.« Sie bemühte sich um ein ernstes Gesicht, doch es wollte ihr nicht gelingen. »Wie Miss Dryden hinter ihm hergelaufen ist.«

Helène kicherte leise. »Ja, und wie sie mit dem Schirm gefuchtelt hat.«

Während sie weiterspazierten, fragte Agatha sich, ob sie ihrer Mutter davon erzählen würde.

Ein paar Tage hielt sie es aus, dann jedoch sprudelte es aus ihr hervor. »Wir waren neulich mit Miss Dryden im Wald, und plötzlich stand ein Mann vor uns.« Sie machte eine bedeutungsvolle Pause, wollte es spannend machen. »Er trug keine Hosen.«

Ihre Mutter sah sie verwundert an, dann schnappte sie hörbar nach Luft. »Wie bitte? Ich höre ja wohl nicht recht!«

»Du hättest Miss Dryden sehen sollen, Mama. Mit ihrem Schirm ist sie hinter ihm her. Aber er war schon fort, irgendwo zwischen den Bäumen verschwunden.«

Ihre Mutter errötete bis zu den Ohrläppchen. »Und? Hast du …« Sie räusperte sich verlegen. »Hast du etwas … sehen können?«

»Wie gesagt, er trug keine Hosen.«

»Das meinte ich ja, Agatha. Hast du …« Ein Hüsteln. »Hast du ihn angestarrt? Ich meine, hast du *genau* hingeschaut?«

Nun errötete auch Agatha. »Natürlich nicht, Mama.«

»Schwörst du's?«

»Bei meinem Leben.«

»Nun werde nicht gleich dramatisch, Agatha.«

»Es ging alles viel zu schnell. Darf ich dich etwas fragen, Mama? Warum läuft ein Mann ohne Hosen durch einen Wald? Ich begreife das nicht.«

Ihre Mutter hob die Augenbrauen und hüstelte wieder. »Kannst du dir das nicht denken?«

»Würde ich dich dann fragen?«

»Er hat Freude daran, sich vor jungen Mädchen zu entblößen.«

»Aber warum?« Sie verstand es wirklich nicht.

Ein gedehntes Seufzen ließ sie vermuten, dass ihre Mutter mit ihren Fragen überfordert war. »Manche Männer sind einfach so, Agatha. Besser kann ich es dir nicht erklären, fürchte ich.«

Damit gab Agatha sich vorerst zufrieden, aber bei Gelegenheit wollte sie ihre Schwester danach fragen.

Im Sommer veranstaltete Miss Dryden gelegentlich Tanznachmittage, zu denen ehemalige Schülerinnen eingeladen waren.

Agatha bekam von ihrer Mutter für die kommende Party ein neues Kleid in Taubengrau, das sie sehr liebte. Es stand ihr gut, der Stoff war angenehm leicht und fließend. Ihr langes Haar dagegen bereitete ihr Probleme, ohne Hilfe kam sie nicht damit zurecht. Aber so ging es allen jungen Mädchen, und man half sich gegenseitig. Flocht Zöpfe, wickelte auf, steckte hoch, schob Kämme und Spangen hinein. Agathas Haar war noch dazu lockig, so dass es etliche Kämme brauchte, um es einigermaßen zu bändigen. Aber sie wurde um ihr Haar beneidet.

Zur Party war diesmal eine frühere Schülerin eingeladen, die inzwischen mit einem Grafen verheiratet war. Sie hatte geschrieben, dass sie ihren Sohn mitbringen würde, der ungefähr im Alter der Schülerinnen war. Miss Dryden hatte ihnen am Tag vor der Party davon berichtet. »Er wird mit Ihnen allen tanzen, Mesdemoiselles, da bin ich sicher. Aber ich bitte Sie, sich Ihrer guten Erziehung zu erinnern. Überrennen Sie ihn nicht.«

Die eine oder andere kicherte hinter vorgehaltener Hand.

»Gaffen Sie nicht und fassen Sie ihn bloß nicht an«, ergänzte Gisèle flüsternd Miss Drydens Ermahnung.

Agatha, die neben ihr in der Bank saß, unterdrückte ein Prusten. Aber gespannt war sie schon auf ihn.

Seit sie Alexandre Dumas gelesen hatte, glaubte sie fest daran, dass junge Männer etwas Heldenhaftes an sich hatten. In ihrem Kopf spielten sich besondere Szenen ab: ein gut aussehender Bursche kam auf einem dunklen Pferd aus einem Wald. Selbstverständlich ritt er ausgezeichnet. Er war elegant, aber nicht zu elegant gekleidet, hatte einen gepflegten Schnauzbart und eine wohlklingende Stimme. Eine Stimme, mit der er sie, Agatha, bat, zu ihm aufs Pferd zu steigen. »Ich möchte Sie hinunter zum Bach bringen und Ihnen die Salamander zeigen, die ich eben entdeckte«, würde er sagen und die Hand ausstrecken. Nein, er würde natürlich absteigen und ihr aufs Pferd helfen. Und natürlich wäre er beeindruckt, wie sicher sie im Sattel saß und ihre Haltung loben. »Ich sehe, wir beide reiten gern«, würde er sagen und lächeln. Und ihr Magen würde sich zusammenziehen und ihr Herz stürmisch pochen. In diesem Moment wäre sie sicher, dass sie ihn heiraten würde. Vorher hätten sie vermutlich noch das eine oder andere Abenteuer zu bestehen, er würde sie mit seinem Leben beschützen, und sie würde es genießen. Er war ihr Held, ein Held mit Namen Aramis oder Porthos.

»Warum grinst du denn so?«, wisperte Gisèle, und sie fuhr zusammen. Hatte sie gegrinst?

»Er heißt Rudi«, raunte Gisèle, und damit war es um Agatha geschehen.

Um einen Lachanfall zu verschleiern, presste sie beide Hände vor den Mund und bot einen Hustenanfall dar, der in einer Erstickung zu enden drohte.

Miss Dryden kam herbeigelaufen. »*Mon dieu*, was hat sie denn nur?« Sie klopfte Agatha auf den Rücken, fächelte ihr Luft zu.

»Stehen Sie auf, Mademoiselle.« Sie zog Agatha vom Stuhl hoch. »Und jetzt beide Arme über dem Kopf ausstrecken. So ist's gut. Und tief ein- und ausatmen.«

Rudi sah in der Tat recht gut aus, aber er hatte nichts, aber auch gar nichts von einem strahlenden Helden. Und er kam auch nicht auf einem dunklen Pferd, er kam mit der Kutsche, stieß sich den Kopf beim Aussteigen und blickte sich kurz um. Als er die jungen Mädchen entdeckte, die sich vor dem Haus aufgereiht hatten, um die Gäste zu begrüßen, huschte etwas wie Entsetzen über sein Gesicht. Vielleicht hatte Agatha sich aber auch getäuscht. Wieso sollte er entsetzt sein? Er rang sich ein flüchtiges Lächeln ab und streckte die Hand aus, um seiner Mutter beim Aussteigen behilflich zu sein. Sie war bildschön und trug ein wunderhübsches Kleid mit Rüschen. Oh, sie sah so vornehm, so würdevoll aus!

Ein Raunen ging durch die Mädchenreihe, und Miss Dryden zischte: »Mesdemoiselles!«

Rudi begrüßte jede Einzelne mit Diener und Handkuss und murmelte: »*Enchanté*.«

Seine Mutter schritt langsam die Reihe ab, schenkte jeder ein Lächeln und sagte schließlich mit heller, wohlklingender

Stimme: »Ich war gern hier, und ich vermisse das alles. Sie sind zu beneiden.«

Wie überaus freundlich von ihr! Miss Dryden nickte erfreut und führte sie und ihren Sohn ins Haus.

Die Mädchenschar folgte ihnen in gebührendem Abstand.

Rudi forderte jede Einzelne zum Tanz auf, und die meisten konnten es kaum erwarten, bis er endlich zu ihnen kam und sie auf die Tanzfläche geleitete. Als Agatha an der Reihe war, musste sie zugeben, dass es kein sehr beeindruckendes Erlebnis war. Als Sohn eines Grafen hatte er sicher eine exzellente Erziehung genossen, und er benahm sich wirklich vorbildlich. Er war auch ein recht guter Tänzer und Gesprächspartner, doch er war auch furchtbar … farblos. Ein anderes Wort fiel Agatha nicht ein, so sehr sie auch später darüber nachdachte, während sie ihm und Gisèle beim Tanzen zusah.

»Was meinst du denn damit?«, fragte Helène, als sie ihr davon erzählte.

»Ich weiß es nicht«, gab sie zu und zuckte die Schultern. »Er hatte nichts Interessantes zu erzählen, lächelte immer nur und … Ach, ich weiß es eben nicht.«

»Aber es ist doch sehr schön, wenn jemand immer lächelt.«

»Nicht, wenn er gar nichts anderes macht.«

»Hmm«, darüber schien ihre Freundin nachdenken zu müssen.

Als Agatha schlafen ging, überkam sie ein eigenartiges Gefühl. Sie hatte begriffen, dass Romantik und Heldentum nicht in die wirkliche Welt passten. Sie gehörten in Bücher und auf die Theaterbühne. Das wahre Leben sah anders aus. Da bekam ein junger Mann rote Ohren, wenn er mit einem Mädchen tanzte, er glitt aus, weil der Tanzboden gebohnert war und stammelte herum, wenn er eine Unterhaltung begann.

Schließlich sagte sie sich, dass sie es positiv betrachten sollte. Es war vielleicht gut, wenn sie ihre romantischen, verklärten Jungmädchenträume endlich begrub und stattdessen den Tatsachen ins Auge blickte. Wer keine allzu großen Träume hatte, konnte nicht enttäuscht werden.

3.

Ein weiteres Schuljahr neigte sich dem Ende, und die jungen Mädchen wurden mit jedem Tag unruhiger und plapperten lauter. Gisèle und Helène würden zu ihren Familien nach Südfrankreich zurückkehren, und viele andere würden ebenfalls heimreisen. Agatha war an diesem Tag bereits im Morgengrauen aufgestanden und hatte lange am Fenster gestanden und zugesehen, wie die Sonne über der Stadt aufging. Ein überwältigend schöner Anblick, der sie jedes Mal wieder in Staunen versetzte.

An diesem Nachmittag wollte eine bekannte Pianistin kommen, die früher Schülerin bei Miss Dryden gewesen war. Die jungen Mädchen sollten ihr etwas vorspielen.

Agatha betete, dass sie davonkommen würde. Sie war grauenvoll darin, anderen vorzuspielen. Sobald sie am Klavier saß, wurde eine andere aus ihr. Eine Agatha mit zwei linken Händen, die bebend vor Anspannung über den Tasten verharrten, und einem Gehirn, das verzweifelt versuchte, sich an die folgenden Noten zu erinnern. Tags zuvor hatte sie noch leichthändig gespielt, sogar dazu gesungen. Aber da hatte sie ja auch nur für sich gespielt.

Ich werde es gehörig vermasseln, dachte sie, als sie die berühmte Pianistin begrüßte und ein wenig Konversation machte. Und als es dann hieß: »Mademoiselle Miller wird Ihnen etwas vorspielen«, brannte ihr Gesicht, als hätte sie zu nahe am Kamin gesessen. Auf wackeligen Beinen ging sie zum Klavier, setzte sich umständlich und richtete eine Ewigkeit den Rock ihres Kleides.

Konzentrier dich und bleib ruhig. Schön tief ein- und ausatmen. Du schaffst das!

Als ob! Gleich bei der ersten Strophe verspielte sie sich, die Wangen glühend vor Scham, und stammelte: »*Pardon*, ich fange noch mal an.«

Sie hörte, wie Miss Dryden sich räusperte und wünschte, der Fußboden würde sich auftun und sie mitsamt Klavier und Schemel verschlingen und erst wieder ausspeien, wenn alles vorbei war. Wenn alle gegangen waren und sie und ihr jämmerliches Spiel vergessen hätten.

Nach dieser entsetzlichen Blamage fasste Agatha sich ein Herz und fragte ihren Klavierlehrer, ob sie sich, wenn sie sich kräftig ins Zeug legen und alles in die Waagschale werfen würde, zu einer Konzertpianistin mausern könnte.

Monsieur Fürster war freundlich und höflich wie immer, wahrscheinlich brachte er es nicht über sich, ihr die Wahrheit zu sagen. Die schonungslose Wahrheit. »Nun, Mademoiselle«, begann er zögernd. »Sie sind recht talentiert ohne Frage.«

Das klang nach einem Aber, und das kam prompt. »Aber ich glaube, Sie sind nicht dazu gemacht, vor Publikum zu spielen.«

Agatha atmete heftig aus. »Es ist dieses verflixte Lampenfieber. Wenn ich das nur irgendwie ablegen könnte.«

»Lampenfieber sorgt dafür, dass man sein Bestes gibt, Mademoiselle.« Er schenkte ihr ein Lächeln, vielleicht ein kläglicher Versuch sie aufzumuntern, auch wenn er bereits resigniert hatte. »Bei Ihnen sieht das jedoch anders aus. Ihr Lampenfieber spornt Sie nicht an, es lähmt Sie. Es tut mir sehr leid.«

»*Merci*, Monsieur. *Merci*, dass Sie nicht um den heißen Brei herumreden.« Sie meinte es ernst, sie war froh, dass er nicht sagte, sie müsse sich bloß anstrengen, dann habe sie sich irgendwann daran gewöhnt, vor Publikum zu spielen.

Agatha hatte Aufrichtigkeit schon immer geschätzt, sie brauchte niemanden, der sie mit Samthandschuhen anfasste. Sie konnte die Wahrheit aushalten.

Sie erzählte ihrer Mutter davon, die wie üblich nicht viel Federlesens machte und auch nicht in Hoffnungslosigkeit verfiel, weil die jüngste Tochter nicht so begabt war, wie man geglaubt hatte. »Ich fürchte, es liegt auch an deinem Temperament, Agatha. Du musst lernen, es zu zügeln, es zu beherrschen. Es kommt dir immer wieder in die Quere. Als Konzertpianistin müsstest du dich im Griff haben, egal, wie schlimm dein Lampenfieber wäre.«

»Ich werde nie eine Konzertpianistin sein, Mama.«

»Gleichgültig, was du aus deinem Leben machst, Schatz, dein Temperament darf dir nicht in die Quere kommen.«

Ihre Mutter hatte ja recht, mit allem, was sie sagte. Nur, wie beherrschte man sein Temperament? Wie stellte man das an, und konnte man es wirklich lernen?

Am Sonntag darauf stand Agatha eine Ewigkeit vor dem Kleiderschrank. Sie konnte sich nicht für ein Kleid entscheiden. Sie war lustlos und missgestimmt, wusste jedoch nicht recht, warum. Es war offen ausgesprochen worden, was sie schon lange wusste, sich aber nicht hatte eingestehen wollen. Es wäre zu schön gewesen, als Pianistin durch die Welt zu reisen und die Menschen zu erfreuen. Nun hing sie in der Luft, und das war etwas, was sie überhaupt nicht mochte. Sie brauchte ein Ziel, einen Plan, und zwar schnell. Andererseits wollte es gut überlegt sein.

Mit einem Seufzen ließ Agatha sich aufs Bett fallen.

Dann schlug ihre Stimmung um, und mit einem Ruck setzte sie sich auf. Sie würde das hellgraue Kleid mit dem hübschen Rüschenkragen anziehen. Mit einer Drehung tanzte sie zum Schrank, nahm das Kleid vom Bügel und hielt es sich an. So tanzte sie weiter durchs Zimmer, drehte Pirouetten und summte ein Lied, das ihr spontan in den Kopf kam.

Es klopfte, und sie blieb stehen. Das Klopfen konnte sie sofort ihrer Mutter zuordnen: einmal kräftig, zweimal etwas weniger energisch.

»Komm nur herein, Mama.«

Ihre Mutter trat ein. »Kannst du durch die Tür schauen?«

»Ein besonderes Talent.«

»Was machst du da, Agatha?«

»Ich tanze.«

»Mit deinem Kleid?«

»Jemand anderes war leider nicht zur Stelle.« Sie legte das Kleid sorgfältig aufs Bett und streckte die Arme aus. »Es sei denn, du bist bereit für ein Tänzchen.«

Ihre Mutter lachte kopfschüttelnd, nahm ihre Hände und tanzte mit ihr einmal linksherum, dann gleich wieder rechtsherum, bis ihr schwindelig wurde. »Puh!« Sie hielt an und blinzelte.

Vorsichtig ging sie zum Toilettentisch und zog sich den Stuhl heran. »Bist du so gut und hilfst mir mit meinem Haar?«

Sie seufzte wohlig, als ihre Mutter mit geschickten, äußerst sanften Händen begann, ihr Haar zu entwirren und zu bürsten.

»Ich habe mir etwas überlegt, Agatha. Wir werden zum Ende des Schuljahres nach Torquay zurückreisen.« Es klang entschlossen, und doch war herauszuhören, dass sie mit sich reden lassen würde, sollte Agatha bitten, doch weiterstudieren zu wollen.

»Au!« Agatha runzelte die Stirn, als ihre Mutter eine Haarsträhne aufwickelte und feststeckte.

»Mehr hast du nicht zu sagen?«

»Nein, ich bin einverstanden, Mama.« Das Heimweh hatte sie nie so ganz niederringen können, oft hatte es irgendwo hinter einer Bemerkung, einem besonderen Geruch oder einer Erinnerung gelauert und sie hinterrücks überfallen. Aber sie hatte sich Mal um Mal damit getröstet, dass es ja nicht für ewig wäre und sie früher oder später nach England zurückkehren würde. »Findest du mich eigentlich verschroben, Mama?«

»Wie bitte? Wie kommst du denn darauf?«

»Eine Mitschülerin nannte mich so.«

»Verschroben.« Ihre Mutter schnalzte mit der Zunge. »Du bist Engländerin, Liebling.« Als erklärte das alles. Sie wechselte das Thema. »Es wird Zeit, dich in die Gesellschaft einzuführen. Halt bitte still, ja? Die Zeit wird kommen, und du wirst nach einem Ehemann Ausschau halten.« Ihre Mutter sah sie an und lächelte. »Wäre das nicht schön? Du heiratest einen netten, aufmerksamen Mann und bekommst ein paar hübsche Kinder.«

»Ein paar?« Wieder verzog Agatha das Gesicht. Sie erinnerte sich noch gut an den überwältigenden Leib ihrer Schwester. Dass auch sie eines Tages so aussehen könnte, war ihr vollkommen unvorstellbar erschienen. Als sie ihren kleinen Neffen später im Arm halten durfte, hatte sie sich gefragt, wie er in Madges Bauch passen konnte. Schlimmer noch, wie er wohl aus ihr herausgekommen war. Über diese körperlichen Vorgänge sprach man für gewöhnlich nicht. Am besten, man dachte auch gar nicht groß darüber nach.

»Na, du würdest ja erst mal mit einem anfangen.« Ihre Mutter lachte.

Agatha nicht.

»Wir werden sehen.« Ihre Mutter legte Bürste und Kamm weg, zupfte hier und da und nickte. »Fertig. Dann ist es also abgemacht, dass wir heimfahren?«

»Ja, es ist abgemacht.«

4.

Torquay

Der Winter war vorbei, das hatte Agatha an diesem Morgen mehr als deutlich gespürt, gesehen und gerochen. Die ersten Hyazinthen schauten aus der Erde, und der Fliederstrauch war voller dicker Knospen. Glitzernder Tau lag auf dem Gras, und der Gesang der Vögel in den Bäumen war in eine andere Tonart übergegangen.

Agatha hatte eine Handvoll Narzissen gepflückt und in eine Vase auf den Wohnzimmertisch gestellt. Sie warf einen Blick auf die Kaminuhr und runzelte die Stirn. Es war ungewöhnlich, dass ihre Mutter so lange schlief. Ob sie sich nicht wohlfühlte?

Ausgerechnet heute, wo sie eine Dinnerparty geben wollte? Es war schon alles vorbereitet, die Möbel glänzten, genau wie der Fußboden, auf dem am Abend hoffentlich ausgiebig getanzt wurde. Es duftete nach Frühlingsblühern und Bohnerwachs und je näher man der Küche kam, nach lauter Leckereien, die die Köchin zubereitet hatte.

Agatha lief die Treppe hinauf, blieb stehen und lauschte, ob aus dem Schlafzimmer etwas zu hören war. Nein. Also ging sie zur Tür und klopfte zaghaft, dann etwas kräftiger. »Mama? Du schläfst doch nicht etwa noch?«

»Nein, komm rein, Agatha.« Das klang ganz und gar nicht nach ihrer energischen Mutter.

Sie blieb in der offenen Tür stehen und betrachtete ihre Mutter, die auf dem Rücken im Bett lag, das Plumeau bis zum Kinn hochgezogen. »Die Sonne scheint, es ist herrlich draußen.« Etwas Gescheiteres fiel ihr nicht ein, dazu war sie viel zu verwirrt. Und zu besorgt.

»Setz dich ein bisschen zu mir.« Ihre Mutter klopfte neben sich, und sie nahm auf der Bettkante Platz. »Ich glaube, ich habe mir etwas eingefangen. Vielleicht muss ich mich erst wieder an Janes deftige Eintöpfe gewöhnen.« Ein missglückter Versuch abzuwiegeln.

»Was fehlt dir denn?«

»Ach, es zwickt hier und da«, erklärte ihre Mutter ausweichend und zeigte hierhin, dorthin. Es konnte das Herz, der Unterleib oder auch das Knie sein.

»Soll ich den Arzt rufen?«

»Damit er herumrätselt? Nein, besten Dank auch.« Das klang wieder ganz nach ihrer Mutter. »Ich werde noch ein Weilchen liegen bleiben und mich ausruhen. Heute Abend bin ich wieder auf dem Damm, du wirst sehen.«

»Dann lasse ich dir wenigstens Tee bringen.« Agatha stand auf und verließ das Zimmer.

Ihre Mutter hielt nicht viel von Ärzten, seit an ihrem Vater herumgedoktert worden war und die Meinungen so auseinandergegangen waren. »Frag drei Ärzte, und du bekommst fünf

Meinungen.« Stattdessen hatte sie schon vor Jahren begonnen, sich selbst mit Medizin zu beschäftigen. Sie las Fachzeitschriften und hatte ihren Bruder während seines Medizinstudiums unterstützt. Dummerweise hatte er es abbrechen müssen, weil er kein Blut sehen konnte. Ihrer Mutter dagegen machten weder Blut noch andere Körperflüssigkeiten etwas aus. Als Agatha mit einer Kanne Kümmeltee zurückkam, verzog sie angewidert das Gesicht, trank aber trotzdem einen großen Schluck. »Kein Arzt, Schatz. Kann ich mich auf dich verlassen?«

»Ja, Mama.«

Ihre Mutter schaute sie misstrauisch an. »Das kam mir ein bisschen zu schnell. Agatha? Ich möchte, dass du es mir schwörst.«

»Schön, ich schwöre es.«

»Gut.« Zufrieden nickend, sank sie zurück aufs Kissen und schloss die Augen. »Und wenn du mir jetzt noch eine Geschichte erzählen würdest.«

»Eine Geschichte? So aus dem Stegreif?«

Sie öffnete die Augen. »Warum vertraust du deiner eigenen Phantasie so wenig, Agatha?«

»Mit vertrauen oder nicht vertrauen hat das nichts zu tun. Ich muss mir erst …«

»Etwas ausdenken«, beendete ihre Mutter den Satz. »Dann mal los.«

Agatha seufzte verhalten, verschränkte die Hände ineinander und holte Luft. »Aber wir werden am Abend doch eine Party feiern können, oder?«

Ein verschmitztes Lächeln huschte über das Gesicht ihrer Mutter. »Natürlich. Wenn du mir jetzt eine hübsche Geschichte erzählst, werde ich mich gleich viel besser fühlen.«

»Warum werde ich das Gefühl nicht los, dass das Erpressung ist?«

»Weil du dich schon immer auf dein Gefühl verlassen konntest.«

Am Abend stand Agatha am Fenster und nippte an ihrem Sherry. Sie beobachtete die tanzenden Paare und fragte sich, ob auch ihr irgendwann ein gut aussehender netter Mann direkt vor die Füße lief? Wann und wie würde sie herausfinden, wer der Richtige für sie war? Oder würde das gar nicht geschehen, weil es den Richtigen gar nicht gab?

Ihre Eltern hatten einander gefunden und es rasch gewusst. Auch Madge hatte den Mann an ihrer Seite, den sie liebte.

»Miss Miller?« Ein rothaariger Bursche mit unzähligen Sommersprossen, die im ganzen Gesicht verteilt waren, stand plötzlich vor ihr. »Darf ich Sie um diesen Tanz bitten?«

»Oh, das ist … ein Walzer«, stotterte sie. Im Walzertanzen war sie nicht besonders gut, sie kam schnell durcheinander und stolperte über ihre eigenen Füße. Am schlimmsten aber war der Walzer treppauf, der gerade modern war. Ein Tanz, der einer sportlichen Herausforderung glich und dem Agatha nicht gewachsen war.

»Ein Walzer, ja.« Er lachte unbekümmert. »Mögen Sie etwa keinen?«

»O doch, ich liebe Walzer«, flunkerte sie und ließ sich auf die Tanzfläche führen.

Er legte die Hand ganz leicht auf ihre Taille, und sie begannen zu tanzen. Erst langsam, dann etwas schneller.

Es war ein Segen, dass es weit und breit keine Treppe gab. Aus dem Augenwinkel sah Agatha ihre Mutter am Tisch sitzen, ein Glas Portwein auf dem Knie balancierend. »Siehst du, ich fühle mich schon viel besser«, hatte sie beteuert, als sie am Nachmittag aus ihrem Zimmer gekommen war; in einem traumhaft schönen, wenn auch nicht ganz neuen Kleid, um den Hals ihre beste Perlenkette, das Haar mit der heißen Schere gelockt und aufgesteckt.

»Sie waren lange in Paris, habe ich gehört.«

Agatha blickte auf, direkt in das sommersprossige Gesicht und stellte fest, dass er sogar auf den Ohrläppchen Sommersprossen hatte. »Ja, ich habe dort Musik studiert. Genauer gesagt Klavier und Gesang.«

»Dann werden Sie uns heute sicher noch etwas vorspielen und vorsingen.« Es war keine Frage, und sie war zu Tode erschrocken. Was, wenn ihm einfallen würde, sie vor allen Anwesenden darum zu bitten, sich ans Klavier zu setzen?

Sie spielte noch immer recht gern, aber nur für sich allein. Sie käme nicht im Traum darauf, vor fremden Leuten etwas zum Besten zu geben.

»Nein, ich denke nicht«, sagte sie mit einem Lächeln, aber hoffentlich überzeugend genug.

»Wie bedauerlich.«

»Das glaube ich nicht.«

Er sah sie fragend an, und sie lächelte erneut. Das musste genügen.

»Kein Heiratskandidat dabei?«, fragte ihre Mutter sie später, als sie nebeneinander auf dem Sofa saßen und einige Gäste bereits gegangen waren. Ihre Augen blitzten schelmisch. Also keine ernst gemeinte Frage.

Agatha war erleichtert. »Nein. Sie sind alle ganz nett, wirklich …« Es sollte ein Aber folgen, doch sie verkniff es sich.

»Aber niemand, der dein Herz erobern könnte. Ich verstehe.«

»Wie fühlst du dich, Mama?«

»Lenk nicht ab, Agatha.«

»Ich lenke nicht ab, ich sorge mich um dich.«

Eine der noch anwesenden Damen lachte laut, und sie fuhren beide zusammen.

»Ich würde mich wirklich gern zurückziehen«, flüsterte ihre Mutter. »Bist du so gut und kümmerst dich um die letzten Gäste?«

»Natürlich. Es ist ja gottlob kein junger Mann mehr da, gegen dessen Avancen ich mich allein zur Wehr setzen müsste.«

»Achte darauf, dass Mrs Hampton nicht wieder mit dem Mantel von Mrs Winter heimgeht.«

Agatha kicherte. »Sie war damals ein bisschen beschwipst, fürchte ich.«

»Wer sagt, dass sie es nicht wieder ist?« Ihre Mutter stand auf und strich ihr Kleid glatt. »Ich glaube allerdings vielmehr, dass ihr der Mantel von Mrs Winter besser gefällt.«

Agatha prustete und trank rasch einen Schluck.

Ihre Mutter ging zu den Gästen, sprach mit jedem ein paar Worte, lächelte, nickte, lachte leise und verließ dann das Zimmer.

Agatha blieb sitzen, nippte an ihrem Sherry und stellte sich vor, wie sie einen jungen Mann in einer Zimmerecke entdeckte, der ihr bislang vollkommen entgangen war.

Sie sollte mit diesem Unsinn aufhören. Sie hatte sich doch vorgenommen, nicht mehr romantisch-verklärt zu denken.

Früher oder später würde jemand kommen, dessen war sie sich mit einem Mal sicher. Man musste nur fest an das Schicksal glauben. Für jeden gab es einen Lebensweg, davon war sie überzeugt, er war nicht immer klar vorgegeben, und es gab durchaus kleine Abzweigungen und Umwege. Aber dieser Weg bestand.

5.

Ein Jahr war vergangen.

Es hatte kleine Bälle, Gartenpartys und hier und da Einladungen zum Tee mit anschließendem Kricket- oder Tennisspiel gegeben. Dann und wann war Agatha auf dem Pier Rollschuh gelaufen, mal allein, mal mit Freunden. Sie liebte das Rollschuhlaufen, auch wenn sie vermutlich keine sehr gute Figur dabei machte. Die Freude daran zählte.

Sie hatte junge wohlerzogene Männer kennengelernt und sich mit dem einen oder anderen anschließend zu einem gemeinsamen Theaterbesuch verabredet. Allein auf einen Ball oder eine Party zu gehen war als junges Fräulein undenkbar. Doch es war vollkommen in Ordnung, sich mit einem Mann zu einem Spaziergang oder Theaterbesuch zu treffen. Einige der Männer waren Söhne von guten Freunden der Familie, die lange im Ausland gewesen und zurückgekehrt waren. Als Kinder hatten sie zusammen gespielt, und nun stand man voreinander und staunte. Und war nicht selten sprachlos, weil man sich im Grunde auch gar nichts zu sagen hatte. Eine lockere Konversation zu führen war für Agatha ohnehin schwer. Oft hieß es, sie sei verstockt oder einfach nur sehr schüchtern.

Bei ihr hinterließen all die jungen Burschen keinen bleibenden Eindruck, sehr zum Leidwesen ihrer Mutter. »Sieh dir Edward doch noch mal etwas genauer an, Agatha«, bat sie zum Beispiel. »Mir ist nicht entgangen, wie er dich angeschaut hat, und ich möchte wetten, dass du ihm gefallen hast.«

»Aber er hat *mir* nicht gefallen, Mama«, lautete dann Agathas Antwort.

»Weil du ihn noch gar nicht richtig kennst.«

»Ich habe auch keine Lust, ihn richtig kennenzulernen.« Ihre Mutter sollte nun wirklich verstehen, dass sie niemanden an ihrer Seite wollte, bei dem ihr Herz nicht gehörig klopfte. Und tat es das nicht gleich zu Anfang, waren Hopfen und Malz verloren, davon war sie überzeugt. Wenn ein Mann sie nicht gleich auf irgendeine Art fesseln konnte, würde das auch später nicht geschehen.

Ihre Mutter pflegte bei diesen Gesprächen stets resigniert zu seufzen. »Wie soll dir die Liebe begegnen, wenn du dich so dagegen sperrst?«

»Aber ich sperre mich doch nicht!« Agatha war entrüstet, weil ihre Mutter sie ganz offenbar nicht verstand oder gar nicht verstehen wollte. Weil sie allmählich ungeduldig wurde. Deshalb brachte Agatha es auf den Punkt. »Du und Papa, ihr hattet eine wunderbare Ehe, nicht wahr? Eine Ehe voller Wärme, Liebe und Verständnis. Und ihr konntet miteinander und auch übereinander lachen. Ihr habt euch füreinander interessiert. Ich möchte auch so eine Ehe führen, kannst du das nicht verstehen? Ich will einen Mann, der mich *sieht*, Mama.«

Wieder seufzte ihre Mutter, nickte aber dann. »Ich verstehe, Agatha, ich verstehe dich sogar sehr gut. Ich möchte doch nur, dass du versorgt bist.«

»Ich will nicht nur versorgt sein, sondern auch glücklich.«

Ihre Mutter kränkelte ein wenig, und die Ärzte kamen sich mit ihren unterschiedlichen Vermutungen und Diagnosen in die Quere. Bis endlich einer aussprach, was erstaunlich vernünftig klang: Sie brauche schlicht und einfach etwas Ruhe und Erholung, am besten außerhalb von Torquay, irgendwo, wo es warm und sonnig war.

Wenn ihre Mutter schnell von etwas überzeugt werden konnte, dann davon, dass sie einen Tapetenwechsel bräuchte. Bis eben noch hatte sie matt und niedergeschlagen im Bett gelegen, nun jedoch war sie in Windeseile aufgestanden und zum Fenster gegangen. Eine ganze Weile schaute sie nach draußen, seufzte gelegentlich und lehnte die Stirn an die kühle Scheibe. »Ich glaube, er hat wirklich recht«, sagte sie zu Agatha, die auf dem Bett saß und verwundert mitangesehen hatte, wie ihre Mutter sich wieder in die Frau verwandelte, die sie früher gewesen war. »Was würdest du davon halten, wenn wir den Winter in Ägypten verbringen?«

Agatha hob die Augenbrauen, stand auf und stellte sich neben sie. »Ägypten? Das ist ziemlich weit weg.«

»Eben.« Ihre Mutter strahlte, ihre Augen leuchteten, und auf den Wangen erschienen die kleinen roten Flecken, die sich immer dann zeigten, wenn sie aufgeregt und von etwas angespornt war. »Stell dir doch nur vor, Liebling: die Pyramiden, der wunderbar warme Sand, die Menschen in ihren weißen Gewändern. Wir können Kamele sehen und vielleicht sogar Krokodile.«

Agatha verzog das Gesicht. »Ich bin nicht versessen darauf, einem Krokodil zu begegnen.«

»Würde dich all das gar nicht reizen?«

»Doch, schon …«

»Na also.« Ihre Mutter klatschte in die Hände, schritt durchs Zimmer und blieb vor dem Kleiderschrank stehen.

»Du denkst aber nicht bereits darüber nach, deinen Koffer zu packen?«

Ihre Mutter drehte sich zu ihr um und lachte vergnügt. »Wieso nicht? Vorfreude ist die schönste Freude.«

Agatha schwieg. Sie musste sich erst an die Vorstellung gewöhnen, den Winter nicht in Torquay, sondern in Ägypten zu verbringen. Aber wenn man mit einer Mutter wie ihrer gesegnet war, gewöhnte man sich besser schnell an Veränderungen. »Na schön, reisen wir also nach Ägypten.«

»Kairo.« Ihre Mutter nickte. Offenbar hatte sie in diesem Moment das genauere Reiseziel festgelegt. »Ich kümmere mich darum, dass Ashfield vermietet wird und werde alles Weitere veranlassen.«

Für ein möbliertes Haus in einer so begehrten Gegend Englands Mieter zu finden war rasch erledigt. Die Leute hatten sich geradezu darum gerissen.

Erst als Agatha schließlich mit ihrer Mutter an Deck des Schiffs stand und die Menschen beobachtete, die am Hafen standen und Taschentücher schwenkten, ging ihr auf, dass der Aufenthalt in Kairo nicht nur der Erholung diente, sondern auch dazu, ihr einen Ehemann zu suchen. Ob sie wollte oder nicht, sie war in einem Alter, in dem junge Frauen sich verheirateten oder wenigstens nach einem netten jungen Mann Ausschau hielten. Das Geld war noch immer knapp, und ihre Mutter würde es sehr beruhigen, wenn sie versorgt wäre.

Für gewöhnlich wurden englische junge Damen eine Zeit lang nach London geschickt, um dort Bälle und Theaterveranstaltungen zu besuchen. Und bei einer dieser Gelegenheiten fand sich dann meistens auch ein geeigneter Heiratskandidat. Doch das Leben in London war teuer, und ihre Mutter hatte sich nicht leisten können, Agatha auf diese Weise in die Gesellschaft einzuführen.

Das Reisen dagegen war nicht sehr kostspielig, und durch die hohe Miete, die sie für Ashfield bekamen, würden sie mindestens zwei Monate in Kairo bleiben können.

Das Schiff war kaum auf hoher See, da überfiel Agatha schon das Heimweh. Aber damit hatte sie gerechnet, sie war stets heimwehkrank geworden, egal, wo sie sich befunden hatte.

Damit kam sie zurecht. Sie sagte sich einfach, dass sie im Frühjahr wieder in Torquay wären und bis dahin die Zeit in Ägypten als Erfahrung und Bereicherung betrachten wollte.

Ihre Mutter war ungewöhnlich wortkarg. Still stand sie neben ihr und betupfte mit ihrem Spitzentaschentuch die Augenwinkel.

»Weinst du etwa, Mama?«

»Unsinn, der kühle Wind ist nur unangenehm.«

»Lass uns in die Kabine gehen und sehen, dass wir etwas schlafen können«, schlug Agatha vor, und sie nickte.

Als sie in ihren schmalen Betten lagen, glaubte Agatha, jede Welle zu spüren, was jedoch unwahrscheinlich war. Sie überlegte, ob ihre Mutter vorhin an ihren Vater hatte denken müssen. Sie selbst dachte oft an ihn, und sie vermisste ihn schrecklich. »Mama?«, raunte sie. »Schläfst du schon?«

»Bei dem Schaukeln?« Ihre Mutter regte sich leise stöhnend. »Mir fehlt Papa auch«, flüsterte Agatha.

»Ja.« Mehr sagte ihre Mutter nicht, das war auch gar nicht nötig. Meistens verstanden sie sich ohne viele Worte.

6.

Kairo

Agatha war begeistert von ihrem neuen Alltag. Morgens ausschlafen, im Speisesaal frühstücken und sich überlegen, was man am Abend zum Tanzen anziehen wollte.

Kairo war eine große Stadt, und würde sie sich für die fremdländische Kultur mit all ihren Sehenswürdigkeiten interessieren, hätte sie sich vermutlich ständig verlaufen. Doch sehr zum Leidwesen ihrer Mutter interessierte sie sich nur für den nächsten Ball, der stattfinden sollte. Von Kairo hatte sie bislang kaum etwas gesehen. »Ich soll doch einen netten Mann kennenlernen, oder etwa nicht?«, hatte sie gemeint, als ihre Mutter wieder einmal kopfschüttelnd geseufzt hatte, weil sie nicht mit ins Museum wollte.

»In Paris hast du kaum einen Museum- oder Theaterbesuch ausgelassen. Was ist denn nur mit dir, Agatha?«

»Im Museum kann ich keinen Mann kennenlernen, außerdem finde ich die Bälle viel aufregender.«

»Trotzdem wirst du dich irgendwann wieder der Kultur öffnen müssen, Agatha.«

»Irgendwann, Mama, aber das hat noch Zeit.«

»Warum glauben junge Leute eigentlich immer, dass sie noch ewig Zeit haben?« Doch ihre Mutter hatte nachsichtig gelächelt – und war allein ins Museum gegangen

Früher hatte Agatha geglaubt, den Männern deshalb nicht aufzufallen, weil sie nicht wirklich hübsch und ein Mauerblümchen war. In Kairo aber stellte sie fest, dass es durchaus Männer gab, die sie bewundernd anschauten und um ihre Gunst buhlten.

Viele Mütter verbrachten mit ihren unverheirateten Töchtern den Winter in Kairo, wo englische Truppen stationiert waren. Man spielte gemeinsam Polo, trank süße Limonade unter einer Palme, ging ins Theater und ließ natürlich keine Tanzveranstaltung aus. Und während die jungen Frauen, ihre Tanzkarten im Handtäschchen, mit erhitzten Wangen über die Tanzfläche schwebten, saßen ihre Mütter etwas abseits und behielten sie im Blick. Und die potenziellen Heiratskandidaten natürlich auch.

Agatha entdeckte derweil den Spaß am Flirten, eine Kunst für sich. Genau wie der richtige Umgang mit einer Tanzkarte. Man durfte sich auf keinen Fall anmerken lassen, dass sie zum Beispiel noch leer war. Stets musste man so tun, als gäbe es jede Menge Bewerber. Und es war doch zu verrückt, dass sich genau die Männer, die ihr sofort aufgefallen waren, vornehm zurückhielten, während die, für die sie sich gern unsichtbar gemacht hätte, um den ersten Tanz baten.

Das Walzertanzen mochte Agatha nach wie vor nicht, und

gerade den schienen viele Männer besonders gern zu tanzen.

Ab und an versuchte sie, sich hinter einer anderen jungen Frau zu verstecken – meistens erfolglos. Den Tango dagegen liebte sie, und sie beherrschte ihn auch recht gut.

Nachdem sie an einem Abend verstohlen einen hübschen Mann mit verträumten hellblauen Augen betrachtet und sich gewünscht hatte, er würde sie auffordern, kam – wie konnte es anders sein – ein älterer Herr und verbeugte sich vor ihr. »Darf ich bitten, mein Fräulein?«

Gottlob war es ein Tango.

Nach dem Tanz brachte er sie zu ihrer Mutter zurück. »Ihre Tochter tanzt ganz ausgezeichnet.« Er schmunzelte väterlich. »Jetzt müsste sie nur noch lernen, wie man sich unterhält.«

Sie errötete bis zu den Ohrläppchen, während ihre Mutter nicht mit der Wimper zuckte. »Sie ist noch jung, mein Herr.« Hatte sie »sie« betont?

Agatha lachte schadenfroh in sich hinein, und als der Mann gegangen war, raunte ihre Mutter: »Frechheit!« Dann seufzte sie. »Aber ich fürchte, er hat recht. Warum bist du nur immer so verstockt, Liebling?«

»Ich bin nicht verstockt, Mama, ich weiß nur beim besten Willen nicht, was ich mit jemandem plaudern soll, den ich langweilig finde.«

»Aber ich hoffe, du antwortest wenigstens, wenn du etwas gefragt wirst.«

»Mama!« Agatha setzte sich schnaubend neben sie. »Denkst du, du hättest mich so schlecht erzogen?«

Ihre Mutter gluckste leise. »Nein, natürlich nicht. Ich verstehe dich ja.« Wieder ein Seufzen und ein rascher Blick zu den älteren Herren, die beieinanderstanden und den tanzenden jungen Mädchen zusahen.

Und bevor sie noch etwas sagen konnte, warf Agatha ein: »Ich werde mir in Zukunft mehr Mühe geben, Mama, versprochen.«

Wie wohl alle jungen Frauen liebte Agatha Abendkleider. Sie besaß genau drei Stück, die gehegt und gepflegt wurden. »Geh umsichtig damit um«, hatte ihre Mutter ihr mit auf den Weg gegeben, und sie beherzigte es.

Ein Kleid war aus türkisblauem Taft, einem Stoff, den ihre Großmutter in einer ihrer Truhen gelagert hatte. »Nanu, was haben wir denn da?«, hatte sie überrascht ausgerufen, als sie ihn – wahrscheinlich nach einer kleinen Ewigkeit – wiederentdeckt hatte. »Der ist doch wie gemacht für dich, Agatha.«

Dieses Kleid liebte sie ganz besonders, es war so angenehm kühl auf der Haut, und die Farbe stand ihr hervorragend.

Doch bei einem Tango war ein scheußliches »Ratsch« zu hören gewesen, und sie ahnte es gleich, murmelte eine Entschuldigung und floh auf die Toilette. Dort sah sie die Bescherung: Ärmel und Kragen waren aufgerissen.

»Ich habe gut darauf aufgepasst, Mama«, versicherte sie, als ihre Mutter es wenig später in Augenschein nahm.

Nun waren es nur noch zwei Abendkleider. Sie würde sie abwechselnd tragen müssen.

Doch am Tag darauf ging ihre Mutter mit ihr zu einer Schneiderin. Sie konnte ihr Glück kaum fassen. »Ist das nicht viel zu teuer, Mama?«

»Allerdings. Aber es hilft nichts. Oder möchtest du deine beiden Kleider etwa abwechselnd tragen?«

Agatha verkniff sich eine Antwort.

Die ägyptische Schneiderin war in der Tat um einiges teurer als die in England. Als sie den Preis nannte, entglitten ihrer Mutter für einen Augenblick die Gesichtszüge, aber sie sagte kein Wort. Und Agatha versprach, dieses neue Kleid – ein Traum aus roséfarbenem Satin mit Rosenknospen auf der Schulter – wie ihren Augapfel zu hüten. Auch wenn sie lieber endlich ein schwarzes Kleid gehabt hätte. In einem schwarzen Abendkleid sah man ungeheuer erwachsen aus.

Alles, was ihre Mutter dazu sagte, war: »Wenn du erwachsen aussehen willst, musst du es auch sein.« Und dann fügte sie hinzu: »Ich brauche jetzt eine Tasse Tee.« Zu ihrer großen Freude war der Tee in Ägypten mehr als nur genießbar.

Ihre Mutter gab nicht auf, Agatha dazu zu bewegen, sich auch etwas mehr für Kunst und Kultur zu interessieren.

Eines Morgens schlug sie vor, einen Ausflug nach Luxor zu machen. »Eine Fahrt auf dem Nil soll sehr schön sein.«

»Aber heute Nachmittag ist der Kostümball, Mama«, erwiderte Agatha. »Ich freue mich schon so lange darauf.« Auf einem Boot über den Fluss zu schippern, noch dazu bei sengender Sonne, war nicht sehr verlockend.

»Es wird wieder einen geben. Sieh nur das herrliche Wetter,

und da willst du lieber in einem Ballsaal hocken anstatt auf einem Schiff mit Aussicht auf die Pyramiden?«

»Ja, das will ich. Es ist viel zu heiß.«

»An Deck wird es herrlich sein«, erklärte ihre Mutter ungerührt. »Wir nehmen einen Sonnenschirm mit. Außerdem weht auf dem Fluss immer ein Wind.«

»Wie in England.« Agatha hörte sich seufzen und war selbst ganz überrascht.

»Nanu? Hast du etwa Heimweh?«

»Nein. Na schön, ein klein wenig.«

Ihre Mutter schaute sie zweifelnd an und versuchte es erneut. »Ich hörte, dass eine köstliche Limonade serviert wird.«

»Die gibt's auch auf dem Ball, Mama. Fahr nur allein.«

»Interessieren dich die Pyramiden denn gar nicht, Liebling? Man könnte meinen, dass du dir wirklich überhaupt nichts aus Kultur machst.«

»Das kommt schon noch, Mama. Außerdem habe ich eine doch bereits gesehen.«

»Aus der Ferne.«

»Die Pyramiden stehen schon so viele Jahre, da werden sie auch in ein paar Jahren noch da sein.«

»Und du meinst, dass du in ein paar Jahren wieder hierherkommen wirst?«

Agatha nickte ernst. Sie spürte, dass ihre Mutter gleich kleinbeigeben würde. »Du wirst dich auch ohne mich wunderbar amüsieren.«

Ein resigniertes Seufzen und schließlich ein Nicken. »Wie du meinst. Aber du musst mir versprechen, dass du wenigstens versuchen wirst, irgendwann alles nachzuholen, was du jetzt versäumst.«

»Ich verspreche es.« Sie ging sogar noch weiter, um ihrer Mutter eine Freude zu machen. »Und ich verspreche dir, dass ich gleich heute Nachmittag versuchen werde, richtig Konversation zu machen.«

Der Tanzsaal war hübsch geschmückt mit Blumengirlanden und Gestecken auf den Tischen. Silberne Kerzenleuchter standen auf Beistelltischen, und weiß gekleidete junge Männer mit geöltem schwarzem Haar liefen geschäftig umher. Sie brachten fruchtige Zitronenlimonade und Tee mit frischer Minze oder roten Malventee und reichten silberne Platten herum. Darauf waren süße Köstlichkeiten wie in Honig getränktes Gebäck, das mit Feigen, Datteln und Nüssen gefüllt war. Manche Stücke waren auch in Rosenwasser getränkt.

Agatha liebte sie.

Der Kronleuchter in der Mitte des Saales funkelte mit den Augen der jungen Frauen um die Wette.

Agatha konnte sich an ihren bildschönen Kleidern kaum sattsehen. Ihr eigenes kam ihr fast etwas schäbig, auf jeden Fall aber viel zu schlicht vor.

Auch die Männer waren elegant gekleidet, sie trugen schwarze Anzüge mit Weste und hochgeschlossene Kragen. Wahrscheinlich war ihnen furchtbar warm. Einigen hätte sie gern die Maske vom Gesicht genommen, um sehen zu können, ob sie wirklich so jugendlich aussahen, wie sie taten.

Manch ein älterer Herr versuchte, sich hinter seiner Maske

zu verstecken. Doch sobald er mit einer jungen Dame auf die Tanzfläche ging, war an seinem Gang und seiner Bewegung zu erkennen, dass er mindestens doppelt so alt sein musste wie sie.

Agatha ließ kaum einen Tanz aus, und wie versprochen plauderte sie höflich und hoffentlich auch anregend.

Aber als der Kostümball sich dem Ende neigte, ahnte sie es: Sie und ihre Mutter würden unverrichteter Dinge nach England zurückreisen – ohne Heiratskandidaten, dafür mit neuen Erfahrungen. War das nichts?

Aber sie musste noch viel lernen und schleunigst ihre Unbeholfenheit ablegen und etwas selbstsicherer werden.

Kurz vor ihrer Abreise nahm sie an einem letzten Ball teil. Ein junger österreichischer Graf erwies sich als leidenschaftlicher Walzertänzer – und Verehrer. Bei jedem Tanz sah er ihr in die Augen und machte eifrig Komplimente.

»Mir gefällt, wie Sie Ihr Haar tragen, mein Fräulein« oder »Ein hübsches Kleid, die Farbe passt wunderbar zu Ihren Augen.«

Bald schon wurde es ihr zu viel, und sie überlegte, ihm kräftig auf die Füße zu treten – versehentlich natürlich.

Er schwenkte sie linksherum, und sie blinzelte, weil ihr schwindelig wurde. Verfluchter Walzer!

»Ich liebe Walzer«, sagte er überflüssigerweise und schwenkte sie ein weiteres Mal herum.

»Mir ist der Tango lieber.«

»Ach, tatsächlich?« Er lächelte nachsichtig, als sei es ihrer

Jugend geschuldet, und begann, ihr ein halbes Dutzend Fragen zu stellen.

Auch davon wurde ihr ganz schwindelig, und sie antwortete zunächst recht einsilbig. Dann jedoch fiel ihr wieder ein, dass sie versprochen hatte, sich mehr Mühe zu geben und umgänglicher zu werden. Also erinnerte sie sich daran, dass sie bald wieder in England war – und der Graf weit weg. Sie setzte ein freundliches Lächeln auf und beantwortete seine anderen Fragen ungewöhnlich ausschweifend und trug hier und da ein bisschen dick auf. Auf die eine oder andere Flunkerei kam es nicht an, schließlich würden sie sich nicht wiedersehen.

Es machte ihr zunehmend Spaß, sie ärgerte sich fast, dass sie das nicht schon früher getan hatte.

Als der Graf sie zu ihrem Platz zurückführte, sank sie erleichtert, aber sehr zufrieden auf den Stuhl neben ihrer Mutter.

»Ihr habt unablässig geredet«, meinte die. »Und du sahst aus, als würde es dir sogar Freude machen.«

Agatha grinste in sich hinein, vermied aber vorsichtshalber, sie anzusehen. Ihre Mutter hatte die Angewohnheit, sie innerhalb kürzester Zeit zu durchschauen. Auch Madge hatte des Öfteren beklagt, dass ihre Mutter ihr unheimlich war. »Ich traue mich manchmal nicht mal, etwas auch nur zu *denken*, wenn sie in einem Raum mit mir ist.«

»Wieso lachst du?«

Agatha zuckte zusammen. »Ich … musste an etwas denken, das der Graf gesagt hat.«

»Hat er dir gefallen?«

»Nein.«

Ihre Mutter hob die Augenbrauen. »Nein? Aber ich dachte …«

Plötzlich stand der Graf wieder vor ihnen. »Dürfte ich Sie unter vier Augen sprechen, Madam?«

Agatha machte sich so klein wie möglich.

Ihre Mutter nickte sichtlich überrascht. »Bist du so nett, Agatha?«

»Natürlich.« Mit butterweichen Knien stand sie auf und stellte sich etwas abseits neben vier junge Frauen, die leise miteinander tuschelten und kicherten. Verwirrt beobachtete sie, wie der Graf mit ihrer Mutter sprach und sich schließlich nach einer Verbeugung abwandte und ging.

Blitzschnell nahm Agatha wieder Platz.

»Er hat um deine Hand angehalten.«

»Wie bitte?« Sie sah sich bereits tagtäglich mit ihm Walzer tanzen und schüttelte den Kopf, um die Vorstellung abzustreifen.

»Er ist ganz angetan von dir. Er hat geredet und geredet, ohne Punkt und Komma. Ich denke, er ist ein sehr anständiger Mann.«

Sie holte tief Luft. »Ich kann ihn nicht heiraten, Mama, das ist absolut unmöglich.« Würde ihre Mutter das wirklich wollen?

»Er macht einen recht guten Eindruck, Agatha, aber ich muss zugeben …«

»Ja?« Ihr Herz klopfte bis zum Hals.

»Ich finde ihn entsetzlich langweilig.«

»Gott sei Dank!«

Ihre Mutter legte ihr die Hand auf den Arm. »Du wirst irgendwann heiraten müssen, Liebling.«

»Das will ich ja auch, Mama. Aber keinen Mann, der so langweilig ist.« Leider hatte sie bislang alle langweilig gefunden. Hoffentlich würde sich das noch ändern, sonst wäre sie am Ende eine alternde Jungfer. Sie wollte noch einwenden, dass sie sich bestimmt eines schönen Tages in einen hübschen jungen Mann verlieben würde – vor allem wollte sie selbst es glauben –, aber ihre Mutter hob die Hand. »Bevor du mir jetzt versichern wirst, dass du dir Mühe geben willst, sage ich dir etwas. Du bist noch jung, und es besteht kein Grund zur Eile. Die Liebe kommt, wann und wie liegt nicht in unserer Macht.«

Agatha schluckte.

»Du wirst nur einen Mann heiraten, den du wirklich liebst, versprichst du mir das?«

Sie nickte und spürte eine überschäumende Liebe aufwallen. Was hatte sie doch für ein Glück mit ihrer Mutter, ein Glück, das nicht vielen jungen Frauen zuteilwurde.

Haus Ashfield
im Sommer 1926

Rosalind, Agathas Tochter, kam ins Wohnzimmer gelaufen und blieb sichtlich irritiert vor ihr stehen. »Wieso liegst du denn auf dem Sofa, Mummy?«

Agatha setzte sich mühsam auf und wischte sich die Augen trocken. Das Kissen, das sie an sich gepresst hatte, lag unter dem Tisch. Sie erinnerte sich nicht, es dort hingelegt zu haben. »Ich war müde, Schätzchen.« Sie rang sich ein Lächeln ab und schloss ihre Tochter in die Arme.

Kairo, dachte sie mit einem Anflug von Wehmut. *Was würde ich darum geben, die Zeit zurückdrehen und mit dem Verstand von heute dort sein zu können. Ich würde alles aufsaugen wie ein Schwamm, würde jeden Tag ins Museum gehen, mir die Pyramiden und all die anderen Sehenswürdigkeiten ansehen und den Wind um die Nase wehen lassen. Mama muss schier an mir verzweifelt sein, aber sie hat es mich nicht spüren lassen.*

Sie nahm sich zusammen. »Hast du Hunger, Schätzchen? Soll ich uns etwas zu essen machen?« *Uns.* Als würde sie auch nur einen Bissen hinunterbringen.

Rosalind schaute sie mit ernster Miene an; verblüffend ernst für eine Sechsjährige. »Du bist traurig.«

Agatha nickte. Wozu sollte sie sie belügen?

»Grandma ist jetzt im Himmel und sieht uns zu, nicht wahr?«

Sie rang sich erneut ein Lächeln ab und nickte wieder. Sagen konnte sie nichts.

Rosalind streckte die Hand aus. »Komm, Mummy, wir gehen in die Küche. Machst du mir ein Sandwich?«

Sie will mir über meinen Schmerz hinweghelfen, dachte Agatha und fühlte sich ein wenig hilflos. Nicht Rosalind sollte sie trösten, sondern umgekehrt.

Hand in Hand gingen sie in die Küche, und Agatha blieb wie angewurzelt stehen, als sie ihre Mutter am Tisch sitzen sah, in der Hand einen der Silberlöffel. *Man muss vorsichtig kreisen, siehst du, so.* Das Silberputzen hatte sie immer selbst übernommen, weil es ihrer Meinung nach niemand so gut machte wie sie.

»Mummy? Was hast du denn?« Rosalind sah sie verwundert an.

»Nichts, mein Liebling, gar nichts.« Ihre Stimme war rau, und in ihrem Hals befand sich ein hühnereidicker Kloß.

Ich fürchte, ich verliere wirklich den Verstand.

Mit zittriger Hand nahm sie zwei Scheiben Brot aus dem Fach. »Möchtest du den leckeren Käse, den deine …« Sie verstummte, schluckte und begann von vorn. »… Grandma immer für dich gekauft hat?«

Wie lebhaft es hier früher zugegangen war, lebhaft und fröhlich. Die Köchin hatte summend am Herd gestanden, während das Dienstmädchen Teller und Besteck auf Sauberkeit überprüfte, bevor sie es auf das große Tablett legte.

Personal zu haben hatte nie automatisch bedeutet, reich zu sein. Jeder leistete sich eine Kinderfrau, eine Köchin und mindestens ein Dienstmädchen. Je wohlhabender eine Familie war, desto mehr Personal hatte sie.

Bald wird auch Ashfield nur noch eine Erinnerung sein, dachte Agatha und wurde von solcher Traurigkeit und Wehmut erfasst, dass ihre Knie kurz nachgaben. Doch diesmal hatte sie sich sofort wieder im Griff. Sie wollte nicht, dass ihre Tochter sie so sah. Sie war froh, dass Rosalind nicht hatte mitansehen müssen, wie sie in Tränen aufgelöst ins Haus gerannt war, nachdem sie versucht hatte, den Motor ihres Wagens anzulassen.

Ihre Tochter war zu der Zeit bei einer Nachbarin gewesen.

In den ersten Tagen nach dem Tod ihrer Mutter hatte Agatha wieder und wieder gegrübelt, ob sie es nicht doch irgendwie hinbekommen könnte, Ashfield zu halten. Etliche Reparaturen waren längst überfällig, zum Beispiel war das Dach an einigen Stellen undicht. Nein, hatte sie schließlich einsehen müssen, sie würde Ashfield verkaufen müssen. Und sie würde sich vorher durch all das kämpfen müssen, was sich in den Räumen über die Jahre angesammelt hatte. Eine Herkulesaufgabe.

Sie unterdrückte ein Seufzen, schnitt die Brotscheiben zu Dreiecken und legte sie auf einen Teller.

Rosalind begann sogleich mit sichtlichem Appetit zu essen, und sie beneidete sie darum.

»Willst du gar nichts essen, Mummy?«

Sie schüttelte den Kopf. »Ich habe keinen Hunger.«

»Wann kommt Papa?«

Sie war so müde, sogar zu müde, um ihre Tochter zurechtzuweisen, nicht mit vollem Mund zu sprechen. »Bald.«

»Aber zu meinem Geburtstag ist er doch da?«

»Natürlich.« Wie schön war es doch, Kind zu sein. Noch war Rosalind in der Lage, den Verlust eines geliebten Menschen mit Vorfreude auf ihren Geburtstag zu überbrücken. Irgendwann würde ihr das nicht mehr gelingen.

»Und Tante Punkie?«

»Sie wird auch rechtzeitig da sein.« Agatha überlegte flüchtig, wann ihre Schwester diesen Spitznamen erhalten hatte. Sie erinnerte sich nicht mehr.

Rosalind schien zufrieden, aß weiter und plapperte von den Kätzchen, die in der Nachbarschaft geboren worden waren.

Spät am Abend saß Agatha im Wohnzimmer auf dem Teppichboden, der schon bessere Zeiten erlebt hatte. Er war lange nicht mehr ausgeklopft worden und roch zudem undefinierbar. Um sie herum lagen Briefe, Ansichtskarten, Fotos und alte Schulhefte, die ihre Mutter aufbewahrt hatte. Agatha hatte sich darin mit unzähligen Gedichten und kleinen Geschichten verewigt, die sie nun mit pochendem Herzen las. Die Gedichte handelten von Schlüsselblumen, die ein blaues Kleid bekamen und – oh Wunder! – zu Glockenblumen wurden, von zarten Rosen und dunklen, furchterregenden Wäldern.

Gott, wie jung sie damals war!

Dann fiel ihr ein vergilbtes Foto in die Hände, und ihr Herzschlag setzte kurzzeitig aus. Bis dahin hatte sie geglaubt, dass das Foto gar nicht mehr existierte.

Atemlos betrachtete sie es, hielt es sich näher vor Augen und lächelte. Es waren nichts weiter als der Himmel und ein paar kleine Wölkchen darauf zu sehen, nur wenn man sehr genau hinschaute, entdeckte man einen kleinen Punkt. Dieser winzige Punkt war ein Flugzeug, und niemand anderes als sie höchstpersönlich hatte in diesem Flugzeug gesessen.

Agatha drehte das Foto um und lächelte wieder.

Es war im Mai 1911 entstanden, ihr erster Flug. Sie und ihre Mutter hatten eine Flugschau besucht und erfahren, dass man für fünf Pfund einen kurzen Rundflug buchen konnte. Für sie damals sehr viel Geld. Geld, das anderweitig besser angelegt gewesen wäre, doch Agatha bettelte und bekniete ihre Mutter, ihr einen Rundflug zu spendieren. »Ich werde meinen Kindern noch davon erzählen, Mama. Ach bitte, bitte, sag ja.«

»Na schön.« Ihre Mutter hatte sich überraschend schnell darauf eingelassen. »Obwohl fünf Pfund eine Menge Geld sind. Aber ich will dir den Spaß gönnen.«

Als sie zu dem Piloten gingen, musterte er Agatha von oben bis unten. »Sind Sie sicher, Miss?«

»Absolut.«

»Was ist mit Ihrem Hut?«

»Was soll damit sein?«

Damals waren ausladende Hüte schick, Hüte, die die Größe von Wagenrädern hatten und mit allerlei Federn und Tüll ausstaffiert waren.

»Sitzt er auch fest, Miss?«

»Das tut er, aber ich werde ihn zusätzlich festhalten«, versprach sie feierlich.

Es war ein gewaltiges, atemberaubendes Ereignis. Agatha Miller, noch keine einundzwanzig Jahre alt, in einem Flugzeug hoch oben am Himmel, später auf einem Foto nur noch als kleiner Punkt auszumachen.

Sie legte es beiseite und seufzte. Könnte sie die Zeit doch nur zurückdrehen, ein einziges Mal nur! Noch einmal zwanzig sein und alle Entscheidungen neu überdenken und möglicherweise einen anderen Weg einschlagen.

Sei nicht albern, Agatha, sagte sie sich. *Du hast dich für deinen Weg entschieden, bist dann und wann hingefallen und hast dir das Knie aufgeschlagen, aber du bist immer wieder aufgestanden.*

Und das allein zählte doch, nicht wahr?

II.

Die Jahre 1912–1914
Ambitionen

1.

Ein heftiger Hustenanfall hatte Agatha geschüttelt, und sie war erschöpft zurück aufs Kissen gesunken. Die Grippe, die sie diesen Winter erwischt hatte, war verflixt hartnäckig. Seit zwei Wochen lag sie schon im Bett, hatte Unmengen an Lesestoff verschlungen, stundenlang aus dem Fenster geschaut und sich über das scheußliche Wetter geärgert und zwischendrin immer wieder nach jemandem gerufen, der sie ein wenig ablenken könnte.

Bis es ihrer Mutter zu viel geworden war. »Du hältst alle ziemlich auf Trab, Agatha. Ich verstehe dich ja, aber es reicht nun wirklich. Warum schreibst du nicht etwas?«

»Was soll ich denn schreiben?«, fragte sie lustlos. Sie wusste ja selbst, dass sie allmählich unausstehlich wurde.

»Ein Gedicht zum Beispiel.«

»Dazu habe ich keine Lust.« Wieder flog ihr Blick zum Fenster, und sie konnte sich gerade noch rechtzeitig beherrschen und ein sehnsüchtiges Seufzen unterdrücken. Es half nichts, wenn sie sich immerzu der Vorstellung hingab, einen langen

Spaziergang zu machen, die Wolken zu beobachten oder in der Laube zu sitzen und den Amseln zuzuschauen. Für das eine wie das andere war es schlicht und ergreifend zu kalt, zu nass, zu neblig. »Brr.« Sie schüttelte sich.

»Soll ich dir noch eine Decke holen?« Ihre Mutter war bereits an der Tür.

»Um Himmels willen! Ich kann mich ja eh kaum noch rühren unter all den Decken, die du auf mich gepackt hast.«

»Du könntest noch eine Patience legen«, schlug ihre Mutter vor.

»Noch eine?«

»Schön, wie gesagt, ich verstehe dich, Liebling. Aber ich weiß beim besten Willen nicht mehr, was ich noch mit dir anstellen soll. Reggie hat übrigens wieder geschrieben.«

Schon wieder, wollte sie sagen, ließ es aber bleiben.

Reggie war der älteste Sohn der Lucys, mit denen die Millers seit Langem befreundet waren. Ein zurückhaltender, eher schüchterner Mann, der vorzüglich Golf spielte, um Partys und andere Vergnügungen aber lieber einen Bogen machte.

Vor anderthalb Jahren war er aus Hongkong gekommen, wo er seinen Dienst als Major bei den Kanonieren absolvierte. Rasch hatte er Agatha angeboten, ihr Golfspiel zu verbessern, was eine sehr gute Idee gewesen war. Sie war eine hoffnungsvolle Anfängerin mit mehr Glück als Geschick, sei es beim Tennis, Kricket oder Billard. Agatha war eine hervorragende Theoretikerin, begriff die kompliziertesten Spielregeln, nur schaffte sie es nie, all ihr Wissen in die Tat umzusetzen. Sie schlug Löcher in die Luft, wenn sie Bälle erwischen sollte und brachte es fertig, einen Golfball bis kurz vors Loch zu schlagen. Wo er trudelnd liegenblieb, als wollte er sie verhöhnen.

Als sie und Reggie eines sonntags wieder einmal auf dem Golfplatz zubrachten – es war fürchterlich heiß, und sie hatte bereits Kopfweh –, schlug er vor, sich im Schatten einer Hecke etwas auszuruhen. Ein ausgezeichneter Vorschlag!

Sie machte es sich gemütlich, während er sich eine Pfeife anzündete und eine Weile still rauchte. Dann sah er sie mit einem Mal von der Seite an und sagte aus heiterem Himmel: »Ich nehme an, du kannst dich vor Verehrern kaum retten.«

»Ach, weißt du …«, setzte sie an. Weiter kam sie nicht.

»Ich mag dich, Agatha, sehr sogar.«

In der Tat hatte sie in den vergangenen Monaten mit dem einen oder anderen auf Teufel komm raus geflirtet. Um ein Haar hätte sie sogar den Heiratsantrag von Charles angenommen. Sie hatte sich wieder und wieder gefragt, ob sie womöglich verliebt in ihn war, und keine Antwort gefunden. Bis er ihr eines Tages sozusagen die Pistole auf die Brust setzte und eine klare Antwort verlangte. »Willst du mich heiraten oder nicht? Und bitte sei ehrlich.«

»Nein.« Es war heraus, bevor sie darüber nachdenken konnte. Nach Charles kam Wilfred, auch er ein alter Freund der Familie, der wieder in ihr Leben getreten war. Sie verstanden sich blendend, doch sobald sie sich vorstellte, wie ein Leben mit ihm an ihrer Seite sein würde, zog sich alles in ihr zusammen. Wilfred war ungeheuer nett – aber leider auch ungeheuer langweilig. Sie würde ja gern heiraten, aber nur einen Mann, den sie aufrichtig liebte, der für sie da war und zu ihr passte, und mit dem es nicht langweilig wurde. Ein eintöniges Leben an der Seite eines Mannes, für den sie kaum mehr als Freundschaft übrighatte, war unvorstellbar.

Eines Tages erzählte Wilfred ihr, dass er die wohl einmalige Gelegenheit bekommen hatte, nach Südamerika zu reisen, um dort einen Inkaschatz zu finden. Nun, erst einmal würde er ihn natürlich suchen müssen. Ob sie sehr enttäuscht sei, wenn er die Reise antreten würde? Ohne sie?

Agatha zögerte keine Sekunde. »Natürlich nicht! Aber du musst mir unbedingt täglich schreiben und alles genauestens erzählen!« In Wahrheit – aber das begriff sie erst etwas später, als sie sich gestattete, ehrlich zu sich selbst zu sein –, in Wahrheit war sie unendlich erleichtert. Wilfred war wie ein Bruder für sie, als Ehemann gänzlich ungeeignet.

An all das musste sie denken, als sie mit Reggie im Schatten der Hecke saß. »Ich habe dich auch sehr gern, Reggie.«

»Wirklich?« Er strahlte. »Weißt du, Agatha, ich glaube nämlich, dass ich dich gern heiraten möchte.« Bevor sie etwas entgegnen oder einwenden konnte – und das hatte sie gewiss vor –, hatte er die Hand gehoben. »Warte. Ich mein's ernst, ich will dich heiraten. Aber das hat keine Eile. Du bist noch so jung. Lass uns einfach noch warten, ja?«

Nun bin ich also verlobt, hatte sie gedacht und sich gewundert, wie wenig aufregend es sich anfühlte.

Reggie kehrte zu seinem Regiment zurück und schrieb Brief um Brief. Manche las sie erst Tage später, als ihr wieder einfiel, dass einer gekommen war. Seltsamerweise genoss sie das Gefühl, auf jemanden zu warten, der so weit weg war.

Als die Grippe sie zur Ruhe zwang, gestand sie sich ein, dass genau die Entfernung, die zwischen ihnen lag, der Grund dafür war. Wäre Reggie in Torquay, hätte sie wohl viel früher begriffen, dass sie ihn nicht heiraten wollte. Dass es mit ihm wie mit Charles und auch Wilfred enden würde.

»Möchtest du den Brief jetzt lesen?«, riss ihre Mutter sie aus ihren Gedanken.

Sie schüttelte matt den Kopf – betont matt, um zu zeigen, dass sie einfach zu müde dazu war. »Später vielleicht.«

»Dann bringe ich dir jetzt ein Schreibheft«, verkündete ihre Mutter gut gelaunt und war aus der Tür, bevor Agatha sie abhalten konnte.

»Schön, dann werde ich eben etwas schreiben«, sagte sie zu sich selbst und rückte die beiden Kissen in ihrem Rücken zurecht.

Am Tag darauf war die Geschichte mit dem klangvollen Titel *Das Haus der Schönheit* fertig. Und Agatha erschöpft, aber recht zufrieden und sogar ein bisschen stolz. Während sie sich die Geschichte ein weiteres Mal durchlas, kam ihr ein ganz dummer, besorgniserregender Gedanke. Im Grunde war es gar nicht ihre Geschichte, eigentlich war es eine Mischung aus verschiedenen Geschichten, die sie zuvor gelesen hatte. Sie hatte sich ungeniert bei D. H. Lawrence und Everard Cotes bedient, ohne es zu merken.

Ihre Mutter war trotzdem begeistert, holte sogleich Madges alte Schreibmaschine und stellte sie ihr neben das Bett. »Warum tippst du sie nicht gleich sauber ab?«

»Weil sie grässlich ist, Mama.«

»Eben noch sahst du ganz zufrieden aus.«

Da wusste ich auch noch nicht, dass sie gestohlen ist. »Je öfter ich sie lese, desto schlechter finde ich sie.«

Ihre Mutter lachte vergnügt. »Das ist doch bei allen Schriftstellern so.«

»Ich bin kein Schriftsteller. Madge ist Schriftstellerin.« Ihre Schwester hatte vor ihrer Heirat Kurzgeschichten in der *Vanity Fair* veröffentlicht. Sie besaß das, was Agatha sich immer sehnlichst gewünscht hatte: Talent. Madge konnte nicht nur hervorragend schreiben, sie war auch eine grandiose Geschichtenerzählerin. Sie war diejenige gewesen, die ihr zum ersten Mal von Sherlock Holmes erzählt hatte.

»Ich habe lediglich eine kleine, ziemlich schlechte Geschichte geschrieben, Mama.«

»Und damit bist du eine Schriftstellerin.« Für ihre Mutter war es ganz einfach: Wer schreibt, ist ein Schriftsteller. Wer dichtet, ein Dichter, wer tanzt, ein Tänzer. »Ich bringe dir später Reggies Brief«, flötete sie und entschwand aus dem Zimmer.

Agatha hatte ungewöhnlich früh lesen gelernt und in noch recht zartem Alter Bücher von Sir Walter Scott und Dickens verschlungen. Sie liebte auch die Geschichten von Alexandre Dumas, die sie auf Französisch las, vor allem *Der Graf von Monte Christo* hatte es ihr angetan. Beim Lesen hatte sie zum ersten Mal in ihrem noch sehr jungen Leben so etwas wie romantische Anflüge bemerkt.

Ihre Mutter hatte ihren Lesehunger und Wissensdrang immer unterstützt, nicht nur das, sie hatte es befeuert.

Eines Nachmittags im Spätsommer zum Beispiel war sie aus dem Haus gerannt gekommen. »Zieh dich rasch an!«, rief sie schon von Weitem.

Agatha war gerade im Garten gewesen und hatte Obst aufgelesen. »Warum?«

»Wir fahren nach Exeter.« Ihre Mutter griff nach ihrer Hand und zog sie mit sich.

»Was wollen wir denn in Exeter?« Agatha trippelte hinter ihr her.

»Sir Henry Irving tritt dort auf.« Ihre Mutter blieb stehen und sah sie mit leuchtenden Augen an. »Sir Henry Irving, Agatha«, wiederholte sie. »Du musst ihn unbedingt sehen. Man *muss* ihn einfach gesehen haben. Er ist ein großer Schauspieler.«

Auf der Rückfahrt hatte sie Agatha mit rosigen Wangen gegenübergesessen und noch immer geschwärmt. »Dir hat es doch auch gefallen, nicht wahr?«

»O ja, sehr.« Was stimmte und keineswegs übertrieben war.

»Du solltest dich auch mal an einer Geschichte versuchen, Liebling. Du hast so viel Phantasie.«

»Mit Phantasie allein ist es wohl nicht getan.«

Agatha hatte eine Zeit lang die Mädchenschule in Torquay besucht, nachdem sie lange von ihrer Mutter unterrichtet worden war. »Es kann gewiss nicht schaden, dich wenigstens zweimal die Woche aus dem Haus zu geben«, hatte es geheißen.

Später in der Schule hieß es dann: »Agatha hat eine überschäumende Phantasie, der kaum beizukommen ist.«

Unter jedem ihrer Aufsätze – und sie liebte Aufsätze! – stand *Thema verfehlt! Zu ausschweifend!* Sollte sie über einen schönen Sommertag schreiben, begann sie mit der Beschreibung eines Gartens, der duftenden Blumen und Pflanzen, den Tieren, die umherstromerten. Darunter ein Haselmäuschen, das sich in einem Mauerspalt versteckt hielt und herauskam, als es etwas Verführerisches roch. Es lief ins Haus, stibitzte ein Stückchen Käse, und als es noch mehr davon in der Speisekammer fand, lud es die anderen Mäuse zu einer Party ein.

Thema verfehlt, zu ausschweifend!

Aber ihre Mutter hatte nicht lockergelassen. Immer wieder war sie gekommen, hatte ein Blatt Papier vor sie hingelegt und sie aufgefordert, etwas zu schreiben. »Ein Gedicht zum Beispiel«, sagte sie dann und zeigte nach draußen. »Sieh doch, wie hübsch es aussieht, wenn die Sonnenstrahlen auf den Rasen fallen. Oder dort drüben – siehst du die Katze, die sich auf der Mauer sonnt? Du könntest etwas Hübsches darüber schreiben.«

»Über eine Katze, die sich sonnt?« Agatha hatte das leere Papier vor sich betrachtet und geseufzt.

»Es ist ganz gleich, worüber du schreibst, Hauptsache, du beginnst. Irgendetwas wird dir einfallen.«

Um ihr den Gefallen zu tun, hatte Agatha schließlich irgendwann ein Gedicht verfasst. Es war ihr an einem verregneten Nachmittag in den Sinn gekommen, als sie trübsinnig aus dem Fenster schaute und die armen Blumen bedauerte, die nass wurden.

Kannt' 'ne hübsche Schlüsselblume
stand auf einer Heide,
wollte sein 'ne Glockenblume
im hellen blauen Kleide.

Ihre Mutter hatte es für ihren Geschmack viel zu überschwänglich gelobt. Bestimmt wollte sie sie nur dazu bringen weiterzumachen. Doch das wäre gar nicht nötig gewesen, denn Agatha hatte unerwartet Spaß daran gehabt.

Ein weiteres Gedicht entstand, als der Bau der Straßenbahn in der Zeitung angekündigt wurde. Die Bewohner von Torquay waren wenig begeistert und protestierten lautstark dagegen. Wozu brauchten sie eine Straßenbahn? Sie würde die hübsche Gegend verschandeln, und man hatte Sorge, es könnte vorbei sein mit der frischen Luft.

Agatha verfasste fünf Strophen, und ihre Großmutter war der Meinung, dass das Gedicht es wert war, in der Lokalzeitung veröffentlicht zu werden. »Alle sollen lesen, was sich eine Elfjährige für Gedanken über die Tram macht«, fand sie und reichte das Gedicht tatsächlich ein.

Und es wurde gedruckt. Agatha war natürlich stolz, und noch stolzer war ihre Mutter. »Ich hab's ja immer gewusst, aus dir wird noch eine Dichterin.«

Doch auch wenn das Gedichteschreiben ihr Freude machte, so fand sie nicht, dass in ihr eine Dichterin steckte.

Aber womöglich eine Pianistin oder Sängerin. Deshalb war sie begeistert gewesen, als ihre Mutter ihr wenige Jahre später den Vorschlag machte, nach Paris zu gehen.

2.

Niemand als Agatha selbst hätte verblüffter sein können, wie viel Spaß ihr das Schreiben plötzlich machte.

Noch am selben Abend schrieb sie eine weitere Geschichte. Und tags darauf noch eine. So ging es munter weiter – die Grippe war längst auskuriert –, und ein paar der Geschichten waren tatsächlich lesenswert. Agatha tippte sie auf Madges Schreibmaschine, steckte sie in einen Umschlag und stapelte sie auf ihrem Schreibtisch. Erst da ging ihr auf, dass sie ganz offenbar vorhatte, sie einzuschicken. Aber warum eigentlich nicht? Es kam doch auf einen Versuch an.

Den gleichen Gedanken schien auch ihre Mutter zu haben, denn als sie hereinkam und den Stapel sah, strahlte sie übers ganze Gesicht. »Eine hervorragende Idee!«

»Ich werde ein Pseudonym wählen«, erklärte Agatha und kam sich in diesem Augenblick tatsächlich wie eine Schriftstellerin vor. »Ich dachte an Nathaniel Miller.« Madge fand, dass es für eine Frau sinnvoll war, unter einem männlichen Pseudonym zu schreiben.

»Nathaniel. Wie dein Großvater!« Ihre Mutter war entzückt.

Und so schickte Agatha sich an, es als Schriftstellerin zu versuchen. Warum auch nicht? Wie gesagt, es kam auf einen Versuch an.

Leider wurden alle Geschichten wieder zurückgeschickt.

Man bedauerte sehr, musste aber von einer Veröffentlichung absehen. Aus den verschiedensten Gründen.

Agatha war enttäuscht – und ganz verblüfft, dass es ihr so viel ausmachte. Zuvor hatte sie nämlich noch beteuert, dass ihre Geschichten wahrscheinlich nicht gut genug waren und sie prima mit einer Ablehnung zurechtkäme. Es nun aber schwarz auf weiß lesen zu müssen, machte ihr zu schaffen. Doch die Absagen entfachten etwas in ihr, von dem sie gar nicht gewusst hatte, dass es überhaupt in ihr schlummerte: Entschlossenheit und Kampfgeist. Sie würde es weiter versuchen!

Das Geschichtenschreiben gehörte mittlerweile zu ihr und ihrem Leben wie für andere junge Mädchen das Besticken von Kissen- oder Tischtüchern. Sie tat es nicht nur gern, es fühlte sich an, als mache es sie ganz. Als sei es ein Teil von ihr, auf den sie nicht mehr verzichten konnte. Sie brauchte das Schreiben, um komplett zu sein. Damit hatte sie selbst wohl am allerwenigsten gerechnet. Sie war der Meinung gewesen, dass es nur um Freude und Zeitvertreib ging.

Aber diese Phase hatte sie längst hinter sich gelassen.

Wie jeden Sommer verbrachte Madge mit ihrem Sohn Jack ein paar Wochen in Torquay, eine Zeit, auf die Agatha sich immer sehr freute. Sie hatte beide furchtbar gern um sich.

Eines Abends saßen die Schwestern im Garten und unterhielten sich über den Kriminalroman, den sie beide gelesen hatten. Er war von Gaston Leroux und hieß *Das Geheimnis des gelben Zimmers*. Für Agatha war es der beste Kriminalroman, den sie je gelesen hatte.

Auch Madge war begeistert. »Wie geschickt er kleine Hinweise darin versteckt hat, nicht wahr?«

Agatha nickte. »Und ob. Man musste höllisch gut aufpassen. Und der Reporter als Detektiv war mir sehr sympathisch.«

»Oh, mir auch«, meinte Madge. »Man muss es als Schriftsteller schon gut verstehen, eine Figur zu entwickeln, die die Leser auf Anhieb mögen.«

»Ich weiß nicht«, überlegte Agatha. »Vielleicht ist Sympathie gar nicht so wichtig. Vielleicht kommt es darauf an, dass die Figur etwas an sich hat, das interessant genug ist, immer weiterlesen zu wollen.«

»Du findest also nicht, dass man die Figur mögen sollte?«

Sie zuckte die Schultern. »Ich weiß es nicht, Punkie. Lass mich eine Weile darüber nachdenken, ja?«

Sie plauderten weiter über den beeindruckenden Roman, bis die Sonne in einem leuchtenden Orangerot unterging. Sie standen auf, streckten sich und betrachteten den Horizont.

»Herrlich, nicht wahr?«, flüsterte Madge. »Kann man sich jemals daran sattsehen?«

»Nein, wohl nicht.« Agatha seufzte. »Weißt du was, Punkie, ich glaube, ich will auch mal einen Kriminalroman schreiben.«

Sie könnte natürlich auch Liebesgeschichten schreiben, romantisch und vielleicht hier und da ein wenig verklärt, aber das reizte sie nicht. Der Grund dafür mochte sein, dass sie selbst sich für nur sehr bedingt romantisch und schon gar nicht für verklärt hielt. Eine erfüllte Liebe war gewiss etwas Wunderbares, eine Kriminalgeschichte aber war das pure Abenteuer! Verwicklungen, Ermittlungen, Verdächtige, Unverdächtige, die sich schließlich doch als Täter entpuppten, Menschen, die verzweifelt versuchten, ein Kartenhaus zusammenzuhalten, das sie mühsam aufgebaut hatten, die logen, dass sich die Balken bogen und die niemanden hinter ihre Fassade blicken lassen wollten. Ja, das war das, was Agatha ungeheuer reizte.

»Was du nicht sagst!« Ihre Schwester hob beeindruckt und überrascht zugleich die Augenbrauen. »Ich glaube aber nicht, dass du das hinbekommst.«

Agatha schaute sie verwundert an. »Und wieso nicht?«

»Weil es ungeheuer schwer ist. Es muss alles zusammenpassen, Agatha, wie ein Puzzle, das Stück für Stück zusammengefügt wird. Stell dir das bloß nicht so leicht vor.«

»Ich hab nie behauptet, dass es leicht sein wird.« Ihr Ehrgeiz war geweckt, doch das würde sie Madge nicht auf die Nase binden.

»Ich wollte auch schon mal einen schreiben, aber ich hab es schnell wieder aufgegeben.«

Nun war ihr Ehrgeiz erst recht entfacht. Sie hatte Madge immer bewundert, vielleicht sogar beneidet, für deren Begabung und Ideenreichtum. Ihr nun eventuell einen Schritt voraus sein zu können, machte Agatha ganz schwindelig.

Eine Zeit lang schwiegen sie und schauten in den Himmel. Agatha hatte den Kopf an Madges Schulter gelehnt. »Ich werde es versuchen«, verkündete sie schließlich.

»Ich wette, du wirst es wieder aufgeben.« Es klang wie ein Schlusswort, als glaubte Madge nicht im Traum daran, dass Agatha es fertigbringen würde.

»Du möchtest mit mir wetten? Schön, wetten wir.« *Du solltest mich so gut kennen, um zu wissen, dass ich jetzt nicht lockerlassen werde, Punkie*, dachte sie.

Damit war es besiegelt: Sie würde einen Kriminalroman schreiben.

Reggie hatte wieder geschrieben, und diesmal antwortete sie noch am selben Abend. Sie erzählte ihm von Madges Besuch und dass sie über Leroux' großartigen Roman diskutiert hatten.

Sie war nie eine gute Briefschreiberin gewesen, sie wusste meistens nicht, was sie berichten sollte. Würde es den Adressaten interessieren? Würde sie ihn zu Tode langweilen? Würde er über ihre Zeilen lachen, den Kopf schütteln?

Ihre Schwester dagegen schrieb Briefe, dass es eine reine Freude war. Sie fand stets den richtigen Ton und die besten Formulierungen, und sie gab Ereignisse in lebhaften Worten weiter.

Aber ich *werde einen Kriminalroman schreiben*, dachte Agatha mit einem Anflug von Triumph, als sie Reggies Brief mit *Deine Agatha* beendete.

Das Eigenartige an seinen Briefen war, dass er sie stets aufforderte, fast schon drängte, möglichst oft auszugehen. Warum er das tat, wusste sie nicht und würde es wohl auch nie herausfinden. Wollte er, dass sie andere Männer kennenlernte, um sicher sein zu können, in ihm den Einzigen, den Richtigen gefunden zu haben? Oder hoffte er womöglich, sie würde sich in einen anderen verlieben, weil er längst bereute, sie heiraten zu wollen?

Nachdem Madge und Jack wieder abgereist waren, umkreiste Agatha ein, zwei Tage die Schreibmaschine. Dann setzte sie sich hin und spannte ein Blatt Papier ein. Mit dem Kriminalroman wollte sie sich Zeit lassen, es bräuchte ein ausgeklügeltes Konzept, sonst würde die Sache im Sand verlaufen, bevor sie auch nur Gestalt angenommen hatte.

Erst einmal wollte sie einen Roman schreiben, der in Kairo spielte. Als sie mit ihrer Mutter dort im Speisesaal gesessen hatte, waren ihr am Nebentisch eine Frau und zwei Männer aufgefallen, die jeden Abend miteinander speisten. Irgendwann hatte einer der Herren gesagt: »Sie werden sich irgendwann entscheiden müssen, Miss.« Dieser eine Satz hatte in Agatha sofort etwas in Gang gesetzt und eine Liebesgeschichte ersponnen, in der sich eine junge Frau nicht zwischen zwei Männern entscheiden konnte, weil jeder etwas hatte, das dem anderen fehlte. Ständig war sie hin und her gerissen, und je länger sie grübelte, desto schwerer fiel ihr die Entscheidung.

Also doch eine Liebesgeschichte? Agatha war selbst ganz verblüfft, aber es sollte wohl so sein.

Bereits zweimal hatte sie mit der Geschichte begonnen und war nicht wirklich vorangekommen.

Auch heute sah es nicht anders aus. Die Geschichte war zu schnell auserzählt, für einen ganzen Roman bräuchte es weit mehr. Es bräuchte einen guten, spannenden Ansatz, einen lebendigen Mittelteil und ein am besten unvorhergesehenes Ende.

Ein wenig ernüchtert begann sie mit einer anderen Geschichte.

Wieder ging es um eine Liebelei, die sie selbst schon bald langweilte und die ebenfalls viel zu schnell auserzählt war.

Agatha stand auf und ging umher. Kannten dieses Problem auch *richtige* Schriftsteller? Begannen sie mit einer Idee und mussten dann feststellen, dass es nicht für einen Roman reichte?

Sie stellte sich ans Fenster und schaute eine ganze Weile nach draußen, in der Hoffnung, doch noch einen Geistesblitz zu haben. Vielleicht sollte sie beide Geschichten zu einer verweben? Möglicherweise könnte daraus ein Roman werden.

Agatha setzte sich wieder und begann erneut.

Sie hatte nicht gehört, dass ihre Mutter hereingekommen war und sich neben sie stellte. »Das klingt doch schon gar nicht übel, Liebling.«

Sie fuhr zusammen. »Mama!«

»Ich stehe schon eine ganze Weile hier und sehe dir zu.«

»Du sollst aber erst lesen, wenn es fertig ist«, sagte sie empört.

»Darf ich einen Vorschlag machen, Agatha? Wie wird dein Roman eigentlich heißen?«

Sie dachte nach, aber nur kurz. »*Schnee über der Wüste.*«

»Was für ein ungewöhnlicher Titel. Wie bist du darauf gekommen?«

Frag mich etwas Leichteres. »Er ist mir so in den Sinn gekommen.«

Ihre Mutter nahm das obere Blatt vom Stapel, der ordentlich gewachsen war, und überflog die Zeilen. Dann nahm sie das Blatt darunter und las.

»Du liest von hinten nach vorn, Mama.«

»Das macht nichts. Es interessiert mich, wie du dich ausdrückst. Hmm …« Sie runzelte die Stirn, nickte dann und legte das Blatt zurück.

»Und?«

»Wie ich schon sagte, gar nicht übel.«

»Du wolltest mir einen Vorschlag machen.« Agatha schob den Blätterstapel zusammen, der ein wenig verrutscht war.

»Einen Vorschlag? Ach ja, jetzt fällt es mir wieder ein. Du könntest Eden Phillpotts um Rat fragen.«

Der Schriftsteller war ein guter Freund der Familie und wohnte ganz in der Nähe. Phillpotts befand sich gerade auf dem Höhepunkt seiner schriftstellerischen Laufbahn.

»Ich weiß nicht. Ich glaube, das traue ich mich nicht.«

»Sei nicht albern. Eden ist ein netter Mensch, das weißt du doch.«

»Aber er ist so … berühmt, Mama.«

Ihre Mutter lachte. »Deswegen sollst du ihn ja fragen, Liebling.«

»Was, wenn er mich auslacht? Wenn er mir rät, meinen Roman in Stücke zu reißen und zu verbrennen?« Sie würde es überleben, aber es würde sie schwer treffen.

»Dann weißt du wenigstens Bescheid.« Auch das war für ihre Mutter ganz einfach: Frag jemanden und komm damit klar, was er dir antwortet. »Also? Wirst du es tun, Agatha?«

»Ich denke nicht.«

»Ich hatte dich für vernünftiger gehalten. Und erwachsener.« Sie fand auch stets die richtigen Worte, um in Agatha ein Feuerchen zu entfachen – oder sei es nur Trotz. Mitunter genügte das schon.

»Na schön, ich werde ihm einen kleinen Besuch abstatten.«

3.

Manchmal wünschte Agatha sich eine enge Freundin, eine Herzensfreundin, mit der sie sich austauschen und der sie alles anvertrauen könnte. Doch von jeher hatte sie fast ausschließlich männliche Freunde gehabt.

Vielleicht tauge ich selbst nicht als Busenfreundin, dachte sie an diesem sonnigen Nachmittag, als sie auf dem Weg zu Phillpotts war, ihr Manuskript mit einem Band verschnürt unterm Arm. *Ja, wahrscheinlich liegt es an mir und nicht daran, dass sich keine netten jungen Frauen finden lassen.*

Es war ein herrlicher Tag, die Sonne stand strahlendhell am wolkenlosen Himmel, die Vögel zwitscherten in den Bäumen, und in den Vorgärten duftete es nach reifen Kirschen.

Agatha schritt weit aus, die Hände mit ihrem Manuskript darin auf dem Rücken. Wenn ihre Mutter sie so sähe, würde es ein Donnerwetter geben. *Marschiere nicht wie ein Soldat, Agatha!*

Sie musste an Reggie denken und seufzte.

Ich muss ihm schreiben, dass ich ihn nicht heiraten kann.

Er hat die Wahrheit verdient, schließlich war er immer so anständig.

Aber hatte er sie nicht immerzu gedrängt auszugehen? Was, wenn sie einen netten Mann kennengelernt hätte?

Wieder seufzte sie. Eine stürmische Verliebtheit, die ihr Leben gehörig durcheinanderwirbeln würde. War an ihr vielleicht doch eine Romantikerin verlorengegangen?

Ach, Reggie, dachte sie. *Es ist so viel Zeit vergangen, wir sind nicht mehr dieselben.*

Ein älterer Herr spazierte an ihr vorbei, und sie grüßten sich freundlich. Nur noch wenige Schritte, dann war Phillpotts Haus zu sehen. Agatha schob die Pforte auf und schaute sich im gepflegten Garten um, bevor sie zur Haustür ging und den Klopfer betätigte.

Seine Frau öffnete. »Agatha! Das ist eine Überraschung! Kommen Sie doch bitte herein. Was für ein hübsches Kleid!«

»Vielen Dank.« Sie betrat den kleinen Flur und wurde in Phillpotts Arbeitszimmer gebeten.

Er saß in einem Sessel am Fenster, ein Bein – das gichtgeplagte – auf einem Hocker. »Agatha Miller! Na, wenn das keine freudige Überraschung ist. Kommen Sie und setzen Sie sich zu mir.« Er deutete auf einen zweiten Sessel. »Ein herrlicher Tag, nicht wahr?«

Sie zog sich den Sessel heran und nahm Platz. »Ja, es ist wirklich ein wunderschöner Tag. Wie geht es Ihnen, Mr Phillpotts?«

»Gut, wäre mein verflixtes Bein nicht, sehr gut. An manchen Tagen ist es furchtbar. Aber lassen Sie uns von Erfreulicherem sprechen. Was führt Sie her?«

Sie legte das Manuskript auf den Tisch neben ihm. »Ich habe einen Roman geschrieben und möchte Sie bitten, einen Blick darauf zu werfen. Ich hoffe, ich überfalle Sie nicht damit.«

»Nein, nein, keineswegs. Ein Roman, interessant.« Er nahm das Manuskript und blätterte darin. Dabei zwirbelte er seinen dichten Schnauzbart, eine Angewohnheit, die sie bereits kannte. »Interessant, interessant«, murmelte er erneut. »Ich werde es mir ansehen, Agatha.«

»Das ist sehr freundlich von Ihnen. Es war der Vorschlag meiner Mutter. Ich selbst wäre nicht im Traum …« Sie verstummte. Manchmal war es besser, den Mund zu halten, bevor man etwas Unsinniges, Vorlautes von sich gab. Erst hinterher darüber nachzudenken war nicht weniger unsinnig.

»Die liebe Clara Miller ist eine kluge Frau.« Er lachte unbekümmert.

Es klopfte, und seine Frau trat ein. »Darf ich euch Tee und etwas Gebäck bringen?«

»Emily.« Er lächelte sie an, und bei diesem Lächeln ging Agatha das Herz auf. Ob auch sie irgendwann von einem Mann so angelächelt werden würde? »Eine gute Idee, ich danke dir.«

Sie stellte das Tablett ab, deckte den Tisch mit hübschem weißem Porzellan und stellte eine Schale mit köstlich aussehenden Plätzchen dazu. »Sie mögen doch Ingwerkekse, Agatha?«

»Ich liebe Ingwerkekse, Mrs Phillpotts.«

»Umso besser.« Sie schenkte Agatha und danach ihrem Mann ein Lächeln und ging leise hinaus.

»Darf ich Ihnen einschenken?«, bot Agatha Phillpotts an, und er nickte dankbar. Anschließend griff sie nach einem Ingwerplätzchen und nahm sich vor, seine Frau unbedingt nach dem Rezept zu fragen.

»Sie schreiben also«, nahm er den Faden wieder auf, nachdem sie einen Moment schweigend Tee getrunken hatten. »Wie lange schon?«

»Ach, ich habe schon immer Gedichte und Kurzgeschichten geschrieben. Es macht mir einfach Spaß. Aber dieser Roman …« Sie seufzte. »Er hat es mir nicht leicht gemacht.«

»Welcher Autor kann schon von sich behaupten, dass ein Roman es ihm leicht gemacht hat?«

»Ich würde mich gern an einen Kriminalroman wagen.«

»Wie interessant!« Er beugte sich vor und sah sie gespannt an. »Erzählen Sie mehr, Agatha.«

»Mehr gibt es da leider noch nicht«, gab sie zu. »Es fehlt noch das Gerüst, der Handlungsstrang. Ich habe noch nicht mal eine Hauptfigur.«

»Oh, die Hauptfigur ist das Wichtigste, glauben Sie mir. Mit ihr fiebern die Leser mit, mit ihr leiden und lieben sie. Wenn es ein Kriminalroman werden soll, brauchen Sie unbedingt einen charismatischen Ermittler.« Er trank einen Schluck und stellte die Tasse ab. »Lassen Sie sich nicht beirren, Agatha. Und verlieren Sie nicht den Mut, auch wenn es hakt oder stillsteht.«

»Vielen Dank, Mr Phillpotts.«

»Ach, wofür denn.«

Dass Sie mich nicht auslachen, belächeln. Dass Sie mir nicht raten, etwas Vernünftiges, Sinnvolles zu tun. »Dass Sie mir Mut machen.«

Er klopfte auf das Manuskript neben sich. »Ich werde es auf Herz und Nieren prüfen, versprochen. Einen Rat kann ich Ihnen aber schon jetzt geben: Sie sollten sich einen Agenten suchen.«

Sie hob erstaunt die Augenbrauen. »Der zweite Schritt vor dem ersten?«

Phillpotts schmunzelte. »Wenn Sie wirklich und ganz ernsthaft Schriftstellerin sein wollen, brauchen Sie jemanden, der Sie vertritt. Der sich in der Branche auskennt und Ihnen den Rücken freihält.«

»Es käme mir vermessen vor, mich nach einem Agenten umzusehen«, gestand sie. »Ich muss zunächst mal wissen, ob ich überhaupt zur Schriftstellerin tauge.«

»Ich werde Sie meine Meinung dazu wissen lassen.«

Als seine Antwort kam, zog Agatha sich in ihr Zimmer zurück. Sie wollte allein sein, vielleicht, weil sie urplötzlich Magenflattern hatte. Was, wenn er schrieb, dass sie gänzlich untalentiert war, dass sie besser ihre Aussteuer sticken und sich ein anderes nettes Hobby suchen sollte? Wie würde sie damit umgehen? Es ging nicht nur darum, die Wette zu gewinnen, sie wollte es nicht nur ihrer Schwester zeigen, sondern vor allem sich selbst.

Phillpotts Brief war ausführlich. Er fand vieles, was sie geschrieben hatte, ausgezeichnet, und er lobte ihre Dialoge.

Aber Sie sollten nicht versuchen, Ihre Figuren das tun und sagen zu lassen, was Sie selbst denken und für richtig erachten.

Lassen Sie Ihre Figuren an der langen Leine, gestatten Sie ihnen, ein Eigenleben zu entwickeln.

Diesen Absatz musste sie mehrmals lesen, um sich die Worte zu verinnerlichen. Sie legte den Brief beiseite, stand auf und ging ein paar Schritte umher. Er hatte versprochen, ehrlich zu sein, und sie sollte seine Worte für bare Münze nehmen.

Agatha setzte sich wieder und las ein weiteres Mal, diesmal laut.

Ihre Dialoge haben Esprit, Agatha, das ist wunderbar. Die Leser schätzen Dialoge, bei denen sie lachen, weinen und staunen können. Doch es ist, wie es ist: Sie haben noch eine Menge zu lernen. Das geschieht am besten, wenn Sie weiterschreiben und viel lesen. Irgendwann werden Sie Ihre eigene Stimme finden. Das dauert manchmal recht lange, verzagen Sie nicht.

Er empfahl ihr ein paar Bücher, die sie sich besorgen sollte, wenn sie sie nicht schon hatte.

Für den Fall, dass Sie sie bereits gelesen haben, lesen Sie sie noch mal. Manche Bücher kann man gar nicht oft genug lesen, glauben Sie mir. Mit jedem weiteren Mal entsteht ein neues Bild in Ihrem Kopf, und Sie werden sehr wahrscheinlich jedes Mal eine andere Figur in Ihr Herz schließen.

Bleiben Sie am Ball, Agatha, entschlossen und hartnäckig.

Ich lege Ihnen einen Brief an meinen geschätzten Agenten Hughes Massie bei. Er ist ein kluger Kopf, der mir gute Dienste erwiesen hat und noch immer erweist. Ehrlich gesagt wüsste ich gar nicht, was ich ohne ihn täte.

Massie wohnte in London, wie er ihr erzählt hatte.

Sie dachte ernsthaft darüber nach, zu ihm zu fahren.

Ihre Mutter kam herein. »Störe ich?«

»Mr Phillpotts hat geschrieben.«

»Und?«

Agatha reichte ihr den Brief. Und noch während sie las, sagte Agatha: »Ich glaube, ich werde nach London zu Mr Massie fahren.«

Eine ganze Weile war es mucksmäuschenstill, nur das Zetern einer Amsel im Garten war durch das geschlossene Fenster zu hören.

Ihre Mutter gab ihr den Brief zurück. »Es war eine gute Idee, ihn um Rat zu fragen.«

»Es war deine Idee, Mama.«

»Wie sagte dein Vater doch stets: Es ist völlig gleichgültig, von wem eine hervorragende Idee stammt. Wichtig ist nur, dass man sie nicht im Sande verlaufen lässt.«

Agatha erinnerte sich nicht, dass er das je gesagt hatte, aber es war auch nicht wichtig. »Findest du auch, dass ich nach London zu Hughes Massie fahren sollte?«

»Unbedingt.«

Sie steckte den Brief zurück in den Umschlag und betrachtete ihn nachdenklich. »Ich glaube, ich werde ein wenig Klavier spielen«, sagte sie schließlich. »Ich muss meine Gedanken ordnen.«

Die Freude am Musizieren hatte sie nicht verloren, vielleicht bereitete es ihr sogar noch mehr Freude, seit sie wusste, dass sie keine musikalische Laufbahn einschlagen würde. Zudem war es so, dass ihr das Klavierspielen stets dabei half, ein Gedankenknäuel zu entwirren und die einzelnen losen Fäden sinnvoll miteinander zu verknüpfen. Wäre das auch so, wenn sie eine Pianisten-Laufbahn eingeschlagen hätte?

Wenige Tage später nahm Agatha den Zug nach London.

Als sie Hughes Massie gegenübersaß, sank sie in sich zusammen. Der Mann war selbst im Sitzen ein Hüne, und der Blick aus seinen dunklen Augen war angsteinflößend. Als durchbohre er sie auf der Suche nach der Antwort, was zum Teufel sie bei ihm zu suchen hatte.

Seine Stimme glich eher einem Donnergrollen. »Was kann ich für Sie tun, Miss …?«

»Miller, Agatha Miller«, sagte sie schüchtern.

Sie hatte das Gefühl, er schaue ihr geradewegs in den Kopf.

»Mr Phillpotts … ähm schickt mich«, stammelte sie und ärgerte sich über ihre Unbeholfenheit. Im Zug hatte sie sich sehr genau überlegt, was sie sagen, wie sie beginnen wollte. Doch nun war alles fort und ihr Kopf leer.

Er wird also gar nichts darin finden, tröstete sie sich. *Egal, wie lange er mich noch so anstarrt.*

Sie holte Luft. »Mr Phillpotts hat mein Manuskript gelesen und mir einen Brief für Sie mitgegeben.« Sie öffnete ihre Handtasche und nahm den Brief heraus. »Er ist ein Freund der Familie, wir kennen uns schon sehr lange.«

Massie nahm das Kuvert, öffnete es mit einem teuer aussehenden Brieföffner, las mit gerunzelter Stirn und fragte dann: »Und Ihr Manuskript?«

Ihre Hand zitterte ein wenig, als sie es ihm auf den Tisch legte.

Er warf einen Blick auf das Deckblatt, grinste und meinte: »*Schnee über der Wüste*, ein interessanter Titel. Ich habe direkt ein Bild vor Augen.« Er machte eine ausladende Handbewegung. »Ein loderndes Feuer – und dann fällt Asche vom Himmel und bedeckt es.«

Agatha schluckte und wusste nicht, was sie sagen sollte.

Ich bin eine lausige, grauenvolle Schriftstellerin, dachte sie fassungslos. *Ich kann ja noch nicht mal sagen, was ich mir bei dem Titel gedacht habe.*

Vielleicht sollte sie etwas erfinden, eine kleine Geschichte, wie sie auf den Titel gekommen war. Nur leider fiel ihr so schnell keine ein.

Massie fragte nicht, was Phillpotts zu ihrem Manuskript gesagt hatte. Entweder es interessierte ihn tatsächlich nicht, oder er wollte unvoreingenommen sein. »Nun, Miss Miller«, setzte er an, und sie wurde immer kleiner auf ihrem Stuhl. Er räusperte sich, blätterte im Manuskript und hob schließlich wieder den Blick, um sie anzuschauen. Besser gesagt anzustarren. »Lassen Sie es da. Ich werde es lesen und Ihnen dann mitteilen, was ich davon halte.«

Agatha war bereits aufgestanden, vielmehr aufgesprungen. In drei Schritten war sie an der Tür.

»Und ob ich glaube, es an einen Verlag vermitteln zu können«, sagte er noch, als sie die Klinke bereits in der Hand hatte.

»Vielen Dank, Mr Massie. Sehr freundlich von Ihnen.«

»Es war nett, Sie kennenzulernen, Miss Miller.«

Sie hob überrascht die Augenbrauen. Bis eben noch hatte sie geglaubt, mit ihrem Anliegen seine kostbare Zeit zu stehlen. Sie drehte sich zu ihm um. »Es war auch nett, Sie kennenzulernen, Mr Massie.«

»Sie hören von mir.« Er war bereits in etwas anderes vertieft.

4.

Agatha überbrückte das Warten auf Massies Nachricht, indem sie weitere Kurzgeschichten schrieb. Die meisten gefielen ihr nicht sonderlich, aber es lenkte sie ab.

Was würde Massie zu ihrem Manuskript sagen? Würde er es belächeln, anders als Phillpotts?

Und dann – es waren einige Wochen vergangen – lag ein dicker Umschlag im Briefkasten. Sie wusste es gleich: Er hatte ihr das Manuskript zurückgeschickt. Kein gutes Zeichen.

Ihr Herz klopfte zum Zerspringen, als sie den beigefügten Brief las.

So leid es mir tut, aber ich halte Ihr Manuskript nicht für vermittelbar, Miss Miller. Es ist schwer, ein Erstlingswerk unterzubringen, das wird Eden Phillpotts Ihnen gesagt haben, nehme ich an.

Am besten, Sie schreiben etwas ganz Neues.

Agatha war enttäuscht und versuchte zwischen den Zeilen zu lesen. Hielt er wirklich nur ihr Manuskript für nicht vermittelbar oder sie für komplett untalentiert? Aber würde er ihr dann raten, etwas Neues zu schreiben?

Ich kann es ohnehin nicht lassen, ging ihr durch den Kopf. Aber vielleicht sollte sie sich auf Kurzgeschichten beschränken.

»Tut mir leid, Schatz«, sagte ihre Mutter, nachdem auch sie seinen Brief gelesen hatte. »Ich hoffe, es macht dir nicht allzu viel aus.«

»Ich schreibe gern, Mama, aber mein Herz hängt nicht daran, etwas zu veröffentlichen.« Sie überlegte, ob sie sich selbst etwas vormachte. Wollte sie wirklich nicht veröffentlichen, sondern nur für sich schreiben? »Ich tauge ganz offenbar weder zur Pianistin noch zur Schriftstellerin. Je eher ich das einsehe, desto besser.«

Es klang pragmatisch, und im Grunde war sie das auch.

Sie wechselte rasch und ohne die kleinste Anstrengung das Thema. »Am Wochenende ist bei den Cliffords ein Ball, zu dem ich eingeladen wurde«, plapperte sie munter. »Ich freue mich darauf, mal wieder zu tanzen und neue Menschen kennenzulernen.« Sie war wild entschlossen, sich zu vergnügen und den kleinen Misserfolg – es fühlte sich leider genauso an – hinter sich zu lassen.

Am Gesicht ihrer Mutter sah sie, dass sie weiter ausholen musste. »Du kennst die Cliffords nicht, Mama, und ich auch nicht. Mrs Travers hat mich gebeten, sie und ihren Mann zu dem Ball zu begleiten.« Die Travers waren alte Freunde. »Sie haben mich eingeladen, bei ihnen zu übernachten. Es sei denn, du hast etwas dagegen.«

»Wieso sollte ich etwas dagegen haben, Agatha? Es freut mich, dass du eine Gelegenheit hast, dich wieder einmal zu amüsieren.«

»Oh, das habe ich mir fest vorgenommen.«

Arthur Griffiths, den Agatha vor Jahren auf einem Ball kennengelernt hatte, war ebenfalls eingeladen, konnte aber leider nicht kommen. In einem Brief hatte er sie gebeten, sich um einen jungen Burschen zu kümmern, der sich eventuell etwas verloren vorkommen würde. Sein Name war Archibald Christie, er kam aus Exeter und war laut Arthur ein ausgezeichneter Tänzer.

Gleich nach ihrem Ankommen hielt Agatha nach ihm Ausschau.

Es dauerte auch nicht lange, bis sie einander vorgestellt wurden.

»Nett, Sie kennenzulernen, Miss Miller.« Christie war recht groß und hager, mit lockigem blondem Haar und einer Himmelfahrtsnase, die Agatha zum Schmunzeln brachte.

Hastig versuchte sie ihr Lächeln zu verbergen. »Ganz meinerseits, Mr Christie.«

»Ich hörte, Sie sollen ausgezeichnet tanzen.«

»Und ich hörte, *Sie* tanzen ganz ausgezeichnet.«

Sie lächelten einander an.

»Und von wem, wenn ich fragen darf?«, erkundigte er sich.

»Von Arthur Griffiths.«

»Sieh an, er ist auch mein Informant.« Er bot ihr seinen Arm. »Darf ich Sie um diesen Tanz bitten, Miss Miller?«

»Sie dürfen, Mr Christie.«

Er war in der Tat ein ungeheuer guter Tänzer.

Sie ließen kaum einen Tanz aus, plauderten dabei und verstanden sich glänzend. Archibald Christie hatte etwas Unbekümmertes an sich, das Agatha sofort faszinierte. Und ihr gefiel seine Nase. Nein, wenn sie ganz ehrlich war, gefiel ihr so einiges an ihm.

Es war ein wunderschöner Abend, sie hatte sich lange nicht mehr so unbeschwert und heiter gefühlt.

Deshalb war sie enttäuscht, als er plötzlich – es war schon ziemlich spät – nicht mehr zu sehen war, nachdem er erklärt hatte, nur kurz an die frische Luft zu wollen.

Schade, dachte sie, *ich hätte zu gern noch weiter mit ihm geplaudert. Und getanzt.*

Als sie mit den Travers heimfuhr, musste sie erneut an ihn denken und hatte ganz offenbar laut geseufzt.

Mrs Travers schaute sie von der Seite an. »Stimmt etwas nicht, Agatha?«

»O nein, es ist alles bestens, Mrs Travers, wirklich«, versicherte sie rasch. »Ich bin nur müde.«

»Sie haben ja auch den ganzen Abend getanzt. Wer war der nette junge Mann?«

»Archibald Christie.« In diesem Moment ging ihr auf, dass sie zwar seinen Namen wusste und dass er ein hervorragender

Tänzer war, viel mehr jedoch nicht. Dabei hatten sie fast unablässig geredet. Er hatte jedoch kaum etwas von sich preisgegeben.

Und ich?, überlegte sie verwirrt. *Was weiß er von mir?*

Als sie wenig später im Bett lag und der Mond hell ins Zimmer schien, kuschelte sie sich unter das Plumeau und verschränkte die Hände im Nacken.

Sie mochte Christie, er hatte ihr wirklich gefallen. Aber sie sollte ihn sich gleich wieder aus dem Kopf schlagen. In der Tiefe ihres Herzens hatte sie immer gewusst, dass es so kommen würde: Ihr begegnete ein interessanter Mann, und kurz darauf war er schon wieder verschwunden, als hätte es ihn nie gegeben. Andere, die weniger interessanten und denen sie nicht nachtrauern würde, wenn sie verschwanden, hefteten sich dafür an ihre Fersen.

Nun, sie würde es schon überwinden. Es half ja nichts, so war eben das Leben.

Agatha gähnte und drehte sich auf die Seite. »Dann also *Good bye*, Archibald Christie. Es war schön, Sie kennenzulernen.«

5.

Zwei Wochen später, an einem Nachmittag wenige Tage vor Weihnachten, war Agatha bei den Mellors, den Nachbarn gleich gegenüber, und übte Gesellschaftstänze mit deren Sohn Max.

Draußen stürmte und regnete es, sie war ganz derangiert gewesen, nur vom kurzen Überqueren der Straße. Der Wind hatte ihr Cape flatternd aufgebläht und an ihrem Hut gerüttelt, als wollte er ihn ihr vom Kopf reißen.

»Ich persönlich glaube ja nicht, dass wir Weihnachten einen Schneemann bauen können«, meinte Max trocken, als sie hereingekommen war.

»Nein, vermutlich nicht. Bist du so gut und steckst mir diese Nadel ins Haar?« Sie war beim Abnehmen des Hutes herausgerutscht. »Dann muss ich euer reizendes Dienstmädchen nicht extra kommen lassen.«

Mit konzentrierter Miene schob er sie fest. »Gut, dass unsere Mütter uns nicht so sehen. Am Ende feiern sie noch eine Verlobung, die es nicht geben wird.«

Agatha lachte. Nein, verloben würden sie sich todsicher nicht. Max war ein Freund, ein sehr lieber noch dazu. Manch einer nannte ihn ein wenig exzentrisch, doch das konnte sie nicht bestätigen. Max war höflich, wortgewandt und hatte Humor. Sie mochte seine trockenen Erwiderungen, und ihr gefiel sein Kleidungsstil. Max trug stets ein Tuch, sommers wie winters, lässig umgeschlungen, manchmal auch einen Schal. Sie hatte sich schon gefragt, ob er auch zum Pyjama ein passendes Tuch trug. Außerdem war Max bei Weitem nicht so langweilig wie die meisten anderen jungen Männer, die sie kannte.

Und er war ein mehr als passabler Walzertänzer, und sie hoffte insgeheim, dass sie doch noch Gefallen daran finden könnte. Gottlob war das Walzertanzen treppauf inzwischen aus der Mode gekommen.

Sie und Max hatten sich gerade zu einem Tango in Position gestellt, als das Telefon im Salon klingelte.

Er runzelte die Stirn, horchte und seufzte unwillig, als das Dienstmädchen hereinkam und sagte, dass der Anruf für Agatha sei.

»Ist es sehr wichtig?«, wollte die wissen, ebenfalls mit einem Seufzen.

»Es ist Ihre Mutter, Miss Miller.«

»Dann muss es wichtig sein.« Agatha lief zum Telefon, auf alles gefasst.

Darauf nicht. »Hier ist ein junger Mann, der mit dir sprechen will«, flüsterte ihre Mutter. »Du musst sofort heimkommen. Ich kenne ihn nicht und habe nicht die geringste Ahnung, was ich mit ihm anstellen soll.«

Sie unterdrückte ein Kichern. »Du könntest dich mit ihm unterhalten, Mama, das fällt dir doch sonst auch nicht schwer.«

»Komm nach Hause, Agatha.« Ihre Mutter legte auf.

»Es geht ihr doch hoffentlich gut.« Max stand plötzlich hinter ihr. Er sah besorgt aus.

»Ja, ja, es ist alles in Ordnung. Sie hat mich nur gebeten heimzukommen.«

»Wie schade.«

»Wir üben morgen weiter, wenn es dir recht ist.«

Er schüttelte den Kopf. »Morgen bin ich mit meinem Vater unterwegs.«

»Dann sehen wir uns beim Neujahrsball.« Den seine Familie wie fast jedes Jahr veranstaltete.

Max begleitete sie zur Tür. »Gib auf deinen Hut acht, Agatha.«

»Worauf du dich verlassen kannst.« Mit beiden Händen hielt sie ihn fest und überquerte die Straße. Eine Böe riss an ihrem Rock und wickelte ihn um ihre Beine. Sie geriet ins Stolpern, fing sich aber wieder. Auf der anderen Straßenseite drehte sie sich zu Max um und winkte. »Ich bin heil angekommen!«

Er lachte und winkte zurück.

Wer mag der junge Bursche wohl sein?, überlegte sie, während sie durch den Vorgarten ging. Sie stutzte, als sie ein Motorrad sah, das neben der Haustür stand. Sie kannte niemanden, der ein Motorrad fuhr. Jetzt war sie wirklich neugierig.

Agatha betrat die Diele, legte im Gehen ihren Mantel ab und blieb vor der Wohnzimmertür stehen. Sie legte das Ohr daran und lauschte. Sie hörte ihre Mutter etwas sagen und eine männliche Stimme etwas erwidern. Wessen Stimme war das? Sie erinnerte sich nicht, sie je gehört zu haben.

Sie klopfte an und trat ins Zimmer. »Da bin ich.«

Ihre Mutter saß auf dem kleinen Sofa, eine Teetasse auf dem Knie. Ihr gegenüber, mit dem Rücken zur Tür, saß ein blonder Mann, der nun zu Agatha herumwirbelte. »Miss Miller!« Er sprang auf und kam ihr entgegen, die Hand ausgestreckt. »Sie wissen noch, wer ich bin?« Röte überzog seine Wangen.

Archibald Christie, dachte sie verblüfft. *Du lieber Himmel, was machte er denn hier?* »Mr Christie.« Sie nahm seine Hand und wollte frostig lächeln, stellte jedoch einigermaßen überrascht fest, dass ihre Mundwinkel sich auseinanderzogen. Eigentlich wollte sie doch noch böse auf ihn sein, schließlich hatte er sich auf dem Ball der Cliffords einfach davongestohlen.

»Wie schön, Sie hier zu sehen.« Und dann sagte sie auch noch das.

»Ich bin mit dem Motorrad gekommen«, begann er und räusperte sich. »Ich … ähm war zufällig in der Nähe, und da dachte ich …«

Da dachten Sie, Sie schauen auf einen Sprung vorbei und plaudern nett mit meiner Mutter, ergänzte sie im Stillen und lachte in sich hinein.

Sie nahm neben ihrer Mutter Platz und strich den Rock ihres Kleides glatt. Hätte sie gewusst, dass Archibald Christie hereinschneien würde, hätte sie ein hübscheres angezogen. Mit einer Hand griff sie in ihr Haar und überprüfte, ob alles noch an Ort und Stelle saß. Oder hatte sich womöglich hier und da wieder eine Strähne gelöst?

Mit einem Mal fühlte sie sich ganz schüchtern und wusste nicht, was sie sagen, wie sie eine Unterhaltung beginnen sollte.

Aus dem Augenwinkel fing sie den Blick ihrer Mutter auf: *Darüber werden wir noch reden, Agatha. Ich will alles über diesen jungen Mann wissen, hörst du!*

Im Laufe der Jahre hatten sie eine Art Geheim- und Zeichensprache entwickelt, die niemand außer ihnen verstand. Sie warfen sich besondere, über die Jahre gut einstudierte Blicke zu, runzelten die Stirn oder verengten die Augen, um ihr Missfallen auszudrücken und zwinkerten, wenn das Gegenteil der Fall war.

Frag ihn, ob er zum Abendessen bleiben möchte.

Ich kann ihn doch nicht überrumpeln!

Natürlich kannst du.

Agatha fiel ein, dass sie noch kalten Truthahn dahatten.

»Machen Sie uns die Freude und bleiben zum Essen, Mr Christie?«

Er schien höchst überrascht – und ausnehmend erfreut. »Sehr gerne. Vielen Dank für die Einladung.«

Na, siehst du. Er mag dich, Agatha.

Woher glaubst du das zu wissen?

Die Antwort ihrer Mutter war ein bedeutungsvolles Lächeln.

Und so aßen sie den kalten Truthahn mit Salat und eine kleine Käseplatte zum Dessert. Archibald erzählte, dass er darauf wartete, in das Königliche Fliegerkorps aufgenommen zu werden.

»Ach, dann sind Sie Pilot, wie aufregend.« Ihre Mutter legte die Serviette auf den Teller. »Sie müssen unbedingt mehr darüber erzählen.«

»Mehr gibt's da leider noch gar nicht, Mrs Miller. Wie gesagt, ich warte darauf, aufgenommen zu werden.«

»Oh, ich bin schon mal geflogen«, erzählte Agatha. »Es war phantastisch! Absolut berauschend.«

Archibald schaute sie verwundert an. Fand er das Fliegen etwa nicht berauschend? Warum sonst wollte er dann Pilot werden? »Die Zukunft liegt im Fliegen, davon bin ich überzeugt.« Es klang nüchtern. »Und ich sehe meine berufliche Zukunft darin. Würde es zu einem Krieg kommen, bräuchte man in erster Linie Flugzeuge.«

Agatha und ihre Mutter wechselten einen Blick.

»Es wird ganz gewiss nicht zu einem Krieg kommen, Mr Christie«, meinte ihre Mutter.

»Das weiß man nie, Mrs Miller.«

Sie tranken Sherry und schwiegen eine Weile.

Schließlich durchbrach Archibald die Stille mit einer Frage. »Darf ich Ihre Tochter zu einem Konzert nach Exeter einladen, Mrs Miller?«

Wieder tauschten Mutter und Tochter einen Blick, und Agatha nickte unmerklich.

»Sie dürfen, Mr Christie.«

»Wie schön, das freut mich.« Er sah Agatha an, und sie betrachtete hingerissen seine Himmelfahrtsnase. »Und hinterher könnten wir Tee in einem netten kleinen Hotel trinken. Was meinen Sie, Miss Miller?«

Sie wollte schon zusagen, als ihre Mutter sich räusperte. »Ich kann leider nicht erlauben, dass Sie allein mit meiner Tochter Tee trinken, Mr Christie.«

Er räusperte sich ebenfalls, wurde feuerrot und stammelte: »Natürlich nicht. Bitte verzeihen Sie. Natürlich sprach ich davon, Sie beide einzuladen.«

Ihre Mutter nickte gnädig.

Agatha suchte nach einem anderen, unverfänglicheren Thema, doch ihre Mutter schien eine Idee zu haben. »Ich wäre damit einverstanden, dass Sie und meine Tochter im Erfrischungsraum des Bahnhofs Tee trinken.«

Seine Miene hellte sich augenblicklich auf. »Wunderbar, vielen Dank, Mrs Miller.«

Nun übertreiben Sie bloß nicht so, dachte Agatha unbehaglich. Am Ende würde ihre Mutter den Vorschlag noch zurücknehmen.

»Dann wollen wir es so handhaben.« Ihre Mutter stand auf, und er fühlte sich bemüßigt, ihrem Beispiel zu folgen.

»Vielen Dank für das Essen, Mrs Miller. Ich werde mich dann mal auf den Heimweg machen.«

»Und ich werde mich zurückziehen«, sagte sie im Hinausgehen. »Ich bekomme leichtes Kopfweh. Agatha? Bringst du Mr Christie zur Tür?«

Dort standen sie eine Zeit lang ein wenig befangen voreinander, bis Archibald sich einen Ruck zu geben schien und ihre Hand nahm. »Danke für den netten Abend, Miss Miller.« Er ließ die Hand wieder los. »Es tut mir übrigens sehr leid, dass ich auf dem Ball bei den Cliffords einfach verschwunden bin.«

»Jetzt sind Sie ja wieder da.«

»Sie wollen gar keine Erklärung?«

»Wieso sollte ich?« Sie gab sich großzügig, dabei hätte sie tatsächlich zu gern gewusst, weshalb er gegangen war.

»Ich hatte einen alten Bekannten von früher getroffen, und wir kamen ins Gespräch. Und dann stellte ich fest, dass es schon recht spät war und da …« Er hielt inne, betrachtete sie nachdenklich, als wüsste sie, wie es weiterging. »Und da verlor ich den Mut, zu Ihnen zurückzukehren und mich zu erklären.«

»Was Sie nun getan haben.«

»Richtig. Und ich bin froh, dass Sie es nun wissen.«

Sie war gerührt und über diese Empfindung nicht wenig verwundert. Archibald Christie war ein interessanter Mann, den sie gern etwas näher kennenlernen würde. Aber wie sollte sie es anstellen, ohne dass er sie für plump hielt? »Ja, dann …«, setzte sie an. »… sehen wir uns in Exeter.«

Archibald nickte und wandte sich ab. Mit raschem Schritt ging er zu seinem Motorrad.

Sie würde wohl doch den ersten Schritt machen müssen. Offenbar hatte er wirklich vor davonzufahren. »Warten Sie!«, rief sie ihm nach. »Was würden Sie davon halten, wenn wir zusammen zum Neujahrsball gehen?« Es war ihr just in diesem Moment in den Sinn gekommen. Archibald tanzte so wunderbar, und Max wäre wahrscheinlich froh, wenn sie ihn nicht den ganzen Abend in Beschlag nehmen würde.

»Ein Neujahrsball?« Er schien darüber nachzudenken und nickte schließlich. »Das klingt sehr nett.«

»Oh, die Bälle bei den Mellors sind legendär.« Eine glatte Übertreibung, aber war das wichtig?

Er lächelte, und sie sah zu, wie er auf sein Motorrad stieg und die Lederhaube aufsetzte. Er machte wirklich eine gute Figur.

Als er losfuhr, dachte sie, dass wahrscheinlich die halbe Nachbarschaft von dem lauten Geknatter wach wurde.

Sie hatte kaum die Tür geschlossen, als aus dem Schlafzimmer ihrer Mutter die unmissverständliche Aufforderung kam, sofort hinaufzukommen und Rede und Antwort zu stehen.

Agatha hatte ihr ein feuchtes Tuch gebracht, das sie sich auf die Stirn legte. »Ich weiß nicht, was ich von Mr Christie halten soll, Agatha.«

»Was hast du denn gegen ihn?«

»Ich habe mit keiner Silbe gesagt, dass ich ihn nicht mag.«

»Es klang aber so.« Und sie wunderte sich, wie verstimmt sie deswegen war.

»Er redet nicht sehr viel.«

»Und das findest du unangenehm?«

Ihre Mutter nahm das Tuch ab, richtete sich halb auf und sah sie an. »Mir scheint, *du* magst ihn, Agatha.«

Die Wahrheit war: Sie wusste es nicht. Vielleicht wusste auch sie nicht recht, was sie von ihm halten sollte. Ja, er war nicht besonders gesprächig, und es hatte sie irritiert, wie abgeklärt er über das Fliegen redete, das sie so faszinierte. »Ich finde ihn nett, Mama, weiter nichts.«

»Weiter nichts? Ich bitte dich, Liebling, du bist in einem Alter, in dem eine junge Dame einen jungen Mann nicht einfach nur nett finden sollte. Ich hatte gehofft, dass nicht alle Männer nur gute Freunde für dich sind. Du solltest heiraten und eine Familie gründen. Aber mir scheint, du bist nur auf Freundschaften aus. So wird das nichts.« Sie hob verwundert die Augenbrauen, als Agatha laut loslachte. »Was findest du daran so lustig?«

»Gar nichts.« Agatha wischte sich eine Träne aus dem Augenwinkel. »Es ist nur … Du hast ja recht, ich weiß selbst, dass das so nichts wird.«

Nach einer längeren Pause fügte sie hinzu: »Ich will einen Mann, der beides sein kann, mein Freund und mein Ehemann. Glaubst du, dass ich so jemanden finden werde?«

»Nein, Agatha, das glaube ich nicht.« Wie üblich war ihre Mutter schonungslos ehrlich. »Aber ich wünsche es dir von Herzen.«

»Und du bist einverstanden, wenn ich mich noch etwas umschauen möchte?«

»Was bleibt mir übrig? Ich weiß, dass es überhaupt nichts bringt, dich zu drängen. Ich will, dass du glücklich bist, Liebling, mehr nicht.«

6.

Archibald holte Agatha pünktlich um sieben ab. Er hatte sich in Schale geworfen, und für einen Augenblick verschlug es ihr die Sprache. Er sah umwerfend aus.

»Ist alles in Ordnung, Miss Miller?«, fragte er und bot ihr seinen Arm.

»Ja, natürlich. Alles bestens, Mr Christie.« Sie legte die Hand auf seinen Arm.

Das Wetter war scheußlich, ein eiskalter Wind trieb Laub durch die Straßen, pfiff um Häuserecken und rüttelte an Fensterläden und kahlen Ästen. Zudem war es an diesem Abend neblig, und als sie die Straße überquerten – Agatha hatte Vorsicht walten lassen und ihren Hut mit einer Hand festgehalten –, meinte Archibald: »Für unsere erste Verabredung hätte ich mir besseres Wetter gewünscht.«

Seine Worte berührten etwas in ihr, das sie nicht benennen konnte. Es war ein überaus wohliges Gefühl, so als säße man vor einem knisternden Feuer, ein gutes Buch im Schoß und ein Glas Sherry in der Hand.

Galant führte er sie die zwei Stufen zur Eingangstür der Mellòrs hinauf und betätigte den Klopfer.

Max öffnete und ließ sie eintreten. »Max Mellor. Ich freue mich, Sie kennenzulernen, Mr Christie.« Agatha hatte Archibalds Kommen selbstverständlich angekündigt. Und Max hatte selbstverständlich nachgefragt, ob dieser unbekannte Mr Christie etwa ein Verehrer war. »Schon möglich«, hatte sie geheimnisvoll gemeint.

»Besten Dank für die Einladung, Mr Mellor.« Archibald schüttelte seine Hand.

»Bitte nennen Sie mich Max. Es wird heute Abend sehr familiär zugehen.«

»Dann müssen Sie mich Archie nennen. Kaum jemand nennt mich Archibald.« Er half Agatha aus dem Mantel und nahm ihr den Hut ab, bevor das Hausmädchen es tun konnte.

Sie bedankte sich, und er sah sie an, schien etwas entgegnen zu wollen, schwieg aber. Leider. Agatha hatte sich gefragt, was er wohl gerade dachte. Hatte er überlegt, sie aufzufordern, ihn ebenfalls Archie zu nennen? Und wäre sie einverstanden gewesen?

Ihr wurde heiß und kalt, und sie spürte, wie eine Gänsehaut ihre Wirbelsäule hochkroch. Es war alles andere als unangenehm.

Max führte sie in den Salon und stellte sie den anderen Paaren vor, die in den Clubsesseln oder auf dem Sofa saßen und an Drinks nippten. Einige kannte Agatha bereits.

Max hatte eine dreiköpfige Musikkapelle engagiert, einen

Cellisten, einen Flötisten und einen Pianisten, der auf dem Klavier der Mellors klimperte, die Augen geschlossen.

»Oh, ein Cello!«, rief sie entzückt.

»Du könntest uns später etwas vorspielen«, schlug Max vor, und sie war nicht sicher, ob er sie hochnahm oder es ernst meinte. Er wusste doch, dass sie es hasste, vor Publikum zu spielen.

Deshalb sagte sie trocken: »Das arme Cello«, und er lachte.

»Ach, Sie spielen Cello?«, fragte Archibald prompt.

»Nein, keinen einzigen Ton. Ich spiele lediglich ganz passabel Klavier.«

Ein Dienstmädchen kam mit einem Tablett Sherry. Er nahm zwei Gläser und reichte ihr eins. »Auf Ihr Wohl, Miss Miller.«

»Auf Ihres, Mr Christie.«

Es würde ein wundervoller Abend werden, davon war sie überzeugt. Und sie war fest entschlossen, sich königlich zu amüsieren.

Agatha und Archibald tanzten, als gäbe es kein Morgen. Dabei plauderten sie ein wenig, und Agatha stellte erstaunt, vielleicht auch verwirrt fest, dass sie beide grundverschieden waren. Sprach er von etwas für ihn Aufregendem, hatte sie sich gefragt, was er daran nur finden konnte. Bejahte er etwas ganz eindeutig, hinterfragte sie es. Er berichtete von für ihn brüllend komischen Ereignissen, für die sie kaum ein Lächeln übrighatte. Konnte das gut gehen? Sie waren so unterschiedlich, wie zwei Menschen nur sein konnten. Hatten sie und Archie eine Zukunft?

Plötzlich hatte sie Reggie vor Augen. Sie blinzelte, schloss die Augen und öffnete sie wieder. Sein Bild war noch da. Sie beide waren aus demselben Holz geschnitzt, sie lachten und ärgerten sich über die gleichen Dinge. Eigentlich war Reggie die weit bessere Wahl, der Mann, den sie vernünftigerweise heiraten sollte. Sie mochte ihn, sehr sogar, und eben all diese Gemeinsamkeiten verbanden sie beide. Und doch …

Vor ein paar Tagen war wieder ein Brief von ihm gekommen. Sie hatte ihn nicht zu Ende gelesen und in die Schublade ihres Sekretärs gelegt. Dort hatte sie ihn vergessen, er war ihr erst jetzt wieder eingefallen.

»Sie sind ja ganz blass, Miss Miller.« Archibald schaute sie besorgt an.

Wenn Sie wüssten, was mir gerade durch den Kopf geht, lieber Archie. »Ich glaube, ich brauche ein bisschen frische Luft.«

»Dann lassen Sie uns nach draußen gehen.«

Er geleitete sie über die Terrasse in den Garten. Der Wind hatte sich etwas gelegt, und am Himmel stand ein milchiger Halbmond. Sie wünschte, Archibald würde den Arm um sie legen. Zum einen war ihr kalt, zum anderen würde es ihr gefallen. Doch das tat er natürlich nicht, und natürlich hätte sie es auch gar nicht zulassen dürfen.

Er stand da, den Kopf im Nacken und schwieg. Lange.

Ihr war bereits aufgefallen, dass er von Stunde zu Stunde stiller geworden war. Vielleicht war ihm schlicht und ergreifend der Gesprächsstoff ausgegangen, doch nun befürchtete sie, dass sie ihn langweilte. Dass er sich womöglich an einen anderen Ort wünschte und bereute, die Einladung überhaupt angenommen zu haben. Und zweifelsohne war auch ihm aufgegangen, wie unterschiedlich sie waren.

»Wollen wir wieder hineingehen?«, fragte er nach einer Weile, die ihr wie eine Ewigkeit vorkam. Ihr war, als stünden sie seit Stunden hier im Garten und betrachteten schweigend den Mond. »Es ist doch recht kühl.«

Sie kehrten zu den anderen zurück, die gerade Tango tanzten. Nicht einmal das konnte Agathas Laune steigern. Sie war zutiefst verunsichert, und sie schämte sich entsetzlich, weil sie Reggie nicht nur vernachlässigte, sondern noch dazu belog. »Oh, ein Tango! Wollen wir?« Archibald streckte die Hand nach ihrer aus, und sie überlegte erst abzulehnen, brachte es aber nicht fertig.

Max tanzte mit Marjorie Falls, einer hübschen, nicht unbedingt blitzgescheiten jungen Frau, die über alles kicherte, was er von sich gab. Im Vorbeitanzen zwinkerte er Agatha zu, und sie rang sich ein Lächeln ab.

Wir sollten gehen, Archibald und ich, dachte sie unglücklich. *Er sollte sich eine junge Dame suchen, die zu ihm passt, die das mag, was auch ihm genehm ist, und mit der er sich nicht zu Tode langweilt.*

Und ich? Sie hoffte, nicht geseufzt zu haben. *Ich sollte Reggie doch heiraten, am besten so schnell wie möglich.*

Damit sie es sich nicht mehr anders überlegen konnte?

Ihr Magen zog sich zusammen. Ein Leben mit Reggie wäre gewiss angenehm und recht komfortabel. Er würde ihr jeden Wunsch von den Augen ablesen, und sie würde ihm ein, zwei Kinder schenken.

Bis dass der Tod uns scheidet.

Allein die Vorstellung verursachte ihr Beklemmung und heftiges Magendrücken.

Aber sie mochte ihn doch! Wieso konnte sie sich dann nicht vorstellen, seine Frau zu werden?

Nach einem weiteren Tango gestand sie Archibald, dass sie gern nach Hause gehen würde. »Ich fühle mich ein wenig unwohl. Wahrscheinlich habe ich über die Feiertage einfach zu viel gegessen«, scherzte sie.

Er lachte nicht, das hatte sie auch nicht erwartet. Sie beide waren eben wie Feuer und Wasser.

Als sie vor ihrem Haus standen, schwiegen sie. Ob aus ihm überhaupt noch ein einziges Wort herauszubekommen war? Sie wollte wütend auf ihn sein, stattdessen tat er ihr leid.

»Vielen Dank, Mr Christie«, sagte sie schließlich und streckte die Hand aus. »Es war sehr nett von Ihnen, mich zum Ball zu begleiten.«

Sie betrachtete verstohlen sein Gesicht. Diese Nase! Wie gerne würde sie mit dem Finger darüberstreichen, ihm vielleicht sogar sagen, dass sie sie Himmelfahrtsnase nannte. Er hatte etwas an sich, das sie zutiefst verwirrte und gleichzeitig faszinierte. War sie etwa dabei, sich in ihn zu verlieben?

In den Mann, der gleich auf sein Motorrad steigen und davonbrausen würde? Und der während der Fahrt erleichtert denken würde, wie gut, dass er den schrecklichen Abend hinter sich gebracht hatte. Und dass er nie wieder auch nur einen Fuß nach Torquay setzen würde.

»Auf Wiedersehen.« Sie wandte sich ab, wollte zur Tür gehen.

Auf Wiedersehen, von wegen!

»Haben Sie das Wagner-Konzert vergessen, Miss Miller?«, fragte er hinter ihr, und sie blieb abrupt stehen.

»Das Konzert?«, wiederholte sie mit rauer Stimme. Er hatte doch nicht ernsthaft vor, mit ihr dorthin zu gehen.

»Übermorgen, wenn ich mich recht erinnere.«

Sie traute sich nicht, sich zu ihm umzudrehen, weil ihr Gesichtsausdruck sie verraten würde. Archibald würde augenblicklich sehen, wie überrascht – und hocherfreut sie war.

»Oder haben Sie es sich etwa anders überlegt?«

»Nein, nein!« Nun drehte sie sich doch um und stellte fest, dass er sie anlächelte. Ihr Herz machte einen Satz, hüpfte und polterte.

»Dann darf ich Sie abholen, Miss Miller?«

Sie schluckte. »Ja, sehr gerne, Mr Christie.«

»Ich werde pünktlich sein.« Er band seine Lederhaube fest und stieg aufs Motorrad.

Sie schwebte ins Haus und sang laut ein französisches Lied, während sie ihren Mantel auszog, den Hut ablegte und ihr Haar richtete.

Oben wurde eine Tür geöffnet, und ihre Mutter rief: »Agatha? Bist du das?«

»Ja-ha, Mama!«

»Meine Güte, was veranstaltest du denn für einen Krach?«

»Bitte entschuldige, ich bin nur …« *So glücklich, dass ich schreien möchte!*

Auf Strümpfen lief sie die Treppe hoch und setzte sich auf die Bettkante zu ihrer Mutter.

»Hast du etwa einen Schwips?«

»Einen klitzekleinen wahrscheinlich.«

»War es ein schöner Abend?« Ihre Mutter sah sie an, lächelte dann und nickte. »O ja, so wie es aussieht, war es ein sehr schöner Abend.«

Sie seufzte. Und dann brach es aus ihr hervor. »Wir haben absolut nichts gemeinsam, Mama. Wenn er ja sagt, sage ich nein, und wenn er lacht, frage ich mich, was so komisch war. Und wenn ich lache, sieht er mich verwundert an. Und wenn er …« Sie verstummte kurz. »Aber weißt du was? Es ist mir vollkommen egal. Im Gegenteil, ich finde es spannend, wie verschieden wir sind. Es ist so faszinierend, Mama, so überaus reizvoll.« Als es heraus war, stutzte sie. Sie hatte sich selbst überrascht, indem sie etwas ausgesprochen hatte, das ihr gar nicht bewusst gewesen war.

Ihre Mutter schien nicht weniger überrascht. »Tatsächlich? Und ich dachte immer, das Wichtigste ist, dass man etwas gemeinsam hat.«

»Offenbar bin ich da anders.« Agatha zuckte die Schultern.

Dann war sie eben anders, wen kümmerte das? Sie griff nach der Hand ihrer Mutter, drückte sie und stand auf.

An der Tür blieb sie atemlos stehen. »Und ich bin *verliebt*, Mama!« Nun war heraus. Ein Eingeständnis. Und es fühlte sich umwerfend an.

Da hast du deine stürmische Verliebtheit, dachte sie, während sie in ihr Zimmer schwebte.

7.

Das Wagner-Konzert war wie erwartet großartig.

Dann und wann hatte Agatha den Kopf gedreht und Archibald von der Seite angesehen. Auf seinen Lippen lag ein verzücktes Lächeln, ihm schien das Konzert ebenfalls zu gefallen. Sie hatte gar nicht wegschauen können.

Doch auch an diesem Abend war er wortkarg und in sich gekehrt. Wenn er überhaupt je an ihr interessiert gewesen war – und inzwischen hatte sie da so ihre Zweifel –, dann hatte er ganz offenbar das Interesse verloren. Aber wieso war er mit ihr zum Konzert gegangen?

Sie befand sich in einem schrecklichen Dilemma; sie war verliebt, während er sich abgewendet hatte. Was sollte sie nur tun? Sie kannte sich einfach nicht mehr aus. Männer waren ihr ein einziges Rätsel.

»Gefällt es Ihnen?«, raunte er, und sie fuhr zusammen.

»Sehr. Und Ihnen?«

»Es ist wunderbar. Ich dachte immer, Wagner sei mir zu schwer, zu dramatisch.«

»Genau das ist ja das Faszinierende«, flüsterte sie, und zu ihrer Verblüffung grinste er.

Für einen flüchtigen Moment gab sie sich der Vorstellung hin, er würde seine Hand auf ihre legen. Oder nein, noch besser, er würde ihre Hand nehmen und festhalten. Sie spürte, wie ihr warm wurde.

Er rutschte etwas näher an sie heran. »Würden Sie mir einen Gefallen tun? Würden Sie mich Archie nennen?«

Sie nickte, unfähig, auch nur einen Laut hervorzubringen.

»Darf ich Sie dann Agatha nennen?«

Wieder konnte sie nur nicken.

Würde er sie so etwas fragen, wenn er sie grässlich fand?

Er schaute wieder nach vorn. Für den Rest des Konzerts würdigte er sie keines einzigen Blickes mehr.

Aus Männern sollte man schlau werden!

Nach dem Konzert standen sie vor dem kleinen Konzerthaus, während sich die Besucher an ihnen vorbeidrängten. Es war ein lauer Abend, und Archie betrachtete versonnen den Himmel. »Schön, nicht wahr?«

Agatha hatte nur Augen für ihn. O ja, dachte sie hingerissen. »Ich mag Ihre Nase, Archie.«

Er sah sie verwundert an. »Sie verkohlen mich.«

Sie war glühendrot geworden, hatte das mit seiner Nase selbstverständlich nicht sagen, sondern nur denken wollen. Wie konnte ihr das passieren! »Verzeihen Sie, Archie, ich wollte wirklich nicht ...«

Er legte die Hand auf ihren Arm, eine Berührung, die ihr bis in die Haarspitzen fuhr. »Sie müssen sich nicht dafür entschuldigen, dass Sie meine Nase mögen. Wollen wir?«

Agatha nickte, und sie spazierten gemächlich, als hätten sie alle Zeit der Welt, zu ihrem Haus. Archie hatte dort sein Motorrad abgestellt, und sie überlegte fieberhaft, ob sie ihn bitten durfte, noch etwas zu bleiben.

»Darf ich Sie …?«

»Darf ich …?«

Beiden hatten gleichzeitig gesprochen.

»Sie zuerst, Agatha.«

»Nein, Sie bitte.«

»Ich wollte Sie fragen, ob ich noch etwas bleiben dürfte? Wir könnten zusammen musizieren. Was meinen Sie, wäre Ihre Mutter damit einverstanden? Ich werde sie natürlich fragen.«

»Sehr gerne, Archie.« Und wie gerne! Am liebsten würde sie laut jubilieren. »Ich meine, Sie dürfen meine Mutter fragen. Ich wusste gar nicht, dass Sie Klavier spielen. Auf dem Neujahrsball haben Sie kein Wort gesagt.«

»Oh, das wäre nicht der Rede wert gewesen. Ich spiele eher schlecht als recht, aber es macht mir Freude. Ich hoffe, Sie werden mich nicht auslachen.«

»Ich käme im Leben nicht auf die Idee, jemanden auszulachen, weil er aus reiner Freude musiziert«, entgegnete sie trocken und überlegte, ob sie ihm erklären sollte, dass auch sie mit mehr Begeisterung als Begabung spielte.

Archie grinste wieder. Dann sagte er aus heiterem Himmel: »Sie sind eine sehr nette Person, Agatha.«

Die Hitze stieg ihr ins Gesicht, und sie spürte, wie ihr Herz laut klopfte. »Danke, Archie. Ich finde Sie auch sehr nett.«

Dann wäre das geklärt, dachte sie. *Er findet mich immerhin sehr nett.*

Plötzlich blieb er stehen und sah sie ernst an. »Nein, ich habe Ihnen nicht die Wahrheit gesagt.«

Sie schluckte.

»Die Wahrheit ist – ich mag Sie sehr, Agatha. Sie sind anders als die jungen Frauen, denen ich sonst begegne. Bei Ihnen dachte ich gleich ...« Er räusperte sich. »Nein, das sage ich Ihnen besser nicht.«

»Ach, bitte, Archie, tun Sie es.«

»Sie haben etwas an sich, das mich sofort interessiert hat.«

Sie hatte sich in ihm getäuscht! Sie hatte sich geirrt, als sie geglaubt hatte, er würde sie sterbenslangweilig finden. Sie wollte etwas sagen, wusste aber nicht, was. Es sollte romantisch sein, aber nicht zu romantisch.

Doch Archie ging mit einem Mal weiter, so schnell, dass sie Mühe hatte, ihm zu folgen. Dann blieb er wieder stehen und sah sie erneut mit ernster Miene an. »Ich bin ganz durcheinander.«

»Das bin ich auch.«

Er zögerte, wippte auf den Zehenspitzen und marschierte wieder los.

Agatha hinterher. »Bitte warten Sie, Archie. Ich bin nicht so schnell in diesen Schuhen.«

Er verlangsamte seine Schritte und verzog das Gesicht. »Bitte verzeihen Sie, Agatha, wie ich sagte: Ich bin ganz durcheinander. Es ist eine seltsame Situation – Sie und ich. Ich bin ungeübt in diesen Dingen, müssen Sie wissen.«

Was meinte er damit? Sie traute sich nicht, ihn zu fragen.

»Mir gehen ganz eigenartige Dinge durch den Kopf«, murmelte er.

»Was für Dinge, Archie?«

»Dass ich Sie gern heiraten würde, zum Beispiel.«

Du lieber Himmel! Sie wusste nicht, wie ihr geschah. Ihr Gefühlskarussell drehte und drehte sich. Heiraten? So schnell? Sie hatte sich gerade erst daran gewöhnt, verliebt zu sein, und nun wollte er sie heiraten?

Grundgütiger, und was war mit Reggie? Sie waren noch immer verlobt. Ihr wurde ganz schwummerig, und das schlechte Gewissen stach wie tausend Nadelstiche. »Sie preschen ziemlich schnell vor, Archie.«

»Ich weiß«, sagte er kläglich. »Es ist vollkommen unvernünftig, Sie heiraten zu wollen. Ich bin beruflich ein Niemand, was könnte ich Ihnen schon bieten?«

»Sich selbst.«

Er schaute sie fassungslos an. »Ja, nur mich selbst.«

»Ich finde, das ist eine ganze Menge.«

»Aber Sie verdienen mehr, Agatha. Sie verdienen einen Mann, der Ihnen ein wundervolles Leben bieten kann.«

Ich will aber keinen anderen, dachte sie voller Verzweiflung, *ich will nur dich, du Dummkopf.*

Kurz darauf standen sie im Flur, und Archie half Agatha aus dem Mantel. »Ich laufe rasch zu meiner Mutter«, flüsterte sie.

Er sah aus, als hätte ihn der Mut verlassen, und sie befürchtete, er könnte es sich anders überlegen und fliehen.

Sie klopfte an die Wohnzimmertür. »Mama? Bist du hier?«

Sie öffnete und blieb in der Tür stehen. »Mr Christie möchte gern mit dir sprechen.«

Ihre Mutter saß vor dem Kamin, ein Glas Sherry in der Hand. Sie erhob sich, wickelte die Stola um ihre Schultern und sah Agatha überrascht an. »Was möchte er denn, dein Mr Christie?«

»Dich etwas fragen.«

»Soso.« Sie ging an ihr vorbei und setzte ein breites Lächeln auf. »Mr Christie, schön, Sie zu sehen. Hat Ihnen das Konzert gefallen?«

»O ja, sehr, Mrs Miller.« Er räusperte sich zweimal. »Ich möchte Sie fragen, ob Sie etwas dagegen haben, wenn ich noch ein wenig bleiben würde?«

Sie warf Agatha einen flüchtigen, fragenden Blick zu. *Bist du damit einverstanden?*

Als Agatha unmerklich nickte, sagte sie: »Ganz und gar nicht.«

Er trat einen Schritt vor, räusperte sich erneut und wischte die Hände an seiner Hose ab. »Ich möchte Sie noch etwas fragen, Mrs Miller.«

»Nur zu, Mr Christie.«

O Gott, dachte Agatha, *er will ihr doch nicht wirklich sagen, dass er mich heiraten möchte.*

»Ich möchte Sie um die Hand Ihrer Tochter bitten.« Er sagte es tatsächlich, laut und deutlich.

Ihre Mutter stutzte, wurde ein wenig blass, warf ihr wieder einen Blick zu, holte Luft – und schwieg.

Archie war anzusehen, dass auch ihm die Situation zu schaffen machte. »Ich weiß, es kommt sehr plötzlich. Wir kennen uns noch nicht lange, und wir … Und ich … ich meine, ich kann Agatha nichts bieten. Das weiß ich, Mrs Miller, aber ich möchte sie unbedingt heiraten. Sie und keine andere.«

Ihre Mutter schien vollkommen die Fassung verloren zu haben. »Lassen Sie uns ins Wohnzimmer gehen, Mr Christie. Ich würde mich gern setzen.«

Nachdem alle Platz genommen hatten und sich abwechselnd recht betreten anschauten, ergriff ihre Mutter das Wort. »Nun, Mr Christie, ich will aufrichtig sein. Ich finde es sehr übereilt, ja, um nicht zu sagen überstürzt. Ich wünsche mir für meine Tochter einen Mann, der ihr ein angenehmes Leben ermöglicht.«

Archie war kreidebleich geworden, nur auf seinen Wangen waren zwei kleine rote Flecken zu sehen. »Ich weiß, Mrs Miller«, sagte er unglücklich. Dann erwachte offenbar so etwas wie Trotz in ihm, denn er hob das Gesicht und sah sie – wie Agatha fand – herausfordernd an. »Ich kann Ihrer Tochter noch nichts bieten, aber das wird sich ändern.«

Erstaunlicherweise erwiderte ihre Mutter nichts. Möglicherweise war sie beeindruckt.

Agatha rutschte auf ihrem Stuhl hin und her. Sie wusste, es war unklug, etwas zu sagen, doch sie konnte nicht länger schweigen. »Ich möchte Archie heiraten, Mama.« Ihre Stimme war fest und entschlossen.

Zu ihrer Überraschung stand ihre Mutter auf, nickte Archie zu und ging zur Tür. »Wenn das so ist, Agatha … Dann solltest du ihm unbedingt etwas sagen. Gute Nacht, Mr Christie.«

Er saß da, den Mund halboffen. »Ähm … gute Nacht, Mrs Miller.«

Die Tür fiel hinter ihr zu.

Einen kurzen Moment sagte keiner von ihnen ein Wort, dann hielt Archie es nicht mehr aus. »Was meinte sie damit, Agatha? Was sollten Sie mir unbedingt sagen?«

Reggie. Um Himmels willen, Archie wusste ja gar nicht, dass sie bereits verlobt war!

Sie begann zu schwitzen, würde gern aufstehen und umhergehen. »Es ist so, Archie …«

»Ja?«

»Es ist nämlich so …«, setzte sie erneut an. »Ich bin schon verlobt.«

Er runzelte die Stirn. »Das kann gar nicht sein.«

Wäre es nicht so ernst, hätte sie laut gelacht. »Doch, es ist so, Archie. Ich bin schon eine ganze Weile verlobt.«

Er sah sie erschüttert an. »Und Sie wollen ihn heiraten?« Er schüttelte den Kopf. »Nein, dann hätten Sie doch eben nicht gesagt, dass Sie mich heiraten wollen. Agatha? Ich bitte Sie, sagen Sie es mir.«

Er stand auf und lief zum Fenster und von dort zurück zu seinem Platz. Er setzte sich aber nicht. »Ich muss in zwei Tagen nach Salisbury Plain und mein Training für das Fliegerkorps beenden.« Plötzlich kam er zu ihr, riss beinahe den Beistelltisch um und zog sie vom Stuhl hoch.

Es verschlug ihr den Atem. Es war, als wären sie mitten in einer Wagner-Oper; sie beide als Hauptakteure.

»Agatha«, sagte er voller Leidenschaft. »Du musst mich heiraten! Ich flehe dich an.«

»Gott, Archie …«, stammelte sie. Wollte er sie etwa küssen, mit ihr durchbrennen? Sie entführen?

»Sag ja.« Er schloss die Arme um sie. »Ich bitte dich. Ich will keine andere. Niemals.«

Das kannst du jetzt nicht wissen, dachte sie und ärgerte sich über ihre dummen Gedanken. Sie sollte selig sein über seinen Liebesschwur, der Himmel sollte voller Geigen hängen.

»Ich will auch keinen anderen, Archie«, flüsterte sie.

Und dann küsste er sie. Und sie küsste ihn. Ein Kuss, der in wenigen Sekunden vorbei war und ein himmlisches Gefühl zurückließ. Ihre Füße berührten den Boden nicht mehr, und sie war absolut sicher, keinen einzigen Schritt gehen zu können.

»Ach, du lieber Himmel.« Archie ließ sie los, und sie glaubte zu taumeln und zu fallen.

»Was ist denn?«

»Jetzt werde ich dich umso mehr heiraten wollen.«

8.

»Du hast seinen Antrag angenommen?« Ihre Mutter saß im Bett und sah Agatha eher verwundert als fassungslos an. »Aber du bist mit Reggie verlobt.«

Sie schluckte. »Daran muss ich auch die ganze Zeit denken. Ich werde die Verlobung lösen. Das hätte ich längst tun sollen.«

»Ich dachte, du magst ihn.«

»Ich mag ihn auch. Das ist es ja, Mama. Ich mag ihn, aber ich liebe ihn nicht.«

Ihre Mutter sank zurück aufs Kopfkissen und schloss die Augen. »Agatha, um Himmels willen … Was mache ich nur mit dir?«

»Ich dachte, du würdest dich vielleicht freuen, dass ich endlich einen Mann gefunden habe, den ich heiraten will.«

Ihre Mutter öffnete die Augen. Ihr Mundwinkel zuckte leicht – oder täuschte Agatha sich? »Ich bin auch froh, Liebling, auch wenn das alles … ziemlich überstürzt kommt.«

»Denkst du für mich nicht?« Es klang theatralisch, und sie

verschluckte den Rest, den sie hatte sagen wollen. Dass sie sich bis über beide Ohren in Archie verguckt hatte, dass er all das besaß, was sie an einem Mann faszinierte –, und dass sie beide grundverschieden waren, was einen Großteil ihrer Faszination ausmachte. Das sollte sie in der Tat besser verschweigen.

»Dann ist es dir wirklich ernst, Agatha?«

Sie nickte heftig.

»Dann werde ich deinem Glück gewiss nicht im Weg stehen.«

»Danke, Mama!«

»Aber du musst mir versprechen, dass du Reggie schreibst.«

»Versprochen.« Würde sie die richtigen Worte finden? Gab es überhaupt die richtigen Worte für das, was sie ihm zu sagen hatte? So oder so würde sie ihm einen Dolch ins Herz rammen.

»Ich bin müde. Gute Nacht.« Ihre Mutter schloss wieder die Augen.

»Gute Nacht, Mama.« Agatha lief zur Tür und schlüpfte hinaus.

In ihrem Zimmer zog sie sich aus und kroch unter die Bettdecke. Sie verschränkte die Arme im Nacken, machte die Augen zu und lächelte, als Archies Gesicht vor ihr auftauchte. Er sah sie verliebt an. *Ich will dich unbedingt heiraten, Agatha, dich und keine andere.*

Sie setzte sich auf, weil sich ein weiteres Gesicht dazugesellt hatte: Reggies. *Ich will dich wirklich heiraten, Agatha, aber das hat Zeit. Du bist noch so jung.*

»Und jetzt hab ich mich in einen anderen verliebt, Reggie«,

sagte sie laut. »Vielleicht hättest du nicht darauf bestehen sollen, dass ich die Wartezeit dazu nutze, mich prächtig zu amüsieren.«

Mit einem Kopfschütteln sank sie aufs Kissen zurück und versuchte einzuschlafen. Sie zählte Schäfchen, lauschte dem Wind und stellte sich vor, wie sie mit Archie im Regen spazieren ging. Er hielt einen Schirm über sie beide und hatte den Arm um sie gelegt. Jedem, der vorbeikam, erzählten sie, dass sie sich verlobt hatten. Und so bald wie möglich heiraten wollten.

Es fühlte sich gut an, absolut wunderbar, ließ sie jedoch nicht einschlafen. Das schlechte Gewissen zwickte sie überall. Sie würde Reggie das Herz brechen. Vielleicht würde er nie wieder eine andere Frau ansehen können, ohne daran denken zu müssen, was sie ihm angetan hatte.

»Oh, mein Gott!« Sie schluckte. »Es tut mir so leid, Reggie. Ich bin ein Scheusal.«

Schließlich setzte sie sich auf, schwang die Beine aus dem Bett und ging zu ihrem Schreibtisch. Am besten sie würde ihm jetzt gleich schreiben.

Ihr Hirn formulierte bereits die ersten beiden Sätze:

Es ist etwas geschehen, mit dem ich nicht gerechnet habe. Ich habe mich verliebt, Reggie!

Wollte sie ihm wirklich auf die Nase binden, wie glücklich sie war? Damit er sich noch elender fühlte?

Was bist du nur für ein schrecklicher Mensch, Agatha Miller!

Nun zwickte sie nicht nur das schlechte Gewissen, sondern auch eine brennende Scham.

Und ihr Hirn begann erneut Worte und Sätze zu bilden:

Lieber Reggie, ich muss Dir etwas mitteilen. Ich weiß kaum, wie ich anfangen soll, weil es Deine Welt zum Einsturz bringen wird.

Na, das ist ja mal so viel besser, Agatha. Deine Welt zum Einsturz bringen! Geht es noch theatralischer?

Vielleicht sollte sie Punkie um Hilfe bitten, sie würde die richtigen Worte finden; mitfühlende, rücksichtsvolle Worte.

Sie lehnte sich zurück und schloss die Augen. Konnte sie auf eine Eingebung hoffen?

Nein, wahrscheinlich nicht. Stünde Reggie vor ihr, wüsste sie, was sie sagen, wie sie es ihm möglichst schonend beibringen sollte. Es würde ihr so viel leichter fallen.

Reglos blieb sie sitzen, die Hände im Schoß verschränkt und starrte weiter in die Dunkelheit. Vielleicht – oh, bitte, bitte! – kam die Eingebung ja doch.

Sie kam nicht.

Was kam, war der Schlaf. Agathas Kopf kippte nach vorn und sank auf ihre Brust. Innerhalb kürzester Zeit war sie in einem erstaunlich tiefen Schlaf gefangen, mit anfangs sehr vagen, verschwommenen Bildern vor Augen.

Archie und sie beim Tangotanzen.

Reggie und sie beim Tangotanzen.

Archies breites, amüsiertes Lächeln.

Reggies verwunderter Gesichtsausdruck. Wieso sah er sie so merkwürdig an? Du lieber Himmel, und seit wann hatte er eine Himmelfahrtsnase?

Mit einem Ruck fuhr Agatha hoch und fiel um ein Haar

vom Stuhl. Verwirrt tastete sie um sich. Wo war sie? Warum saß sie an ihrem Schreibtisch?

Ach ja, richtig, sie hatte Reggie schreiben wollen. Alles war wieder da, und sie verzog das Gesicht.

Mit dem äußerst unguten Gefühl, Reggies Leben in Aufruhr zu versetzen – und der schmerzhaften, absolut scheußlichen Erkenntnis, eine Herzensbrecherin zu sein –, ging sie wieder zu Bett und zog sich die Decke über den Kopf.

Es wurde ein unbeholfener, holpriger Brief, und Agatha schickte ihn ab, wie er war, ohne ihn erneut zu lesen. Wie sie es auch drehte und wendete, es würde seine Welt auf den Kopf stellen und ihn traurig machen. Selbst die mitfühlendsten Worte würden nichts daran ändern.

Seine Antwort erfolgte rasch.

Liebe Agatha,
nun ist es also passiert. Ich will ehrlich zu Dir sein, weil auch Du aufrichtig zu mir warst und nicht lange darum herumgeredet hast: Ich sorge mich um Dich, weil Du einen Mann heiraten willst, der Dir genauso wenig bieten kann wie ich. Nein, viel schlimmer, er wird Dir noch weniger bieten können. Bist Du sicher, dass Du das tun willst? Wäre er eine gute Partie, würde es mich ungemein beruhigen.

Das schrieb er wirklich und wahrhaftig. Er wäre beruhigt, wenn Archie ihr ein sorgloses Leben bieten könnte. Sie wünschte, er würde wütend sein, aus der Haut fahren, sie mit bitteren Vorwürfen überschütten. So jedoch fühlte sie sich noch schlechter als ohnehin schon.

Und dann schrieb er auch noch:

Ich wünschte, ich hätte Dich einfach vom Fleck weg geheiratet und auf alle Bedenken gepfiffen. Dann wärst Du jetzt meine Frau, und ich bin sicher, dass wir sehr glücklich geworden wären.

Agatha faltete den Brief zusammen und legte ihn in die Schublade. Was sollte sie darauf antworten? Dass sie lieber mit Archie glücklich werden würde? Denn das wäre die Wahrheit. »Und?« Ihre Mutter stand plötzlich hinter ihr. »Wie hat er es aufgenommen?«

»Wie wohl?« Sie stieß ein Seufzen aus. »Er ist in Sorge, weil Archie mir nicht mehr bieten kann als er.«

»Womit er recht hat«, erwiderte ihre Mutter trocken und wie gewohnt schonungslos ehrlich.

»Ich fühle mich schon schäbig genug, Mama«, sagte sie gallig.

»So ist das nun mal mit der Liebe, Agatha. Sie hinterlässt manchmal einen Pfad der Verwüstung.«

»Um Himmels willen, Mama!« Sie schnaubte. »Das wird ja immer besser.«

»Willst du Archibald Christie nun heiraten oder nicht?«

»Natürlich will ich.«

»Dann musst du damit leben, dem armen Reggie das Herz

gebrochen zu haben. Würdest du umkehren und doch lieber ihn zum Mann nehmen, bräche es Archibalds Herz. Du kannst es dir aussuchen.« Ihre Mutter ging zur Tür, der Stoff ihres Kleides raschelte. Dort sagte sie: »Ich muss später mit dir reden, Agatha.«

»Warum nicht jetzt?«

»Weil ich dir etwas Zeit geben will, um Reggies Antwort zu verdauen.«

»Das klingt, als gäbe es schlechte Nachrichten.« Sie sah ihre Mutter fragend an, doch die wich ihrem Blick aus. Kein gutes Zeichen.

»Wir reden später.«

Agatha erfuhr, dass ihre bereits recht angespannte finanzielle Lage sich noch verschlechtert hatte. Ein kleines, aber regelmäßiges Einkommen aus einem Aktienfond, über das ihre Mutter seit dem Tod des Vaters verfügt hatte, versiegte.

»Du solltest dir vernünftigerweise einen wohlhabenden Mann suchen, Agatha.« Ganz niedergeschlagen sah sie aus. »Aber ich weiß, dass du das nicht tun wirst. Weil du dein Herz an Mr Christie verloren hast.«

Als hätte Archie um ihre finanzielle Situation gewusst, kam noch am selben Tag ein Brief, in dem er schrieb, dass er Agatha zwar über alles liebe, es aber an pure Verrücktheit grenze, wenn sie heiraten würden.

Ich bin ein armer Schlucker, Agatha, und Du hast etwas Besseres verdient. Ich löse unsere Verlobung, es ist besser so, glaub mir.

Sie zerknüllte den Brief und schleuderte ihn durchs Zimmer. Hatte ihre Mutter ihm etwa geschrieben? Aber hätte sie dann all diese Dinge gesagt? Und würde sie sich überhaupt in dieser Form einmischen?

Agatha lief zu ihr. Sie hatte sich auf die Couch gelegt, ein Tuch auf den Augen. »Archie will die Verlobung lösen.«

Abrupt setzte sie sich auf, das Tuch rutschte herunter. »Was? Wie kann das sein? Eben noch sprach er von großer Liebe.«

»Er findet auch, dass ich einen wohlhabenden Mann heiraten sollte.« Agatha schnaubte und sank neben sie. »Ich denke ja gar nicht daran, die Verlobung zu lösen!«, rief sie aufgebracht. »Ich liebe Archie und werde ihn heiraten!«

»Wenn er die Verlobung lösen will, hast du keine Wahl.« Ihre Mutter legte sich wieder hin, die Stimme matt, eine tiefe Sorgenfalte zwischen den Augen.

»O doch, und ob ich eine Wahl habe!«

»Sei nicht albern, Liebling.«

»Ich bekomme hundert Pfund pro Jahr, Mama, und ich … wir könnten Ashfield verkaufen und …« Um Himmels willen, hörte sie sich selbst zu? Sie wollte Ashfield verkaufen, ihr Elternhaus, das sie so sehr liebte?

»Agatha …«

»Madge wird uns bestimmt helfen, Mama, sie hat uns noch nie im Stich gelassen.« Sie musste Luft holen.

»Ach, Agatha … Liebling.« Ihre Mutter setzte sich erneut auf und sah sie ernst an. »Vielleicht finde ich einen anderen Weg. Ich werde Mr Chaflin schreiben.«

Chaflin war der Inhaber der amerikanischen Firma, in der Agathas Großvater Teilhaber gewesen war und die ihrer Mutter jährlich dreihundert Pfund gezahlt hatte. Die Firma, die nun bankrottgegangen war.

»Er ist ein so netter, umsichtiger Mann. Ihm wird etwas einfallen, da bin ich sicher. Und Ashfield wird ganz bestimmt nicht verkauft, Agatha!«

»Nein, Mama. Das möchte ich ja auch gar nicht.«

»Ich weiß, wie verzweifelt du bist.« Ihre Mutter strich ihr eine Haarsträhne hinters Ohr. »Das wird schon, Liebling. Irgendwie wird es weitergehen, das weißt du doch. Und du wirst deinen Mr Christie heiraten.«

»Aber er will mich doch gar nicht mehr heiraten, Mama!«

»Unsinn. Auch er wird verzweifelt über eure Lage sein. Da schreibt man schon mal etwas, das man nicht so meint.«

Tatsächlich kam tags darauf ein Brief von Archie, in dem er alles revidierte.

Um Gottes willen, vergiss, was ich in meinem letzten Brief geschrieben habe, Agatha. Ich war nicht bei mir. Das, was aus mir sprach, waren meine Unsicherheit und meine Fassungslosigkeit, dass Du Dich ausgerechnet in mich armen Schlucker verliebt hast. Ich will Dich selbstverständlich immer noch heiraten. Und Du? Willst Du auch mich noch?

Natürlich wollte sie. Und genau das schrieb sie ihm postwendend.

So wie der gute Mr Chaflin ihrer Mutter schrieb, dass er selbstverständlich weiterhin die dreihundert Pfund an sie zahlen würde. Sie sollte nicht darunter leiden, dass die Firma bankrottgegangen war, lieber würde er …

Was genau ließ ihre Mutter offen, als sie Agatha von dem Brief erzählte. »Siehst du, wie ich dir sagte, Liebling: Es geht immer irgendwie weiter.«

Das Hin und Her zwischen Agatha und Archie ging allerdings auch weiter. Mal schworen sie sich ewige, treue Liebe, dann wieder löste einer von ihnen die Verlobung. Mal aus Gründen der Ausweg- und Hoffnungslosigkeit, mal war es pure Kopflosigkeit. Sie kannten sich doch kaum! Was wussten sie schon voneinander? Und wie verschieden sie waren, das konnte doch gar nicht gutgehen!

Jedem dieser verzweifelten Briefe folgte ein romantischer, zärtlicher.

Ich will Dich heiraten, ich wollte nie etwas anderes.

Wie lange würde das wohl so weitergehen?

9.

Archie hatte Agatha seiner Familie vorgestellt; ein denkwürdiger Tag, vor dem sie furchtbar geschlottert hatte. Was, wenn seine Mutter sie nicht mögen würde?

»Sie wird dich lieben«, hatte Archie ihr versichert. »Sie brennt darauf, dich endlich in Augenschein nehmen zu dürfen.« Genau davor fürchtete Agatha sich ja.

»Und mein Vater wird dich auch ins Herz schließen, davon bin ich überzeugt.«

Sein leiblicher Vater war früh gestorben, und seine Mutter hatte Jahre danach wieder geheiratet. Einen Mann, der ihm und seinem Bruder ein guter und fürsorglicher Vater war, wie er Agatha erzählt hatte.

Sie hatte sich keinen Augenblick des Zweifelns mehr gestattet, stattdessen hatte sie seiner Mutter die Hand geschüttelt und sich später sogar in die Arme schließen lassen, hatte Rede und Antwort gestanden und versucht, sich ihre Unsicherheit nicht anmerken zu lassen. Beim Abschied beteuerte ihre künftige Schwiegermutter, wie sehr sie sich freue und dass Agatha genau die Frau sei, die sie sich für ihren Sohn gewünscht hatte.

»Sie müssen mich Peg nennen.«

Agatha hatte ein wenig angestrengt gelächelt. Meinte sie das ernst? Man sagte so leicht etwas, das man nicht so meinte.

»Ob sie mich wohl wirklich mag?«, fragte sie deshalb Archie, als er sie wieder nach Hause brachte.

»Hat sie dir das nicht gesagt?«

»Mindestens zehnmal.«

»Na, siehst du.«

»Aber – meint sie es auch so?«

Er stieß eine Mischung aus Seufzen und Schnauben aus und zog sie an sich. »Agatha.« Ein weiteres Seufzen. »Man geht besser durchs Leben, wenn man die Dinge nimmt, wie sie kommen und sich nicht allzu sehr den Kopf über etwas zerbricht, das man ohnehin nicht ändern kann.«

Sie wusste mittlerweile, dass er so dachte und damit ganz offenbar auch wunderbar zurechtkam. »Aber so bin ich nicht, Archie«, entgegnete sie ernst.

»Das habe ich auch schon festgestellt. Ich muss dir etwas sagen, Agatha.« Er holte tief Luft. Was kam nun? »Wie du weißt, hatte ich gehofft, dass man im Fliegerkorps rasch befördert werden kann.« Sie nickte, und er redete weiter. »Weit gefehlt.« Wieder holte er Luft. »Das allein ist es aber nicht.« Er räusperte sich. »Ich bekomme starke Kopfschmerzen beim Fliegen.«

Sie sah ihn mitfühlend an. Die Tragweite seiner Aussage wurde ihr erst jetzt klar. »Das heißt, du wirst nicht mehr fliegen können?«

»Doch, doch, natürlich.« Er sah an ihr vorbei, die Stirn gerunzelt.

»Aber du sagst, du bekommst Kopfweh.«

»Ich halte das schon durch.« Er umarmte sie, küsste sie aufs Haar und verabschiedete sich.

Auch das kannte sie bereits: Archie warf etwas in den Raum, wiegelte dann ab und ging zu Erfreulicherem über. Und ließ sein Gegenüber ziemlich verwirrt und ratlos zurück.

So auch jetzt.

Als sie die Tür hinter ihm schloss, musste sie ein paarmal tief durchatmen. Eigentlich war seine Lebenseinstellung bewundernswert. Was andere über ihn dachten, kümmerte ihn herzlich wenig. Er tat das, was er für richtig hielt. Agatha beneidete ihn um seine Sorglosigkeit, auch wenn die gelegentlich in reine Gleichgültigkeit umschlug.

»Was ist dir denn aufs Gemüt geschlagen?« Ihre Mutter war aus dem Wohnzimmer gekommen. »Du siehst so griesgrämig aus.«

»Ich? Nein, nein, alles ist wunderbar«, versicherte sie und setzte ein heiteres Gesicht auf.

»Wie war es bei den zukünftigen Schwiegereltern?«

Agatha ging an ihr vorbei und sank auf die Couch. »Es war sehr nett«, sagte sie einsilbig.

»Nett, aha.« Ihre Mutter setzte sich neben sie. »Du siehst auch aus, als hättest du einen *netten* Nachmittag gehabt.«

Agatha lehnte den Kopf an ihre Schulter. »Peg war sehr freundlich zu mir.«

»Aber?«

»Nichts aber.«

»Und das ist die Wahrheit?«

»Nichts als die Wahrheit, Mama.« Sie konnte sogar lachen und hoffte, damit alle Zweifel ausgeräumt zu haben. »Archie bekommt Kopfweh beim Fliegen«, hörte sie sich sagen.

»Ach, herrje. Das bedeutet wohl: keine Karriere als Pilot.«

»Dass du immer gleich so schwarzsehen musst, Mama!«

»Ich sehe nicht schwarz, ich sehe es, wie es ist. Bist du deshalb so trübsinnig?«

»Ich frage mich gerade, wann wir heiraten können – ob wir überhaupt jemals heiraten werden.«

»Jetzt bist du es aber, die schwarzsieht.« Ihre Mutter legte den Arm um ihre Schultern. »Ihr liebt euch und werdet einen Weg finden.«

Wenn sie doch nur auch daran glauben könnte!

Sie fand keinen Schlaf, immer wieder hatte sie Archies Worte im Ohr. Er hatte davon geträumt, Pilot zu werden. Er liebte das Fliegen, und sie verstand ihn so gut. Seit sie in einem Flugzeug gesessen und die Welt vom Himmel aus betrachtet hatte, wusste sie, dass diese Leidenschaft unheilbar war.

Mama hat recht. Wir werden einen Weg finden. Ich sollte kein Trübsal blasen, sondern Archie aufmuntern.

Mit diesen Gedanken schlummerte sie schließlich ein.

Beim Frühstück schaute ihre Mutter sie nachdenklich an.

»Alles ist gut, Mama«, erklärte sie rasch. »Es wird einen Weg geben.«

»Dann ist dir wieder leichter ums Herz?«

»Viel leichter«, übertrieb sie.

»Gut. Ich habe mir etwas überlegt, Agatha. Ich finde, du brauchst eine Aufgabe, etwas, das dich ein bisschen ablenkt.«

»Ich kann im Moment nicht schreiben, Mama. Ich wünschte, ich könnte. Aber sobald ich an der Maschine sitze, ist mein Kopf leer. Nein, eigentlich ist er voll bis obenhin. Von Archie, Verliebtheit und Heiratsplänen.« *Die sich vielleicht nie verwirklichen lassen.* »Für Ideen ist da kein Platz.«

»Ich rede nicht vom Schreiben, Agatha.«

»Sondern?« Das war ja mal etwas ganz Neues.

»Du brauchst eine sinnvolle Aufgabe, etwas Gemeinnütziges.«

»Oh, du meinst, ich soll beim nächsten Gemeindefest nicht nur Kuchen backen, sondern auch verkaufen. Einverstanden.« Agatha trank einen Schluck Tee und verzog das Gesicht, weil er noch so heiß war.

»Lässt du mich bitte ausreden? Ich finde, du solltest einen Krankenpflegekurs machen. Ich bin der Meinung, dass jede junge Frau einen Verband anlegen und mit Wundsalben umgehen können sollte.«

Sie dachte darüber nach, aber nur kurz, dann nickte sie. »Ich werde mich gleich heute anmelden.«

»Ich bin froh, dass du das sagst. Der Kurs wird dir guttun und dich auf andere Gedanken bringen.« Mit einem verschmitzten Lächeln führte ihre Mutter die Teetasse an ihre Lippen. »Und ganz nebenbei lernst du auch noch etwas.«

10.

In der Tat waren Krankenpflege-Kurse gerade äußerst beliebt.

So war es nicht verwunderlich, dass Agatha auf etliche bekannte junge Frauen traf. »Oh, sieh an, Lydia«, hieß es zum Beispiel. »Du bist also auch hier.« Oder: »Berenice! Meine Güte, wir haben uns ja eine Ewigkeit nicht gesehen.«

Sie verbanden sich gegenseitig Arme und Beine und schilderten sich ihre angeblichen, selbstverständlich furchtbar schlimmen Verletzungen in den buntesten Farben. Die andere musste dann entscheiden, meistens blitzschnell, was zu tun war.

»Stellen Sie sich vor, Sie haben einen Kriegsverletzten vor sich«, hatte der Kursleiter ihnen gleich am ersten Tag mit auf den Weg gegeben. »Er liegt da und windet sich vor Schmerzen. Überall ist Blut. Und Sie stehen vor ihm und fragen ihn in aller Ausführlichkeit, wo es denn wehtut? Wo denn das Blut wohl herkommen mag.« Agatha hatte sich das lieber nicht vorgestellt. »Nein, meine Damen, es muss rasch gehen. Sehr rasch. Während der Verletzte hereingetragen wird, müssen Sie bereits eine Entscheidung getroffen haben.«

»Aber was, wenn es die falsche ist?«, gab eine der Teilnehmerinnen zu bedenken, ein magerer Rotschopf mit zusammenstehenden Augen in einem verblüffenden Hellblau. »Wenn ich ihm mehr schade als nütze?«

Der Kursleiter trat vor sie hin und schaute sie mit eindringlichem Blick an. »Eins sollten Sie sich merken: Nichts zu tun ist in jedem Fall schlimmer.«

»Aber ich will ja etwas tun«, meinte sie, die hellblauen Augen nicht weniger eindringlich auf ihn gerichtet. »Ich will ihm ja helfen, möglichst schnell, aber ich will doch auch das Richtige tun.«

Die anderen Frauen nickten zustimmend, manch eine murmelte leise etwas.

Agatha fühlte sich schrecklich unbehaglich. Ihr war genau das durch den Kopf gegangen, was die anderen vermutlich allesamt dachten und nur eine von ihnen zu fragen gewagt hatte: Was, wenn ihr jemand unter den Händen wegstarb? Wenn er verblutete, weil sie einen Druckverband falsch gelegt hatte?

»Die Routine kommt mit der Zeit.« Der Kursleiter schritt durch den Raum. »Sie werden lernen, schnell zu handeln und den Blick auf das Wesentliche zu richten.«

Die Frauen schauten sich betreten an. Jeder war anzusehen, dass sie es zu gern glauben würde.

»Und Sie werden lernen, vorausschauend zu denken.« Er sagte etwas von Lazarett und Kriegszeiten, und Agatha dachte: Kriegszeiten? Unsinn, es wird keinen Krieg geben. Warum auch?

Nur weil in Serbien, das so weit weg war, ein Attentat auf

den Erzherzog Franz Ferdinand und dessen Frau verübt worden war? Und weil seitdem die Gerüchteküche brodelte und die Zeitungen sich mit düsteren Prophezeiungen übertrafen? England hatte mit alldem doch nichts zu tun.

Im Laufe der Zeit lernten die Kursteilnehmerinnen wirklich, rasch einzuschätzen, um was für eine Verletzung es sich handelte und was zu tun war.

»Selbstverständlich müssen Sie sich immer vergewissern, dass auch ein Bett für den Verletzten bereitsteht«, hatte ihnen der Kursleiter außerdem erklärt. »Es nützt ja nichts, wenn Sie wieselflink handeln …«, hier hatte er den Finger erhoben und sie mahnend angesehen, »und kein freies Bett da ist.«

Es gab so viel, was man sich zu merken hatte.

Dennoch machte der Kurs Agatha großen Spaß, sie dachte sogar ernsthaft darüber nach, Krankenschwester zu werden.

An zwei Tagen in der Woche durften die Kursteilnehmerinnen im Krankenhaus bei der ambulanten Behandlung behilflich sein.

Interessiert und auch ein wenig angewidert sah Agatha der Krankenschwester zu, die das Ohr eines Patienten ausspülte.

»Mit den Ohren muss man ganz besonders vorsichtig sein, Miss Miller.«

»Ich schreib's mir hinter die Ohren.« Es hatte nicht mal ein Scherz sein sollen, es war ihr so herausgerutscht.

Die Schwester lachte nicht, lächelte nicht mal.

Dann wurde ein Kind hereingebracht, das sich mit heißem

Wasser verbrüht hatte. Es schrie wie am Spieß, und als die Schwester es auf eine Liege setzte, brüllte es noch mehr.

Agatha stand daneben, zutiefst erschrocken, entsetzt und mit krampfendem Magen. Lieber Himmel, das sah ja furchtbar aus! Das arme Kind! Und die arme Schwester, die es irgendwie schaffen musste, es zu beruhigen.

Seine Mutter hatte bereits einen Verband angelegt, der nun gelöst werden musste. Und – o Schreck lass nach! – es sah so aus, als fiele Agatha diese undankbare Aufgabe zu. Warum sonst trat die Schwester einen Schritt zurück und gab ihr einen kurzen Wink? »Nur zu, Miss Miller.«

Sie schluckte schwer. Ihr wurde übel, allein bei der Vorstellung, die Verbrühung ansehen zu müssen. Doch zunächst mal – und das machte es nicht besser – musste sie den Verband lösen. Sie wusste, wie es zu tun war. Rein theoretisch. In der Praxis jedoch war es eine Premiere. Sie wollte schon ansetzen und darum bitten, nur zuschauen zu dürfen, aber der hämische Blick der Krankenschwester ließ sie ihre Bitte hinunterschlucken. Das schaffen Sie im Leben nicht, Miss Miller, schien der Blick zu bedeuten. Ich sehe doch, wie Sie bibbern und schlottern. Gleich werden Sie wahrscheinlich heulen, sich übergeben und hinauslaufen.

Agatha straffte die Schultern. Von wegen! Sie nahm die Hand des Kindes. »Es wird wahrscheinlich etwas wehtun, fürchte ich, aber ich verspreche dir, so behutsam wie nur möglich zu sein.«

Das Kind schaute sie mit großen, verweinten Augen an, die Unterlippe bebte.

Die Mutter stand auf der anderen Seite der Liege. Ihr war anzusehen, wie unwohl ihr dabei war, dass ein junge und ganz offensichtlich unerfahrene Frau sich um ihr Kind kümmern sollte.

Beherzt löste Agatha den Verband mit lauwarmem Wasser, wie sie es gelernt hatte. Das Kind zitterte und wimmerte leise.

»Du schaffst das.« Sie sah den Kleinen aufmunternd an. »Du bist doch ein großer Junge, nicht wahr?«

Zaghaft nickte er, sah dabei seine Mutter an. Stimmt es, bin ich ein großer Junge?

»Na, siehst du.«

Der Verband löste sich, und das, was zum Vorschein kam, verursachte ihr solche Übelkeit, dass sie sicher war, sich an Ort und Stelle übergeben zu müssen. Aus dem Augenwinkel sah sie, wie die Schwester die Augenbrauen hob und ein flüchtiges Grinsen über ihr Gesicht huschte.

Machen Sie sich keine falschen Hoffnungen.

Agatha gab sich einen Ruck, atmete durch die Nase und machte weiter.

Am Ende hatte der Junge einen frischen Verband und wahrscheinlich die Erkenntnis gewonnen, dass er viel mehr aushielt, als er geglaubt hatte. An der Hand seiner Mutter verließ er die Station, und Agatha blickte ihnen nach. Zu erschöpft, zu verwirrt, um stolz zu sein. Hatte sie bis vorhin noch den Wunsch gehabt, Krankenschwester zu werden, musste sie nun zugeben, sich geirrt zu haben. Es war eine schöne Aufgabe,

Kranken und Verletzten zu helfen, aber nichts, womit sie ihren Alltag füllen wollte.

Umso verwunderter war sie, als die Schwester zu ihr kam und sie beglückwünschte. »Sie haben mich überrascht, Miss Miller. Das war wirklich keine üble Leistung.«

Sie war so verdutzt, dass sie nichts sagen konnte.

»Soll ich Ihnen was verraten? Als ich meine erste Brandwunde hatte, ist mir das Frühstück hochgekommen. Sie haben sich wirklich wacker gehalten.«

Nun war sie doch stolz.

Mit beschwingtem Schritt war sie nach Hause gegangen und hatte sogleich ihrer Mutter haarklein berichtet.

»Aber ich möchte nicht mehr Krankenschwester werden«, endete sie kopfschüttelnd. »Ich glaube, ich würde all das Elend nicht aushalten. Wahrscheinlich bin ich nicht dazu gemacht.«

Aber wozu dann? Nur zum Geschichten schreiben?

»Jeder tut am besten das, wozu er sich eignet«, meinte ihre Mutter.

Sie standen nebeneinander im Wohnzimmer am Fenster und schauten hinaus in den Garten.

»Und wozu eigne ich mich?«

Ihre Mutter sah sie überrascht an. »Fragst du dich das wirklich, Agatha? Du bist in so vielem talentiert.«

»Ach ja? Ich spiele leidlich Klavier, singe begeistert, aber nicht besonders schön, kann mir Geschichten ausdenken und zu Papier bringen, und eventuell eigne ich mich als Ehefrau.«

»Und Mutter.«

»Das kann man nicht wissen.«

»Ich kann es«, meinte ihre Mutter. Es klang zuversichtlich und bestimmt. »Und wenn du all das aufzählst, bist du nicht der Meinung, mehrere Talente zu haben?«

»Nein.« Agatha unterdrückte ein Seufzen. Sie beherrschte einiges, nichts davon jedoch so gut, dass sie es zum Beruf machen konnte. Und Ehefrau und Mutter zu werden war nichts weiter als eine romantische Vorstellung.

»Seit wann bist du so defätistisch?«

»Und seit wann benutzt du so ein Wort?«

»Es gefällt mir.«

»Ich bin nicht defätistisch, Mama, ich bin realistisch.« Nun seufzte sie doch, ungeniert und laut. »Glaubst du, dass es Krieg geben könnte?«, fragte sie, nachdem sie eine Weile geschwiegen hatte.

»Nein, und wenn doch, wird England sich heraushalten.« Ihre Mutter legte den Arm um ihre Schultern.

»Ja.« Agatha schluckte. Mit einem Mal fühlte sie sich seltsam beklommen und hätte das Gefühl gern abgeschüttelt.

»Dein Vater wäre stolz auf dich.«

Sie drehte den Kopf und sah ihre Mutter an, die mit unbewegter Miene dastand und aus dem Fenster blickte. »Ich denke oft an ihn, Mama.«

»Ich auch, Liebling. Jeden Tag.«

Agatha hatte das Bedürfnis sie zu trösten, zu umarmen. Doch sie rührte sich nicht, weil sie sich selbst nach Trost sehnte.

11.

Es war tatsächlich Krieg ausgebrochen und England hatte sich hineinziehen lassen. Das, was alle für vollkommen unmöglich gehalten hatten, war eingetreten.

Von Archie kam ein Telegramm aus Salisbury:

Ich muss Dich sehen! Komm, wenn es Dir irgend möglich ist!

Agatha lief zu ihrer Mutter und wedelte mit dem Telegramm. »Ich muss nach Salisbury, Mama! Sofort! Archie will mich sehen.«

In ihrem Kopf rasten die Gedanken, fuhren Karussell, immer schneller, immer wilder. Ihr Herz klopfte so wild, dass das Blut in ihren Ohren rauschte.

Was, wenn Archie fallen würde? Was, wenn sie sich nicht wiedersahen? Was, wenn er schwerverletzt heimkehrte und sie ihn im Lazarett finden würde? Immerhin wäre er dann am Leben.

Aber was, wenn …

Schluss damit! Ruhig, ganz ruhig, Agatha, sagte sie sich und versuchte tief durchzuatmen. *Ich werde zu ihm fahren und ihm wird nichts geschehen. Weil es nicht sein darf.*

Ihre Mutter war bereits vom Sofa aufgestanden und an ihr vorbeigeeilt.

Agatha lief ihr nach. »Haben wir denn genug Geld da?«

Die Banken waren geschlossen.

Ihre Mutter fuchtelte mit der Hand, machte eine wegwerfende Bewegung. »Komm!«

Wenig später saßen sie im Zug. Sie hatten bereits zweimal umsteigen müssen. Es ging drunter und drüber, die Züge waren überfüllt, das Stimmengewirr kaum auszuhalten.

»Deinem Archie wird nichts geschehen.« Ihre Mutter legte ihr die Hand auf den Arm.

Wenn sie es doch nur auch glauben könnte!

Sie blickte starr aus dem Fenster. Die Gedanken kehrten zurück, die Beklemmung kroch vom Magen hoch in die Brust bis in den Hals, bis der so eng war, dass sie kaum noch schlucken konnte. Mit einem Mal hatte sie furchtbare Angst, nicht mehr rechtzeitig – womöglich gar nicht – nach Salisbury zu kommen. Was, wenn Archies Fliegerkorps bereits losgeschickt worden war? Wenn er in seinem Flugzeug saß und an sie dachte? Aber würde er überhaupt an sie denken können? Hätte er nicht ganz andere Sorgen?

Sie schlug sich mit der Faust an die Stirn, und der Schmerz rüttelte sie auf.

Alles wird gut werden. Dieser elende, verfluchte Krieg wird so schnell wieder vorbei sein, wie er begonnen hat. Und Archie wird heil zurückkommen. Und dann werden wir heiraten.

Noch am selben Abend kamen sie in Salisbury an. Agatha hatte Archie telegrafiert, dass sie im County Hotel unterkommen würden und sie sich dort treffen sollten.

Sie fühlte sich verschwitzt, kribbelig vor Vorfreude, Aufregung und Sorge. Immer wieder flog ihr Blick zur Wanduhr, die leise tickte. Immer wieder ging sie hin und betrachtete den Zeiger. Hatte er sich überhaupt schon bewegt? War die Uhr vielleicht stehen geblieben?

Würde Archie kommen? Oder saß er wirklich schon im Flugzeug?

Nein, er hätte sie doch nicht herbestellt, wenn er nicht sicher sein konnte, sie noch zu sehen.

Sie durchschritt das Zimmer, die Arme verschränkt. Ihr war kalt, gleichzeitig viel zu warm.

Ihre Mutter stand am Fenster, wirkte ruhig und gelassen. Machte sie sich keine Sorgen? Hatte sie keine Angst?

»Alles wird gut, Liebling, du wirst sehen«, sagte sie leise.

»Ich würde es so gern glauben, Mama.«

Als es klopfte, zuckten beide zusammen.

»Das ist er!« Agatha rannte zur Tür, riss sie auf und fiel im selben Moment Archie in die Arme. »Gott sei Dank! Gott sei Dank! Du bist da!«

»Natürlich bin ich da.« Er hielt sie etwas von sich, schaute sie ernst an, lächelte dann flüchtig und küsste sie auf die Stirn.

»Aber ich habe nicht viel Zeit. In einer halben Stunde muss ich wieder zurück.«

Sie hatten nebeneinandergesessen und sich an den Händen gehalten. Agatha erzählte von ihrer Arbeit im Lazarett, und Archie hörte zu. Sie sprachen nicht über ihre Hochzeit, und Archie wollte auch nicht über den Krieg sprechen. »Es ist schlimm«, mehr sagte er nicht.

Agatha hatte im Gegenzug kein Wort darüber verloren, wie groß ihre Angst um ihn war. Ab und an hatte er ihre Hand gestreichelt, als wüsste er genau, wie es in ihr aussah und wollte sie trösten.

Die Zeit war wie im Flug vergangen, und als Archie auf die Uhr sah und aufstand, zog sich Agathas Magen zusammen.

Sie wollte ihn nicht gehen lassen, sie wollte, dass sie noch mehr Zeit miteinander hatten, viel mehr Zeit!

»Es ist so weit, Agatha«, murmelte Archie und zog sie in seine Arme.

War es das letzte Mal, dass sie sich ansehen konnten? Sollte sie sich sein Gesicht, seine Nase, die sie so liebte, ganz besonders einprägen?

»Es ist gut, dass wir nicht verheiratet sind«, flüsterte er ihr zu, während er sie hielt.

»Warum sagst du das?« Sie wollte sich losmachen, entrüstet sein, beides jedoch gelang ihr nicht. Die Angst schnürte ihr erneut die Kehle zu.

»Weil ich dich nicht als junge Witwe zurücklassen will.«

»Aber du wirst wiederkommen!«, stieß sie wütend hervor.

Er lächelte sein Archie-Lächeln, es sah diesmal traurig aus. »Pass auf dich auf, Agatha.«

»Pass du gefälligst auf dich auf, Archie!«, sagte sie laut und vehement. »Und wehe, dir passiert irgendetwas! Hörst du, wehe! Ich will, dass du unversehrt zurückkommst!«

»Das will ich auch«, entgegnete er leise und öffnete die Tür. »Mrs Miller.« Er nickte ihrer Mutter zu.

»Mr Christie. Geben Sie auf sich acht.«

Wieder nickte er, schaute Agatha ein letztes Mal an und machte die Tür hinter sich zu.

Plötzlich hatte sie das Gefühl, ihm noch so unendlich viel sagen zu müssen. So vieles hatte sie nie ausgesprochen. Er wusste doch gar nicht, was sie für ihn empfand! Sie legte die Hand auf den Türknauf, wollte die Tür öffnen, doch sie brachte es nicht fertig. Ihr Körper war wie erstarrt, ihre Hand eine Klaue, die sich so fest um den Knauf schloss, dass es wehtat.

»Komm, Liebling.« Ihre Mutter stand hinter ihr, legte den Arm um sie und führte sie von der Tür weg. »Es wird ihm nichts geschehen.«

Endlich konnte sie weinen, und sie schluchzte, bis keine Tränen mehr kamen.

Agatha verbrachte jeden Tag beim freiwilligen Hilfskomitee. Sie sammelten körbeweise Verbandsmaterial und stellten es bereit. Bald würden die ersten Verletzten kommen, und dann musste alles fertig sein. Es durfte keine Verzögerungen, keine Engpässe geben. Das Lazarett war im Rathaus eingerichtet worden, und Agatha rechnete damit, dass sie dort als Krankenschwester eingesetzt werden würde. Doch man nahm lieber ältere Frauen, die einige Erfahrung hatten. Junge Frauen wurden lieber für den Küchendienst eingeteilt.

So auch Agatha. Doch schon nach wenigen Tagen wurde sie in den Krankendienst beordert. »Warum?«, wagte sie eine der Schwestern zu fragen.

»Widersetzen Sie sich etwa?«, entgegnete die spitz.

»Keineswegs.« Agatha schüttelte entschieden den Kopf. »Aber ich dachte, man setzt auf Erfahrung im Umgang mit Verletzten.«

Die Schwester brummte etwas und schnaubte.

»Ich fürchte, ich habe Sie nicht verstanden.«

»Wenn die Erfahrung nicht darin besteht, mütterlich zu sein und tröstende Worte zu finden, versagt so manch einer«, murmelte die Schwester, während sie ein Kissen so heftig aufklopfte, dass Agatha befürchtete, es könnte gleich aufplatzen. »Worauf warten Sie, Miss Miller? Stehen Sie nicht herum, helfen Sie mir!«

Agatha stellte sich neben sie.

»Was können Sie?«

»Ich verstehe nicht …«

»Na, können Sie einen Verband anlegen? Wechseln? Wissen Sie, was ein Druckverband ist? Können Sie eine Brandverletzung versorgen?«

»Ja.«

»Was, ja?«

»Ich kann das alles.«

»Na also. Holen Sie Nierenschalen für die Verbände und

stellen Sie sie bereit«, wies die Schwester an und blickte sich suchend um. »Haben Sie Schwester Stark gesehen?«

»Nein, tut mir leid.« Agatha machte, dass sie fortkam und die Anweisung befolgte.

Zurück mit den Nierenschalen stand sie etwas unbeholfen da und sah zu, wie die Schwester ein weiteres Bett frisch bezog. Schließlich stellte sie die Schalen auf einen Rollwagen an der Wand.

»Wo sind die anderen Becken?«, fragte die Schwester sie, ohne sich zu ihr umzudrehen. Besaß sie Augen am Hinterkopf?

»Welche anderen?«

Nun drehte sie sich doch um, langsam, als hätte sie nicht richtig gehört. Sie musterte Agatha stirnrunzelnd. »Na, die runden.«

»Sie fragten nach Nierenbecken.«

»Richtig. Die Nierenbecken sind für die schmutzigen Verbände, die runden für die sauberen.«

»Das, äh, wusste ich nicht«, stammelte Agatha und trollte sich. Im Krankenpflegekurs war ihnen der Unterschied nicht beigebracht worden, und sie kam sich entsetzlich dumm und unbeholfen vor.

In Windeseile brachte sie die runden Becken.

»Und jetzt laufen Sie zu Schwester Anderson und lassen sich den Sterilisationsapparat zeigen. In einer Stunde will ich Sie hier wiedersehen, Miss Miller.«

Obwohl es unter den Anweisungen, die stets wie Befehle gebellt wurden, streng und harsch zuging, gefiel Agatha die Arbeit im Lazarett. Mit jedem Tag lernte sie mehr und kam sich mit der Zeit nicht mehr so nutzlos und unerfahren vor.

Von Archie war eine Karte aus Frankreich gekommen.

Bin gesund stand darauf. Auf den Karten durfte lediglich angekreuzt werden, ob man gesund oder im Lazarett war.

Agatha war zutiefst erleichtert gewesen, wenn auch diese Erleichterung nicht lange angehalten hatte. Sie konnte doch gar nicht sicher sein, ob sich nicht bereits etwas geändert hatte. War Archie noch immer wohlauf?

Sie schob den Gedanken so gut es ging beiseite und widmete sich voll und ganz der Arbeit im Lazarett. Sobald sie dort ankam, drehte sich alles um die Verletzten, für eigene Sorgen und Nöte war keine Zeit. Und Agatha war froh darüber.

12.

Ein Vierteljahr verging, und drei Tage vor Weihnachten kam Post von Archie. Er hatte Urlaub bekommen und wollte Agatha in London treffen.

Drei volle Monate hatten sie sich nicht gesehen, ein Zeitraum, der ihr nicht nur wie eine Ewigkeit vorkam, sondern, als wäre ihr letztes Treffen Teil eines anderen Lebens gewesen.

Dann und wann musste sie sich in Erinnerung rufen, dass sie beide verlobt waren, heiraten wollten. Ihr Eheversprechen schien ebenfalls in einem anderen Leben stattgefunden zu haben.

Und ein weiterer, beängstigender Gedanke nistete sich in ihrem Kopf ein: Was, wenn Archie nicht kommen würde? Weil er nicht kommen *konnte*?

Dieser verfluchte Krieg!

»Bist du sehr aufgeregt?«, fragte ihre Mutter, als sie im Zug saßen.

Sie nickte unglücklich. »Ich habe Angst, dass ich vergessen habe, wie es ist, in ihn verliebt zu sein«, gestand sie.

»Dieses Gefühl kenne ich, glaub mir. Ich nehme an, dass jeder dieses Gefühl schon einmal hatte. Versuch dich mit anderen Gedanken abzulenken und es auf dich zukommen zu lassen.«

Agatha schloss die Augen und gab sich ihren Tagträumen hin. Die sich dieses Mal erschreckend düster entwickelten. Sie und Archie würden nicht heiraten. Niemals. Es ging einfach nicht. Zum einen wegen des Krieges, zum anderen, weil sie sich doch im Grunde gar nicht kannten. Was wussten sie schon voneinander?

Er hatte sie eingeladen, die Weihnachtstage in Clifton bei seiner Mutter und seinem Stiefvater zu verbringen, und sie bereute, zugesagt zu haben.

Bis London kämpfte sie mit ihren sich im Kreis drehenden Gedanken und den aufwühlenden Emotionen, die sie überwältigen wollten. Als der Zug schließlich hielt, stieg sie auf wackeligen Beinen aus, fest entschlossen, Archie noch heute Lebewohl zu sagen.

Wenige Stunden später standen sie voreinander, beide befangen, sprachlos und verunsichert wie kleine Kinder.

»Agatha.« Archie lächelte verkrampft und streckte die Hand nach ihrer aus.

Sie nahm sie, hielt sie für einen Moment fest und ließ sie schließlich so abrupt wieder los, als habe sie sich verbrannt.

»Wir können nicht heiraten.« Er sprach aus, was sie gedacht hatte, und sie war so erleichtert, dass es in ihrem Magen zwickte.

»Ja, du hast recht.« Sie schaute auf ihre Füße und wünschte sich an einen anderen Ort. Ihr Gesicht brannte vor Scham über ihre Erleichterung.

»Ich hätte gedacht, dass du mir widersprechen würdest.« Er sah sie prüfend an, und sie meinte, unter seinem Blick in tausend Stücke zu zerspringen. »Es wäre völlig verrückt, in diesen Zeiten zu heiraten.«

Er schwieg einen Moment, bevor er weitersprach. Er sah sie nur an und seufzte dann. »Ach, Agatha, es tut mir so schrecklich leid. Du musst furchtbar enttäuscht sein.«

Ja. Nein. Sie wusste es nicht. Sie wünschte, er würde sie ein letztes Mal in die Arme nehmen und dann gehen. Sie fühlte sich so mutlos, hoffnungslos auch, und sie sehnte sich nach einer festen, tröstenden Umarmung. »Und Clifton?«, setzte sie zaghaft an.

»Oh, meine Mutter freut sich schon so sehr auf dich.« Plötzlich war er wieder der Alte, Unbekümmerte.

Agatha rang sich ein Lächeln ab. Und sie hörte sich sagen: »Ich freue mich auch.«

In der Nacht wälzte sie sich hin und her, fand keine Ruhe.

Bis sie irgendwann aufstand und zum Fenster ging. Doch es war zu kalt, außerdem wollte sie ihre Mutter nicht wecken, die gleichmäßig atmete und im Schlaf ab und an leise seufzte.

Sie kroch wieder unter die Bettdecke und versuchte zu der Leichtigkeit und Unbeschwertheit zurückzufinden, die sie immer empfunden hatte. Früher hatte sie nur die Augen schließen müssen, und bunte Bilder in herrlichen Farben hatten sie eingelullt. Nun aber kroch ein Gefühl in ihr hoch, das sie schneller atmen ließ. Es legte sich auf ihren Brustkorb und drückte sie nieder. Lag es an den schweren Zeiten oder daran, dass sie vorerst nicht heiraten würden?

Sie sollte aufhören, sich das zu fragen, es führte ja doch zu nichts. *Ich atme jetzt durch die Nase ein und durch den Mund aus und stelle mir etwas Schönes, Aufregendes vor. Zum Beispiel, wie ich in einem Flugzeug sitze …*

Um Himmels willen, nein! Wie konnte sie jetzt an ein Flugzeug denken!

Sie wickelte sich fröstelnd in die Decke.

Ich hab's verlernt, dachte sie schließlich traurig. *Die Welt hat sich verändert, ich habe mich verändert.*

Die Schatten der Nacht verschwanden bereits, als sie endlich in einen leichten Schlaf glitt.

Im Speiseraum des Hotels ging es zu wie im Taubenschlag. Agatha beobachtete die Menschen um sie herum und glaubte, an ihren Gesichtern ablesen zu können, dass es ihnen ganz ähnlich ging wie ihr. Auch sie hatten die Leichtigkeit verloren, waren wie getrieben und in größter Sorge. Aber wie könnte man in dieser Zeit auch unbesorgt sein?

»Du musst etwas essen.« Ihre Mutter schenkte Kaffee nach und deutete auf den Porridge. »Er ist wirklich köstlich. Probiere einen Löffel, mir zuliebe.«

Sie schob sich einen Löffelvoll in den Mund, kaute kurz und

schluckte. Der Porridge wollte nicht rutschen, im Gegenteil, es war, als würde sich die Menge verdoppeln.

Erstickungstod durch Porridge. Großartig.

Sie erschauderte.

»Ist dir kalt?«

»Nein, nein. Sei so gut und schau mich nicht mit diesem Blick an, Mama.«

»Welchem Blick?«

»Du weißt sehr gut, was ich meine.«

»Nein, das weiß ich nicht. Oh, da kommt dein Archie.«

Agatha erstarrte, den leeren Löffel in der Hand. Er fiel in die Porridge-Schüssel zurück.

»Guten Morgen, Mrs Miller.« Archie verbeugte sich.

»Auch Ihnen einen guten Morgen, Mr Christie.«

»Ich hoffe, Sie haben gut geschlafen.«

»O ja, vielen Dank.«

»Das freut mich sehr.«

Warum diese übertriebenen Höflichkeiten? Was sollte dieser Austausch von albernen Floskeln? Sie waren nicht in diesem Hotel, um ein paar Tage auszuspannen und eine Theateraufführung zu besuchen.

Agatha spürte Wut aufsteigen, die eher eine Ohnmacht war, wenn sie ganz ehrlich war. Sie fühlte sich miserabel.

»Ich habe etwas für dich, Agatha.«

Sie erschrak, blinzelte, als er ihr ein kleines Kästchen reichte. Unverpackt, ohne Schleife. Er hatte keine Zeit für irgendwelchen Schnickschnack gehabt. Natürlich nicht.

Für den Bruchteil eines Moments glaubte sie, es wäre ein

Schmuckstück, ein hübscher Ring, ein goldenes Armband vielleicht, eine Kette mit einem Stein.

Sie öffnete den Deckel – und staunte nicht schlecht. Kein Armband, auch keine Kette, sondern ein Reisenecessaire, geschmackvoll, stilvoll, vermutlich recht teuer.

Und vollkommen überflüssig. Was sollte sie damit?

Sie besaß bereits eins, und dieses erschien ihr viel zu kostbar, fast schon extravagant.

»Archie, das ist …«

»Gefällt es dir?«

Nein. »Schon, aber …«

»Es gefällt dir nicht.«

»Doch, doch.«

»Was ist es dann, Agatha?« Es klang ungehalten, als müsse er sich sehr beherrschen. Als sei sie ein trotziges Kind, das ein Spielzeug nicht haben wollte, weil es lieber mit etwas anderem spielte.

Sie spürte den Blick ihrer Mutter auf sich: *Nimm es und halt um Himmels willen den Mund. Du willst doch wohl keinen Streit heraufbeschwören.*

Ich und Streit? Du solltest mich besser kennen.

Ich sehe doch, wie du dich zusammenreißen musst.

Das stimmte. »Ich … Das ist wirklich sehr nett von dir, Archie.« Sie konnte einfach nicht anders. »Aber ich … ich habe bereits ein Necessaire, ich benötige kein zweites.« Warum konnte sie nicht einfach mal hemmungslos flunkern, übertreiben? Warum musste sie in den unpassendsten Momenten die Wahrheit sagen?

Er sah sie an, als habe sie ihm gerade mitgeteilt, dass sie ihm liebend gern den Porridge ins Gesicht drücken würde. »Das ist sehr … bedauerlich.«

»Vielleicht kannst du es umtauschen?«

Der Blick ihrer Mutter sprach Bände: *Agatha! Wie kannst du nur! Der arme Kerl!*

Nun, der arme Kerl hatte sich vermutlich nicht besonders viel Mühe gegeben, ein Geschenk für sie auszusuchen. Wäre er sonst mit diesem Kästchen gekommen, das ganz und gar nicht zu ihr passte? Sie war keine vornehme, elegante junge Dame, die ein solches Necessaire mit sich herumtrug. Das sollte er doch wissen!

Sie sank in sich zusammen. Warum war sie nur so verärgert, so wütend auf ihn? Er hatte ihr nur eine Freude machen wollen.

»Tut mir leid«, beeilte sie sich zerknirscht zu sagen. »Ich finde es ja auch sehr hübsch, aber …«

»Du brauchst kein zweites.« Er nickte. »Ich hab's schon verstanden.« Er nahm das Kästchen, klappte den Deckel wieder zu. »Ich werde es zurückbringen. Es war eine dumme Idee, entschuldige.«

»Oh, ich bitte dich, Archie. Du musst dich nicht entschuldigen. Ich hätte nicht so unfreundlich sein sollen.«

Sie versuchten sich mit Entschuldigungen gegenseitig zu übertrumpfen, bis ihre Mutter sich räusperte. »Nun ist es gut, ja? Ich werde heute nach Hause zurückfahren, und Agatha wird Sie nach Clifton begleiten, Mr Christie.«

Er strahlte, als wäre nichts gewesen; kein albernes Necessaire, keine Meinungsverschiedenheit, keine Beteuerungen, es nicht so gemeint zu haben, keine erbitterte Versöhnung.

»Es war schön, Sie wiederzusehen, Mrs Miller.« Er neigte dazu, dick aufzutragen, das wusste Agatha inzwischen. So gut kannte sie ihn also doch. »Es hat mich sehr gefreut.«

Lass gut sein, Archie, es reicht. Sie hat es begriffen.

Er hauchte ihrer Mutter einen Kuss auf den Handrücken. »Soll ich Ihnen ein Taxi bestellen?«

»Ich würde vorher gern packen.« Ihr Mundwinkel zuckte amüsiert.

Er wurde rot. »Natürlich, verzeihen Sie bitte.«

Das hast du nun davon.

Verstohlen griff er nach Agathas Hand und drückte sie. Sie war so perplex, dass sie sich nicht dagegen wehrte. In aller Öffentlichkeit derartige Vertraulichkeiten auszutauschen war nicht angebracht. Sie waren schließlich nicht verheiratet, nur verlobt.

Die Zugfahrt nach Bristol war noch schlimmer als die nach London. In den Abteilen war es entsetzlich stickig und laut. Eingepfercht saßen sie da und versuchten den Lärm, das Stimmengewirr auszublenden und die Körpergerüche nicht wahrzunehmen. Agatha hielt immer wieder die Luft an, wenn die Frau neben ihr sich anders hinsetzte und dabei ihr gesamter Leib in Bewegung kam. Jedes Mal hieß es: »Oh, bitte verzeihen Sie, ich habe Sie gerade angestoßen« oder »Huch, war das etwa Ihr Arm?«

Archie, der ihr gegenübersaß, zwinkerte ihr dann und wann

zu, und als sie endlich aussteigen konnten, raunte er ihr ins Ohr: »Ich wünschte, ich wäre anstelle der Frau gewesen. Dich so nah bei mir zu haben, hätte mir gefallen.«

Der Empfang bei seinen Eltern war überaus freundlich, um nicht zu sagen überschwänglich. Seine Mutter fragte Agatha Löcher in den Bauch, plapperte wie ein kleines Kind und schien sich wirklich aufrichtig über ihr Kommen zu freuen.

Als Agatha sich am späten Abend auf ihr Zimmer zurückziehen konnte, war sie zutiefst erleichtert. Der Tag war ungeheuer anstrengend gewesen. Bestimmt würde sie heute gut schlafen können.

Kaum lag sie im Bett und hatte die Augen geschlossen, klopfte es zaghaft an der Tür. »Agatha?« Archie. »Schläfst du schon?«

»Ja«, wisperte sie.

»Zu schade, ich würde dir nämlich gern was sagen.«

»Hat das nicht Zeit bis morgen?«

»Nein.«

Sie musste einen plötzlich aufkommenden Heiterkeitsausbruch unterdrücken, der sie selbst verblüffte. Als sie zur Tür lief, spürte sie die alte Agatha von früher wieder. *Na also*, dachte sie beglückt.

Mit einem Grinsen öffnete sie. »Archie«, sagte sie atemlos.

»Lass mich rein, ja?«

»Und deine Mutter?«, raunte sie.

Er zuckte die Schultern und schob sich an ihr vorbei. »Sie wird schlafen. Und wenn nicht, wird sie sich nichts dabei denken.«

»Oh, das glaube ich nicht. Ich glaube …« Weiter kam sie nicht, denn er hatte sie an sich gezogen und begann, sie zu küssen.

Er wollte doch nicht etwa …? Er wollte sie doch wohl nicht …?

»Lass uns heiraten«, sagte er atemlos, als er sie freigab. »So schnell wie möglich.«

»Wie bitte? Ich dachte, du … wir …«, stammelte sie. Sein Kuss prickelte noch auf ihren Lippen. Ein Kuss, der so viel mehr versprochen, verheißen hatte, dass ihr ganz schwindelig geworden war.

»Morgen, Agatha. Lass uns gleich morgen heiraten.« Er zog sie erneut an sich, vergrub sein Gesicht in ihrem langen Haar und schnupperte daran.

»Du wolltest doch warten«, konnte sie endlich sagen.

»Ich habe meine Meinung geändert.« Das war das wirklich Erstaunliche an Archie: Er war imstande, jetzt und hier eine Meinung zu revidieren, die kurz zuvor noch in Stein gemeißelt war. Und seine neue Meinung, die aktuelle, vertrat er genauso vehement wie die vorherige. Das nicht weniger Erstaunliche war: Man glaubte ihm, man nahm ihm beides ab.

Ich kenne ihn also doch ziemlich gut.

Wie hatte sie nur wenige Tage zuvor noch denken können, dass sie kaum etwas voneinander wussten, sich nicht kannten?

»Du willst mich doch noch heiraten, oder?« Mit einem Mal klang er ängstlich, besorgt. »Ich muss in zwei Tagen wieder zurück, Agatha, in zwei Tagen! Bis dahin müssen wir unbedingt heiraten.«

»Aber wie soll das gehen, Archie? In so kurzer Zeit?«

»Das lass mal meine Sorge sein.« Er lächelte flüchtig, war offenbar bereits ganz woanders mit seinen Gedanken. »Ich werde mich um alles kümmern.« Er schaute sie ernst an. »Oder hast du es dir anders überlegt?«

Agatha schüttelte den Kopf. »Nein, ich will dich heiraten, Archie.«

»Gut.« Er lief zur Tür, blieb stehen und sah sie lange an. Verliebt, wie ihr schien, sehr verliebt. »Dann ist es abgemacht.«

»Ja.« Sie musste sich räuspern. »Aber was wird deine Mutter sagen?« *O Gott, und meine.*

»Sie wird zusammenbrechen, die Fassung verlieren. Das kenne ich schon. Sie hasst Überraschungen, und *das* wird sie definitiv überraschen.« Wieder zuckte er die Schultern. »So ist sie nun mal.« Er warf Agatha eine Kusshand zu. »Mrs Agatha Christie. Das klingt doch prima, oder nicht?«

Als sich die Tür hinter ihm schloss, legte sie die Hand auf ihr Herz.

Ich werde heiraten! Bald werde ich Mrs Agatha Christie sein.

Plötzlich hatte sie das Gefühl, als könnte ihr alles gelingen. Mit Archie an ihrer Seite wäre sie imstande, Berge zu versetzen und sämtliche Hindernisse zu überwinden.

Dass die Liebe sich so anfühlte, hätte sie nie gedacht.

Mit einem seligen Lächeln kuschelte sie sich unter die Bettdecke und sagte laut ihren künftigen Namen: »Agatha Christie. Mrs Agatha Christie. Er hat recht, das klingt himmlisch.«

13.

Archies Mutter hatte sich im Schlafzimmer verbarrikadiert und reagierte weder auf Klopfen noch auf die strenge Aufforderung ihres Mannes, endlich Vernunft anzunehmen und herauszukommen.

Archie stand eher verärgert als unglücklich vor der Tür, zuckte resigniert die Schultern und meinte schließlich: »Dann werden wir eben ohne sie heiraten.«

»Das könnt ihr nicht tun, Archie!«

Agatha stand betreten daneben, den Blick auf ihre Schuhe gerichtet. Was für eine Situation!

»Meinen Segen habt ihr«, sagte ihr künftiger Schwiegervater. »Ich finde es nur klug, nicht mehr zu warten. Die Zeiten sind schlimm, und ein Krieg ist immer unberechenbar.« Er warf ihr einen aufmunternden Blick zu. »Peg wird sich schon irgendwann beruhigen.«

»Aber sie wird die Trauung verpassen«, sagte Archie.

Wie genau er es angestellt hatte, die Heiratserlaubnis zu beschaffen, behielt er für sich.

Als Agatha ihn halb im Spaß gefragt hatte, ob er jemanden bestochen oder womöglich eine Sondergenehmigung des Erzbischofs von Canterbury erhalten hatte, hatte er nur gelacht.

»Komm«, sagte er jetzt, griff nach ihrer Hand und zog sie mit sich. »Der Vikar wohnt nur ein paar Häuser weiter.« Er lief die Treppe hinunter, und sie hatte Mühe, ihm zu folgen.

Wenige Stunden später standen sie vor der Kirche, Hand in Hand, ein wenig derangiert und aufgelöst.

Agatha versuchte zu Atem zu kommen, damit sie wenigstens ihr Ja einigermaßen klar und deutlich hervorbringen würde.

Archie war bester Laune, ihm schien das Ganze großen Spaß zu bereiten. »Bald bist du meine Frau«, raunte er ihr ins Ohr, als sie die Kirche betraten.

»Ich wünschte, ich hätte mich hübsch machen, etwas Schickes anziehen können.« Sie blickte an sich hinab. »Sieh mich an, Archie. Ich sehe aus wie ein zerrupftes Huhn, das auf der Flucht vor einem wildgewordenen Hahn ist.«

Er grinste. »Ich finde deinen Hut sehr hübsch.«

»Was meinst du, ob deine Mutter noch kommen wird?«

Er zuckte die Schultern. »Wahrscheinlich nicht. Sie wird schmollen und mich später mit Vorwürfen bombardieren, dass ich sie nicht hergebracht habe.«

»Wo ist Ihr Trauzeuge?«, fragte der Vikar, und sie sahen sich fassungslos an.

»Ach herrje, daran haben wir gar nicht gedacht«, flüsterte Agatha und blickte sich in der leeren Kirche um. Als säße irgendwo in den Reihen jemand, der die Rolle übernehmen könnte. »Was nun, Archie?«

»Da wird sich schon jemand finden«, meinte er zuversichtlich.

»Aber wer?«

»Komm!« Er nahm ihre Hand, und sie liefen aus der Kirche hinaus auf die Straße.

Eine junge Frau kam den Weg entlang, den Hut ins Gesicht gezogen, um dem Wind zu trotzen.

»Wir fragen sie!«

Agatha wollte etwas einwenden, doch dazu kam sie nicht mehr, denn er hatte sich bereits vor der Frau aufgebaut. »Wären Sie bereit, unsere Trauzeugin zu sein?«

»Wie bitte?«

Agatha stutzte verblüfft. »Yvonne? Yvonne Bush? Sind Sie das wirklich?«

Konnte das sein? Konnte es einen solchen Zufall geben? Vor wenigen Jahren waren sie und Yvonne sich auf einer Party begegnet, hatten sich angeregt unterhalten und sich eigentlich später noch mal treffen wollen, weil sie sich so sympathisch gewesen waren. Doch dazu war es nie gekommen.

»Agatha Miller? Du lieber Himmel, ist das zu fassen?« Yvonne streckte die Hände aus. »Was für eine Freude, Sie wiederzusehen.«

»Ihr kennt euch?«, fragte Archie überrascht.

»Wir sind uns einmal …«, setzte sie an.

Im Hintergrund war der Hochzeitsmarsch zu hören. Der Organist spielte sich bereits ein.

»Umso besser.« Archie sah sehr zufrieden aus. »Dann haben Sie sicher nichts dagegen, unsere Trauzeugin zu sein. Kommen Sie.«

Peg hatte sich noch immer im Schlafzimmer verschanzt. Ab und an drang ein Schluchzen durch die Tür.

»Wie geht es ihr?«, wollte Archie wissen.

»Du kennst sie ja.« Sein Stiefvater seufzte kopfschüttelnd. »Sie ist, wie sie ist. Wie war eure Trauung?«

»Sehr schön.«

Er zog erst Agatha, dann Archie in seine Arme. »Gratuliere. Ich freue mich sehr für euch. Und ich nehme an, deine Mutter freut sich auch.«

»O ja, ganz bestimmt«, meinte Archie trocken. »Sie kann es nur nicht so zeigen.«

Agatha war ziemlich beklommen zumute. Ihre Eheschließung hatte sie sich dann doch anders vorgestellt. Aber normal war zurzeit wohl gar nichts.

»Was hältst du davon, wenn wir nach Torquay fahren und deine Mutter überraschen?«, schlug ihr Ehemann vor.

»Nun, überrascht wird sie in jedem Fall sein. Aber ja, ich bin einverstanden.« *Sie wird sich wenigstens nicht in ihrem Zimmer einschließen. Zumindest hoffe ich das.* »Ich würde vorher gern anrufen und sie … ähm vorbereiten.«

»Du hast recht, das wäre wohl besser.«

Madge war am Apparat, nachdem Agatha mehrere Anläufe gebraucht hatte, um durchzukommen.

»Endlich! Madge!«

»Wer spricht denn da?«

»Ich. Agatha. Ich muss dir was sagen, Punkie.«

»Wo bist du?«

»In Clifton, bei meinen Schwiegereltern. Sei so gut und ruf Mama ans Telefon, ja?«

»Ist was passiert, Agatha?«

»Das kann man wohl sagen. Wir haben heute geheiratet.«

Am anderen Ende war prustendes Gelächter zu hören. »Ein guter Witz.«

»Kein Witz, Punkie. Archie und ich haben vor knapp zwei Stunden geheiratet.«

»Ich glaub dir kein Wort.«

»Es ist wahr.«

Es dauerte, bis die Nachricht bei Madge ankam. Dann war ein Räuspern zu hören und schließlich ein Donnerwetter. »Bist du von allen guten Geistern verlassen! Wie kannst du Mama so was antun, Agatha! Denkst du vielleicht auch mal an ihr Herz?«

»Ich ... Es ging nicht anders, Punkie, wirklich nicht. Ich wünschte, wir hätten ganz normal heiraten können. Im Beisein unseren Familien. Aber ...«

»Ach, zum Teufel, Agatha.« Nun klang ihre Schwester schon ein wenig versöhnlicher. »Schäm dich.«

»Dafür ist jetzt keine Zeit. Wir steigen gleich in den Zug und sind in wenigen Stunden bei euch.«

»Ihr kommt nach Torquay?«

»Deshalb rufe ich an. Ich wollte euch nicht überfallen.«

»Wie nett von dir.«

»Du bist böse auf mich, das verstehe ich. Aber vielleicht kannst du dich ja auch ein klitzekleines bisschen für mich freuen?«

»Ich überleg's mir.«

Agatha musste lachen. Sie kannte ihre Schwester in und auswendig und wusste, dass das Schlimmste überstanden war. »Würdest du Mama vorbereiten, Punkie? Wir wollen doch nicht, dass sie sich allzu sehr aufregt, nicht wahr?«

Es blieb still in der Leitung.

»Madge? Bist du noch dran?«

»Nein.«

Agatha lachte wieder. »Also, was ist? Machst du's?«

»Na schön«, knurrte Madge. »Dann bis später.«

Agatha wollte schon auflegen, als sie noch etwas nachschob. »Ach, und ich freue mich.«

Im Gegensatz zu Peg brauchte Agathas Mutter nicht sehr lange, um über den Schock der überstürzten Heirat hinwegzukommen.

Sie schloss erst Agatha, dann Archie fest in die Arme und versicherte ihnen, wie glücklich sie sei und wie sehr sie sich freue. Sie behauptete sogar, sich immer einen Schwiegersohn wie ihn gewünscht zu haben. Agatha wusste nicht recht, was sie davon halten, ob sie ihr glauben sollte.

Sie verbrachten einen wunderbaren Weihnachtstag miteinander, friedlich und harmonisch.

Sie spielten Gesellschaftsspiele – Agatha liebte Scharade! –, und am frühen Abend wurde der Teppich zusammengerollt, und sie tanzten.

»Aber kein Walzer«, raunte Agatha ihrem Ehemann ins Ohr. »Den kann ich nämlich nicht ausstehen.«

»Als ob ich das nicht wüsste.« Er grinste und küsste sie aufs Ohr. »Bist du glücklich, Agatha Christie?«

»Und wie! Und du, Archie?«

Er küsste sie wieder. »Ich auch.«

Auch die anderen machten einen sehr zufriedenen, glücklichen Eindruck, als färbe das Glück des jungen Ehepaares auf sie ab.

Nach Weihnachten brachte Agatha ihren Ehemann nach London. Dort würde er sich nach Frankreich einschiffen. Das Leben, der Krieg hatte sie wieder.

Der Abschied fiel beiden schwer, und sie standen lange zusammen und hielten sich umschlungen. Die Angst um Archie schnürte Agatha die Kehle zu. Würde er ihr genommen, fiele die Welt wie ein Kartenhaus in sich zusammen. Sie hatten ja noch nicht mal die Möglichkeit gehabt, sich ein gemeinsames Leben aufzubauen. Sie konnte das schreckliche, überwältigende Gefühl plötzlich nicht abschütteln, wie es wäre, wenn er …

Reiß dich zusammen, Agatha! Oder willst du, dass er merkt, was in dir vorgeht? Es ist auch so schon schwer genug für ihn.

»Wehe, du passt nicht auf dich auf, Archie Christie«, raunte sie mit brüchiger Stimme an seiner Schulter und wischte sich eine Träne aus dem Augenwinkel. »Ich werde dir nie verzeihen, wenn dir irgendwas passiert, hörst du?« Sie schaffte es sogar, ihm ein Lächeln zu schenken und damit hoffentlich Zuversicht und Unerschütterlichkeit zu demonstrieren.

»Ich passe schon auf mich auf.« Er gab sie frei und schaute sie an. »Und du auch auf dich auf, ja?«

»Versprochen.«

Ein letzter inniger Kuss, dann bestieg Archie das Schiff.

Agatha blieb zurück, ein Taschentuch in der Hand, das im Wind flatterte. Ihr war furchtbar bange zumute. Wann würden sie sich wiedersehen?

Den Gedanken »Und was, wenn nicht?« gestattete sie sich nicht.

Haus Ashfield
im Sommer 1926

»Tante Punkie! Tante Punkie!« Rosalinds aufgeregte Stimme hallte durchs Haus.

Agatha setzte sich schlaftrunken auf und rieb sich die Augen.

Sie hatte sich nur einen Moment hinlegen und ausruhen wollen.

Verwundert betrachtete sie das geblümte Sofakissen, das sie an sich gedrückt hielt.

Ihre Tochter kam ins Zimmer gestürmt, gleich dahinter Madge, einen Koffer in der Hand, den sie neben der Tür abstellte.

»Madge.« Agatha lächelte, spürte jedoch sogleich Tränen aufsteigen, die sie nicht zurückhalten könnte. »Du wolltest doch erst morgen kommen.«

»Ich dachte, es kann nicht schaden, wenn ich früher da bin.«

Sie kämpfte sich von der Couch und ließ sich in Madges ausgebreitete Arme fallen. Beide sagten kein Wort, hielten sich nur so fest umschlungen, als müssten sie ertrinken.

Erst nach einer Weile fragten sie wie aus einem Mund: »Wie geht es dir?«

Sie sahen sich an, lächelten bemüht und seufzten beide.

»Nicht sehr gut.«

»Gut wäre glatt gelogen.«

»Ist Archie schon da?«

Agatha schüttelte den Kopf. »Aber er will pünktlich zu Rosalinds Geburtstag da sein.«

»Immerhin.« Mehr sagte ihre Schwester nicht.

Rosalind versuchte ihre dünnen Ärmchen um sie beide zu schlingen.

Madge drehte sich zu ihr um und hockte sich hin. »Was hältst du davon, wenn du noch ein bisschen im Garten spielst, Schätzchen?«

»Und ihr?«

»Wir kommen gleich nach.«

»Ist gut.« Sie nickte ergeben und trollte sich.

Agatha zog ihre Schwester neben sich auf die Couch und behielt die Hand in ihrer.

So saßen sie lange beieinander, schweigend, nur ab und an leise seufzend, als erinnerten sie sich an das, was gewesen war. An das, woran sie gern zurückdachten und was sie für alle Zeiten verband. Und an das, was vor ihnen lag und vor dem sie beide Angst hatten.

Irgendwann drückte Madge ihre Hand und deutete auf eine Kiste, die am Fenster stand. Aus einer Ecke quoll etwas Holzwolle hervor. Darin verpackt das Lieblingsgeschirr ihrer Mutter, alt und an manchen Stellen angeschlagen, weil es viel benutzt worden war. »Ich hab dich damit allein gelassen, tut mir leid.«

»Jetzt bist du ja da.«

»Ich … konnte einfach nicht, Agatha. Du bist viel stärker als ich.«

Das glaubst du. »Ich kann einfach nicht nur rumsitzen und nichts tun.«

»Sie wird uns für den Rest unseres Lebens fehlen, damit werden wir umgehen müssen. Wir haben keine andere Wahl.«

»Ich weiß.«

»Aber wir haben uns.«

»Ja, Gott sei Dank haben wir uns.«

»Und du hast Rosalind.« Vermutlich sagte Madge ganz bewusst nicht »und Archie«.

Agatha hatte sich schon gelegentlich gefragt, ob er noch zu ihr gehörte. Selbst wenn er bei ihr war, war es, als wäre er doch ganz woanders. Er schien ständig in Gedanken zu sein, abwesend, zerstreut. Sie hatte sich auch gefragt, ob er unglücklich war. Und ob es an ihr lag.

»Ich hätte gern einen Tee, bevor wir weiterpacken«, sagte Madge in die Stille hinein. »Und vielleicht einen kleinen Imbiss.«

Agatha wollte aufstehen, schaffte es aber nicht. Ihr Körper war bleischwer, als gehöre er gar nicht zu ihr. Außerdem brannte es in ihrer Lunge, und sie begann heftig zu husten.

Im Frühjahr war sie an einer Bronchitis erkrankt, von der sie sich noch immer nicht richtig erholt hatte. Die Bronchien waren ihr Schwachpunkt, ihre Achillesferse.

Madge rieb ihr den Rücken und reichte ihr das Glas Wasser, das neben ihnen auf dem Tisch stand.

»Danke.« Das brachte sie gerade noch heraus, bevor sie in sich zusammenfiel und laut zu schluchzen begann.

»Wenn Archie kommt, werde ich nicht mehr hier sein«, sagte Madge am späten Abend. Sie saßen im Garten und hatten dem Ruf eines Käuzchens gelauscht, das in einem der Bäume sitzen musste. Davor hatten sie das restliche Geschirr, Töpfe und Pfannen in Kisten verpackt und auf den Flur gestellt. In wenigen Tagen war Vollmond, und ein lauer Wind raschelte in den Blättern.

Agatha drehte den Kopf, um ihre Schwester im Halbdunkeln anzusehen. Sie wollte sie fragen, warum, ließ es aber bleiben. Sie wusste es doch. Madge konnte Archie nicht verzeihen, dass er sie hier mit allem allein ließ.

»Du lässt ihm zu viel durchgehen, Agatha. Du hast zu viel Verständnis für ihn.«

»Ich bin nun mal so.« *Und auch er ist, wie er ist.*

»Ja, und er weiß ganz genau, was er an dir hat. Keine andere Frau … Ach, schon gut. Tut mir leid, ich wollte nicht noch Öl ins Feuer gießen.«

Agatha unterdrückte ein betrübtes Seufzen. Sie spürte schon lange kein Feuer mehr in sich. Wofür brannte sie noch? Sie kam sich vor wie ein Packesel, der stoisch umhertrabt und seine Arbeit erledigt; geduldig und selbstlos.

Vielleicht bräuchten sie und Archie einfach etwas mehr Zeit für sich. Vielleicht sollten sie mal wieder verreisen.

Was mache ich mir darum Gedanken, meine Güte, dachte sie einigermaßen erschüttert. *Als hätte ich keine anderen Sorgen.*

»Weißt du noch?« Madge lächelte versonnen und lehnte sich auf der Gartenbank zurück, die Beine ausgestreckt. »Wie Mama uns immer durchschaut hat? Wie sie uns direkt in den Kopf blicken konnte? Sie war mir manchmal unheimlich.«

»Mir auch. Geheimnisse konnte man nicht vor ihr haben.«

»Nein.«

Ein trauriges, bedrücktes Schweigen entstand. Das Käuzchen rief noch ein paarmal, dann wurde auch es still.

»Ich glaube, ich habe es dir nie gesagt, Agatha, aber ich bin unglaublich stolz auf dich.«

»Stolz? Und weswegen?«

»Weißt du das wirklich nicht?«

»Nein.«

»Du bist jetzt eine berühmte Schriftstellerin.«

Agatha schnaubte. »Berühmt.«

»Stimmt das etwa nicht? Deine Bücher werden in Amerika und England gelesen. Ist das etwa nichts?« Madge schnalzte mit der Zunge. »Du könntest ruhig auch ein bisschen stolz sein.«

»Das liegt mir nicht, das weißt du doch.«

Ihre Schwester seufzte. »Allerdings.« Sie schwieg einen Augenblick, dann sagte sie: »Ich glaube, ich habe dir auch noch gar nicht gratuliert.«

»Danke, Punkie, lieb von dir.«

»Ich spreche nicht von deinem Erfolg.«

»Sondern?«

»Du hast die Wette gewonnen. Wir haben vor einigen Jahren gewettet, dass du es nicht schaffst, einen Kriminalroman zu schreiben. Ich hab's wirklich nicht geglaubt, Agatha. Ich war sicher, dass du es wieder aufgeben wirst.«

Sie schwieg. Ihr war ein wenig eigenartig zumute.

»Weinst du etwa?«

»Nein.«

»Gott sei Dank, sonst müsste ich auch heulen.«

Die Schwestern schwiegen wieder. Madge hatte Agathas Hand genommen und festgehalten.

Nach einer ganzen Weile sagte Agatha leise: »Ich wünschte, ich könnte Ashfield behalten.« Ihre Worte ließen sie zusammenzucken.

»Ich weiß.«

»Es müsste so viel gemacht werden. Es wäre ein Fass ohne Boden«, versuchte sie zu erklären. Wahrscheinlich unnötigerweise.

»Ist schon gut.« Madge drückte ihre Hand.

Sie rang die Tränen nieder, die sich anbahnten. Sie hatte schon genug geweint an diesem Tag.

Erneut schwiegen sie und hingen ihren Gedanken und Erinnerungen nach.

»Weißt du, woran ich gerade denken muss?«, sagte Madge dann unvermittelt. »An eure überstürzte Heirat damals. Ich weiß noch, wie ich dich am Telefon angeblafft habe.«

»Oh, daran erinnere ich mich auch noch.«

»Aber als ihr dann vor mir standet … Ihr habt so glücklich ausgesehen. Da konnte ich dir gar nicht länger böse sein, dass du uns alle so überrumpelt hast.«

Agatha sah sie nachdenklich an. An das Glück, das sie damals empfunden hatte, erinnerte sie sich beim besten Willen nicht mehr. Aber wieso nicht? Weil es so lange her war?

Doch sie erinnerte sich noch sehr lebhaft daran, wie es nach Archies Abreise nach Frankreich weitergegangen war. Wie sie erst im Lazarett weitergearbeitet hatte und später dann in der Krankenhausapotheke. Vier entsetzlich lange Jahre hatte der Krieg noch weitergetobt.

Madge gähnte. »Gott, ich bin so müde.« Sie stand mit verblüffendem Schwung auf. »Komm, lass uns schlafen gehen, Agatha. Morgen ist auch noch ein Tag.«

III.

Die Jahre 1917–1920
Einschnitte

1.

»Was um Himmels willen tust du da?« Eileen Morris stand neben Agatha, die gerade dabei war, flüssiges Paraffin in die Salbenschale zu geben.

Agatha erstarrte erschrocken und stellte das Gefäß ruckartig ab. »Ich sollte doch die Salbe für Mr Mallows herstellen.«

Eileen schüttelte den Kopf. »Aber doch nicht so. Das ist viel zu viel Paraffin.«

»Aber ich dachte …«

Egal, was du gedacht hast, halt den Mund und hör zu, Agatha. Du musst noch eine Menge lernen.

Im Jahr zuvor hatte sie sich wegen einer hartnäckigen Grippe mit anschließender Bronchitis mehrere Wochen auskurieren müssen. Als sie wieder zur Arbeit erschienen war, hatte man sie in die Apotheke versetzt, die im Lazarett eingerichtet worden war. Sie hatte sogar die Möglichkeit, eine Apothekerprüfung abzulegen.

Das Herstellen der Arzneien, besonders das Anrühren der Salben und Abfüllen der Tinkturen machte ihr viel Spaß.

Wunden wurden mit einer Paste bestehend aus Wismut, Jodoform und flüssigem Paraffin hergestellt, und an manchen Abenden konnte sie ihren rechten Arm kaum noch bewegen, so viel hatte sie am Tag anrühren müssen. Der Geruch – Gestank traf es wohl besser – des Jodoforms war grauenvoll und drang durch alle Kleidungsschichten, so dass man sogar meinte, die Haut würde ihn ausdünsten. Doch selbst daran hatte sie sich inzwischen gewöhnt.

»Setz eine neue Salbe an«, wies Eileen sie an, und sie nickte. »Entschuldige.«

»Schon gut, das kann passieren.«

Sollte es aber nicht, dachte sie, während sie eine neue Salbenschale aus dem Schrank holte. Sie war abwesend gewesen, unkonzentriert, weil sie an Archie hatte denken müssen. Wegen seiner chronischen Stirnhöhlenentzündung durfte er nicht mehr fliegen und hatte stattdessen die Aufsicht über ein Versorgungslager übernommen. Wie es ihm damit ging, hatte er sie nicht wissen lassen, aber sie konnte es sich ausmalen. Kein Pilot mehr sein zu können musste furchtbar für ihn sein.

Für sie dagegen war es zutiefst beruhigend, das allerdings ließ sie ihn nicht wissen.

»Ich werde in Zukunft besser achtgeben und nichts mehr verschwenden, Eileen.«

Es kam keine Antwort, und sie drehte sich um und sah Eileen gerade noch durch die Tür verschwinden.

Mit Giften zu arbeiten, fand Agatha ganz besonders interessant. Fasziniert hatte sie beobachtet, mit wie viel Präzision und Fingerfertigkeit die Apotheker damit umgingen. Harmlose Ingredienzen wurden kaum abgewogen oder abgemessen, da genügte ein fachmännischer Blick mit einem zugekniffenen Auge, dem ein zufriedenes Nicken folgte. »Das sollte reichen.« Anschließend wurde das Gift hinzugegeben, und da wurde äußerst sorgfältig gearbeitet.

Neulinge wie Agatha wurden mit diesen Aufgaben natürlich nicht betraut, aber nach ein paar Monaten in der Apotheke durfte auch sie mit Giften arbeiten. Selbstverständlich schaute ihr dabei ein Apotheker auf die Finger. Allerdings passierte es schon mal, wenn es drunter und drüber ging, dass niemand zur Stelle war, um sie bei der Arbeit zu überprüfen. So kam es vor, dass Agatha des nachts hellwach im Bett lag, weil sie schwören könnte, ein Gefäß offen gelassen oder einen Tropfen Karbolsäure zu viel in die Salbe gegeben zu haben. Einmal war sie sogar aufgestanden und zur Apotheke gelaufen, um sich zu vergewissern, ob sie das Gefäß verschlossen hatte. Alles war in bester Ordnung gewesen – natürlich, sie arbeitete doch stets sehr gewissenhaft –, und danach hatte sie beruhigt schlafen können.

Aber was mit Giften und einer falschen Dosierung alles passieren konnte! Das wirklich Erstaunliche war, dass die meisten Fehler nicht auf das Konto der Neulinge gingen. Die waren viel zu genau, zu unsicher und ängstlich, etwas falsch zu machen. Bei den Apothekern jedoch, die tagtäglich mit Giften hantierten, konnte es vorkommen, dass sie bei all der Routine nachlässig wurden. Weil sie vielleicht mit den Gedanken woanders waren und die Hände ganz von selbst agierten.

So kam es zu einem unschönen Zwischenfall, der böse, sehr böse, hätte ausgehen können. Ein Apotheker hatte die Arznei für ein krankes Kind angefertigt und dabei zu viel Opium verwendet. Es war der aufmerksamen Großmutter und dem sofortigen Eingreifen des Hausarztes zu verdanken, dass das Kind gerettet werden konnte.

Agatha blieb dieser Vorfall lange im Gedächtnis.

Die Arbeit in der Apotheke sorgte auch dafür, dass sie nicht ständig an Archie und daran, was er gerade erlebte, denken konnte. Seit knapp anderthalb Jahren waren sie nun verheiratet und hatten sich in der Zeit ein einziges Mal gesehen. Archie hatte drei Tage Urlaub bekommen, und sie hatten sich in London getroffen. Er war gereizt und wortkarg gewesen, die Kriegsereignisse machten ihm zu schaffen. Agatha war sicher gewesen, dass der Krieg schon bald vorbei sein würde, und er hatte sie angefahren, dass sie ja keine Ahnung hätte, was sie da plapperte. Über ihre Zukunft hatten sie kein Wort verloren. Wer konnte schon wissen, ob es überhaupt eine gab.

Für ihre Prüfung besuchte Agatha sonntags einen Apotheker in Torquay, der ihr die metrischen Hohlmaße beibrachte. Mit den Maßeinheiten war sie bereits vertraut, aber mit dem metrischen System tat sie sich ein wenig schwer.

Genau wie mit der Herstellung von Zäpfchen, die an diesem Sonntag anstand, einem herrlichen Sommertag voller Sonnenschein und duftenden Kirschbäumen. Die Zäpfchenzubereitung hatte es in sich; der Schmelzpunkt der Kakaobutter musste perfekt sein. War sie zu heiß, wurde die Masse nicht fest. War sie nicht heiß genug, sahen die Zäpfchen aus wie windschiefe Zipfel.

Agatha schwitzte, nicht nur, weil es fürchterlich stickig im Hinterzimmer der Apotheke war. Draußen spielten Kinder, ihr Geschrei war beim besten Willen nicht auszublenden, so sehr sie es auch versuchte. Schließlich ging sie zum Fenster und schloss es. Endlich – wohltuende Stille! Sie machte für einen Moment die Augen zu. Herrlich!

Mr Plum hatte auf einem kleinen Zettel die Menge der Droge ausgerechnet, die der flüssigen Masse zugefügt werden sollte. Er hatte ihr den Rücken zugedreht und hielt ein kleines Glasröhrchen ins Licht. »Hmm …«, machte er und nickte dann. »Agatha? Seien Sie so gut und schreiben Sie ›1:100‹ auf das Etikett. Ich bin derweil …«

Der Rest ging in lautem Gekreische unter, das von draußen kam. Grundgütiger, mussten Kinder immer einen solchen Lärm machen? Auch Mr Plum runzelte die Stirn und ging zur Tür.

Agatha schaute ihm verdutzt nach. Was hatte er gesagt, was er vorhatte? Die Tür fiel hinter ihm zu, und sie machte sich daran, das Etikett für die Zäpfchen zu beschriften.

Doch irgendetwas war nicht richtig. Eins zu hundert, konnte das sein? Hatte er sich womöglich verrechnet?

Sie ging seine Berechnung durch. Du lieber Himmel, er hatte sich tatsächlich verrechnet und den Dezimalpunkt an die falsche Stelle gesetzt. Nicht eins zu hundert, sondern eins zu zehn. Was sollte sie tun? Es ihm auf die Nase binden? Wohl kaum. Er war schließlich Apotheker mit langjähriger Erfahrung und sie bloß eine Helferin. Die Zäpfchen so herausgeben durften sie allerdings auch nicht.

In diesem Augenblick ging die Tür auf, und er kam pfeifend zurück. »Fertig, Agatha?«

»Ja. Nein. Ich meine …«

Er stellte sich neben sie, schien gar nicht richtig zugehört zu haben. »Wir legen uns die Zäpfchen auf Lager«, sagte er aufgeräumt. Dann sah er sie verwirrt an. »Was sagten Sie gerade?«

Ihr kam eine Idee. »Ich kümmere mich darum, Mr Plum.«

Er schien kurz nachzudenken, nickte und widmete sich anderen Aufgaben.

Agatha ging zum Zäpfchenbrett, klopfte sie heraus, stolperte dabei – hoffentlich sah es echt aus – und stieß gegen den Tisch. Die Zäpfchen kullerten auf den Boden, und noch bevor Mr Plum eingreifen oder auch nur »Vorsicht!« rufen konnte, hatte sie fest zugetreten. Und Gottlob hatte sie recht große Füße, so dass von den Zäpfchen nur eine breiige Masse übrig blieb.

»Jetzt sehen Sie sich das an!«, sagte er fassungslos, und es sah aus, als überlege er, ob noch etwas zu retten war.

Doch es war hoffnungslos, dafür hatte sie gesorgt.

Zerknirscht hatte sie sich entschuldigt, und er schien ihr ihre kleine Unachtsamkeit zu verzeihen. »Machen Sie sich nur keine Vorwürfe«, meinte er großzügig und griff in seine Kitteltasche. Wollte er ihr eine Süßigkeit anbieten, damit sie nicht allzu traurig über ihr Missgeschick war? »Sehen Sie das hier?«

Sie warf einen Blick auf ein kleines schwarzes Klümpchen in seiner Hand. »Was ist das?«

»Das, Agatha …« Er machte eine bedeutungsvolle Pause. »… ist Kurare.« Er sah aus wie ein kleiner Junge, der eine besonders hübsche Eidechse gefangen hatte.

Kurare? Sie hatte irgendwann mal darüber gelesen, konnte sich aber nicht mehr recht daran erinnern.

»Es wird als Pfeilgift verwendet. Es gelangt in die Blutbahn und ist absolut tödlich. Erst lähmt es das Opfer, dann führt es zuverlässig zum Tod. Faszinierend, nicht wahr?«

Sie war einigermaßen verblüfft. Wieso trug er so etwas in seiner Kitteltasche mit sich herum? Waren alle Apotheker so?

»Wenn man es dagegen schluckt …« Mr Plum grinste hocherfreut und zuckte die Schultern. »Passiert nicht das Geringste. Faszinierend, oder?«

Das war es durchaus.

»Wollen Sie gar nicht wissen, weshalb ich es bei mir habe?« Er schien ganz versessen darauf zu sein, es ihr zu erzählen.

In diesem Moment ging ihr auf, dass der so bieder wirkende Mann vermutlich ein sonderbarer Kauz war.

Er wartete ihre Antwort auch gar nicht ab. »Es fühlt sich gut an, Agatha, ungeheuer gut. So, als hätte ich alle Macht der Welt.«

Du lieber Himmel, der Mann war wirklich seltsam.

Unwillkürlich rückte sie ein Stück ab. Aber sie schaffte es, sich ein flüchtiges Lächeln abzuringen. »Was Sie nicht sagen, Mr Plum.«

2.

Nachts lag Agatha oft lange wach. Archie fehlte ihr. Ihr früheres Leben fehlte ihr, das ihr mit einem Mal so herrlich sorglos vorkam. Das Schreiben war vollkommen in den Hintergrund getreten. Wer konnte schon an Geschichten denken, wenn der Krieg tobte und alles durcheinanderwirbelte? Wie hätte sie überhaupt nur die Muße haben können, an etwas anderes zu denken, als daran, ihn heil und gesund zu überstehen? Ganz abgesehen von der steten Sorge um Archie.

Sie hatte schreckliche Sehnsucht nach ihm. Sie fühlte sich einsam und wund in Herz und Seele.

Häufig stand sie auf und ging zum Fenster, um eine Ewigkeit in die Dunkelheit hinauszustarren. Dann und wann überwog ein düsterer Zorn, der sich gegen alles und jeden richtete. Sie wusste nicht, was besser auszuhalten war, es spielte auch keine Rolle. Die Emotionen kamen und gingen.

Irgendwann – wieder hatte sie hellwach dagelegen und verzweifelt versucht, sich an Archies Gesicht zu erinnern – setzte sie sich auf. Das Schreiben hatte lange keinen Raum mehr eingenommen, nun jedoch drängte sich ein Gedanke in den Vordergrund.

Ich könnte endlich einen Kriminalroman schreiben.

Das hatte sie doch immer vorgehabt und sogar mit Madge gewettet, dass sie es angehen würde. Vielleicht war jetzt der beste Zeitpunkt. War da nicht ein leises Zwicken gewesen, als Mr Plum ihr das Kurare gezeigt hatte?

Eine Kriminalgeschichte mit einem Giftmord, überlegte sie. *Kurare?*

Sie spürte kribbelnde Vorfreude, und die Lust, augenblicklich zu Stift und Papier greifen zu wollen, war fast übermächtig. Möglicherweise war die Idee irgendwo in ihrem Hirn vergraben gewesen. Wer wusste schon, wo all sein Gedankengut verblieb und ob und wann es wieder auftauchte? Vielleicht lag es auch an ihrer Arbeit in der Krankenhausapotheke und den Giften, mit denen sie tagtäglich zu tun hatte. Ja, überlegte sie, das war plausibel.

Mr Plums begeistertes Gesicht und seine Ausführungen hatten sie lange beschäftigt.

Sie stopfte sich ein Kissen in den Rücken und deckte sich wieder zu. Ein Giftmord also, nun denn. Wer sollte das Opfer sein, und warum musste es sterben? Wer war der Mörder?

Und wer klärt den Mord auf? Das war zunächst die für sie spannendste Frage.

Sie kuschelte sich unter das Plumeau und schloss die Augen. *Ich brauche einen pfiffigen Detektiv, jemanden wie Sherlock Holmes. Und am besten auch noch einen guten Freund.*

Vor ihrem geistigen Auge entstanden zwei Männer, einer

rauchte Pfeife, der andere … Moment! Sie schüttelte den Kopf. Ihr Hirn hatte ihr soeben Sherlock und Watson auf dem Tablett serviert.

»Die gibt es doch schon«, sagte sie laut und musste lachen.

Vielleicht sollte sie sich als Erstes doch besser mit dem Täter befassen. Ein Mann könnte seine Frau vergiften. Vielleicht mit Kurare? Nein, mit Strychnin. Ja, das war gut! Sie war ihm im Weg, warum auch immer. Er liebte sie nicht mehr, er wollte sie beerben. Ach, es gab so viele Gründe, da sollte sich leicht etwas finden lassen. Liebe und Eifersucht waren hervorragende Motive, genau wie Geldgier.

Der Detektiv, der noch erfunden werden musste, würde schnell herausfinden, wer der Mörder war. Weil es völlig klar und offensichtlich war.

»Sie haben Ihre Frau getötet, weil Sie eine andere lieben«, sagte Agatha mit verstellter Stimme und stellte sich vor, wie ihr Detektiv vor dem Mörder stand und mit dem Finger auf ihn zeigte.

»Das müssen Sie mir erst mal beweisen«, sagte der Täter und zuckte mit keiner Miene. Er war sich sicher, nicht überführt werden zu können. Er hatte keine Spuren hinterlassen. Oder doch? Fieberhaft dachte er nach, schwitzend, atemlos.

Wieder zeigte der Detektiv auf ihn. »Ich sehe, wie Sie schwitzen, Mister. Sie waren es.«

»Sie haben keine Beweise.«

Was für Beweise könnte der Detektiv haben? Wo hatte der Mörder einen Fehler gemacht? War er sich seiner Sache *zu* sicher gewesen? War er nachlässig geworden?

Die Spur könnte vorübergehend auch zu einem anderen Verdächtigen führen, überlegte sie. Oder der Mann könnte versucht haben, den Mord an seiner Frau wie einen Selbstmord aussehen zu lassen.

Der Mann wippte auf den Zehenspitzen und schaute den Detektiv herausfordernd an. »Ich weiß, dass Sie keine Beweise haben.«

Der Detektiv lächelte und hielt seinem Blick stand. »Habe ich doch, Mister.«

Ach ja?, dachte Agatha erstaunt. Da war er weiter als sie. Sie trat noch immer auf der Stelle.

Am besten, sie würde versuchen ein bisschen zu schlafen und morgen weitergrübeln. Manchmal fand sich eine Lösung über Nacht.

Zuallererst einmal brauchte sie ohnehin einen Detektiv.

Sie drehte sich auf die Seite und sprach einen Toast auf Arthur Conan Doyle aus. »Jemanden wie Sherlock Holmes zu erfinden, muss sich prächtig anfühlen. Sie sind zu beneiden.« Sie gähnte. »Ich weiß nicht, ob es mir gelingen wird, jemanden zu erfinden, an den man sich auch in zwanzig, dreißig Jahren noch erinnern wird.« Wieder gähnte sie und klopfte sich das Kopfkissen zurecht. »Ich beneide Sie wirklich, Mr Doyle. Meinen Glückwünsch.«

Kurz darauf war sie eingeschlafen und träumte von einem Mann mit Bart und furchterregendem Gesichtsausdruck, der seiner Frau Gift in den Kaffee mischte und ungerührt dabei zusah, wie sie auf dem Sofa zusammensackte. Er betrachtete den Vorgang fasziniert, und als sie keinen Mucks mehr von sich gab, trug er sie zu einem teuer aussehenden Teppich. Er legte sie darauf und rollte sie darin ein. Danach hievte er sich den Läufer auf die Schulter, scheinbar mühelos, und brachte die Leiche aus dem Haus. Nur wohin, konnte sie nicht sehen, weil der Traum plötzlich in einen anderen überging.

In diesem saß Archie in einem Flugzeug, sein Blick konzentriert und angestrengt. Er blinzelte, schien nicht erkennen zu können, wohin er flog.

Aber er durfte doch nicht mehr fliegen! Er musste sofort landen!

Der Motor machte seltsame, höchst beunruhigende Geräusche, und Archie wurde wütend. Angst schien er nicht zu haben.

Mit einem Mal saß er nicht mehr im Flieger, sondern auf dem Rücksitz eines Automobils. Der Fahrer war ein Mann mit Bart und hochgeschlagenem Mantelkragen. Er blickte in den Rückspiegel und rief Archie zu, er solle bloß den Mund halten, obwohl der kein Wort von sich gegeben hatte. »Ich warne Sie, Mister. Was passiert ist, ist passiert. Meine Frau ist tot, sie liegt hinten im Kofferraum, aber das muss Sie nicht kümmern.«

Als Agatha am Morgen wach wurde, war der Traum noch sehr lebendig. Sie wünschte, sie hätte von einem Detektiv geträumt, den sie erfinden könnte.

Müde stand sie auf, wusch sich, zog sich an und steckte ihr Haar zusammen. Im Schlaf hatte sie offenbar den Kopf hin und her geworfen, anders war nicht zu erklären, dass es so zerzaust war. »Er bringt die Leiche seiner Frau also irgendwohin, wo sie nicht gefunden werden kann«, sagte sie zu sich. »Oder vorerst nicht gefunden wird.«

Sie verließ ihr Zimmer und ging in den Salon, auch wenn sie keinen Appetit hatte. Ein Kaffee würde genügen, um sie auf Trab zu bringen.

Ihre Mutter saß am Tisch und las die Zeitung. »Guten Morgen, mein Liebling. Gut geschlafen?«

»Ich weiß nicht, Mama.« Sie nahm Platz und schenkte sich Kaffee ein. »Ich hatte einen ganz merkwürdigen Traum.«

Ihre Mutter ließ die Zeitung sinken und sah sie an.

»Ich werde einen Kriminalroman schreiben«, verkündete sie. »Ein Mann vergiftet seine Frau und schafft die Leiche in seinem Wagen weg.«

»Und das hast du geträumt?«

»Nein, darum wird es in meiner Geschichte gehen.«

Ihre Mutter reichte ihr eine Scheibe Brot. »Keine Widerrede, du musst etwas essen.«

»Aber ich hab keinen Hunger.«

»Später wirst du welchen haben. Es ist ungesund, ohne Frühstück aus dem Haus zu gehen.«

Ergeben nahm sie das Brot und legte es auf ihren Teller. »Mir fehlt noch ein Detektiv. Es muss ein ungeheuer interessanter, kluger Mann sein. Er soll gewitzt sein und vielleicht den einen oder anderen Spleen haben. Und er darf ruhig älter sein, vielleicht ist er etwas rundlich gebaut, mit einem ausladenden Bauch. Hmm …« Sie dachte weiter nach, während sie ein Stück vom Brot abbrach und sich in den Mund schob. »Ein kleiner, älterer Herr, elegant gekleidet, auf sein Äußeres bedacht. Vielleicht ist er pedantisch.«

Ihre Mutter hatte ihr interessiert zugehört. Nun lachte sie. »Da hast du deinen Detektiv, Agatha! Du weißt schon viel mehr, als du geglaubt hast.«

Agatha betrachtete sie nachdenklich und musste dann ebenfalls lachen. »Tatsächlich. Du hast recht. Während ich geredet habe, ist mir alles eingefallen. Seltsam.«

»So seltsam ist das gar nicht. Und gegessen hast du auch. Na, siehst du.«

»Ich brauche noch einen Namen.« Sie trank einen Schluck.

»Wenn dein Detektiv ein kleiner Mann ist, könnte er …«

»Hercules!«, hatte sie im selben Moment ausgerufen. Der Kaffee in ihrer Hand war übergeschwappt und tropfte auf die Tischdecke. »Ein kleiner, rundlicher Mann mit Namen Hercules, das hat doch was.«

»Na, ich weiß nicht …«

»Jeder, der den Namen hört, erwartet einen hünenhaften, kräftigen Mann, und dann kommt mein Hercules um die Ecke.« Sie hatte es bereits lebhaft vor Augen.

»Ist er Engländer? Stammt er von hier? Aus Torquay?«

Sie schüttelte den Kopf. »Nein, kein Engländer.«

»Franzose?«

»Nein.«

»Dann ein Amerikaner. Er könnte ein wenig verschroben sein. Vielleicht hat er viel Geld und weiß kaum, wie er es ausgeben soll.«

»Er ist Detektiv, Mama. Wie soll er an viel Geld gekommen sein?«

Ihre Mutter zuckte mit den Schultern. »Er könnte geerbt haben.«

»Das ist langweilig.« Agatha wischte gedankenverloren über die Tischdecke und verrieb damit die Kaffeeflecken noch mehr.

»Lass das, ich bitte dich. Der Fleck muss gleich …«

»Er könnte Inspektor sein, vielleicht arbeitet er nur noch zum Vergnügen.« Sie nickte vor sich hin. »Ja, er kann es einfach nicht lassen, weil es ihm so viel Spaß macht, Morde aufzuklären.«

»Es kann unmöglich Spaß machen, Morde aufzuklären, Agatha.«

»Hercules liebt es. Er liebt es, zu kombinieren und zuzusehen, wie sich langsam, aber sicher die Schlinge um den Hals des Mörders zuzieht.« Sie machte eine Handbewegung, als würde sie jemandem mit beiden Händen die Luft abdrücken.

Draußen waren laute Stimmen zu hören.

Agatha stand noch immer gedankenverloren auf und ging zum Fenster. Zwei Frauen und ein Mann gingen schwatzend vorbei. Sie gehörten zu den belgischen Flüchtlingen, die nach Torquay gekommen und sehr freundlich aufgenommen worden waren. Agatha empfand Mitleid mit ihnen, sie hatte sich vorgestellt, wie es wohl war, seine Heimat verlassen und in einem fremden Land leben zu müssen.

»Ein Belgier«, sagte sie nachdenklich und blickte den Dreien nach. »Hercules aus Belgien.«

»Ein Belgier? Ja, warum eigentlich nicht. Aber er muss noch einen Nachnamen haben.«

»Nachnamen sind schwierig.«

»Ganz und gar nicht. Wohlklingend sollte er sein.« Ihre Mutter dachte laut nach und ließ sich einige Namen – für Agatha keinesfalls wohlklingend – auf der Zunge zergehen. Bis sie irgendwann kapitulierte und Agatha aufforderte, selbst etwas beizusteuern.

Die schlenderte zurück zum Tisch, nahm die Zeitung und blätterte darin. Sie überflog die Artikel und hoffte, früher oder später über einen Namen zu stolpern, der zu Hercules passen könnte. Leider waren all die Namen, die sie las, höchstlangweilig oder ganz und gar unpassend.

»Tja«, sagte sie schließlich und faltete die Zeitung zusammen.

»Ich werde mir einfach noch ein bisschen Zeit lassen.«

Sie warf einen Blick auf die hübsche kleine Kaminuhr, die in diesem Augenblick ihr gewohntes »Pling« von sich gab. »Ach, du Schreck, schon so spät!«

Sie lief zur Tür, kehrte zurück, um ihrer Mutter einen Kuss auf die Stirn zu geben und eilte hinaus. Auf dem Flur griff sie im Vorübergehen nach Mantel und Handtasche und verließ das Haus.

Das Wetter war herrlich, viel zu schön für so schreckliche Zeiten wie diese. Man sollte den Tag irgendwo draußen verbringen und sich an dem strahlendblauen, wolkenlosen Himmel erfreuen. Man sollte Drachen steigen lassen und Eiscreme essen. Man sollte Golf oder Polo spielen, auf dem Tennisplatz stehen oder einfach nur mit netten Nachbarn oder guten Freunden plaudern, vielleicht ein bisschen Musik hören, tanzen, Klavier spielen oder laut singen.

»Aber ganz bestimmt sollte man nicht in einem Lazarett sein, in dem es grauenvoll riecht und in dem man Dinge sieht und hört, die man lieber nicht sehen will. Es sollte keine Welt geben, in der man voller Angst an die Tür geht, weil ein Telegramm kommt und man nicht weiß, was man gleich erfahren wird.«

Sie hatte laut gesprochen, viel lauter als beabsichtigt. Überhaupt hatte sie es nur denken wollen. Wie konnte es sein, dass ihr das ständig passierte? Ältere Menschen, die mit sich selbst redeten, nannte man ein bisschen verrückt.

»Dann bin ich eben auch ein bisschen verrückt.« Sie zuckte die Schultern und kickte einen Stein vom Gehweg auf die Straße. »Vielleicht müssen Schriftsteller ein klein wenig verrückt sein.«

Dass sie sich als Schriftstellerin bezeichnet hatte, fiel ihr erst auf, als sie die Apotheke betrat. Sie blieb kurz stehen, stutzte und schlüpfte aus ihrem Mantel.

Bin ich wirklich eine Schriftstellerin? Auf jeden Fall bin ich felsenfest entschlossen, einen Kriminalroman zu schreiben. Jetzt, wo die Geschichte allmählich Gestalt annahm und es vor allem bereits einen Detektiv gab, konnte sie gar nicht anders. Die Geschichte wollte aus ihr heraus, sie *wollte* erzählt werden.

Mit einem äußerst gut gelaunten Gesichtsausdruck – all den schrecklichen Umständen zum Trotz – begann Agatha mit ihrer Arbeit.

3.

Wieder hatte Agatha von Archie geträumt, und wieder hatte er ein Flugzeug gesteuert. Diesmal versuchte sie ihn aufzuhalten und rief ihm zu, dass er nicht fliegen durfte.

Verschwitzt und aufgewühlt war sie mitten in der Nacht hochgeschreckt, aufrecht sitzend, eine Hand an der Stirn.

»Um Himmels willen, Archie«, murmelte sie. »Was machst du denn nur?«

Sie war zurück aufs Kissen gesunken und wieder eingeschlafen. Es folgte ein Traum von einem Mann mit schwarzem Hut und langem Mantel, der die Straße entlangspazierte und laut über den Fall nachdachte, an dem er gerade arbeitete. Ihr Detektiv!

Verraten Sie mir Ihren Namen, hatte sie gefleht und nicht gewusst, ob sie noch immer träumte oder schon wach war.

Leider blieb er stumm, er schien ein Geheimnis um sich machen zu wollen. Dann eben nicht.

Poirot. Mit diesem Wort – oder war es ein Name? – wachte sie am frühen Morgen auf. Sie setzte sich auf die Bettkante, blieb eine Weile so sitzen, baumelte mit den Beinen und versuchte, sich an den Traum zu erinnern.

»Poirot«, sagte sie ein paarmal laut. Schließlich nickte sie. »Das klingt doch gar nicht so übel.«

Sie stand auf, machte sich frisch und schlüpfte in ein graues Kostüm. Sie hatte es lange nicht getragen, warum ausgerechnet jetzt, hätte sie nicht sagen können. Vielleicht mochte Monsieur Poirot graue Anzüge?

Agatha verließ ihr Zimmer, und während sie die Treppe hinunterging, sagte sie wieder: »Poirot. Hercules Poirot.«

Kurz bevor sie den Salon betrat, hatte sie eine Eingebung. Nein, nicht *Hercules* Poirot, das passte irgendwie nicht. »Hercule«, sagte sie laut, als sie die Tür öffnete. »Hercule Poirot! Ich hab's, Mama!«

In der folgenden Zeit begann Agatha, die Geschichte in ihrem Kopf zu entwickeln, umzuwerfen und neu zusammenzusetzen.

Der Mörder würde die Leiche seiner Frau nicht in einem Teppich fortschaffen, hatte sie beschlossen. Seine Frau würde in ihrem Schlafzimmer sterben, während er das Haus – es war ein Gut mit Namen Styles – längst verlassen hatte. Er hatte den Mord von langer Hand geplant und seiner Frau Strychnin verabreicht. Ihre Schlafzimmertür hatte er von außen verschlossen. Man würde die Tür aufbrechen und die arme Frau vorfinden, die gerade noch den Namen ihres Mannes hauchen könnte.

In der Apotheke arbeitete Agatha wie gewohnt sehr diszipliniert, damit ihr kein Fehler unterlief. Das könnte verheerende Folgen haben, und damit würde sie nicht leben können. In ihrer freien Zeit jedoch war sie mit nichts anderem als dem Kriminalroman beschäftigt. Fragen ihrer Mutter überhörte sie häufig und fuhr zusammen, wenn sie laut angesprochen und um etwas gebeten wurde. Sie schickte Briefe an die falsche Adresse, vergaß wichtige Termine und blieb des Öfteren vor Leuten stehen, die sie auf der Straße traf, und überlegte fieberhaft, wie sie gleich noch hießen. Sie hätte sagen können: »Verzeihung, ich arbeite im Geiste an einem Roman«, aber das tat sie natürlich nicht. Weil es die Leute nicht zu interessieren hatte und wahrscheinlich auch gar nicht interessierte. Schriftsteller waren verschrobene, ständig geistesabwesende Menschen, die in ihrem Kämmerlein hockten und über Geschichten brüteten. Und auch wenn Agatha gerade das sehr gefiel, wollte sie nicht, dass andere sie so sahen.

Eines Morgens, draußen regnete es junge Hunde, betrat sie den Salon und verkündete: »Ich glaube, jetzt bin ich so weit, Mama.«

»Tatsächlich? Dann solltest du schleunigst anfangen.«

Sie tippte sich an die Stirn. »Hier ist alles drin. Aber ich habe fürchterliche Angst, dass es nicht hinauswill, wenn ich mich an die Schreibmaschine setze.«

»Ich glaube, das geht den meisten Schriftstellern so.«

Egal, was es war, ihre Mutter wusste auf alles eine Antwort, hatte stets eine Lösung parat und schien mit nichts überfordert.

Agatha bewunderte sie einmal mehr. *Wäre ich doch auch so*, dachte sie in diesem Augenblick.

»Warum siehst du mich so an, Liebling?«

Sie nahm neben ihr Platz. »Ich dachte gerade, wie viel Glück ich doch mit einer Mutter wie dir habe.«

Erstaunlicherweise errötete ihre Mutter. »Ich habe ja auch Glück mit einer Tochter wie dir.«

Sie sahen sich an, lächelten und tranken ihren Kaffee.

»Du könntest damit beginnen, die ersten Kapitel mit der Hand zu schreiben«, schlug ihre Mutter vor, als sie nachschenkte.

»Daran hab ich auch schon gedacht.« Vielleicht würden die Worte leichter aus ihrer Hand direkt aufs Papier fließen. So stellte sie es sich vor. Ging es anderen Schriftstellern auch so? Sie ärgerte sich, dass sie Phillpotts nicht gefragt hatte, wie er es hielt.

»Auf jeden Fall solltest du nicht länger warten, Agatha. Du weißt doch, es ist dumm, Zeit zu verschwenden, wenn man glaubt, bereit zu sein.«

Noch am selben Tag begann sie, die ersten drei Kapitel mit der Hand zu schreiben. Und tatsächlich flossen die Worte nur so aus ihren Fingern. Sie konnte kaum schnell genug schreiben, auch von einer latenten Angst befangen, beinahe besessen, sie könnte sich verzetteln und den Überblick verlieren. Gerade bei einem Kriminalroman, dessen Handlung verzwickt war und in dem eine Menge Leute mitmischten, durfte sie sich keinen einzigen Patzer erlauben. Also musste sie schnell sein, damit ihr nichts entglitt und sich nicht irgendwann die Frage auftat: Und jetzt? Wie geht es weiter?

Der Papierstapel auf dem Tisch wurde größer und größer, und irgendwann musste sie innehalten und ihr Handgelenk ausschütteln. Ihr Herz klopfte vor Aufregung und Sorge, dass nun der Moment erreicht war, vor dem sie sich fürchtete. Sie würde den Faden verlieren und all die Ideen, die in ihr schlummerten, flögen wie hübsche Kanarienvögel, die man zu lange im Käfig gehalten hatte, zum Fenster hinaus. Und sie könnte nichts anderes tun, als ihnen hinterherzustarren.

Sie schaute auf das Geschriebene und runzelte die Stirn. Himmelherrgott, sie konnte ihre eigene Schrift nicht entziffern!

Hektisch hob sie die oberen Blätter hoch und las, was sie zuvor geschrieben hatte. Viel besser! Ihre Schrift war von Blatt zu Blatt unleserlicher geworden.

So wird das nichts, Agatha, sagte sie sich. *Du wirst langsamer schreiben und dir mehr Mühe geben müssen.*

Früher hatte sie sich aus purem Vergnügen Geschichten ausgedacht, und wenn die Fäden nicht mehr glatt zusammenliefen, war sie nie in Panik geraten. Es hatte sie höchstens geärgert. Nun aber fühlte es sich auf einmal so *ernst* an, so als hinge ihr Leben davon ab, diesen Roman nicht nur zu Ende zu bringen, sondern überzeugend und gut, nein, hervorragend zu schreiben.

Damit setzte sie sich einem gehörigen Druck aus, und obschon sie das wusste, ließ sich nichts daran ändern.

An manchen Tagen saß sie nach der Arbeit mit zusammengebissenen Zähnen am Schreibtisch, neben sich ein eng beschriebener Stapel Papier.

Ihre Hand glitt über das Blatt, ihre Miene war hochkonzentriert, in ihrem Kopf arbeitete und rauchte es. Oft war sie danach so erschöpft, dass sie wie ein Stein ins Bett fiel und auf der Stelle einschlief. Häufig träumte sie von dem, was sie zuvor geschrieben hatte. Dann und wann fügte ihr Hirn freundlicherweise einzelne Puzzleteilchen zusammen, die ihr bislang gefehlt hatten. Dankbar notierte sie sich am folgenden Morgen, was sie im Traum gesehen hatte. Ab und an war es allerdings so abstrus, dass sie es gleich wieder verwarf.

Irgendwann kam sie an den Punkt, an dem sie mit verkniffener Miene dasaß, die Faust um den Stift geballt und wütend zischte: »Es reicht! Warum verflucht nochmal tust du das?«

Sie meinte Mr Inglethorp, der gerade etwas vollkommen Unsinniges beabsichtigte. »Hör auf damit, Arthur! Wenn du so weitermachst, verliere ich wirklich den Überblick.«

Sie lehnte sich schnaufend zurück, dachte nach, kaute auf ihrem Stift, schrieb ein paar Wörter, strich sie wieder durch, ergänzte sie durch andere, bessere, nahm den Mörder an die Leine und ließ Hercule Poirot kombinieren.

Schließlich flog ihr Stift durchs Zimmer, prallte an der Fensterbank ab und landete unter ihrem Schreibtisch.

Sie blieb sitzen, grollend und leise fluchend. »Erst bringst du deine Frau um und dann mich um den Verstand.«

Poirot hockte plötzlich auf ihrem Schreibtisch, ließ die

Beine baumeln – der Stoff seiner Anzughose war aus feinstem Zwirn, der Mann hatte wirklich Geschmack – und schaute sie mit listigem Blick an.

Warum ärgerst du dich so? Du hast ihn erschaffen, lass ihn nur das tun, was du willst. Um mich musst du dir keine Sorgen machen, ich werde schon mit ihm fertig.

»Ach ja? Er läuft völlig aus dem Ruder.« Sie stützte das Kinn in die Handfläche und seufzte laut. »Die ganze Geschichte läuft aus dem Ruder. Sehen Sie das denn nicht?«

Ich weiß sehr genau, wie es ausgeht, meinte Monsieur Poirot zuversichtlich und lächelte väterlich. *Ich bringe ihn zur Strecke.*

»Aber bis dahin habe ich …« Sie holte tief Luft und seufzte erneut herzzerreißend. »Ich weiß nicht, wo vorne und hinten ist, Hercule. Ich habe mich vollkommen verstrickt. Es passt alles nicht mehr zusammen.« Um ein Haar hätte sie aufgeschluchzt. Das fehlte noch. Vor Poirot.

Nur Mut. Er sah richtig vergnügt aus, als bereite ihm das alles einen Heidenspaß. *Warum gehst du nicht ein bisschen spazieren?*

Sie seufzte ein weiteres Mal, nickte dann und stand schwerfällig auf. Ihr war, als habe sie tagelang nur gesessen. Sie dehnte ihr Kreuz und machte drei Kniebeugen.

»Sie haben recht, Hercule. Bei einem Spaziergang dröselt sich vielleicht alles auf, und ich kann die Fäden wieder zusammenknüpfen.«

Doch das passierte zu ihrer großen Enttäuschung nicht, und in diese Enttäuschung mischte sich Hoffnungslosigkeit.

Sie würde diesen Roman nie zu Ende schreiben. Im Leben nicht.

Wahrscheinlich hatte sie sich inzwischen so vergaloppiert, dass es das Beste war, wenn sie es bleiben ließ.

»Welche Laus ist dir denn über die Leber gelaufen?«, fragte ihre Mutter beim Abendessen.

»Ich fürchte, es ist eine ganze Armee von Läusen«, sagte sie kläglich und überlegte, ihre ganze Enttäuschung hinauszuweinen. Vielleicht würde das helfen. Zumindest würde sie sich vorübergehend besser fühlen. »Ich stecke fest, Mama. Es ist hoffnungslos. Ich kann diesen Roman nicht zu Ende bringen. Ich bin einfach keine Schriftstellerin. Bei mir reicht es nur zu Kurzgeschichten.«

Für einen Moment dachte sie ernsthaft darüber nach, den Roman, der so vielversprechend, so verheißungsvoll begonnen hatte, in eine Kurzgeschichte umzuwandeln. Was würde Poirot dazu sagen?

»Sei nicht albern, Agatha. Nimm etwas von dem Salat, er ist köstlich.« Ihre Mutter tupfte sich den Mund ab, legte die Serviette in den Schoß und lehnte sich zurück.

Sie schwieg eine Weile, bevor sie fortfuhr. »Ich mache dir einen Vorschlag. Du hast doch bald ein paar Tage Urlaub.« Als Agatha nickte, redete sie weiter. »Warum fährst du nicht irgendwohin, wo du ganz ungestört schreiben kannst?«

»Aber ich bin hier ungestört, Mama.«

Ihre Mutter winkte ab. »Das meinte ich nicht. Ungestört schon, aber ich rede von Inspiration.« Sie bewegte die Hand wie einen Schmetterling, der durch die Luft flattert. »Lass deinen Geist fliegen, Liebling, lass dich inspirieren. Eine andere Umgebung kann Wunder wirken, das weißt du doch.«

»Schon …« Agatha dachte darüber nach.

»Was würdest du von Dartmoor halten?«

»Dartmoor«, murmelte sie vor sich hin, einmal, zweimal, dreimal. »Dartmoor, ja.« Sie nickte, plötzlich ganz selig, begeistert – und voller Zuversicht.

Sie sprang auf, um ihre Mutter zu umarmen und riss sie dabei fast vom Stuhl.

Sie lachten beide lauthals. Von Agatha fiel die ganze Anspannung der letzten Tage und Wochen ab.

Auf nach Dartmoor!

4.

Dartmoor

Das Hotel in Haytor lag eingebettet in einer hügeligen Moor- und Heidelandschaft da. Als Agatha aus dem Taxi gestiegen war und das große graue Gebäude betrachtet hatte, horchte sie in sich, was sie gerade empfand. Außer einer kleinen Erschöpfung und Müdigkeit, weil sie in der Nacht zuvor schlecht geschlafen hatte.

Finde ich hier das, wonach ich suche? Ruhe, Inspiration?

Ihr Zimmer war erstaunlich groß und schlicht eingerichtet, mit Blick auf ein Wäldchen. Lange hatte sie am Fenster gestanden, ihren Koffer zu Füßen, und die Umgebung bewundert.

Dann hatte sie ausgepackt, sich frisch gemacht und war nach unten ins Speisezimmer gegangen, um einen kleinen Imbiss zu sich zu nehmen. Der Kellner war der einzige Mensch außer ihrer Mutter, dem sie anvertraute, dass sie an einem Roman schrieb. Er hob die Augenbrauen, und sie fragte sich, was ihm wohl gerade durch den Kopf ging. »Dann sind Sie hier genau richtig, Miss«, sagte er mit einem strahlenden Lächeln. »Man wird Sie nicht stören, Miss …?«

»Christie. Und bitte Mistress.«

Er wurde rot. »Ich bitte um Verzeihung, Mrs Christie.«

»Schon gut.« Sie aß ihren Fisch – er war ein wenig fad –, stocherte in ihren Kartoffeln und widmete sich schließlich dem Salat.

Nun sind wir also in Dartmoor, Poirot. Und, was sagen Sie? Wie finden Sie es?

Nun ja, begann er zögernd, doch sie kam ihm zuvor, bevor er weiterreden konnte.

Lassen Sie's gut sein, lieber Poirot. Ich glaube, dass ich hier arbeiten kann. Und ich werde viel wandern gehen und Inspiration finden.

Er begleitete sie auf ihren ausgedehnten Spaziergängen, und nicht nur er. Auch die anderen Figuren in ihrer Geschichte waren dabei, und Agatha redete laut mit ihnen und erläuterte die nächsten Kapitel, als hätten sie ein Mitspracherecht.

Doch das hatte sie ihnen aberkannt, als sie feststellen musste, wie sehr es sie einengte und früher oder später in eine Sackgasse manövrieren ließ. Nein, Poirot hatte recht, sie durfte das Ruder nicht aus der Hand geben. Sie war die Autorin und damit die Herrin über den Lauf der Geschichte.

Am liebsten wanderte sie zu einer der Felsformationen, die in Dartmoor aus der Erde ragten, als hätte ein Riese mit Steinen gespielt. Manchmal setzte sie sich ins Gras, die Beine untergeschlagen und tief in Gedanken versunken. Oft merkte sie nicht, dass das Gras feucht war und wunderte sich später beim Aufstehen über den klammen Stoff ihres Rockes.

Das laute Sprechen mit ihren erfundenen Figuren regte sie ungeheuer an, es beflügelte sie. »So darfst du nicht mit Mary reden, John«, sagte sie beispielsweise. »Es kränkt sie. Und du, Mary, solltest nicht so tun, als seiest du einfältig.«

Poirot war meistens stiller Beobachter. Stumm schlenderte er neben ihr her, die Daumen in den Gürtelschlaufen, den Blick sorgsam auf seine feinen Lederschuhe gerichtet.

»Sie sind nicht ausgerüstet für weite Wanderungen, lieber Poirot«, meinte Agatha eines Tages, als sie wieder mal umhergestreift war.

Ihr Magen knurrte, und leichtes Kopfweh bahnte sich an. Ausgerechnet heute, wo sie glaubte, mindestens zwei Kapitel schreiben zu können. Sie war nun seit elf Tagen in Dartmoor, und das Ende ihres Urlaubs nahte. Nur noch drei Tage.

»Drei Tage«, murmelte sie vor sich hin. »Das sind … zweiundsiebzig Stunden. Das sollte zu schaffen sein.« Mit einem energischen Nicken ging sie weiter. »Ja, ich werde es schaffen. Ich werde meinen Roman fertigschreiben.«

Sie konnte es selbst kaum glauben, als sie am letzten Tag ihres Urlaubs *Ende* unter die Geschichte schrieb. Sie hatte es geschafft!

Als sie wenig später im Zug saß, ihre Tasche mit dem Manuskript auf dem Platz neben sich, fielen ihr die Augen zu. Sie hatte in der vergangenen Nacht kaum geschlafen, obwohl sie todmüde gewesen war. Die Aufregung über das Beenden ihres Romans und die Vorfreude auf ihre Mutter, Torquay und sogar auf ihre Arbeit hatten sie vom Schlafen abgehalten.

Was Archie wohl machte? Wie ging es ihm? Ob er viel an sie dachte?

Wenn sie ehrlich war, dann hatte sie in den vergangenen vierzehn Tagen nur sehr selten an ihn gedacht. Ihre verzwickte Mordgeschichte hatte im Vordergrund gestanden und alle weiteren Gedanken nicht zugelassen. Sie würde noch einiges daran ändern und überarbeiten müssen, bevor sie das Manuskript an einen Verlag schicken würde. Dass sie es tun würde, stand außer Frage. Sie hatte die Geschichte nicht geschrieben, um sich oder ihrer Mutter eine Freude zu machen. Freude war es ohnehin nicht gewesen, eher das komplette Gegenteil. Es war harte, beschwerliche Arbeit gewesen. Wer behauptete, Schriftsteller säßen versonnen an ihrem Schreibtisch, warteten auf die Muse und ließen sich von ihr diktieren, irrte. Und zwar gewaltig.

Agatha döste ein, während der Zug über die Schienen ratterte.

Mal hatte sie Archie vor sich, dann wieder Poirot. Mal unterhielt sie sich mit Emily über Arthur, dann mit John über Mary, und schließlich diskutierte sie mit Poirot, wie schwer es war, eine falsche Spur zu legen.

Egal, wie schwer es auch sein mag, ich finde es heraus, meinte er eine Spur zu selbstsicher, wie sie fand.

»Ich glaube, das kommt auf den Täter an«, hielt sie dagegen und wunderte sich, wie gut es tat, ihn ein bisschen zu ärgern.

Nein, es kommt auf den Detektiv an, sagte er, noch immer äußerst selbstsicher.

Sie gab es auf.

Zurück in Torquay machte sie sich daran, die Passagen zu überarbeiten, die Feinschliff benötigten. Zum Beispiel wollte sie auch unbedingt etwas Liebe darin haben. Liebe war doch die Würze einer jeden Geschichte, nicht wahr? John und Mary hatten sich zwar entzweit, aber es war nicht aussichtslos. Sie sollten wieder zueinanderfinden.

Am Ende gelang es ihr auch, wirklich zufrieden jedoch war sie nicht. Vielleicht hatte romantische Liebe in einem Kriminalroman doch nichts zu suchen?

Dennoch ließ sie es, wie es war und begann, die Seiten abzutippen. Eine Arbeit, vor der ihr gegraut hatte.

»Und jetzt?«, fragte ihre Mutter Tage später, als das Manuskript sauber abgetippt auf ihrem Schreibtisch lag und sie herausfordernd ansah.

Agatha seufzte. »Und jetzt werde ich es *Hodder und Stoughton* schicken.«

»Bist du zufrieden mit dir?«

»Nein. Ja. Ein bisschen schon. Ach, ich weiß auch nicht. Es war wirklich harte Arbeit. Manchmal war es sogar die reinste Qual.«

Ihre Mutter legte die Hand auf ihre Schulter. »Aber du hattest auch Freude daran, gib's zu. Wenn das Schreiben nur aus Plackerei und Qual bestünde, gäbe es schon lange keine Bücher mehr.«

Sie seufzte erneut, diesmal noch lauter.

Würde sie einen weiteren Roman schreiben wollen?

Das Manuskript kam postwendend zurück.

Dieses Mal hatte Agatha Mühe, mit der neuerlichen Enttäuschung umzugehen. Sie wusste beim besten Willen nicht, was sie an ihrer Geschichte besser machen könnte. Doch ihr Kampfgeist war noch nicht erloschen. Sie würde nicht aufgeben!

Ihre Mutter hatte ihr einen neuen Umschlag gebracht. »Hier, schick es gleich einem anderen Verlag. Aufgeben ist keine Option, hörst du?«

»Nein, Mama, für mich auch nicht.«

5.

Agatha und Archie hatten sich seit zwei Jahren nicht mehr gesehen. Als die Nachricht kam, dass er ein paar Tage Urlaub bekäme, sprang sie vor Freude in die Luft. »Endlich!«

Eine ganze Woche würden sie zusammen sein können. Er hatte vorgeschlagen, in den New Forest zu fahren.

Auch wenn sie dem Wiedersehen entgegenfieberte, lag zugleich etwas auf ihrer Brust. Es fühlte sich an wie ein Ziegelstein, der ihr das Atmen zunehmend erschwerte. Sie konnte das Gefühl nicht einordnen. Befürchtete sie, Archie und sie könnten sich entfremdet haben? Es erschien ihr plausibel, und sie hoffte inständig, das unangenehme Gefühl würde verschwinden, wenn sie beide wieder voreinander standen.

Je näher der Tag des Wiedersehens kam, desto größer wurde ihre Beklemmung. Was, wenn sie sich so entfremdet hatten, dass es keine gemeinsame Zukunft mehr geben konnte? Was, wenn sie hinterher erleichtert waren, sich wieder verabschieden zu können? Vielleicht würde Archie sagen: »Es war ein Fehler zu heiraten.« Und sie würde nicken und erwidern: »Du hast recht, wir kennen uns doch im Grunde gar nicht.«

»Du machst dir viel zu viele Gedanken«, meinte ihre Mutter. »Wenn ihr euch erst wieder in die Arme geschlossen habt, wird alles so sein wie früher.«

Aber was war früher gewesen? Wie war es zwischen ihnen gewesen? Agatha konnte sich kaum noch daran erinnern. Wenn sie ganz ehrlich war, hatte sie sich nur am Tag ihrer Hochzeit wie eine Ehefrau gefühlt. »Was ist, wenn Archie mich gar nicht mehr liebt?«

»Wieso sollte er dich nicht mehr lieben? Ihr hattet ja nicht mal genügend Zeit, um miteinander zu streiten.«

Sie sah ihre Mutter an und verkniff sich ein Schnauben.

Was, wenn ich *Archie nicht mehr liebe?*, fragte sie sich im Stillen. Denn auch das war nicht abwegig. Solange sie sich schrieben und aneinander dachten, war alles gut. Weil möglicherweise die Sehnsucht andere Gefühle wie Skepsis und Zweifel überdeckte.

Agatha wischte ihre sorgenvollen Gedanken mit einer Handbewegung fort. »Das wird schon«, sagte sie mehr zu sich als zu ihrer Mutter, die neben ihr stand.

»Ja, Liebling, das wird schon. Ihr seid ein junges Paar, im Grunde doch noch immer frisch verliebt, nicht wahr?«

Sie rang sich ein Lächeln ab. Sie und Archie hatten eine Woche, in der sie sich wie ein Ehepaar fühlen konnten.

Hoffentlich würde es ihnen gelingen.

Als Archie dann vor ihr stand, waren ihre besorgniserregenden Gedanken und ihre Zweifel wie weggeblasen. Als wären sie nie dagewesen. Stattdessen flatterten Schwärme von Schmetterlingen in ihrem Bauch, wann immer sie ihren Mann ansah. Gut schaute er aus, wenn auch ein bisschen blass und müde.

»Wir werden kein Wort über unsere Arbeit sprechen, einverstanden?«, hatte er gleich zu Beginn gesagt, und sie war sehr einverstanden gewesen.

Sie unternahmen lange Waldspaziergänge, machten Picknick auf Baumstämmen und redeten.

An einem verregneten Nachmittag wanderten sie wieder durch den Wald. Das Wetter machte ihnen nichts aus. Wichtig war nur, dass sie zusammen waren. Bislang hatten sie jeden Tag genossen.

Archie blieb stehen und schaute in den grauen Himmel. Dann sah er Agatha an. »Ich hab dich schrecklich vermisst.« Er nahm ihre Hand.

»Ich dich erst. Und dauernd habe ich mich gefragt …« Sie verstummte. Davon hatten sie doch nicht sprechen wollen!

»Ich weiß.« Er nickte betrübt. »Aber davon wollen wir jetzt nicht reden, ja? Erzähl mir, was du so gemacht hast, wenn du nicht im Lazarett oder der Apotheke warst.«

»Ich habe einen Kriminalroman geschrieben.«

Er hob die Augenbrauen. »Und das sagst du erst jetzt?«

»Ich weiß nicht, ob er gut genug ist. Es war ungeheuer schwer, Archie, eine richtige Qual, ehrlich. Aber ich hab's durchgezogen und das Manuskript sogar einem Verlag geschickt.«

»Und?«, fragte er gespannt.

»Er hat es zurückgeschickt.« Wie niedergedrückt sie deswegen war, ließ sie sich nicht anmerken.

»Du wirst doch jetzt nicht aufgeben, oder?«

»Nein, das habe ich nicht vor. Ich habe den Text gleich an einen anderen Verlag geschickt.« Der noch nichts von sich hatte hören lassen. Sie sah Archie an. »Willst du es lesen?«

»Unbedingt!«

Sie freute sich aufrichtig, dass er sich für ihren Roman interessierte. Oder tat er nur so begeistert?

»Ich habe einen Freund in der Air Force, der Direktor eines Verlages ist. Wenn der zweite Verlag es nicht haben will, werde ich meinen Freund fragen, ob er etwas für dich tun kann.«

»Wirklich? Oh, Archie, das wäre phantastisch!«

Plötzlich hatte sie ein Bild vor Augen: Sie sah sich am Tisch in einer Buchhandlung sitzen und ihren Roman signieren.

»Du lieber Himmel ...«, murmelte sie. »Da sind doch gerade die Pferde mit mir durchgegangen.« Sie erzählte es Archie, der erst lachte und dann ernst wurde.

»Du wünschst es dir eben.« Er zog sie an sich und legte die Arme um sie, das Kinn auf ihrem Scheitel. »Weißt du, was ich mir wünsche?«

Dass du wieder fliegen darfst?, dachte sie. *Dass du in der Air Force aufsteigen kannst?*

»Ich wünsche mir, dass wir bald zusammenleben können. Wie ein richtiges Ehepaar.« Er gab ihr einen Kuss aufs Haar, und sie erschauderte.

»Das wünsche ich mir auch, Archie. Wenn doch nur dieser elende Krieg endlich vorbei wäre!«

Der zweite Verlag hatte das Manuskript ebenfalls zurückgeschickt. Agatha zerknüllte den kurzen Brief und warf ihn in den Papierkorb. *Nanu*, dachte sie, *wo bleibt die Enttäuschung?* Müsste sie nicht allmählich ernüchtert sein?

Ja, vielleicht, aber irgendwann würde sie es schaffen. Irgendwann würde sie ihr gedrucktes Buch in Händen halten.

Archie hatte ihren Roman bereits gelesen, und er gefiel ihm. Sein Freund bei der Air Force schickte einen Brief, den sie mitsamt ihrem Manuskript an dessen Verlag sandte.

Einige Zeit verging, dann kam ein freundlicher, wohlwollender Brief. Die Geschichte gefiele ihnen recht gut, es gäbe einige sehr schöne, interessante Ansätze, hieß es darin. Leider passe der Roman nicht in ihr Programm, was sie zutiefst bedauerten.

Agatha las ihn zweimal, dann reichte sie ihn an ihre Mutter weiter, die sie gespannt anschaute. »Ich nehme an, sie wollten nur nett sein und haben deswegen geschrieben, dass die Geschichte ihnen gefallen hat.«

»Wieso sollten sie?«

»Weil der Direktor, Archies Freund, sie darum gebeten hat. Er wollte ihm und damit auch mir einen Gefallen tun, nichts weiter.«

Ihre Mutter legte den Arm um ihre Schultern. »Und wenn schon, Liebling. Du wirst nicht aufgeben! Du wirst es weiter verschicken, und irgendwann beißt jemand an. Ich hätte glatt Lust mit dir zu wetten.«

»Besser nicht. Du würdest haushoch verlieren, und ich weiß, wie sehr du es hasst zu verlieren.«

»Und du solltest auch wissen, dass ich nur äußerst selten verliere. Also – wirst du es weiter verschicken?«

Agatha nickte. Sie hatte in der Zeitung von einem Londoner Verlag gelesen. »Ich werde es *Bodley Head* schicken.«

Ihre Mutter hob den Finger und schien nachzudenken. »Warte, stand nicht kürzlich etwas über sie in der Zeitung? Ja, jetzt erinnere ich mich wieder. Sie wollen mit Kriminalromanen einen Neubeginn wagen.« Sie zog Agatha fest an sich. »Na, siehst du, Liebling, das ist deine Chance!«

Agatha verschickte das Manuskript noch am selben Tag.

Poirot und sein Freund Hastings saßen dabei auf ihrem Schreibtisch und redeten aufgeregt durcheinander. Ob sie sich stritten oder nur leidenschaftlich diskutierten, konnte sie nicht heraushören. Sie frankierte den Umschlag und überlegte, dreimal auf die Marke zu spucken. Nein, lieber nicht.

»Wünschen Sie mir und sich Glück, Monsieur Poirot. Und auch Sie, Captain Hastings.«

Sie brachte den Brief zur Post, und als sie wenig später die Haustür öffnete, kam ihre Mutter ihr entgegen und wedelte mit einem Telegramm. »Das ist gerade für dich gekommen.«

Ihre Hand zitterte, als sie es entgegennahm und zu lesen begann. Ihr Herz klopfte so heftig, dass ihr ganz schummerig wurde.

Es war von Archie, und es waren keine schlechten Nachrichten. Im Gegenteil – er würde heimkommen. Man hatte ihn ins Londoner Luftfahrtministerium beordert.

6.

Archie kam nach Hause. Sie würden künftig wie ein richtiges Ehepaar zusammenleben können, so wie sie es sich gewünscht hatten.

Agatha sollte taumeln vor Glück, stattdessen war sie wie erstarrt, als Archie sie kurz darauf in einem Telegramm bat, nach London zu kommen, um sich zwei Wohnungen anzusehen.

Sie ließ das Telegramm sinken und starrte minutenlang aus dem Fenster. Es nieselte seit dem frühen Morgen, eine Amsel saß auf dem Rasen und pickte einen Wurm aus der Erde. Agatha sah ihr dabei zu, wie sie ihn Stück für Stück aus dem nassen Rasen zog. Er kringelte sich, als versuche er sich zu wehren.

»Es ist dein Schicksal«, sagte Agatha seufzend.

Warum kann ich mich nicht einfach freuen, dass Archie heil und gesund aus Frankreich zurückgekehrt ist? Warum bin ich nicht überglücklich, dass wir bald zusammenleben werden? Was stimmt nur nicht mit mir?

Die Antwort gab sie sich am späten Abend, als sie mit bleischweren Gliedern ins Bett schlüpfte und die Decke bis zur Nasenspitze hochzog. Nein, wenn sie ehrlich war, hatte sie die Antwort von Anfang an, wenn auch nicht unbedingt gewusst, so doch geahnt: Sie hatte Angst vor der plötzlichen Umstellung. Ihr Leben würde sich von heute auf morgen komplett ändern. So seltsam es auch sein mochte, sie hatte sich an ihre Arbeit im Lazarett gewöhnt, und sie liebte ihr Elternhaus und das Zusammensein mit ihrer Mutter.

In Zukunft würde sie als Ehefrau in London leben; kochen, putzen, waschen, all die Dinge, die man als Hausfrau nun mal übernehmen musste. Und diese Vorstellung machte ihr nicht nur Angst, sie erschreckte sie fürchterlich.

Sie konnte nicht einschlafen, weil ihre Gedanken kreisten und kreisten. Sie als Hausfrau in London, würde das überhaupt funktionieren? Würde sie sich nicht schrecklich langweilen, vor Sehnsucht nach Torquay umkommen? Und würde ihre Ehe nicht früher oder später darunter leiden?

Archie und sie entschieden sich für eine kleine möblierte Wohnung in St. John's Wood. Bei der Besichtigung war Agatha zwar schwer ums Herz, gleichzeitig jedoch begann sie nun doch, sich auf ihre Zukunft zu freuen. War es nicht die Hauptsache, dass sie und Archie zusammen sein würden? War das nicht wichtiger als alles andere? Sie musste endlich erwachsen werden und sich von zu Hause abnabeln. Außerdem war London nur gute vier Zugstunden von Torquay entfernt, sie und ihre Mutter würden sich also regelmäßig sehen können.

Als sie ihre Sachen packte, musste sie dennoch weinen. Die Tränen kamen ohne Vorankündigung und ließen sich nicht aufhalten. Schniefend und schluchzend legte sie ihre Kleidung zusammen und räumte ihre Bücher in eine Kiste.

Ihre Mutter stand in der Tür und sah ihr zu. »Das wird schon, Liebling, du wirst sehen.«

»Du musst mich nicht trösten, Mama. Alles ist gut.« Sie wischte sich mit dem Handrücken die Tränen weg. »Ich bin verheiratet und werde mit meinem Mann zusammenwohnen. So macht man das eben.«

»Ihr werdet euch schon vertragen.«

Agatha drehte sich zu ihr um. »Wieso sagst du das? Als würdest du darauf hoffen.«

»Du hörst das, was du hören willst. Weil dir dasselbe durch den Kopf geht. Hab ich recht?«

Musst du mich immer so durchschauen?

Ihr war ganz elend zumute, und mit jedem weiteren Teil, das im Koffer landete, fühlte sie sich, als zöge sie nicht nach London, sondern irgendwohin, wo sie unerreichbar wäre. Auf einen anderen Kontinent. Ans Ende der Welt. Auf den Mond.

»Agatha. Liebling.« Ihre Mutter trat zu ihr und nahm sie in die Arme. »Ich verstehe dich, glaub mir. Es ist eine große Umstellung für dich, weil sich vieles ändern wird.«

»Alles, Mama.« Sie schluchzte auf, war wütend und fühlte sich so verletzlich wie nie zuvor. »Es wird sich *alles* ändern. Und ich weiß nicht, ob ich das aushalten kann.«

Ihre Mutter hob ihr Kinn an und sah ihr ins Gesicht. »Das

wirst du. Und du wirst dich viel schneller daran gewöhnen, als du dir jetzt vorstellen kannst. Es wird ein anderes, ein neues Leben sein, Agatha. Aber du wirst glücklich werden. Ich weiß es. Du bist eine tapfere, starke und sehr kluge Frau.« Sie lächelte. »Und du bist meine Tochter.«

Agatha schluckte, wollte sich zusammenreißen. »Aber ich … kann doch gar nicht kochen.«

»Natürlich kannst du kochen. Wozu habe ich dich auf eine Kochschule geschickt?«

Als hätte ich dort wirklich kochen gelernt, dachte sie unglücklich. Man hatte den jungen unbedarften Mädchen beigebracht, wie aufwändige Soufflés und Pasteten zubereitet wurden. Wie es mit alltäglicher, nahrhafter Kost aussah, war eine andere Sache.

»Wenn Archie dich wirklich liebt – und daran zweifele ich nicht –, wird er alles essen, was du ihm vorsetzt.«

Unter Tränen musste Agatha lachen, auch wenn sie keine Sekunde daran glaubte, dass er so pflegeleicht sein würde.

»Vergiss nicht, du bist eine Miller, und du bist meine Tochter. Du bist mir ähnlicher, als du vielleicht denkst. Du wirst dich an dein neues Leben gewöhnen, und es wird dir gefallen.« Ihre Mutter verstummte, und Agatha hatte den Eindruck, als ringe sie um Beherrschung.

Mit rauer Stimme fuhr sie fort: »Du lebst bald in London. Andere junge Frauen werden dich glühend darum beneiden.«

Wieder schluckte Agatha, sie konnte nichts sagen.

»Ich jedenfalls beneide dich schon jetzt. London!« Es klang theatralisch.

Agatha musste wieder lachen. Und dieses Lachen fühlte sich befreiend an, als könnte sie die Last, die auf ihr lag, ein Stück zur Seite schieben.

7.

London, Northwick Terrace

Die Wohnung hatte mehr Nachteile, als sie zählen konnten, trotzdem waren sie glücklich. Endlich konnten sie Tag und Nacht zusammen sein. Abends schliefen sie aneinandergekuschelt ein, und oft kam es vor, dass sie am Morgen noch genauso dalagen. Manchmal, wenn Agatha die Augen aufschlug, betrachtete sie ihren Mann, fuhr mit dem Finger über seine Nase oder strich über seine Stirn, die er im Schlaf runzelte.

Ob er schlecht träumte, wusste sie nicht. Sie ging davon aus, aber er sprach nicht darüber.

Wenn er aufwachte, lächelte er sie an. »Wie lange bist du schon wach und siehst mich an?«

»Mehrere Stunden«, übertrieb sie dann, um ihn zum Lachen zu bringen.

Sie hatten eine gute Zeit, auch wenn es nicht leicht war. Der Krieg dauerte nun schon vier Jahre, und es kam allen noch sehr viel länger vor.

Agatha tat ihr Bestes, um eine gute Hausfrau abzugeben. Hin und wieder kochte sie eine ihrer berühmten Pasteten oder hatte ein Käsesoufflé im Ofen, wenn Archie nach Hause kam.

Er hätte ihr früher sagen sollen, dass er einen nervösen, überempfindlichen Magen hatte. Leider tat er das erst, als er vor dem duftenden, fluffigen Soufflé saß und das Gesicht verzog. »Ich fürchte, ich kann das nicht essen, Agatha.«

»Warum nicht?«

»Mein Magen …«

»Was ist damit?«

»Er spielt ein bisschen verrückt. Mir bekommen viele Sachen einfach nicht.«

»Und wieso sagst du das erst jetzt?« Sie war enttäuscht und auch ein wenig verärgert. Sie hatte sich so viel Mühe mit dem Soufflé gegeben.

»Tut mir leid«, lautete seine Antwort. Er zog sich auf die Couch zurück und wollte ein bisschen bemuttert werden.

Auch wenn sie glücklich war, fühlte sie sich häufig einsam. Archie ging tagsüber seiner Arbeit im Luftfahrtministerium nach, und sie war allein in der kleinen Wohnung. Aufräumen, putzen und die Wäsche machen, das war schnell erledigt. Danach saß Agatha da und überlegte, was sie tun könnte. Ihre früheren Londoner Freunde lebten inzwischen anderswo – wo genau, wusste sie nicht mal. Woran hauptsächlich der Krieg schuld war, man hatte sich einfach aus den Augen verloren.

Irgendwann kam ihr die Idee, einen Stenographie- und Buchhaltungskurs zu besuchen. Sie brauchte schleunigst eine Aufgabe, sonst würde ihr die Decke auf den Kopf fallen. Und was das bedeutete, konnte sie sich lebhaft ausmalen.

An einem der Unterrichtstage saß Agatha an ihrem Tisch und schaute abwesend aus dem Fenster. Es kam viel zu oft vor, dass ihre Gedanken abschweiften. Meistens befand sie sich in Torquay und streifte durchs Haus. Oder sie plauderte mit ihrer Mutter. Oder sie saß im Garten und sah den Bäumen zu, die sich im sachten Wind bewegten.

Mein liebes Ashfield, dachte sie in diesen Momenten sehnsüchtig. Was würde sie dafür geben, dort sein zu können!

Jane, ihre Sitznachbarin, stieß sie mit dem Ellbogen an. »Agatha? Was ist mit dir?«

»Gar nichts. Was soll denn sein?« Sie kehrte auf einen Schlag ins Hier und Jetzt zurück. Gelernt war gelernt.

»Du sahst aus, als wärst du ganz woanders.«

»Ach das …« Sie machte eine wegwerfende Handbewegung.

Plötzlich entstand auf dem Flur ein kleiner Tumult; schnelle Schritte und laute, aufgeregte Stimmen waren zu hören.

Die Schülerinnen hoben die Köpfe, blickten sich ratlos um und begannen miteinander zu tuscheln.

»Wir machen eine kurze Pause«, entschied ihr Lehrer und verließ ohne eine weitere Erklärung das Zimmer.

»Was hat er denn?«

»Was ist los?«

»Wo will er denn hin?«

Alle standen auf und liefen zur Tür. Einige lauschten und wiesen die anderen an, still zu sein. »Schsch!«

»Kannst du was hören?«

»Was ist denn passiert?«

»Nun sag schon!«

Die Tür wurde so plötzlich wieder geöffnet, dass die Schülerinnen zur Seite sprangen. Ihr Lehrer stand mit strahlender Miene vor ihnen, die Wangen gerötet. »Der Krieg ist vorbei! Der Krieg ist aus!«

Alle schauten sich kurz verwirrt an, dann jubelte die Erste, und die anderen stimmten ein. Sie fielen sich in die Arme, tanzten umher und lachten. Ihr Lehrer mittendrin.

»Ist das zu fassen!« Jane wirbelte Agatha wild herum. »Ich kann's noch gar nicht glauben.«

»Der Unterricht ist für heute beendet, meine Damen!«, rief ihr Lehrer. »Laufen Sie heim und feiern Sie mit Ihren Lieben!«

Erst als Agatha in die Northwick Terrace einbog, wurde ihr bewusst, was geschehen war. Die Menschen – die meisten von ihnen Frauen – waren aus den Häusern gekommen, tanzten auf der Straße und sprangen wie Kinder umher. Einige schienen betrunken zu sein, sie hatten ganz offenbar bereits das Ende des Krieges ordentlich begossen.

Agatha ließ sich von einer Nachbarin umarmen. »Ist das nicht phantastisch, Mrs Christie? Der Krieg ist vorbei! Endlich ist er vorbei! Ich bin ja so glücklich!«

Sie machte sich los. »Ja, es ist wirklich unglaublich. Ich will schnell heim und mit meinem Mann sprechen.«

Als sie vor ihrem Wohnhaus ankam, musste sie stehen bleiben und zu Atem kommen. Sie hatte Seitenstechen, und in ihrem Magen brannte es. Heimweh. Ein allzu vertrautes Gefühl. Wie gern würde sie jetzt gleich nach Torquay fahren und ihre Mutter in die Arme schließen. Das Verlangen war überwältigend, doch sie rang es nieder. Das musste warten.

Agatha taumelte halb benebelt vor Glück und Erleichterung die Stufen zum Haus hoch, öffnete die Tür und ließ sie hinter sich zufallen. Mit geschlossenen Augen lehnte sie sich an die Wand. Es war vorbei. Es war wirklich vorbei. Sie zwickte sich in den Arm. Vielleicht träumte sie ja nur.

»Autsch!« Sie musste lachen. Nein, kein Traum. Gott sei Dank!

Archie erwartete sie bereits, auch ihn hatte man vorzeitig heimgeschickt, um mit seiner Frau das Kriegsende zu feiern.

»Tja, das wär's dann«, sagte er und zog sie an sich.

Mehr hast du dazu nicht zu sagen?, hätte sie erwidern können, doch das verkniff sie sich. Sie kannte ihn und seine nüchterne Art ja. Manchmal fand sie es wunderbar, wenn er so pragmatisch war, dann wieder – heute zum Beispiel – hätte sie ihn gern anders.

»Hast du was geahnt?«, fragte sie stattdessen.

»Tja«, sagte er wieder. »Es gab gewisse Gerüchte, aber wir durften nicht darüber sprechen.«

»Aha!« Sie schlüpfte aus Mantel und Schuhen.

»Wir sollten überlegen, was wir nun tun werden, Agatha.«

Sie hob den Kopf und sah ihn verdutzt an. »Wie meinst du das?«

»Ich denke darüber nach, im Luftfahrtministerium aufzuhören.« Es klang, als sei das längst beschlossene Sache, und wahrscheinlich war es das auch. Archie neigte nicht zu Hirngespinsten, er machte Nägel mit Köpfen. Möglicherweise hatte er bereits gekündigt.

»Aber warum denn, Archie?«

»Es gibt dort keine Zukunft für mich. Beförderungen kann ich mir auf lange Sicht abschminken.«

»Nun warte doch erst mal ab.«

»Ich will Geschäftsmann werden.«

Wie großspurig das klang. Geschäftsmann.

Sie schwieg, ließ ihn reden.

»Ich habe da bereits ein, zwei Weichen gestellt.« Er zog sie an sich und küsste sie aufs Haar. »Wir werden sehen.«

»Dann hast du noch nicht vor, deinen Dienst zu quittieren?«, fragte sie bange.

»Natürlich nicht, ich bin kein Dummkopf.«

Sie küssten sich, tanzten Tango auf dem Flur bis ins kleine Wohnzimmer. Dort stießen sie erst an den Tisch, dann ans Sofa und lachten laut und ziemlich albern darüber.

»Der Krieg ist zu Ende, Archie«, sagte Agatha atemlos und schaute ihn verliebt an. »Ich begreife es noch gar nicht so richtig.«

»Vielleicht sollten wir so bald wie möglich nach Torquay fahren. Was meinst du?«

»Ist das eine ernst gemeinte Frage? Ich denke schon die ganze Zeit daran.«

»Sobald ich ein paar Tage freibekomme, fahren wir hin.«

Sie hob das Gesicht und wartete darauf, dass er sie wieder küsste. Doch er schien mit den Gedanken woanders zu sein, runzelte die Stirn und blickte an ihr vorbei in die Ferne.

Ob ihn etwas bedrückte? Aber konnte man von etwas bedrückt sein, jetzt, wo der Krieg endlich vorbei war?

8.

Torquay

Agatha lag auf der Couch, ein Kissen an ihren Leib gedrückt.

Seit dem Aufstehen hatte sie Bauchschmerzen, recht unangenehme sogar, und ihr war furchtbar übel. Erst hatte sie versucht darüber hinwegzusehen, wahrscheinlich hätte sie beim Abendessen darauf verzichten sollen, ihren Teller ein zweites Mal zu füllen. Aber die Stimmung war so ausgelassen gewesen, und das nicht besonders üppige Essen – »Das wird sich ändern«, hatte ihre Mutter verkündet – war ihr vorgekommen wie ein Festmahl. Archie war wie üblich nicht sehr gesprächig, ihm war anzusehen gewesen, dass er nachdachte. Wahrscheinlich über seine berufliche Zukunft. Selbst das hatte sie nicht stören können.

Ihre Mutter kam herein. »Fühlst du dich besser, Liebling?«

»Ja«, schwindelte sie und setzte ein heiteres Gesicht auf. »Schon viel besser. Nur noch ein bisschen Übelkeit.«

Ihre Mutter setzte sich zu ihr und legte die Hand auf ihre Stirn. »Fieber hast du nicht. Es wird wohl nichts Ernstes sein.« Mit einem Mal veränderte sich ihr Gesichtsausdruck. Als hätte sie urplötzlich eine Eingebung. »Kann es sein, dass du guter Hoffnung bist?«

Agatha stutzte. Daran hatte sie tatsächlich noch keine einzige Sekunde gedacht. Sie wusste von werdenden Müttern, deren Schwangerschaft sich mit einer Ohnmacht angekündigt hatte. Sie hatte sich immer ausgemalt, dass auch sie eines Tages in Ohnmacht fallen würde und damit den Beweis hätte, ein Kind zu erwarten. »Ich weiß nicht, Mama.«

»Ich mache einen Termin bei Doktor Stabb«, entschied ihre Mutter, stand auf und ging zur Tür.

Ihr früherer Hausarzt war in Pension gegangen, leider.

Agatha wünschte, es wäre nicht so. Sie kannte Doktor Stabb nicht und musste auf das Urteil ihrer Mutter vertrauen.

Das lautete: »Er ist ein freundlicher, kompetenter Mann, du wirst sehen.«

»Herzlichen Glückwunsch«, sagte er am Tag darauf, nachdem sie sich wieder angezogen hatte und vor ihm saß. »Sie erwarten ein Kind, Mrs Christie.«

»Wirklich?« Sie schluckte, schwankte zwischen purer Freude und blanker Panik. Nun würde es wahr werden, sie wurde Mutter. Sie wollte unbedingt eine gute Mutter sein, fürsorglich, liebevoll und umsichtig. Aber würde ihr das auch gelingen?

»Wie Ihnen geht es den meisten Frauen, glauben Sie mir«, meinte Doktor Stabb schmunzelnd und notierte sich etwas. »Erst wünschen sie sich sehnlichst ein Kind, und wenn es dann so weit ist, haben sie Angst.«

Sie schluckte erneut. Sie hatte so viele Fragen, wusste gar nicht, welche sie zuerst stellen sollte. Lustigerweise platzte sie mit der heraus, die ihr ganz offenbar am meisten auf den Nägeln brannte. »Wann wird die scheußliche Übelkeit vorbei sein?«

»Ich nehme an, in etwa drei Monaten.«

»Drei Monate, um Himmels willen«, murmelte sie entsetzt.

Er lachte unbekümmert. Er hatte ja auch gut reden, er musste sich nicht damit herumplagen. »Drei Monate vergehen wie im Flug. Und dann werden Sie sich nur noch auf Ihr Kind freuen können.« Er schrieb wieder etwas. »Es dürfte zum Ende des Sommers kommen. Ich gehe von August, spätestens Anfang September aus.« Er erhob sich und streckte die Hand aus. Sie war entlassen. »Zwei Monate vor der Geburt sollten Sie sich einen Arzt in London suchen, Mrs Christie. Er wird überprüfen, ob das Kind die richtige Lage hat.«

Die richtige Lage. O Gott! »Und was, wenn es nicht …«, setzte sie mit schwerer Zunge an. Ihr war schon wieder speiübel, außerdem schnürte ihr die Vorstellung, ihr Kind könnte falsch herum liegen, den Hals zu.

Doktor Stabb brachte sie zur Tür. »Machen Sie sich darüber mal keine Gedanken, Mrs Christie. Sie sind eine gesunde junge Frau.« Als könnte das verhindern, dass das Kind die falsche Lage wählt.

»Wie Sie meinen.« Agatha schüttelte seine Hand und verließ auf butterweichen Knien das Sprechzimmer.

Auf dem Heimweg fragte sie sich immerzu, ob sie sich ein Mädchen oder einen Jungen wünschte.

Die Wahrheit war: In erster Linie wünschte sie sich erst einmal, dass diese schreckliche Übelkeit aufhörte. Danach würde sie sich Gedanken über einen Sohn oder eine Tochter machen.

»In Junge wäre doch nett«, sagte sie zu sich, als sie Ashfield ansteuerte. Sie wollte sich beweisen, dass sie sehr wohl imstande war, die Übelkeit nicht über ihre Vorfreude siegen zu lassen. »Aber ein Mädchen würde mir auch gefallen.«

Doch ganz gleichgültig, ob Sohn oder Tochter, eines wusste sie schon jetzt mit absoluter Gewissheit: Ihr Kind sollte nicht in London, sondern in Torquay auf die Welt kommen.

Archie strahlte, als sie ihm erzählte, dass er Vater wurde. »Ein Kind, wie wunderbar! Hoffentlich wird es ein Mädchen.«

Sie schaute ihn verblüfft an. Das ging aber schnell. Er schien keine Zweifel oder Sorge zu haben, kein guter Vater sein zu können. »Du wünschst dir ein Mädchen?«

»Unbedingt.« Er nickte eifrig.

»Will nicht jeder Mann als Erstes einen Stammhalter?«

»Ich nicht. Ich wäre furchtbar eifersüchtig auf einen Sohn.«

Sie war verwirrt und auch etwas erschüttert. »Eifersüchtig? Aber wieso denn, Archie?«

»Du würdest ihm all deine Liebe und deine ganze Aufmerksamkeit schenken.«

Nun war sie nicht weniger verwirrt. »Aber natürlich würde ich das. Genau wie einer Tochter.«

Er schüttelte den Kopf. »Es wäre anders.«

»Wie – anders?« Sie wollte es gern verstehen, denn tief in ihrem Inneren war sie fassungslos über sein Ansinnen. Er würde eifersüchtig sein, weil er der Meinung war, sie würde einer Tochter nicht dieselbe Liebe und Aufmerksamkeit schenken wie einem Sohn? Das war vollkommen absurd und gelinde gesagt albern. Sie fragte sich insgeheim, ob Archie doch nicht der war, für den sie ihn hielt. Ob in ihm ein Mensch schlummerte, den sie unmöglich mögen oder sogar lieben konnte. Doch sie schob ihre Gedanken schnell beiseite. Sie durfte nicht so denken.

»Das kann ich dir nicht erklären, fürchte ich«, sagte er, nachdem er eine Zeit lang geschwiegen hatte. Ob ihm etwas ganz Ähnliches durch den Kopf gegangen war? Kam auch er sich dumm vor, weil er so eigenartige Bedenken geäußert hatte?

»Es ist eben einfach so«, fügte er schließlich hinzu und machte damit all ihre Hoffnungen auf eine vernünftige Selbsteinschätzung zunichte. »Ich hätte gern eine niedliche kleine Enid.«

»Enid? Auf gar keinen Fall.«

»Dann Elaine.«

Elaine gefiel ihr, aber sie mochte es nicht zugeben. Sie war ein bisschen böse auf ihn und wollte ihn schmoren lassen. »Nein, aber was hältst du von Martha oder Harriet?«

So ging es eine Weile hin und her. Anstatt sich einfach nur über den neuen, so besonderen Zustand zu freuen, der ihr Leben vollkommen auf den Kopf stellen würde, wetteiferten sie über mögliche Namen.

»Lass gut sein«, sagte Agatha irgendwann. »Mir fällt kein Name mehr ein, der mir gefällt. Außerdem haben wir noch viel Zeit.«

»Du hast recht.« Er legte ihr den Arm um die Schultern. »Jedenfalls freue ich mich ganz außerordentlich, Vater zu werden. Ich will meine Sache gut machen, sehr gut.«

»Ja, ich auch.« Sie unterdrückte ein Seufzen.

»Dann will ich mal sehen, dass es eine sorglose finanzielle Zukunft für uns geben wird.« Archie ließ sie los und ging aus dem Zimmer.

Der zukünftige Geschäftsmann – wenn es nach ihm ging – machte die Tür hinter sich zu, und Agatha blieb mit einem kleinen Stich im Herzen zurück.

9.

Ihre Tochter kam im August zur Welt, und sie nannten sie Rosalind. Bis zur Geburt hatten sie sich nicht auf einen Namen einigen können. Es war wie verhext gewesen, und Agatha hatte schließlich vorgeschlagen, die Namenssuche vorerst aufzugeben. »Lass uns warten, bis das Kind da ist. Am Ende ist es doch ein Junge.« Archie war blass geworden, und sie hatte sich ihren Teil gedacht.

Rosalind besaß eine Menge dunkler Haare und war ein ausnehmend hübsches Baby. Agatha hatte Babys immer recht unansehnlich gefunden, doch als sie ihre Tochter im Arm hielt, war sie ganz hingerissen von ihr.

Wenn sie einander betrachteten, klopfte ihr Herz vor lauter Mutterglück. Die Schmerzen der Geburt waren augenblicklich vergessen, und als sie Archie Rosalind in den Arm legte, sagte sie voller Stolz: »Da hast du deine Tochter.«

Und er sagte tatsächlich: »Gott sei's gedankt, es ist kein Junge.« Um gleich darauf hinzuzufügen: »Wie froh ich bin, dass dir nichts geschehen ist.«

»Außer dass ich mich fühle, als wäre ein Zug über mich hinweggerollt?«, hatte sie trocken entgegnet.

Wie froh sie selbst war! In den Stunden vor der Geburt war ihr wieder und wieder durch den Kopf gegangen, dass sie sterben könnte. Ein schrecklicher Gedanke! Sie lebte so gerne und hatte noch so viel vor.

»Es wäre meine Schuld, wenn dir was passiert wäre«, hatte Archie gemeint, während er Rosalind bestaunte.

Seine Worte hatten sie überrascht, dann jedoch hatte sie genickt. So ganz unrecht hatte er ja nicht.

Rosalind gedieh prächtig, und Agatha reiste nach London, um sich Wohnungen anzusehen. Archie, der künftig als Bankangestellter arbeiten würde, hatte überschlagen, dass sie sich eine größere leisten könnten, außerdem noch ein Kindermädchen für Rosalind.

Ein Dienstmädchen – und das hatte Agatha nicht im Traum zu hoffen gewagt – war ihnen praktisch auf dem Tablett serviert worden. Eines schönen Tages war nämlich Lucy hereingeschneit, die vor Jahren bereits im Haushalt ihrer Mutter angestellt gewesen war, und hatte verkündet, in Zukunft für sie arbeiten zu wollen, so sie sie denn gebrauchen konnten.

»Aber gewiss doch kann ich Sie gebrauchen!«, hatte Agatha erfreut ausgerufen. »Sie schickt wirklich der Himmel!«

Eine bezahlbare Wohnung zu finden war schwierig. So viele junge Paare waren in London auf der Suche, dass Agatha sich oft in eine Schlange einreihen musste. Die Ernüchterung war dann leider meistens groß, wenn sie später durch die Wohnung spazierte. Archie hatte gemeint, dass sie vorerst eine möblierte für zwei, drei Monate mieten sollten. Dann hätten sie Zeit, in Ruhe eine angemessene Bleibe zu suchen.

Schließlich ergatterten sie eine Wohnung nahe dem Olympia, einer Ausstellungshalle. Die Einrichtung war schäbig – und erst die scheußlichen Gemälde an den Wänden! »Wenn ich sie tagtäglich ansehen muss, werde ich ganz verdrießlich werden«, hatte Agatha zu Archie gesagt. »Ich glaube, ich werde sie abhängen und sorgsam für die Eigentümer aufbewahren.«

Wie immer hatte er ihr völlig freie Hand gelassen. Er verdiente das Geld, sie kümmerte sich um den Haushalt und Rosalinds Erziehung.

Ein Kindermädchen zu finden war nicht weniger schwierig. Auf der Vermittlungsstelle bekam Agatha zu hören, dass *ein* lausiges Dienstmädchen eine Zumutung wäre. Die Kinderfrauen, die zur Verfügung standen, seien mindestens zwei gewöhnt. Am Ende müssten sie dem einen Dienstmädchen noch zur Hand gehen.

Hinzu kam, dass der Lohn, den Agatha zahlen konnte, nicht gerade fürstlich war. Aber sie versicherte, dass die künftige Kinderfrau sich nur um Rosalind zu sorgen hatte und alles Weitere dem Dienstmädchen oblag.

Schließlich meldete sich eine resolute Frau Mitte dreißig, Jessie Swannell, die es mit ihnen versuchen wollte, und sie wurden sich schnell einig.

»Ich wünsche mir eine hübsche, gemütliche Wohnung, vielleicht sogar ein Häuschen, das wir nach unseren Vorstellungen einrichten können«, sagte Archie kurz nach ihrem Einzug.

Das war natürlich auch Agathas Wunsch, doch sie wusste, dass es im Leben nun mal selten nach Wunsch ging. Er sollte das eigentlich auch wissen.

In der City war es aussichtslos, außerdem unbezahlbar. Sie begannen immer größere Kreise zu ziehen, sahen sich Wohnungen in Hampstead und Kensington an. Es war nervenaufreibend und schweißtreibend, und je mehr Zeit verstrich, desto unruhiger wurden sie. Was, wenn sie nichts finden würden? Schließlich hatten sie nur für zwei Monate gemietet.

Agatha schnürte es manchmal den Hals zu, und sie stellte sich vor, wie sie auf der Straße standen, Koffer und Kisten zu ihren Füßen. Dennoch appellierte sie an Archies Vernunft. »Wir können nicht darauf warten, unsere Traumwohnung zu finden. Wir sollten froh sein, *irgendeine* Wohnung zu bekommen.«

Er hatte sie stirnrunzelnd angesehen und geschnaubt – und erstaunlicherweise geschwiegen.

Und dann – nach weiteren Besichtigungen, Enttäuschungen und schlaflosen Nächten – hatten sie doch noch Glück.

Sie saßen am Frühstückstisch, und Agatha schlug die Zeitung auf – wie üblich zuerst den Wohnungsmarkt. Ihr Blick fiel auf eine Anzeige. »Archie!«, rief sie aus. »Stell dir vor, da wird eine unmöblierte Wohnung vermietet – direkt gegenüber!«

Er sah sie überrascht an. »Tatsächlich?«

»Für nur neunzig Pfund im Jahr!«

»Tatsächlich?«, sagte er wieder. »Das ist …«

Da war sie bereits aufgesprungen und zur Tür gelaufen. »Ich mache mich gleich auf den Weg. Bevor sie uns jemand vor der Nase wegschnappt.«

»Es ist noch nicht mal acht, Agatha«, gab er zu bedenken, doch sie wischte seinen Einwand mit einer Handbewegung fort, nahm sich nicht mal die Zeit, sich einen Mantel überzuziehen und verließ die Wohnung.

Sie überquerte die Straße und stürmte in das gegenüberliegende Haus. Die Wohnung lag ausgerechnet ganz oben im vierten Stock, aber was spielte das für eine Rolle?

Keuchend lief sie die Treppe hoch und drückte auf den Klingelknopf.

Eine junge Frau im Morgenmantel öffnete und schaute sie verdutzt, eher entgeistert an. »Ja, bitte?«

»Ich möchte die Wohnung mieten, die in der Zeitung steht.« Sie musste zu Atem kommen.

Die Frau hob die Augenbrauen. »Sie sollten sie sich vielleicht erst mal ansehen.« Sie trat beiseite.

Agatha ging an ihr vorbei und schaute sich um.

Die Wohnung war geräumig und hell, und der Ausblick war wirklich bezaubernd.

Agatha war augenblicklich verliebt. »Ich nehme sie.«

»Das ging aber schnell. Ich weiß noch nicht mal Ihren Namen.«

»Oh, ich bitte um Verzeihung.« Sie streckte die Hand aus. »Agatha Christie. Mein Mann und ich wohnen gleich gegenüber.« Sie zeigte zum Fenster. »Wir haben eine kleine Tochter, Rosalind«, plapperte sie.

»Wie schön.«

»Wann können wir einziehen?«

»Wie wäre es in zwei Wochen?«

»Perfekt!« Sie schüttelte der armen Frau so fest die Hand, dass die das Gesicht verzog. »Dann sind wir uns einig?«

»Ich denke schon. Es müsste allerdings einiges instandgesetzt werden.«

»Das macht nichts, wir übernehmen das.«

Im Geiste war sie bereits dabei, sich einzurichten. Von Archies Abfindung würden sie ein paar neue Möbel für sich und Rosalinds Kinderzimmer kaufen können, außerdem bräuchten sie Tapeten und Stoff für hübsche Gardinen. Ihre Mutter würde ihnen sicher gestatten, das eine oder andere Stück aus Ashfield mitzunehmen.

Ach, es würde herrlich werden! Sie würden sich hier pudelwohl fühlen.

Zwei Wochen später zogen sie ein. Ihrem Kindermädchen schien es nichts auszumachen, ständig vier Stockwerke hochzulaufen, meistens mit einem Kind auf dem Arm. Agatha schon, aber sie würde sich nicht beschweren. Sie war so glücklich, dass sie meinte platzen zu können. Sie und Archie führten eine gute, eine harmonische Ehe, sie hatten eine reizende kleine Tochter, die ein fröhliches, lebhaftes Gemüt entwickelte, und sie hatten Jessie und Lucy.

Rosalind liebte Jessie, und Jessie liebte Rosalind. Und das

mit einer solchen Hingabe und Mütterlichkeit, dass es Agatha manchmal zu viel wurde. Oft fühlte sie sich wie das fünfte Rad am Wagen, fast schon wie ein Störenfried. Wenn sie zum Beispiel ins Kinderzimmer kam und Jessie mit Rosalind auf dem Schoß auf dem flauschigen Teppich saß und ihr eine Geschichte erzählte. Jessie hob dann den Kopf und runzelte die Stirn, und sie hatte das ungute Gefühl, sich entschuldigen und gleich wieder hinausstehlen zu müssen.

Sie ärgerte sich über ihre seltsamen Anwandlungen, sie hatten doch unbedingt eine Kinderfrau gewollt. Wäre es etwa angenehmer, wenn Rosalind weinen würde, sobald Jessie auch nur ins Zimmer kam?

Du wirst das schön bleiben lassen, beschwor sie sich. *Freu dich lieber, dass die beiden sich so mögen.*

Und am Ende siegten wie üblich ihre Vernunft und die Dankbarkeit, jemanden wie Jessie gefunden zu haben.

10.

Und dann passierte etwas ganz und gar Unerwartetes.

Es flatterte ein Brief ins Haus, und als Agatha den Absender las, runzelte sie verblüfft und verwirrt die Stirn: Es handelte sich um John Lane von *Bodley Head*.

Nanu? Sie riss den Umschlag auf und las den kurzen Brief.

Las ihn erneut. Man bat sie, in den Verlag zu kommen.

Sie ließ den Brief sinken und überlegte. Wann hatte sie *Bodley Head* angeschrieben? Es schien eine Ewigkeit her zu sein, Jahrzehnte.

»Archie!«, rief sie und schüttelte den Kopf. Er war gar nicht zu Hause, sondern im Büro. Sie hätte ihm gern ihre Gedanken anvertraut, sich mit ihm beraten.

Sie ging zum Fenster und schaute hinaus. Ein Hund ging allein im Innenhof spazieren, umkreiste einen Baum, beschnüffelte ihn und hob das Bein.

Ich wünsche mir auch wieder einen Hund, dachte sie und seufzte.

Dann kehrten ihre Gedanken wieder zu dem Brief zurück.

Nach all den Enttäuschungen zeigte nun ein Verlag Interesse. Sie sollte jubelnd umherhüpfen. Aber es kam so plötzlich, so völlig unerwartet. Natürlich hatte sie immer gehofft und im Grunde auch daran geglaubt, dass sich eines Tages ein Verlag finden würde, der ihr Manuskript mochte, der Begeisterung zeigte. Doch die Geschehnisse hatten alles überlagert. Sie hatte ihr Manuskript vollkommen vergessen, wenn sie ganz ehrlich war.

Agatha fuhr zusammen und drehte sich um, als es klopfte und Lucy hereinkam. »Ich wollte rasch zum Markt laufen. Huch, Sie sehen ja ganz verwirrt aus, Mrs Christie. Ist was passiert?«

»Das kann man wohl sagen.« Sie deutete auf den Brief. »Ich habe vor einer Ewigkeit ein Manuskript eingereicht, und jetzt hat mich der Verlag zu sich gebeten. So richtig verstehe ich gar nicht, was sie von mir wollen.«

Lucy lachte. »Na, es wird ihnen gefallen haben. Sie werden Sie kaum herbestellen, um Ihnen zu sagen, dass Ihr Briefpapier hübsch war.« Sie wischte über den blitzsauberen Tisch.

Das war der Moment, in dem von Agatha die eigenartige Starre abfiel, die sie überkommen hatte. »Ich werde hinfahren!«

Am Tag darauf machte sie sich auf den Weg. Sie war nervös und überlegte immer wieder, was sie sagen, wie sie sich geben sollte.

Eine Sekretärin mit tadelloser Frisur und perfekt sitzendem Kostüm führte sie in Lanes Büro. »Mrs Christie, Mr Lane.«

Sie blieb in der Tür stehen, nun noch nervöser. »Mr Lane.«

»Mrs Christie!«, rief er und steuerte auf sie zu, die Hand ausgestreckt. »Kommen Sie herein. Setzen Sie sich doch.«

Sie blickte sich um. Sie würde sich ja gern setzen, nur wohin? Auf allen Stühlen lagen Bilder.

Lane schüttelte den Kopf und lachte. »Wie unhöflich von mir!« Er nahm die Bilder herunter und stapelte sie auf seinem Schreibtisch. Dann klopfte er auf den davorstehenden Stuhl. »Bitte.«

Sie setzte sich mit kerzengeradem Rücken. Mit einem Mal fühlte sie sich ein wenig überfordert, der Situation nicht recht gewachsen. Sie kam ihr unwirklich vor. Saß sie wirklich gerade vor einem Verleger?

Lane faltete die Hände über seiner Weste und sah sie an. Dann huschte ein väterliches Schmunzeln über sein freundliches Gesicht. »Ist das Wetter nicht herrlich?«

»O ja.« *Wie typisch, dass wir uns erst über das Wetter unterhalten, bevor es zur Sache geht,* dachte sie. *Wir Engländer können wohl nicht aus unserer Haut.*

»London bei Sonnenschein macht doch gleich was her, nicht wahr?«

»O ja«, sagte sie wieder, eine Hand in ihrer offenen Handtasche. Als es ihr auffiel, zog sie sie heraus und errötete.

»Sie kommen also aus Torquay?«

Sie nickte verblüfft. Woher wusste er das? Ach ja, sie hatte es wohl in ihrem Anschreiben erwähnt.

»Es ist hübsch dort, aber meines Erachtens viel zu viele Touristen.«

»Da haben Sie wohl recht.« *Es wäre mir lieb, wenn wir auf den Punkt kämen, Mr Lane.*

»Nun, Mrs Christie …« Er setzte sich bequemer hin und musterte sie mit seinen blauen Augen.

Listig, ging ihr durch den Kopf, *er scheint ein kluger, gewitzter Mann zu sein.*

»Meine Lektoren denken, dass aus Ihrer Geschichte etwas zu machen ist. Allerdings müsste eine Menge geändert und umgeschrieben werden. Das letzte Kapitel zum Beispiel. Die Handlung spielt im Gerichtssaal.« Er schien kurz nachzudenken. »Die ganze Szene wirkt … nun ja, sagen wir … albern.«

Sie versuchte verzweifelt, sich die Gerichtsszene vor Augen zu führen, was gründlich misslang. Ihr Kopf war leer, und sie hatte Mühe, sich überhaupt noch irgendwie an ihre eigene Geschichte zu erinnern. Ach je, sie hätte sich besser vorbereiten und es vorher noch mal lesen sollen.

»Wir bräuchten einen Juristen, der uns bei der besagten Szene hilft. Verstehen Sie, was ich meine?«

»Ich … weiß nicht, Mr Lane. Ja, ich denke schon.«

»Fein.« Nun holte er weiter aus, erzählte, welch enormes Risiko er als Verleger eingehen würde, das Manuskript einer gänzlich unbekannten Schriftstellerin zu veröffentlichen.

Agatha mühte sich redlich, ihm zu folgen. Was sagte er da? Er wollte ihr Manuskript veröffentlichen?

Sie musste sich räuspern. »Ich hatte an ein Pseudonym gedacht«, hörte sie sich sagen. »Ein männliches.«

»Aber warum, Mrs Christie? Agatha Christie klingt doch sehr hübsch.«

»Finden Sie?« Ihre Stimme war belegt.

»Absolut. Agatha ist ein recht ungewöhnlicher Name, und er ist klangvoll. Nein, wir bleiben bei Ihrem Namen.«

Wahrscheinlich träumte sie. Ein wunderlicher Traum mit einem noch viel wunderlicherem Verleger, der sie eine Schriftstellerin nannte – lächerlich! – und ihren Namen als wohlklingend bezeichnete. Was für ein verrückter Traum!

Eigenartig nur, dass sie ihren Magen grummeln hörte und einen klitzekleinen Fleck auf ihrem Rock entdeckte. Sie legte die Hand darauf. Tee. Sie hatte die Tasse mit zu viel Schwung genommen und leise geflucht, sie erinnerte sich wieder. Also doch kein Traum? Was um aller in der Welt geschah hier gerade?

Jetzt begann Lane ihr vorzurechnen, was er investieren müsste und ihm letztlich abzüglich aller Kosten – und die waren immens – bleiben würde. »Wie gesagt, ich gehe ein großes Risiko ein, Mrs Christie, aber ich wäre dazu bereit.«

Agatha sah ihn verdutzt an.

»Sie sagen ja gar nichts. Sind Sie immer so schweigsam?«

»Nein.«

Er lachte, beugte sich vor, öffnete eine Schublade und nahm ein Blatt Papier heraus. »Bitte sehr. Wenn Sie dort unten unterschreiben würden?«

»Was ist das?«

Lane lachte wieder, diesmal aus vollem Hals. »Das ist ein Vertrag, Mrs Christie. Ich werde Ihr Buch veröffentlichen.«

»Wirklich?«, flüsterte sie. »Ach, du liebe Zeit, ich …«

Ihr Buch würde veröffentlicht werden! Es würde wirklich

und wahrhaftig geschehen! Es würde in den Buchhandlungen ausliegen, und die Leute konnten hingehen und es kaufen.

Agatha glaubte zu schweben, mitsamt dem Stuhl. Sie nahm den Füllfederhalter, den er ihr reichte.

»Unterschreiben Sie«, forderte er sie mit einem strahlenden Lächeln auf.

Und sie tat es. Ihre Hand zitterte so sehr, dass sie zweimal ansetzen musste und beide I-Punkte verrutschten.

Lane lächelte, als er den Vertrag entgegennahm und zurück in die Schublade legte. »Fein, dann sind wir uns einig. Ich freue mich, Mrs Christie.« Er stand auf und streckte die Hand aus. Agatha taumelte aus dem Zimmer, bemerkte kaum, dass die Sekretärin ihr die Tür nach draußen aufhielt und ihr einen schönen Tag wünschte.

»Und?«, wollte Archie am Abend wissen, nachdem sie ihm ausführlich berichtet hatte. »Wie viel Honorar wirst du erhalten?«

Das war eine gute Frage. Sie hatte nicht die geringste Ahnung.

Sie zog den Vertrag aus der Handtasche und las ihn zum ersten Mal gründlich – und begriff, was sie da unterzeichnet hatte. »Ich erhalte ein Honorar, sobald mehr als zweitausend Exemplare verkauft sind.«

Sie las erneut und stutzte. »Und ich … hmm … habe mich verpflichtet, ihm weitere fünf Manuskripte anzubieten.«

Fünf neue Romane? Es überlief sie heiß und kalt. Sie hatte gar nicht vor, noch fünf Manuskripte zu schreiben. Sie wüsste ja nicht mal, worüber sie schreiben sollte.

Archie nahm ihr den Vertrag aus der Hand und studierte

ihn. Er nickte ab und an, schüttelte dann wieder den Kopf und schnaubte. »Der ist eher zu seinen Gunsten, würde ich sagen.«

»Aber er wird mein Buch veröffentlichen, Archie! Das ist doch das Wichtigste.«

»Da hast du wohl recht. Ich bin stolz auf dich, Agatha. Und fünf weitere Manuskripte, das machst du mit links.«

Sie lachte. »Aber sicher.« Das mulmige Gefühl, das dabei durch ihren Magen hoch in ihren Hals kroch, versuchte sie eisern zu ignorieren. Und sie hatte eine Idee. »Ich werde es meiner Mutter widmen.«

»Ach ja?« War er pikiert, dass sie es nicht ihm widmen wollte?

»Ihr ist es zu verdanken, dass ich überhaupt zu schreiben begonnen habe.«

»Wie du meinst.« Es klang ein wenig säuerlich, aber er fügte hinzu: »Das sollten wir feiern. Was hältst du von einem kleinen Essen im *Palais de Danse*?«

»Können wir uns das denn leisten?«

»Nein, eigentlich nicht. Aber du wirst ein Buch veröffentlichen, Agatha, und das muss gefeiert werden.«

Als sie das Haus verließen, waren sie nicht zu zweit, sondern zu dritt. Hercule Poirot hatte sich ihnen angeschlossen. Er wollte unbedingt dabei sein und außerdem Agatha klarmachen, dass er noch weitere Mordfälle aufzuklären gedachte.

Haus Ashfield im Sommer 1926

Mein lieber Poirot, Sie waren in der Tat oft eine echte Plage.

Agatha brauchte einen Moment, um ihre Erinnerungen abzustreifen. Sie lag auf der Couch, hatte sich nur ein wenig ausruhen wollen und war wie so oft in die Vergangenheit zurückgereist.

Aber dank Ihnen, werter Hercule, mag ich mich nun doch Schriftstellerin nennen.

Er hatte nämlich nicht aufgegeben, sie mit ausgeklügelten Mordfällen zu locken, die er liebend gern aufdröseln würde.

Anfangs hatte sie versucht ihn zu ignorieren, selbst wenn er wie ein Schoßhund um sie herumgewuselt war.

»Lassen Sie das, Poirot«, hatte sie ihm zugeraunt. »Ich mag es nicht, wenn Sie mir so auf die Pelle rücken.«

Aber Poirot wäre nicht Poirot, wenn er klein beigegeben hätte.

Mit ihrem ersten Kriminalroman, der unter dem Titel *Das fehlende Glied in der Kette* erschienen war, hatte sie sage und schreibe fünfundzwanzig Pfund verdient. Es waren nicht ganz zweitausend Bücher verkauft worden, aber *The Weekly Times* hatte die Rechte daran erworben und ihn als Fortsetzungsroman gedruckt. Agatha hatte sich sehr darüber gefreut, als Schriftstellerin jedoch hatte sie sich keinen Moment gesehen. Sie war Hausfrau und Mutter und das Schreiben ein nettes Hobby.

Dann war ihre Großmutter gestorben – mit immerhin stolzen zweiundneunzig Jahren –, und deren Einkommen fiel an ihre Mutter. Dadurch und mithilfe von Madges Unterstützung war Ashfield noch immer zu halten.

Agatha wünschte, auch sie könnte finanziell etwas beisteuern, woraufhin Archie gemeint hatte, dann solle sie eben wieder ein paar Kurzgeschichten oder besser noch einen Roman schreiben. »Ach, und dann meine Mutter mit lausigen fünfundzwanzig Pfund unterstützen?«, hatte sie trocken entgegnet.

»Erstens wäre das besser als nichts, und zweitens – wer sagt denn, dass du nicht mehr verdienen würdest?«

Da hatte er auch wieder recht, und sie war ins Grübeln gekommen. Sie hatte längst begriffen, wie himmelschreiend naiv sie bei der Unterzeichnung ihres Vertrages gewesen war. Sie hatte sich über den Tisch ziehen lassen.

Vielleicht sollte sie sich einen Agenten suchen?

Den Gedanken hatte sie jedoch gleich wieder verworfen. Nur richtige, berufsmäßige Autoren benötigten Agenten.

Ihr war die Idee zu einer Spionagegeschichte gekommen. Dann müsste sie sich nicht mit einem verzwickten Mordfall befassen, und noch dazu könnte sie den aufdringlichen Poirot ausbooten. Möglicherweise war das sogar der Hauptgrund, weswegen sie sich an die Geschichte setzte.

Lane hatte die Stirn gerunzelt. »Spionage? Na, ich weiß nicht, Mrs Christie.«

»Sie ist wirklich gut geworden.«

Leider sah er das anders, war schließlich aber doch bereit, sie zu veröffentlichen. Zu nur unwesentlich besseren Konditionen.

Das Buch verkaufte sich recht gut, Lane war zufrieden, und *The Weekly Times* erhielt erneut die Rechte. Auch die Kritiken waren nicht übel, man lobte Agathas klugen und leichten Stil und ihre amüsanten Dialoge.

Diesmal verdiente sie fünfzig Pfund. Auch das war kein Geldsegen, aber in jedem Fall ein Fortschritt. Und es sorgte dafür, dass sie weiterschrieb. Es fühlte sich ungeheuer gut an, zum Unterhalt ihrer Familie beitragen zu können.

Nach ihrem dritten Buch *Mord auf dem Golfplatz* meldete sich der Herausgeber des *Sketch*, einer wöchentlich erscheinenden und sehr beliebten Zeitschrift. Ob sie sich vorstellen könne, eine Reihe mit Hercule Poirot-Geschichten zu schreiben?

Ihm hatte der pfiffige ältere Detektiv in *Das fehlende Glied in der Kette* gefallen.

Während sie darüber nachdachte – nur sehr kurz –, hatte sie Poirots triumphierendes Lachen im Ohr. Eine Veröffentlichung im *Sketch*, das war schon etwas, der Meinung waren sie beide.

Agatha sagte zu und verfasste innerhalb erstaunlich kurzer Zeit zwölf Kurzgeschichten. Sie schrieb zwei weitere Bücher und hatte damit ihren Vertrag bei *Bodley Head* erfüllt.

Der Verlag wollte ihr einen neuen Vertrag für fünf Bücher geben, doch sie hatte gezögert. Vielleicht war es nun wirklich Zeit, sich auf die Suche nach einem Agenten zu machen.

Ihr Weg führte sie zu Hughes Massie, der damals ihr Manuskript geprüft und für nicht vermittelbar befunden hatte. Aber er war inzwischen verstorben, und seine Geschäfte hatte Edmund Cork übernommen. Schon der erste Eindruck von ihm war positiv, und nach einem offenen, sehr ausführlichen Gespräch hatte Agatha ihn engagiert. »Ich halte Ihnen den Rücken frei, Mrs Christie, damit Sie ganz in Ruhe schreiben können.« Das hatte sich wunderbar angehört, und sie hatte das gute Gefühl, die richtige Entscheidung getroffen zu haben.

Die *Evening News* bot ihr fünfhundert Pfund für die Rechte an einer Geschichte, die sie vor einiger Zeit geschrieben hatte, und Archie fand eine neue, viel besser bezahlte Arbeit, die ihn noch dazu erfüllte. Sie waren beide wunschlos glücklich. Nun ja, ganz wunschlos vielleicht nicht, aber künftig nicht mehr jeden Penny zweimal umdrehen zu müssen war herrlich und sehr beruhigend.

Archie war leidenschaftlicher Golfspieler geworden und verbrachte fast jedes Wochenende auf dem Platz. Auch Agatha spielte recht gern, aber eher mittelmäßig, und weil er immer besser wurde und mit Ernst und Hingabe dabei war, hatte sie sich zurückgezogen, um ihm keine Schande zu machen. Es wurde hemmungslos über die Ehefrauen gelästert, die nur aus reinem Vergnügen golften, die Bälle über den Platz jagten und ständig nach ihnen suchen mussten.

Archie frönte also seiner Leidenschaft, während Agatha sich oft einsam fühlte. Und ihr war schrecklich langweilig, wenn er an den Wochenenden auf den Golfplatz zog und sie alleinließ. Ihr fehlten die früheren gemeinsamen Unternehmungen, die Spaziergänge und Streifzüge durch den Wald oder Park.

Da sie nun mehr Geld hatten als zuvor, könnten sie vielleicht aufs Land ziehen, hatte Agatha überlegt und sich einen Plan zurechtgelegt, wie sie es Archie schmackhaft machen könnte. Doch das war gar nicht nötig, kaum hatte sie das Wort Landleben ausgesprochen, war er Feuer und Flamme gewesen. »Dann sollten wir nach Sunningdale ziehen, dort gibt es einen herrlichen Golfplatz und einen sehr schicken Club.«

Sunningdale, dachte Agatha nun. Anfangs war sie ganz erschrocken gewesen, als Archie die noble Gegend vorgeschlagen hatte.

Sie schüttelte den Kopf, als sie hörte, wie ihre Tochter durchs Haus rannte. Musste dieses Kind eigentlich immer rennen?

Heute war Rosalinds Geburtstag, und am Morgen hatte sie sich an Agatha gekuschelt und geflüstert: »Ich bin furchtbar traurig, dass Grandma tot ist. Aber ich bin auch ein bisschen froh, weil doch mein Geburtstag ist. Darf ich froh sein, Mummy?«

»Selbstverständlich darfst du das. Grandma würde wollen, dass du deinen Geburtstag genießt.«

Madge war vor wenigen Stunden abgereist, wie bereits angekündigt, wollte sie nicht mehr da sein, wenn Archie kam.

Vor dem Mittagessen hatte er angerufen und Bescheid gesagt, dass er sich verspäten würde. »Ich habe so viel zu tun, das verstehst du doch sicher, Agatha.«

»Natürlich«, hatte sie entgegnet.

Ach, sie war ja so verständnisvoll!

Träge setzte sie sich auf und rieb sich die Augen. Himmel, war sie müde! Sie brauchte dringend eine ordentliche Mütze voll Schlaf.

Sie griff nach einem der Kissen und drückte es sich an die Brust. Archie fehlte ihr. Wenn er doch nur endlich da wäre!

Rosalind kam hereingestürmt. »Schläfst du, Mummy?«

»Hast du schon mal jemanden gesehen, der mit offenen Augen schläft?«

Rosalind kicherte. »Wann kommt Papa? Ich sehe ständig aus dem Fenster, ob ein Taxi vor dem Haus hält.«

»Er wird sich etwas verspäten, das hab ich dir doch erzählt.«

»Aber was, wenn er erst kommt, wenn mein Geburtstag schon fast vorbei ist?« Das schien ihr wirklich zu schaffen zu machen, denn sie sank auf den Teppich zu Agathas Füßen und seufzte so schwer, dass Agatha sich erhob und sie in die Arme schloss. »Er wird rechtzeitig da sein. Er hat es versprochen.«

Versprich nie etwas, das du nicht halten kannst, hörte sie ihre Mutter sagen. Sie musste einfach darauf vertrauen, dass Archie sein Versprechen ernst nahm.

Während Rosalind im Garten spielte, hing Agatha wieder ihren Gedanken nach. Nach einiger Suche hatten sie tatsächlich ein Haus in Sunningdale gefunden, das sie mieten konnten. In Sunningdale wohnten vor allem reiche junge Paare, die ausschweifende Partys feierten, und ältere Herrschaften, die Archies Begeisterung für Golf teilten.

Endlich hatte er seinen Golfclub und Agatha ihr eigenes Arbeitszimmer. Es hätte alles wunderbar sein können, aber natürlich war es das nicht, weil im Leben niemals alles glatt und wunderbar läuft.

Es gab Probleme mit Agathas Bruder. Monty, der in Afrika lebte, wo er einen Frachtdienst auf dem Viktoriasee einrichten wollte, hatte sich wieder mal vergaloppiert. Monty fehlte es an einigem, er trank zu viel, gab das Geld – meistens nicht sein eigenes – mit vollen Händen und sich selbst als jemand aus, der er nun mal nicht war. Hinzu kam, dass er an einer Tropenkrankheit litt.

Agatha und Madge sorgten dafür, dass er Afrika verließ und nach England übersiedelte, wo er genesen sollte und sie ihn außerdem im Auge hatten. Sie kauften ihm einen kleinen Bungalow in Dartmoor und fanden eine Haushälterin, die sich um ihn kümmern sollte.

Edmund Cork hatte Agatha unterdessen an einen neuen Verlag vermittelt. Mit ihrem Verleger William Collins verstand sie sich blendend.

Sie schrieb *Alibi*, der erste Kriminalroman, in dem sie etwas Ungewöhnliches wagte: Der Erzähler der Geschichte war der Mörder. Poirot, wie immer brillanter Kombinierer, musste nach und nach alle Verdächtigen entlasten – nur noch sein Assistent Dr. Sheppard blieb übrig. Dessen letzter Tagebucheintrag war zugleich Geständnis und Abschiedsbrief, bevor er den Freitod wählte.

Das Buch hatte sie ihrer Schwester gewidmet.

Alibi verkaufte sich hervorragend und erhielt überwiegend positive Kritiken. Die *New York Times* etwa lobte Agatha als exzellente Technikerin und bemerkenswerte Geschichtenerzählerin. Ein Lob, das ihr die Röte ins Gesicht trieb. *The Observer* schrieb, dass niemand geschickter darin sei, falsche Spuren zu hinterlassen und die Leser mit Ablenkungsmanövern zu manipulieren.

Natürlich gab es auch kritische, negative Stimmen von Lesern, die sich hinters Licht geführt sahen. Der Erzähler einer Geschichte dürfe nicht der Täter sein. Trotzdem wurde *Alibi* ein voller Erfolg, und Agatha krönte ihn mit der Anschaffung eines eigenen Automobils.

Sie genoss die Unabhängigkeit, die ein Wagen mit sich bringt, und fuhr regelmäßig nach Torquay, um ihre Mutter zu besuchen.

Rosalind kam in die Schule, und Agatha beschloss, sich auf die Suche nach einer Gouvernante zu machen, die zugleich ihre Sekretärin sein könnte. Als Charlotte Fisher, eine Schottin mit blitzenden braunen Augen und einer sympathischen Erscheinung, vor ihr stand, wusste sie, dass sie sie gefunden hatte.

Archie und sie zogen in ein größeres Haus um, das sie diesmal nicht mieteten, sondern kauften.

Sie hätte auf das eigenartige, etwas beunruhigende Gefühl

hören müssen, das sie beschlich, als sie das Haus zum ersten Mal betrat. Sie hatte in der Diele gestanden und erschrocken gedacht: *Dieses Haus wird uns kein Glück bringen.*

Sie hatte es nicht denken wollen, auf gar keinen Fall, aber es war über sie gekommen und nicht zu verhindern gewesen. Es war, als hinge ein Damoklesschwert über der Türschwelle, das jeden Moment auf sie hinabstürzen könnte.

Sie hatte ihre seltsamen Empfindungen beiseitegeschoben, wollte nichts davon wissen. Es lag sicher nur an der fürchterlichen Einrichtung und dem trostlosen Garten. Wenn sie es erst nach ihren Vorstellungen eingerichtet hatten, würde alles gut sein. Sie benannten es nach dem Landsitz in Agathas erstem Roman: *Styles.*

Was nun noch zu ihrem Glück fehlte, war ein Hund. Und so zog Drahthaarterrier Peter bei ihnen ein.

Rosalind war eine gute Schülerin, sie lernte brav und leicht, und währenddessen saß Agatha in ihrem Arbeitszimmer und schrieb. Dann und wann dachte sie über ein zweites Kind nach. Rosalind war schon so selbstständig, und es wäre bestimmt schön für sie, große Schwester zu sein.

Archie aber wollte nichts von einem weiteren Kind wissen. Ihm genügte Rosalind vollkommen, wie er meinte. Und er fügte hinzu, dass er sich nach wie vor nicht vorstellen könne, einen Sohn zu haben.

»Du glaubst also immer noch, eifersüchtig zu werden?«, hatte sie verblüfft gefragt, und sein Gesichtsausdruck sprach Bände. Sie war enttäuscht gewesen, würde sich aber damit arrangieren müssen.

Charlotte Fisher war ein Geschenk des Himmels, auch Rosalind liebte sie. Wenn sie in der Schule war, arbeiteten Agatha und Carlo im Arbeitszimmer. Agatha diktierte und Carlo schrieb. Auch wenn es anfangs nur sehr langsam vonstattenging – für Agatha fühlte es sich seltsam an, zu diktieren und nicht auf der Maschine zu schreiben –, mit der Zeit funktionierte es immer besser. Oft unternahmen sie nachmittags zu dritt Ausflüge mit Agathas Automobil.

Das jetzt unten an der Straße steht und keinen Mucks von sich gibt, dachte sie nun betrübt.

Vielleicht könnte Archie ihn dazu bringen, wieder zu starten.

Sie warf einen Blick auf ihre Armbanduhr, und ein ungutes Gefühl beschlich sie. Wo blieb er? Er müsste längst da sein. Er war doch nicht etwa auf die Idee gekommen, noch rasch einen Umweg zum Golfplatz zu machen? »Wenn ich spiele, kann ich alles um mich herum vergessen«, hatte er gemeint.

Agatha setzte sich auf und erhob sich. Ihr wurde schwindelig, und sie musste sich wieder setzen.

Nur noch einen Augenblick. Sie atmete tief durch und machte die Augen zu.

Offenbar war sie wieder eingedöst und schreckte von einem Geräusch hoch. Sie hörte eine Autotür, dann Schritte und Stimmen. Rosalinds und Archies!

Sie sprang auf, blinzelte, weil ihr wieder schummerig wurde und lief zur Tür. Archie stand auf dem Flur, den Mantel überm Arm, seine kleine Reisetasche zu Füßen.

Sie hatte auf einen Blick gesehen, dass er nur wenig eingepackt hatte. Er schien nicht vorzuhaben, lange zu bleiben. Sie rang die Enttäuschung nieder, bevor sie sich in ihr ausbreiten konnte. »Archie! Da bist du ja!« Sie verschluckte sogar das »endlich«.

Er lächelte, breitete die Arme aus, und sie warf sich an seine Brust. Sofort fühlte sie sich besser, viel besser. Sie schnupperte an seinem Hals, roch sein After-Shave – und da war noch etwas, ein anderer Geruch, den sie nicht deuten konnte. »Ich bin so froh, dass du da bist«, murmelte sie an seiner Halsbeuge.

»Papa hat mir ein Geschenk mitgebracht!«, rief Rosalind hinter ihnen und raschelte mit etwas herum.

Agatha warf einen Blick über seine Schulter und sah, dass ihre Tochter ein größeres Päckchen im Arm hielt, das bunt verpackt und mit einer roten Schleife verziert war.

»Himmel, bin ich müde.« Archie seufzte, während er sie hielt. »Ich wollte wirklich früher kommen, Agatha. Tut mir leid.« Es klang zerknirscht, und sie glaubte es ihm. »Ich bin für dich da.«

»Das weiß ich doch.« Sie hob das Gesicht, um ihn anzuschauen. Er war ein wenig blass um die Nase und machte einen abwesenden Eindruck. Das war aber nicht ungewöhnlich, Archie war häufig zerstreut und mit den Gedanken woanders.

»Ja, ich bin für dich da«, versicherte er wieder.

»Hast du Hunger?« Sie nahm seine Hand und hielt sie fest.

Sie wollte sich so gern an ihn lehnen, sich von ihm trösten

lassen und hören, dass alles gut werden würde. Weil sie sich hatten.

Er schüttelte den Kopf. »Nein, aber für einen Drink würde ich sterben.« Er verzog das Gesicht. »Tut mir leid, Agatha, das hatte ich so nicht …«

»Schon gut«, beeilte sie sich zu sagen. »Komm, wir gehen in den Salon, und ich mixe dir einen starken Drink.«

Archie saß seit geraumer Zeit unbeweglich im Sessel, den Drink in der Hand – es war schon der zweite – und ließ das Eis darin kreisen. Eine Weile hatte er Agatha reden lassen – es tat so gut, über ihre Mutter zu sprechen –, hatte ihr still zugehört und hinterher etwas Nettes gesagt. »Sie hat eine große Lücke hinterlassen. Du weißt, wie sehr ich sie mochte. Aber sie wird immer bei dir sein, egal, wo du auch bist, ob hier oder in Styles.«

Traurig hatte Agatha ihn daran erinnert, dass sie Ashfield aufgeben würde, und er war zusammengezuckt, als hätte sie ihn getadelt. »Richtig, richtig. Ach je, tut mir so leid, Agatha.«

Ihr ging auf, dass es lange her war, dass er einen Kosenamen für sie hatte. Sie versuchte sich daran zu erinnern, doch ihr fiel nicht ein, wie er sie früher manchmal genannt hatte. Liebling oder Schatz?

Die Erkenntnis überrollte sie mit einem Mal: Sie musste sich nicht den Kopf zerbrechen, er hatte sie immer nur Agatha genannt, und es hatte ihr nie etwas ausgemacht. Im Grunde hatte sie Kosenamen albern gefunden. Warum es sie plötzlich so niederschmetterte, wusste sie nicht.

Sie schluckte, wollte etwas Harmloses sagen, ein anderes Thema anschneiden. »Du glaubst ja nicht, was ich beim Ausräumen alles gefunden habe.«

Doch er fragte nicht weiter nach, saß nur da und starrte vor sich hin, den Drink noch immer in der Hand. Er hatte ihn doch haben wollen, wieso trank er ihn jetzt nicht?

»Ist alles in Ordnung mit dir, Archie?«, fragte sie leise, und wieder fuhr er zusammen.

»Ja, ja, alles ist bestens.«

Ich glaube dir kein Wort.

»Ich bin nur entsetzlich müde. Die letzten Tage waren ...« Wie, ließ er sie nicht wissen, denn er stand plötzlich auf, wobei er etwas von seinem Drink auf seine Hose verschüttete. »Ach, verflucht!« Er stellte das Glas auf dem Tisch ab.

»Das macht nichts. Ich wasche den Fleck gleich raus«, hörte sie sich sagen und fragte sich, was um alles in der Welt das sollte. Sie trauerte um ihre Mutter und auch um Ashfield, sie war niedergeschlagen und vollkommen durch den Wind. Und Archie kam hierher und gab ihr das Gefühl, sie müsste sich um *ihn* kümmern.

Hier läuft etwas ganz und gar falsch, dachte sie und wünschte, er würde zu ihr kommen, sie fest in die Arme nehmen und bis zum Morgen nicht mehr loslassen.

Doch er ging zur Tür. »Gute Nacht, Agatha. Tut mir leid, ich kann kaum noch die Augen offen halten. Schlaf gut.«

Als würde sie gut schlafen.

Dein Archie scheint mir ein recht unsensibler Bursche zu sein, hatte irgendwann irgendjemand zu ihr gesagt. Wer? Madge?

Nein, es war ihre Mutter gewesen, und sie hatte nicht unsensibel, sondern rücksichtslos gesagt.

Agatha blieb sitzen. Ihr war so elend zumute, dass sie sicher war, auch in dieser Nacht kein Auge zuzubekommen. Während Archie sehr wahrscheinlich bereits tief und fest schlief, wenn sie nachher ins Zimmer kam.

Am Frühstückstisch saßen sie sich gegenüber, schweigend, die Luft zwischen ihnen bleischwer und getränkt mit unausgesprochenen Worten. Rosalind hüpfte durchs Zimmer, ihre neue Puppe im Arm, die Archie ihr geschenkt hatte.

»Bist du so lieb und spielst ein bisschen draußen im Garten?« Agatha hatte es nicht mehr ausgehalten. Sie musste mit Archie sprechen, unbedingt, sonst würde sie verrückt werden.

Ihre Tochter lief hinaus, und sie überlegte fieberhaft, wie sie beginnen sollte.

Erstaunlicherweise ergriff Archie das Wort. »Es ist etwas passiert, Agatha.«

Der Schreck fuhr ihr in die Glieder, auch wenn ihr klar war, dass etwas geschehen sein musste. Würde er sich sonst so seltsam verhalten?

»Ich habe mich verliebt.«

Sie war wie erstarrt. Sie hatte mit vielem gerechnet, damit, dass er Geld verspielt hatte, das Golfen aufgeben wollte, weil er glaubte, miserabel zu sein, oder aus für sie unerfindlichen Gründen vorhatte, seine Arbeitsstelle zu kündigen. Sogar, dass er ernstlich krank sein könnte, hatte sie für möglich gehalten.

Dass er sich verliebt haben könnte, war so surreal, so absurd, dass sie sogar auflachte. Als er sie ansah, wusste sie, dass es wahr war. Er hatte keinen Unsinn geredet, sie hatte sich auch nicht verhört. »Wer … wer ist es?« Als wäre das wichtig! Es war doch vollkommen egal, wer es war. Aber sie wollte es wissen, es erschien ihr lebenswichtig zu sein.

»Du kennst sie. Es ist Belchers Sekretärin. Nancy, Nancy Neele. Du erinnerst dich bestimmt an sie.« Über sein bis dahin ernstes, nachdenkliches und graues Gesicht huschte ein Ausdruck von kindlichem Glück.

»Nancy Neele?« Agatha schluckte. Natürlich erinnerte sie sich an die hübsche und anmutige Frau mit dem glänzenden dunklen Haar, der sie einmal begegnet war. Es war auf einer Party gewesen, die Belcher, sein früherer Chef, gegeben hatte.

Auf Archies Gesicht lag noch immer ein kindlich-seliger Ausdruck. *Wie ein kleiner Junge, der endlich das Geschenk bekommt, das er sich schon so lange wünscht,* dachte sie und wäre am liebsten hinausgerannt. Zu Rosalind in den Garten. Sie würden zusammen mit der neuen Puppe spielen, und wenn sie später zurück in den Salon käme, säße Archie zeitungslesend da. Er würde aufblicken, lächeln und sagen: »Na, habt ihr euch gut amüsiert? Ich habe euch laut lachen hören.«

Und sie würde sich zu ihm setzen, den Kopf an seine Schulter lehnen und denken: Wie schön, dass wir uns haben.

Alles wäre nur ein böser Traum gewesen, und Archie dächte gar nicht daran, sich in eine andere Frau zu verlieben.

Als ahne er, was ihr gerade durch den Kopf ging, räusperte er sich und sagte: »Ich bin in sie verliebt, Agatha, so sehr, dass ich unbedingt mit ihr zusammen sein will.« Wollte er ihr auch noch den letzten, den tödlichen Dolchstoß versetzen? »Für immer.«

»Für immer?« Es schnürte ihr die Kehle zu. Zorn, Fassungslosigkeit und der drängende Wunsch, sich irgendwo zusammenzurollen und erst wieder aufzuwachen, wenn alles vorbei war, wüteten in ihr. »*Wir* wollten für immer zusammen sein, Archie, das scheinst du vergessen zu haben. Du bist mit *mir* verheiratet.«

Er sah sie nicht an. »Ich will mich scheiden lassen. Ich bin nicht glücklich, und ich wünsche mir nichts mehr, als wieder glücklich zu sein.«

Sie stand auf, musste sich bewegen, sonst würde sie ihn nicht nur anschreien, sondern ihm wahrscheinlich auch etwas an den Kopf werfen. Die Teetasse zum Beispiel.

Nein, das würde sie natürlich nicht tun, dazu war sie viel zu vernünftig und anständig, ja, das war es wohl. Vernunft und Anstand hatten bei ihr meistens gesiegt. Und fast immer hatte es sich gut und richtig angefühlt.

Jetzt allerdings nicht. Aber sie würde vernünftig sein und versuchen, einen klaren Kopf zu bewahren, auch wenn es sie von innen auffräße. »Archie, ich … kann nicht glauben, was du da sagst.«

»Es kommt zu einem absolut falschen Zeitpunkt, ich weiß.«

Ach, das wusste er immerhin. »Aber ich kann einfach nicht anders, Agatha. Ich kann nicht.« Es klang verzweifelt.

»Erwartest du, dass ich dich tröste, Archie?«

»Nein, natürlich nicht.«

»Wie lange geht das schon mit euch?«

»Seit … über einem Jahr.«

»Wie bitte?! Und erst heute kommst du damit, dass du mich verlassen willst? Hast du gewartet, bis es mir ohnehin schon schlecht geht? Ist es das, Archie?« Sie wollte ihn verletzten, so wie er sie verletzte. Ein kleiner, schaler Triumph.

»Es tut mir leid, wirklich, Agatha, es tut mir furchtbar leid, dass ich dir wehtun muss. Aber ich kann nicht anders«, sagte er wieder. »Jeder hat ein Recht darauf, glücklich zu sein.«

Sie schaute ihn an. »Jeder? Und was ist mit mir?«

»Du wirst auch wieder glücklich sein.« Hörte er sich eigentlich selbst zu?

»Ich *bin* glücklich, Archie! Wenigstens war ich es! Bis jetzt, wo du mir sagst, dass du und Nancy …« Sie brach ab, konnte nicht weitersprechen. »Geh, Archie, lass mich allein. Ich fürchte, dass ich dir sonst …« Wieder verstummte sie.

»Du schreibst zu viele Kriminalromane.« Er sagte es mit einem Lächeln, als säßen sie nett bei Tee und Plätzchen zusammen und plauderten und scherzten miteinander.

»Lass mich allein!«

So schnell, wie er aus der Tür war, so schnell war sie zum Fenster gegangen und lehnte die Stirn an die kühle Scheibe.

Es war aus, aus und vorbei. Ihre Ehe war Geschichte. Archie würde sie wegen einer anderen verlassen.

Sie wollte weinen, doch es kamen keine Tränen. Sie wollte ihre Ohnmacht und Wut hinausschreien, aber kein Laut kam aus ihrem Mund. Sie biss sich in den Handrücken, um eine andere Art Schmerz zu fühlen.

In der Nacht lag sie wach und zermarterte sich das Hirn, wie es angefangen hatte. Wann hatte er Nancy Neele das erste Mal auf eine andere, eine besondere Art angesehen? Wann hatten sie sich ein Lächeln zugeworfen, das ihnen gezeigt hatte, dass etwas zwischen ihnen war? Ein Band, das sie beide geknüpft hatten, ohne es zu wissen. Wann hatte Nancy etwas gesagt, das Archie durcheinanderbrachte? Zu einem neuen Denken, einem »Was ist diese Nancy Neele doch für ein zauberhaftes Wesen«.

Wann und wo hatten sie sich ihre Liebe gestanden?

Sie grübelte und grübelte, versuchte sich zu erinnern, ob er irgendwann beiläufig von Nancy gesprochen hatte. Hätte sie etwas bemerken, hellhörig werden müssen?

Die Nacht wurde vom beginnenden Tag verschluckt, als sich ihre Stimmung änderte. Von Bestürzung und Hilflosigkeit schwenkte sie nun um in Rachsucht. Sie stellte sich vor, wie sie Archie und Nancy ausspionierte. Sie stand hinter einem Baum, ihren Golfschläger bereit zum Ausholen, den Ball in der Hand. Bislang hatte sie sich nicht als sehr treffsicher bewiesen, doch dieses Ziel würde sie nicht verfehlen. »Du wirst mir meinen Mann nicht wegnehmen!«, würde sie brüllen.

Die hübsche, anmutige Nancy ginge zu Boden, eine blutende Platzwunde an der Stirn, und Archie beugte sich besorgt über sie, sein Rücken die perfekte Zielscheibe.

Du lieber Himmel, er hatte recht, sie schrieb zu viele Kriminalgeschichten. Nie im Leben würde sie sich zu derartigen Dingen hinreißen lassen, selbst wenn sie so außer sich war, dass sie glaubte, den Verstand zu verlieren. Nicht zum ersten Mal in den vergangenen Tagen.

Hätte er mit seiner Nachricht nicht warten können, bis es ihr besser ging? Sie den Tod ihrer Mutter einigermaßen verdaut hatte? Aber nein, er musste ihr unbedingt auf die Nase binden, dass er sich verliebt hatte und wieder glücklich sein wollte.

Agatha setzte sich benommen auf. *Sie hat ihn mir ja längst weggenommen*, dachte sie niedergeschlagen.

Als die ersten Vögel sangen, war ihr klar, dass sie ihren Mann nicht einfach gehen lassen würde. Sie würde den Teufel tun und ihre Ehe mir nichts, dir nichts aufgeben. Es war erst dann vorbei, wenn es vorbei war. Und das war noch nicht der Fall. Sie würde um ihre Ehe kämpfen, mit aller Kraft und Entschlossenheit. Gemeinsam würden sie nach Styles zurückkehren, und Archie würde begreifen, dass er nicht ohne seine Familie sein wollte. Gar nicht sein *konnte*. Das mit Nancy Neele war eine kleine Liebelei, eine Verliebtheit, die so rasch wieder vergehen würde, wie sie begonnen hatte.

Agatha wusste nicht, ob sie tatsächlich davon überzeugt war oder es einfach nur unbedingt glauben wollte.

Sunningdale, vier Wochen später

Archie hatte Styles vor zwei Wochen verlassen – »Ich muss das tun, Agatha, ich kann nicht anders« –, und sie hatte keinerlei Anstalten gemacht, ihn zum Bleiben zu drängen. Es war ihr ungeheuer schwergefallen, aber sie war voller Hoffnung, dass er schon bald wiederkommen würde. Auf Rosalinds Fragen, wo ihr Papa denn hingegangen sei, antwortete sie: »Er kommt bald zurück. Er braucht ein bisschen Zeit für sich.«

Rosalind war ein erstaunlich verständiges Kind, seit sie die Schule besuchte, kam sie Agatha noch selbstständiger, manchmal fast schon erwachsen vor.

Seit dem Tod ihrer Mutter hatte Agatha kein einziges Wort mehr geschrieben. Was sollte mit Ashfield geschehen? Sie brachte es noch nicht über sich, es zu verkaufen. Vielleicht später.

Sie hatte sich so sehr gewünscht, es behalten zu können, vielleicht irgendwann wieder darin zu wohnen. So wundervolle Jahre hatte sie dort verbracht.

Dort hatte sie ihrer Mutter Archie vorgestellt. Sie und Archie hatten zusammen musiziert und Händchen haltend auf der Couch gesessen und Pläne geschmiedet. Und Rosalind war dort geboren worden.

Nun jedoch war Ashfield auch für alle Zeiten mit Archies Beichte verbunden. Das Echo seiner Worte würde auf ewig in den Wänden hallen. *Ich habe mich verliebt, Agatha, ich will mit Nancy zusammen sein. Unbedingt.*

Seitdem sie wieder in Sunningdale war, hatte sie oft an ihrem Schreibtisch gesessen und versucht, sich auf die Geschichte zu konzentrieren, die sie schreiben wollte. Aber es war ihr nicht gelungen, ihr Kopf war so entsetzlich voll mit anderen Dingen. Zweifel und Zuversicht wechselten sich ständig ab.

Dann, nach etwa vierzehn Tagen, stand Archie plötzlich wieder in der Tür. Es war einer dieser Tage gewesen, an denen Agatha sicher gewesen war, ihn unwiederbringlich verloren zu haben.

Sie begrüßte ihn nicht allzu offensichtlich erfreut. So leicht wollte sie es ihm nicht machen.

»Ich habe einen Fehler gemacht«, sagte er, und sie hoffte, er würde sie in die Arme nehmen. Doch das tat er nicht. Stattdessen schenkte er sich einen Drink ein und trank ihn in einem Zug aus. Danach schaute er sie ernst an. »Es war die falsche Entscheidung, Agatha, ich kann Rosalind nicht einfach zurücklassen.«

Und was ist mit mir?, dachte sie beklommen, schwieg aber.

Wenn sie auch nur einen Moment geglaubt hatte, nun würde alles gut werden und Archie sei zur Besinnung gekommen, hatte sie sich gründlich geirrt. Er war in sich gekehrt, wortkarg und unwirsch. Fragte sie ihn etwas, bekam sie häufig keine Antwort, und wenn doch, dann war sie kurz angebunden und unfreundlich.

»Was habe ich dir nur getan, Archie?« Eines Tages hielt sie es nicht mehr aus. »Ist es meine Schuld, dass du dich in Nancy Neele verliebt hast?« Sie war ganz erschrocken, dass sie ihre Gedanken laut ausgesprochen hatte.

Er rieb sich das Gesicht und betrachtete sie, als sähe er sie zum ersten Mal. »Warum sollte es deine Schuld sein?«

Er seufzte schwer, bevor er weitersprach. »Es geht nicht, es wird nicht funktionieren.« Er musste es nicht weiter erklären, sie wusste Bescheid. »Ich kann nicht, Agatha, ich schaffe es einfach nicht. Ich kann sie nicht vergessen.«

Dann lauf zu ihr!, hätte sie ihm am liebsten ins Gesicht geschrien, doch sie beherrschte sich. Würde sie sich gehenlassen, hätte sie es bereut.

»Ich werde nach London ziehen, und ich hoffe, dass du in die Scheidung einwilligst.«

Sie drehte sich um und verließ das Zimmer. Sie konnte ihm plötzlich nicht mehr ins Gesicht sehen. Sie war so wütend, dass sie die Zähne fest aufeinanderpresste.

Gleichzeitig war sie so unendlich traurig, dass es ihr das Herz zusammenzog.

Weil das Geld schon wieder knapp wurde, schlug Archies Bruder ihr vor, die im *Sketch* erschienenen Poirot-Geschichten in einem Buch zusammenzufassen und Collins anzubieten.

Mit Campbell hatte Agatha sich immer gut verstanden, und sie wusste, dass es klug war, auf seinen Rat zu hören.

»Vielleicht hast du recht«, sagte sie deshalb.

Er ging im Zimmer auf und ab, als denke er nach. »Vertrau nicht darauf, dass er es sich doch noch anders überlegt«, sagte er unvermittelt und sah sie an. »Darauf hoffst du nämlich, hab ich recht?«

»Ich will ehrlich zu dir sein, Campbell. Ich weiß es nicht. Ich weiß nicht, worauf ich hoffe. Ich fühle mich, als hätte man mir den Boden unter den Füßen weggezogen. Ich verstehe gar nicht wirklich, was gerade geschieht. Wir waren glücklich, das habe ich mir doch nicht eingebildet. Und dann sagt Archie mir, dass er sich verliebt hat.«

Campell kam zu ihr und setzte sich neben sie. »Was ich dir jetzt sagen werde, mag sich seltsam anhören, Agatha. Du darfst das nicht so schwernehmen.« Er sah sie an, als warte er auf eine Reaktion, einen Einwand. »Wenn du es schwernimmst, wirst du daran zerbrechen. Du musst nach vorn schauen, es abstreifen und hinter dir lassen.«

»Aber es geht um meine Ehe, Campbell, nicht darum, ein schlechtes Fischessen möglichst schnell wieder zu vergessen.«

Noch immer sah er sie an, eindringlich und beinahe beschwörend. »Versprich mir, dass du alles tun wirst, um damit zurechtzukommen. Dass du nach vorn blicken wirst. Archie ist ein selbstsüchtiger Mensch, und er kann ziemlich rücksichtslos sein, wenn er etwas unbedingt will.«

Rücksichtslos. So hatte auch ihre Mutter ihn genannt.

»Ich kann doch nicht einfach so tun, als wäre das alles nicht passiert«, sagte sie weinerlich und musste sich räuspern.

Tat sie sich etwa selbst leid? Sie hasste Selbstmitleid.

»Das sollst du ja auch gar nicht. Du musst einfach darum kämpfen, wieder du selbst sein zu können.«

»Und wer bin ich, Campbell?«

Er tätschelte ihren Handrücken. »Du bist eine junge Frau, die ihren Kopf gern zum Denken benutzt, Agatha. Du weißt, was du kannst, und du weißt, was du willst.«

Sie schniefte leise, spürte etwas wie Selbstmitleid. Und das konnte sie nicht ausstehen. »Der Gedanke an eine Scheidung ist schrecklich«, brachte sie schließlich hervor.

Das war es wirklich. Niemand, der ganz bei Trost war, ließ sich scheiden. Sie kannte auch niemanden, der sich hatte scheiden lassen, und dass ausgerechnet sie die Erste sein würde, fühlte sich grauenvoll an. Eine Scheidung war wie ein Schandfleck. Aber es schien kein Zurück mehr zu geben, Campbell hatte recht, wenn Archie etwas unbedingt wollte, sorgte er dafür, dass er es bekam.

»Aber es ist kein Weltuntergang, Agatha.«

Sie hob den Kopf und sah ihn an. Er sagte das ganz nüchtern und abgeklärt. Vielleicht sollte sie versuchen, es auch so zu sehen. Eine Scheidung war nichts, worauf man stolz sein konnte, aber auch nichts, woran man sterben würde.

Sie wischte sich mit dem Handrücken über die Augen, obwohl keine Träne gekommen war. Die Niedergeschlagenheit steckte vielmehr in ihrem Hals fest. »Du hast recht, Campbell. Ich werde mich davon nicht kleinkriegen lassen. Ich werde nicht daran zerbrechen!« Es klang ein bisschen trotzig, aber das war allemal besser als Selbstmitleid.

»So ist's richtig.« Er lächelte sie an. »Kopf hoch, Agatha, das Leben geht weiter. Du wirst wieder glücklich werden.«

Er wollte sie nicht nur trösten, denn da war noch etwas in seiner Stimme: große Zuversicht.

Am frühen Abend machte sie einen langen Spaziergang mit Peter, der die Nase so dicht am Boden hatte, dass sie ihm sagte, er sei kein Trüffelschwein. »Du musst auch nicht so tun, Peter.« Plötzlich musste sie lachen. Sie kicherte wie ein albernes kleines Mädchen. »Ach, jetzt weiß ich's. Du versuchst mich aufzuheitern, du willst mich zum Lachen bringen. Nun, das ist dir gelungen.« Sie klopfte seinen Rücken. »Nett von dir.«

Er kümmerte sich gar nicht um sie. Die Nase weiter am Boden, umkreiste er jeden Baum mindestens zweimal, bevor er sie weiterzog.

Irgendwann machte sie die Leine los und ließ ihn ziehen. Er würde nicht davonlaufen, das wusste sie, dazu hing er viel zu sehr an ihr. Aber er schätzte ein gewisses Maß an Freiheit.

Sie setzte sich auf eine Bank, das Gesicht in die warme Spätsommersonne gehoben. Vielleicht war das ein entscheidender Punkt: Freiheit. Das bedeutete nicht, dass man hemmungslos alles tun und lassen konnte, was man wollte. Es bedeutete, dass man die Freiheit besaß, die richtige oder falsche Entscheidung zu treffen.

Agatha schlug die Beine übereinander und wippte mit dem Fuß. Sie hatte die Wahl, künftig Trübsal zu blasen oder ihr

Schicksal anzunehmen und das Beste daraus zu machen. Das war ihre Freiheit, ihr freier Entschluss. Campbell hatte völlig recht, entweder sie zerbrach oder sie würde daran wachsen.

Sie pfiff auf zwei Fingern, wie die gute Lucy es ihr vor Jahren beigebracht hatte. »Mein Vater sagt immer, es schickt sich nicht besonders für eine Dame, aber ich hab mich nie drum geschert.« Sie hatte die Schultern gezuckt. »Bin ja keine Dame.«

Ich hoffe, es geht dir gut, Lucy, dachte Agatha. *Ich hoffe, du bist glücklich geworden mit deinem …*

Himmel, wie hieß ihr Mann doch gleich?

Sie pfiff erneut, und im Gebüsch etwas weiter hinten raschelte es. Mit aufgestellten Ohren kam Peter angesaust und setzte sich vor sie hin.

»Ich hab's nicht verlernt«, sagte sie zu ihm, während sie ihn wieder anleinte. »Was man einmal gelernt hat, verlernt man so schnell nicht wieder. Komm, wir gehen nach Hause.«

Nach Hause. Styles würde bald nicht mehr ihr Zuhause sein, fürchtete sie. Für Rosalind und sie wäre es viel zu groß, außerdem war der Unterhalt zu teuer. Sie würden es wohl verkaufen müssen.

Aber auch das wäre kein Weltuntergang. Mit gestrafften Schultern spazierte Agatha neben ihrem Hund her.

IV.

Die Jahre 1927 und 1928
Ein neues Kapitel

1.

Las Palmas

Carlo hatte die Idee zu einer Reise auf die Kanarischen Inseln. »Du musst unbedingt auf andere Gedanken kommen. Ein Tapetenwechsel wird dir guttun.« Sie hatte die Hand gehoben, bevor Agatha etwas einwenden könnte. »Ich werde alles veranlassen, du musst dich um rein gar nichts kümmern.«

Agatha hätte gar keine Einwände gehabt, dazu war sie viel zu müde und erschöpft gewesen. Sie fand den Gedanken, England für eine Weile den Rücken zu kehren, sehr verlockend. Hier erinnerte sie alles an Archie und das Aus ihrer Ehe.

Die Kanarischen Inseln kannte sie noch nicht, vielleicht würde sie dort wieder zu sich finden. Dank ihrem Verleger konnte sie sich eine Reise auch leisten. Collins hatte mit Begeisterung die Poirot-Geschichten angenommen und das Buch Anfang des Jahres veröffentlicht. Es hatte den Titel *Die großen Vier* erhalten und verkaufte sich sehr gut.

Möglicherweise war alles bereit, die Weichen für ein neues Leben zu stellen. Es lag nur noch an ihr selbst.

»Ich glaube, du hast recht«, hatte sie deshalb nach kurzer

Überlegung zu Carlo gesagt. »Vielleicht kann ich dann auch endlich wieder schreiben.«

»Ich helfe dir, wo ich kann«, hatte Carlo versichert, und sie wusste, dass sie sich auf ihre Sekretärin, die längst sehr viel mehr war, verlassen konnte.

»Habe ich dir schon gesagt, dass du die beste Freundin geworden bist, die ich je hatte? Dafür bin ich dir sehr dankbar.«

Bei strahlendem Sonnenschein waren sie auf den Kanarischen Inseln angekommen. »In England wird es jetzt neblig und kalt sein«, hatte Carlo gemeint und sich geschüttelt. »Wir werden es uns richtig nett machen, nicht wahr?«

Rosalind hatte sofort begeistert die nahe Umgebung erkundet, während sie in Ruhe ausgepackt hatten.

»Sieh dich mal um.« Carlo hatte Agatha zum Fenster gezogen und nach draußen gezeigt. Von ihrem Zimmer aus konnten sie zwar das Meer nicht sehen, aber hören. »Ist es nicht atemberaubend? Dieses Licht, der wolkenlose Himmel, das nahe Meer – hör nur die Wellen … Was meinst du, wirst du hier wieder schreiben können?«

Agatha hatte genickt, mehr, um ihr eine Freude zu machen, doch schon am Tag darauf hatte sich ein neues Gefühl eingestellt. Sie war damit aufgewacht. Ihr Leben hatte eine unerwartete Wendung genommen, ja, aber sie würde es nicht nur aushalten und ertragen, sondern daran wachsen. Sie hatte es als tragisches Unglück gesehen, was ihr widerfahren war. Doch nun sah sie es als Neubeginn, und sie würde ihm eine Chance geben. Nicht nur, weil sie gar keine andere Wahl hatte, sondern auch, weil sie dazu bereit war.

»Ich glaube, es ist gut, wenn auch Rosalind einen Neubeginn bekommt«, sagte Agatha wenige Tage später zu Carlo.

Sie saßen in ihrem hübschen Zimmer, das Fenster war geöffnet, so dass sie die Brandung rauschen hörten.

Carlo saß auf dem Fußboden, die Beine untergeschlagen, ihr Haar mit einem Tuch aus dem Gesicht gebunden, was ihr gut stand. Agatha hatte sie eine Weile beobachtet, wie sie mit versonnenem Gesichtsausdruck auf dem Teppich saß und den Wellen lauschte.

»Was genau stellst du dir unter einem Neubeginn für sie vor?«

Darüber hatte sich Agatha in der Nacht zuvor Gedanken gemacht.

Sie konnte nicht schlafen, weil sie eine Art Aufbruchstimmung gespürt hatte.

»Vielleicht schicke ich sie auf ein Pensionat.« Sie lehnte sich zurück, den Stift, mit dem sie sich Notizen gemacht hatte, noch in der Hand. Ihr war die Idee für eine Geschichte gekommen, und sie hatte sie in einigen Stichpunkten skizziert und Carlo vorgelesen. »Vorausgesetzt natürlich, sie ist einverstanden. Hab ich dir eigentlich schon erzählt, dass ich damals auch auf ein Pensionat gegangen bin? In Paris?«

»Nein, aber ich würde gern mehr darüber erfahren.« Carlo machte es sich auf dem flauschigen Teppich bequem.

»Ich wollte unbedingt Pianistin werden, vielleicht auch Sängerin.« Agatha musste lachen. »Leider war der Wunsch größer als mein Talent. Gott sei Dank hab ich's recht schnell begriffen. Aber es war eine herrliche Zeit, und ich habe eine Menge gelernt. Vor allem über mich selbst.«

Carlo lächelte. »Und dann hast du zu schreiben angefangen.«

»Ach, ich habe eigentlich immer geschrieben. Gedichte, Kurzgeschichten, einfach, weil ich Freude daran hatte. Geld damit verdienen zu können wäre mir niemals in den Sinn gekommen.« Sie erzählte Carlo von der kleinen Wette, die sie damals mit Madge abgeschlossen hatte. »Sie war felsenfest davon überzeugt, dass ich es nicht schaffe.«

»Und sie hat sich getäuscht.« Carlo deutete auf den Stift in ihrer Hand. »Wollen wir weitermachen?«

Agatha nickte und warf einen Blick auf ihre Notizen.

Es klopfte, und Rosalind kam hereingestürmt.

»Um Himmels willen, Rosalind, musst du eigentlich immer so rennen?«

Ihre Tochter zuckte die Schultern und bewegte sich mit ganz langsamen Schritten durchs Zimmer. »Soll ich vielleicht so gehen, Mama?«

Agatha und auch Carlo lachten.

»Wann seid ihr fertig?«

»Wir haben doch gerade erst angefangen.«

Rosalind sah sie bestürzt an. »Gerade erst? Ihr sitzt seit einer Ewigkeit hier.«

»Ach, Kind, du bist noch jung.« Agatha schmunzelte. »Für dich sind zwei Stunden eine Ewigkeit.«

»Ihr seid also noch nicht fertig.« Rosalinds Erkenntnis folgte ein herzzerreißendes Seufzen. »Na gut, dann setze ich mich hierhin und warte.« Sie zeigte auf den Sessel am Fenster.

»Ich kann mich nicht konzentrieren, wenn du dort sitzt und mich ansiehst«, meinte Agatha und scheuchte sie wieder aus dem Zimmer.

Nur widerwillig verließ Rosalind sie, nicht ohne sie darauf hinzuweisen, dass das Wetter ganz ausgezeichnet sei und man unendlich viele herrliche Dinge draußen tun konnte.

Agatha lachte kopfschüttelnd. »Ich hab schon verstanden. Jetzt aber raus mit dir.« Als sich die Tür hinter ihrer Tochter schloss, nahm sie ihren Block. »Wo waren wir stehen geblieben?«

»Wir hatten noch gar nicht angefangen.« Carlo setzte sich in den Schneidersitz. »Poirot reist also an die Französische Riviera.«

Sie nickte. »Mit dem Zug. Er liebt das Zugfahren.«

»Wie du.«

»Ganz genau. Er nimmt den Luxuszug *Blue Train*.«

Sie sah den Detektiv vor sich, wie er es sich im Abteil bequem machte, elegant gekleidet wie üblich, auf dem Kopf ein schicker beigefarbener Hut, den er nun abnahm und neben sich legte. Er schloss die Augen und ließ sich von dem gleichmäßigen Geräusch einlullen, das der Zug machte, während er über die Schienen ratterte. Eine amerikanische Millionenerbin, deren Ehe gescheitert war, befand sich ebenfalls im Zug. »Ruth. Ruth Kettering.«

»Was?« Carlo sah sie fragend an.

»Das ist der Name der reichen Frau, die sich mit ihrem Liebhaber treffen will. Ihr Mann und dessen Geliebte sind auch im Zug.«

»Ach, du Schreck, sie sind alle zusammen dort? Das kann nicht gut enden.«

Agatha grinste dämonisch. »Natürlich nicht.«

Rosalind tauchte in regelmäßigen Abständen auf und störte sie. Agatha gab schließlich auf. »Na schön, du Quälgeist, lass uns einen Spaziergang am Strand machen.«

Vielleicht würde sie dort ihre Geschichte weiterdenken können. Die stockte nämlich immer wieder nach erschreckend kurzer Zeit. Mehr als dass Poirot im Zug saß und eindöste, war ihr bislang nicht wirklich eingefallen. Die grobe Handlung wusste sie, das war es nicht, doch es fehlte ihr an Inspiration. Poirot war die einzige Figur, die sie lebhaft vor Augen hatte, was schlicht und ergreifend daran lag, dass sie ihn bestens kannte, vertraut mit ihm war. Immerhin begleitete er sie bereits eine recht lange Zeit. Doch die weiteren Figuren waren nicht nur blass, sie waren so durchsichtig, dass Agatha durch sie hindurchgreifen konnte. Keiner von ihnen besaß einen Charakter mit Ecken und Kanten, sie hatten nicht mal ein Gesicht.

Es war zum Verzweifeln.

»Diese Geschichte macht mich wahnsinnig«, gestand Agatha, als sie kurz darauf neben Carlo herschlenderte, die Hände auf dem Rücken, die Stirn gerunzelt.

»Lass die Figuren machen«, schlug Carlo vor. »Das tust du doch immer, wenn es nicht weitergeht. Lass sie an der langen Leine laufen und warte, was sie tun werden, welche Entscheidungen sie treffen.«

»Das ist ja das Schlimme – sie tun rein gar nichts. Sie sind im Grunde gar nicht richtig da. Ich werde noch verrückt!« Sie hakte ihre Freundin unter.

Rosalind sprang munter vor ihnen her, bückte sich immer wieder, um eine Muschel oder einen hübschen Stein aufzuheben. »Am Ende reisen wir mit einem weiteren Koffer heim«, meinte Agatha und spürte, dass sie sich darüber ärgerte. Dabei amüsierte sie sich normalerweise darüber. Rosalind sammelte mit Inbrunst und befand das meiste, was ihr vor die Füße fiel, als ausgesprochen nützlich. Und sei es nur, dass man es auf den Kaminsims oder das Fensterbrett legen und jederzeit anschauen konnte.

»Sei so gut und lass das ganze Zeug liegen!«, rief sie ihr zu. Rosalind drehte sich zu ihr um und ging rückwärts weiter. »Aber es ist alles so hübsch, Mama.«

»In England sind die Steine auch hübsch«, grummelte sie.

»Aber nicht so hübsch wie hier.«

»Ständig diese Widerworte.« Sie hörte Carlo leise glucksen. »Was gibt's da zu lachen? Willst du etwa die ganzen Steine und Muscheln später schleppen?«

»Es wäre mir ein Vergnügen.« Carlos Augen funkelten. »Nun sei nicht so griesgrämig, Agatha, so kenne ich dich gar nicht. Lass ihr doch den Spaß.«

»Es geht nicht um Spaß. Es geht darum …« Weiter kam sie

nicht, denn ihre Tochter stolperte über einen größeren Stein, ruderte mit den Armen und fiel der Länge nach hin. Sie wollte zu ihr eilen, um ihr aufzuhelfen. »Hast du dir wehgetan?«

Rosalind rappelte sich auf, klopfte sich den Sand ab und lief weiter, die Augen schon wieder auf alles gerichtet, was vor ihr lag.

Agatha schnaubte, dann jedoch fing sie Carlos belustigten Blick auf. »Du hast ja recht, ich bin zurzeit ein Ungeheuer. Ich kann mich selbst nicht ausstehen.«

»Du hast viel durchgemacht.« Carlo legte den Arm um ihre Schultern, und sie spazierten weiter.

»Das ist es nicht. Ich hadere mit der verfluchten Geschichte. Normalerweise fällt mir immer irgendetwas ein, diesmal aber … Ach, ich weiß auch nicht, es ist wie verhext. Als hätte ich verlernt zu schreiben. Aber ich muss diese Geschichte unbedingt fertigbekommen. Unbedingt, Carlo! Ich muss Geld verdienen.«

Sie blieb abrupt stehen. Ja, sie musste Geld verdienen, um für sich und Rosalind sorgen und Carlo weiterhin beschäftigen zu können. Sie wollte nicht davon abhängig sein, dass Archie sie unterstützte. Er würde wieder heiraten, sobald sie geschieden waren. Vielleicht würde er wieder eine Familie gründen.

»Was ist denn?« Carlo sah sie verdutzt an.

»Mir ist gerade eine Erkenntnis gekommen.« Langsam ging sie weiter und wartete, bis Carlo aufgeschlossen hatte. »Ich werde diese verflixte Geschichte schreiben, komme, was wolle. Ich schaffe das, weil ich es muss. Und nach dieser Geschichte werde ich eine weitere schreiben und dann noch eine. Weil ich es nämlich nicht aus reinem Vergnügen tue, Carlo. Es ist mein Beruf geworden. Ich bin Schriftstellerin.« Sie fing an lauthals zu lachen, wusste selbst nicht, warum. Ihr war einfach danach, und es fühlte sich großartig an. Befreiend.

»Ich weiß von anderen Schriftstellern, dass sie auch dann schreiben müssen, wenn ihnen nicht danach ist, wenn ihnen eigentlich gar nicht recht etwas einfällt. Sie schreiben, weil sie eben Schriftsteller sind. Haha! Und genau das werde ich auch tun.«

Rosalind kam angelaufen, einen Stein in der Hand. »Worüber lachst du so, Mama?«

»Über mich selbst.« Agatha umarmte sie und hielt sie eine Weile fest. »Entschuldige, Liebling, ich war nicht sehr nett zu dir.«

»Ist schon gut.« Rosalind machte sich los und legte ihr den Kiesel in die Hand. »Der gehört jetzt dir. Es ist dein Glücksstein.«

Agatha betrachtete ihn mit einem Lächeln. Ihr war leicht ums Herz geworden. »Vielen Dank, Schatz, ich werde ihn gut aufbewahren und immer daran denken, wann du ihn mir geschenkt hast.«

2.

Torquay

Die Geschichte wurde tatsächlich fertig – und sie schrieb sich wahrlich nicht von allein, im Gegenteil, sie bereitete Agatha höllische Probleme –, und Collins wollte sie unter dem Titel *Der blaue Express* veröffentlichen.

Agatha mochte sie nicht besonders, nein, das war glatt untertrieben. Sie hasste sie, weil sie zu einer Zeit entstanden war, entstehen musste, die die bislang schwerste ihres Lebens gewesen war. Um jedes einzelne Wort hatte sie ringen müssen, zäh wie dickflüssiger Honig waren die Sätze aufs Papier getropft. Oft hatte sie Panik bekommen, nie wieder mit halbwegs leichter Hand schreiben zu können. Sie würde sich nie wieder inspiriert fühlen, nie wieder frei Geschichten erfinden können, davon war sie überzeugt gewesen. Es war alles zu viel für sie.

Und die schwärzeste Zeit ihres Lebens war noch nicht vorbei.

Die wenigen wahren Freunde, die ihr geblieben waren, konnte sie an einer Hand abzählen. Auf ihre Schwester würde sie immer bauen können, das wusste sie. Und auch Carlo war wie ein Fels in der Brandung, und das, ohne etwas dafür zu erwarten. Carlo war einfach für sie da.

»Ich könnte dich wohl mitten in der Nacht bitten, am Bett meine Hand zu halten, bloß weil ich schlecht geträumt habe, und du würdest kommen und bei mir bleiben«, hatte sie irgendwann zu ihr gesagt. »Ich weiß gar nicht, womit ich eine Freundin wie dich verdient habe.«

»Vielleicht fühlen sich die meisten überfordert«, hatte Carlo gemeint. »Sie wissen nicht, wie sie auf dich zugehen sollen, Agatha. Erst stirbt deine geliebte Mutter, dann verlässt dich dein Mann. Das ist zu viel für die meisten.«

»Mich eingeschlossen«, hatte sie trocken erwidert. »Mir würde es schon reichen, wenn sie überhaupt auf mich zukämen. Aber sie drehen sich lieber weg, als wollten sie mein Unglück nicht sehen. Als würde es womöglich auf sie abfärben.«

Vielleicht war da wirklich etwas dran.

Ende des Jahres setzte sie sich mit Archie ein weiteres, ein letztes Mal zusammen. Möglicherweise war da doch noch ein winziger Funken Hoffnung in ihr gewesen, ausschließen konnte sie es nicht. Hatte sie nicht doch gehofft, dass er zu sich gekommen war, dass er bereute, sie und Rosalind verlassen zu haben?

Als sie ihm gegenübersaß und ihn betrachtete, wartete sie mit pochendem Herzklopfen auf ein Zeichen von ihm.

Sie plauderten über das Wetter, Agathas Reise auf die Kanarischen Inseln und gemeinsame Bekannte, die man lange nicht mehr gesehen hatte. Lauter Banalitäten, als wage keiner von ihnen das anzusprechen, weswegen sie sich getroffen hatten.

Irgendwann wurde es Agatha zu bunt. »Nun, Archie?« Sie schaute ihn erwartungsvoll an.

Er räusperte sich zweimal, bevor er ansetzte. »Nancy ist seit über einem halben Jahr auf Weltreise.« Er verstummte wieder.

Das hatte sie nicht wissen wollen, es interessierte sie gar nicht. »Und was hat das mit uns zu tun?«

Vielleicht, dass Nancy ihn vergessen hatte? Dass sie vor ihm davongelaufen war?

Und was, wenn ja? Wie würde ich reagieren?, überlegte Agatha. *Würde ich ihn begeistert zurücknehmen? Würde ich jubilieren und alles vergessen, was vorgefallen war?*

Nein, weder das eine noch das andere. Rosalind zuliebe könnte sie vieles auf sich nehmen, Archie zurückzunehmen und so tun, als sei alles wie früher, gehörte nicht dazu.

Endlich sprach er weiter. »Alle haben wohl gehofft, dass sie über mich hinwegkommt.« Er schüttelte den Kopf. »Das ist sie aber nicht.«

Agatha erwiderte nichts, sah ihn nur an.

»Ich will sie noch immer unbedingt heiraten«, fuhr er fort. »Ich weiß, dass ich nur mit ihr glücklich werden kann.«

Verflucht, Archie, dachte Agatha mit einem Mal wütend, *auch das will ich gar nicht so genau wissen.*

»Ich möchte die Scheidung, Agatha.«

Diesmal zögerte sie nicht. Sie musste sich nicht vorwerfen,

dass sie nicht alles versucht hatte. »Ich gehe zu einem Anwalt, er soll sich um alles kümmern.« Es kam ihr erstaunlich leicht über die Lippen, sie war selbst ganz überrascht.

Archie sah sehr erleichtert aus. Hatte er befürchtet, dass sie ihm eine Szene machen würde? »Danke, Agatha.«

Wofür? Sie fragte ihn aber nicht. Es war gleichgültig, wofür er ihr dankbar war.

»Ich will, dass wir Styles verkaufen.«

Ich will. Immer wollte Archie etwas, immer musste es um seinen Willen gehen.

»Für dich und Rosalind ist es doch viel zu groß und auch zu teuer«, fuhr er fort.

Agatha nickte. »Du hast recht, ich habe auch schon darüber nachgedacht.«

»Ach ja?«, fragte er erfreut. »Dann bist du einverstanden?«

»Habe ich eine Wahl, Archie?«

Er erwiderte nichts darauf. »Ich kümmere mich um den Verkauf.«

»Und ich habe mir überlegt, dass Rosalind auf ein Internat gehen sollte.«

Er hob die Augenbrauen. »Ein Internat? Und was sagt sie dazu?«

»Sie ist begeistert.«

Das war sie wirklich. Agatha hatte im Urlaub den Vorschlag gemacht, und Rosalind war sofort einverstanden gewesen. »Dann bin ich ja jetzt wohl kein kleines Mädchen mehr, nicht wahr, Mummy? Denn nur große Mädchen gehen aufs Internat.«

Agatha hatte gelächelt. »Nur große Mädchen, stimmt, mein Schatz, besser gesagt junge Damen.«

»Du hast es also längst entschieden«, sagte Archie. Es klang ein bisschen verschnupft.

»Du hattest mit anderen Dingen zu tun«, erwiderte sie ungerührt. »Wenn du aber plausible Einwände hast …«

Er schüttelte den Kopf. »Nein, nein.«

»Es wird nicht leicht für sie werden, wenn du … wenn wir …«

»Ich weiß. Und es tut mir furchtbar leid, dass ich ihr so viel Kummer machen muss.«

Du müsstest ja nicht, dachte sie.

»Ich habe mir das alles nicht ausgesucht, Agatha.«

Bevor er weiterreden und ihr womöglich groß und breit erklären würde, was er an Nancy Neele so absolut unwiderstehlich fand, dass er an nichts anderes mehr denken konnte, hatte sie die Hand gehoben. »Lass gut sein, Archie. Ich will nichts davon hören. Du bist also einverstanden, dass unsere Tochter auf ein Internat geht. Gut. Ich habe mir bereits eins angesehen, zusammen mit Rosalind natürlich.« Und es hatte ihnen beiden sehr gut gefallen. »Es ist nicht ganz billig …«, spielte sie ihm den Ball zu.

»Ich werde mich selbstverständlich an den Kosten beteiligen.«

Er sah sie an, als überlege er, noch etwas hinzuzufügen. »Du machst immer zügig Nägel mit Köpfen, Agatha.«

»Genau wie du, nicht wahr?«, erwiderte sie ein wenig spitz.

Dann aber besann sie sich. Was sollte das? Sie hatten eine Tochter und würden auch in Zukunft das Beste für sie wollen.

Sie mussten sich zusammenraufen, egal, was zwischen ihnen geschehen war. »Lass uns nicht streiten, Archie.«

»Ich habe nicht vor, mich mit dir zu streiten, Agatha.«

»Dann ist es ja gut.«

»Und? Was hast du jetzt mit deinem Leben vor?«

Was für eine seltsame Frage, aber sie würde sie beantworten. »Ich werde weiter Bücher schreiben. Vielleicht werde ich auch noch eine Reise machen.« Das war ihr genau in diesem Augenblick eingefallen, und sie stutzte verblüfft. Aber der Gedanke gefiel ihr.

»Du willst schon wieder verreisen?« Er hob die Augenbrauen, und sie ahnte, was er dachte.

»Keine Sorge, ich komme selbst für die Kosten auf.« Wie gut das klang! Ja, sie konnte für sich selbst sorgen.

Archie sah sie eine Weile an, legte den Kopf schief und nickte dann. »Ich wünsche dir alles Gute, das weißt du hoffentlich.«

»Danke, Archie.« *Und wehe, du sagst noch, dass du auch mir eine neue Liebe wünschst.*

Sie betrachtete ihn mit einem Anflug von Wehmut. Wie sie diese Himmelfahrtsnase geliebt hatte!

Sie saßen voreinander, befangen und ein wenig verunsichert.

Archie sah mit einem Mal ganz unglücklich aus. Das war aber nur sehr flüchtig, dann hellte sich sein Gesicht auf. Er schien erleichtert zu sein. Vielleicht war er froh, dass sie es ihm so leicht machte und sich nicht schluchzend an seine Brust warf und flehte: Bitte verlass mich nicht!

»Ja, dann …« Er erhob sich, zupfte am Revers seines Jacketts und reichte ihr schließlich die Hand.

Wie förmlich, dachte sie, *ich bekomme nicht mal eine Umarmung.* Nicht zum ersten Mal ging ihr durch den Kopf, wie wenig sie ihn doch kannte. Selbst wenn es Zeiten gegeben hatte, wo sie geglaubt hatte, ihn gut zu kennen, begriff sie nun, dass das falsch gewesen war.

»Leb wohl, Agatha. Pass gut auf dich und unsere Tochter auf.«

»Leb wohl, Archie. Du wirst Rosalind regelmäßig sehen und dich davon überzeugen können, dass es ihr gut geht.«

Er drückte ihre Hand, ganz kurz nur, dann ließ er sie los und ging zur Tür.

Sie blickte ihm nach und versuchte sich ins Gedächtnis zu rufen, wie es früher gewesen war. Wie sie sich früher gefühlt hatte, wenn er im Raum gewesen war und sie ihn angesehen hatte. Sie wusste es noch, konnte das Gefühl aber nicht mehr empfinden, ihm nicht mehr nachspüren.

Es war vorbei.

Ein paar Tage später erzählte Agatha Carlo von ihren Reiseplänen. Sie saßen bei einer Tasse Kaffee zusammen im Wohnzimmer. »Vielleicht nach Westindien oder Jamaika.«

Ihre Freundin lächelte. »Ich finde, das klingt wunderbar.«

»Und ich denke, ich werde allein verreisen.«

Carlo nickte, schien wenig überrascht.

»Ich muss herausfinden, wer ich eigentlich bin und was ich von meinem Leben erwarte. Um es mit Archies Worten zu sagen: Ich glaube, ich muss das tun.«

»Wie ich schon sagte: Ich finde die Idee wirklich gut. Du kannst dich auf mich verlassen, Agatha, ich werde mich um alles kümmern. Ich werde ein Auge auf Rosalind haben, mit Peter ausgiebige Spaziergänge machen und ihn bei Laune halten, und ich …«

Agatha hob die Hand. »Ich weiß, ich weiß. Ich verlasse mich auch voll und ganz auf dich.« Sie trank ihren Kaffee aus und stellte die Tasse auf den Tisch. Dann blickte sie sich im Zimmer um. »Vielleicht ist es wirklich vernünftig, wenn wir das Haus verkaufen. Hier erinnert mich alles an …« Sie winkte ab und schüttelte den Kopf. Nicht jetzt. Außerdem wusste Carlo auch so, was sie meinte.

Am frühen Abend klingelte das Telefon, und als sie die Stimme ihres Agenten hörte, war sie erfreut und zugleich auch alarmiert. Wenn er sie um diese Uhrzeit anrief, war vermutlich etwas passiert.

»Sitzen Sie, Agatha?«

»Nein, ich stehe.«

»Dann sollten Sie sich besser setzen.«

Sie zog sich den kleinen Hocker heran. »Ich sitze, Edmund. Und?«

»*Alibi* soll als Theaterstück aufgeführt werden. Im Prince of Wales Theatre.«

»Sie scherzen.«

»Keineswegs.«

»Du lieber Himmel.«

»Freuen Sie sich etwa gar nicht?«

»Doch, doch, und wie ich mich freue.«

Er lachte. »Das klingt aber nicht so, Agatha. Ich dachte, Sie würden jubeln vor Glück.«

»Hmmm …« Sie musste darüber nachdenken. »Kann man einen Kriminalroman auf eine Theaterbühne bringen? Und sagen Sie mir ehrlich, wie Sie darüber denken, Edmund.«

»Tja …« Er schwieg einen Augenblick. »Ich muss zugeben, ich bin etwas skeptisch.«

»Sehen Sie.«

Er lachte wieder. »Aber es ist auch ein Zeichen von Anerkennung, das müssen Sie zugeben.«

»O ja, das weiß ich durchaus zu schätzen.«

Je mehr sie darüber nachdachte, desto besser fühlte es sich an. Ihre Geschichte würde im Theater zu sehen sein. Welcher Autor wünschte sich das nicht?

»Werden Sie sich die Proben ansehen, Agatha?«

»Auf jeden Fall!«

Sie plauderten noch eine Weile, erst über Geschäftliches und dann über Privates. So hielten sie es meistens. Edmund war längst nicht mehr nur ihr Agent, sie vertraute ihm auch in persönlichen Belangen und hielt viel von seiner Meinung.

»Ich habe vor zu verreisen, Edmund, allein. Ich denke an Westindien und Jamaika.«

»Und wann soll es losgehen?«

»Sobald meine Scheidung …« Sie schluckte und ärgerte sich, dass es noch immer so viel ausmachte. »Sobald ich geschieden bin.« Sie räusperte sich energisch und kam auf etwas zu sprechen, das sie seit Kurzem beschäftigte und damit hin und wieder ihr Gedankenkarussell ankurbelte. »Ich denke über ein weibliches Pendant zu Poirot nach.«

»Tatsächlich?« Sie hörte, wie er mit dem Stuhl scharrte. »Erzählen Sie mehr, Agatha. Sie haben mich neugierig gemacht.«

»Eine ältere, etwas verschrobene Frau, die sich auf die Fahne geschrieben hat, Mordfälle aufzuklären. Mehr weiß ich selbst noch nicht.« Aber sie war entschlossen, sich darauf zu konzentrieren. Weil es ihr guttat, sich mit etwas anderem als Tod und Trennung zu beschäftigen.

»Sie halten mich auf dem Laufenden?«

»Natürlich.« Als sie auflegte, spürte sie ein Kribbeln auf der Kopfhaut. So war es ihr damals ergangen, als Poirot entstanden war. Es juckte sie in den Fingern, sich gleich an den Schreibtisch zu setzen und eine erste, grobe Skizze zu machen.

In ihrem Magen zwickte es sacht, ein zartes Gefühl von aufgeregter Vorfreude, das sie kitzelte. Wie lange hatte sie sich schon nicht mehr so gefühlt. Vielleicht war doch nicht alles verloren, und sie würde wieder in den Schreibfluss finden, der ihr so schmerzlich fehlte.

3.

Der blaue Express verkaufte sich unerwartet gut, doch selbst das konnte Agatha nicht mit ihrem Roman versöhnen. Sie hatte das Buch Carlo und Peter gewidmet, beide hatten es mehr als verdient.

Sie nahm ein paar Perlenohrringe aus der Schatulle und legte sie an. Wahrscheinlich war es albern, sich für eine Theaterprobe so herauszuputzen, aber sie wollte einen guten Eindruck machen.

Sie rief ihren Hund, der aus dem Wohnzimmer kam und sie freudig anbellte. »Bist du bereit, Peter? Wir gehen aus.«

Wenige Stunden später saß sie in ihrem schicksten Kleid und mit kleinem Hütchen in einer der vorderen Reihen, Peter neben sich, und hörte Charles Laughton zu, der Monsieur Poirot ganz und gar überzeugend spielte. Sie hatte überlegt, ihm zu sagen, dass sie sich Hercule genauso vorstellte. Laughton trug einen ausladenden Bauch vor sich her, und er hatte ein kugelrundes Gesicht mit einem stattlichen Doppelkinn.

»Wenn man es ganz genau nimmt«, hatte sie ihrem Hund zugeraunt, »ist es ein Dreifach-Kinn, findest du nicht auch?« Peter hatte sich zusammengerollt und schnarchte leise. Er schien sich nichts aus Theateraufführungen zu machen.

Agatha lehnte sich gemütlich zurück. Sie hatte sich fest vorgenommen, den Abend zu genießen, selbst wenn die Aufführung ihr nicht gefallen sollte. Doch bisher musste sie zugeben, dass sie ganz angetan war. Edmund hatte ihr gesagt, dass es etliche Änderungen geben würde, damit ihre Geschichte bühnentauglich war. »Solange man meine Figuren nicht komplett austauscht, werde ich mich nicht beschweren«, hatte sie gemeint.

Dann und wann verstand sie einen der Schauspieler nicht besonders gut und musste sich vorbeugen und angestrengt lauschen. Dabei raschelte jedes Mal ihr Kleid, und sie fuhr schuldbewusst zusammen. Sie wollte die Probe auf keinen Fall stören. Am liebsten wäre es ihr sogar, wenn sie sich vollkommen unsichtbar machen könnte.

Dabei war sie natürlich bereits im Foyer aufgefallen, als sie mit Peter an der Leine dastand und sich umblickte.

Ein junger Mann war zu ihr geeilt. »Mrs Christie? Wie überaus freundlich, dass Sie gekommen sind. Darf ich Sie herumführen? Darf ich Sie hineinbegleiten? Eigentlich sind Hunde ja nicht gestattet, aber wir machen eine Ausnahme. Kommen Sie, Mrs Christie.« Er hatte sie zu ihrem Platz begleitet. Sie war sich vorgekommen wie Königin Elisabeth.

»Sie sind es wirklich«, raunte plötzlich jemand neben ihr.

Sie drehte den Kopf und sah einen Mann neben sich. Es war

recht dunkel, und sie kniff die Augen zusammen. »Sie sind Mrs Christie. Es ist mir eine Ehre.« Er streckte die Hand aus, und sie nahm sie etwas perplex. Bevor sie ihn etwas fragen konnte, zum Beispiel, wer er überhaupt war, begann er Peters Kopf zu kraulen. »Ich liebe Hunde. Ich habe selbst einen.«

Ihr Hund blickte nur träge auf und schlief gleich weiter. »Bitte verzeihen Sie, Mrs Christie, ich habe mich noch gar nicht vorgestellt. Gerald du Maurier.«

»Sie sind der Intendant.« Sie nickte. »Es freut mich, sie Sie kennenzulernen, Mr du Maurier.«

»Was sagen Sie zu der Aufführung?«, flüsterte er. »Gefällt es Ihnen?«

»Ja, sehr. Es ist ungeheuer aufregend, den eigenen Roman auf der Bühne zu sehen.«

»Ja, nicht wahr? Meine Tochter Daphne schreibt auch«, erzählte er, und Stolz war in seiner Stimme zu hören. »Sie ist sehr talentiert. Im Moment schreibt sie noch Kurzgeschichten, aber ich bin davon überzeugt, dass sie eines Tages auch einen Roman schreiben wird.«

Auf der Bühne entstand ein kleines Durcheinander. Eine Schauspielerin beschwerte sich über etwas und lief hin und her.

Agatha beugte sich wieder weiter vor und lauschte. Leider konnte sie dennoch nicht verstehen, worum es ging.

»Sie verzeihen, Mrs Christie?« Du Maurier war aufgestanden. »Ich fürchte, ich muss Sie schon wieder verlassen.« Er deutete zur Bühne und verbeugte sich. »Ich fühle mich wirklich geehrt, Sie hier zu haben.«

»Ich danke Ihnen, Mr du Maurier«, sagte sie zu seinem Rücken, denn er hatte sich bereits abgewandt und eilte davon.

Die Schauspieler tuschelten miteinander und zeigten in ihre Richtung. Agatha versuchte tiefer in den Sitz zu sinken. Hätte sie doch nur inkognito herkommen können!

Du Maurier gesellte sich zu den Schauspielern, gab leise, ruhige Anweisungen, hörte sich an, was sie zu sagen hatten, nickte und setzte sich schließlich irgendwohin, wo Agatha ihn nicht mehr sehen konnte.

Die Probe ging weiter, diesmal ohne Unterbrechungen.

»Weißt du was, Peter?«, flüsterte Agatha. »Ich glaube, ich hätte Lust, auch mal ein Bühnenstück zu schreiben.«

Wenige Tage später luden sie Bekannte zu einem Diner ein.

»Du musst unbedingt kommen, Agatha«, hieß es am Telefon. »Mr und Mrs Howe werden auch da sein.«

»Und wer sind Mr und Mrs Howe?«

»Zwei ganz reizende Menschen, die weit gereist sind. Sie haben eine Menge zu erzählen, du wirst dich prächtig amüsieren, sei ganz unbesorgt.«

»Dann möchte ich bitte neben ihnen sitzen. Ist das machbar?«

Es war das erste Mal seit ihrer Trennung, dass sie abends allein ausging. Anfangs fühlte es sich befremdlich an, doch mit der Zeit entspannte sie sich nicht nur, sie genoss es.

Noch vor der Käseplatte waren sie, Mr Howe und seine Frau in eine angeregte Unterhaltung vertieft.

»Sie müssen Bagdad gesehen haben, Mrs Christie, es ist atemberaubend«, meinte Mrs Howe.

»Ich muss zugeben, dass ich nicht das Geringste über die Stadt weiß.«

Mr Howe tupfte sich den Mund ab. »Die Leute behaupten, es sei scheußlich, aber das ist Unsinn. Bagdad ist absolut aufregend. Sie müssen unbedingt mal hin, Mrs Christie.«

Die Stadt stand seit dem Ersten Weltkrieg unter britischer Herrschaft. Mr Howe war Marineoffizier und am Persischen Golf stationiert gewesen und erst vor Kurzem nach England zurückgekehrt.

Er schilderte Bagdad in den schillerndsten Farben, und je mehr er darüber erzählte, desto hellhöriger und neugieriger wurde Agatha. Sie wollte alles über die fremde Stadt wissen, die sie mehr und mehr faszinierte. Als hörte sie eine Geschichte aus *1001 Nacht*.

»Es kommt mir vor, als säße ich neben Scheherazade, die mir eine aufregende Geschichte erzählt«, sagte sie zu Mr Howe, als sie nach nebenan in die kleine gemütliche Bibliothek gingen, um einen Sherry zu trinken.

»Oh, Bagdad ist eine Stadt wie aus dem Märchen, glauben Sie mir, Mrs Christie.« Howe schmunzelte. »Ich sehe schon, wir haben Sie angesteckt, nicht wahr?«

»Durchaus, ja. Ich gebe zu, dass Sie mich sehr neugierig gemacht haben. Ich hatte ohnehin vor, eine Reise zu machen …«, hörte sie sich dann sagen. »Ursprünglich wollte ich nach Westindien und Jamaika.« Sie verstummte und dachte nach.

Mrs Howe klatschte in die Hände. »Hörst du das, Charles? Sie ist bereits infiziert.«

Er grinste bis über beide Ohren. »Ursprünglich sagten Sie? Dann haben Sie Ihren Entschluss geändert?«

Agatha schaute erst ihn, dann seine Frau verblüfft an. »Ich kann mir tatsächlich vorstellen, nach Bagdad zu reisen.«

»Eine wundervolle Idee! Dann müssen Sie aber unbedingt mit dem Orient-Express fahren.«

Der Orient-Express! Agatha konnte ein sehnsüchtiges Seufzen nicht unterdrücken. Sie hatte schon immer ein Faible für Eisenbahnen gehabt, aber der Orient-Express hatte es ihr ganz besonders angetan. Oft hatte sie ihn in Calais gesehen, wenn er dastand und auf Passagiere wartete. Jedes Mal hatte sie ihn betrachtet und gedacht, wie liebend gern sie einsteigen würde.

Nun hätte sie die Gelegenheit dazu.

Und so hörte sie sich sagen, bevor sie meinte, überhaupt nur darüber nachgedacht zu haben: »Ich glaube, das werde ich tun.«

Mr Howe fackelte nicht lange und schrieb ihr sogleich alle Sehenswürdigkeiten auf, die sie sich auf gar keinen Fall entgehen lassen dürfe. »Sie müssen unbedingt nach Mosul, Mrs Christie, und natürlich nach Basra. Und auch nach Mugajjar.«

Davon hatte sie bereits gehört, besser gesagt in der Zeitung gelesen. Mugajjar war das vorgeschichtliche Ur, und sie hatte mit angehaltenem Atem über den Archäologen Leonard Woolley gelesen, der großartige Funde in Ur gemacht hatte. Die Archäologie übte einen ungeheuren Reiz auf sie aus. Eine

Grabungsstelle zu besichtigen und vielleicht sogar selbst mitgraben zu dürfen war eine absolut traumhafte Vorstellung.

Wenn du mich nur sehen könntest, Mama, dachte sie ein wenig traurig. *Damals in Ägypten hast du versucht, mir Kultur schmackhaft zu machen, weißt du noch?*

Wie hatte sie sich gegen alles gesträubt, was mit Kultur zu tun hatte. Nur die Bälle und das Tanzvergnügen hatten sie interessiert.

Ich war zu jung, das ist alles. Du hast mir prophezeit, dass ich es irgendwann begreife, Mama.

Und sie hatte ihrer Mutter versprochen, dass sie eines Tages alles nachholen würde.

Zum Abschied bedankte sie sich bei Mr und Mrs Howe. »Sie haben die Abenteuerlust in mir entfacht.«

Mrs Howe lächelte sie an. »Wir haben sie gewiss nicht entfacht, Mrs Christie, sie wird schon immer in Ihnen geschlummert haben.«

4.

Nun ist es so weit, ich bin eine geschiedene Frau.

Agatha saß auf dem Bett im Schlafwagenabteil des Fernzuges, der sie nach Calais bringen würde. Sie baumelte mit den Beinen und warf einen Blick aus dem Fenster, obwohl es dunkel war.

Und es fühlt sich nicht so grässlich an, wie ich befürchtet hatte.

Vielmehr war die Scheidung ein formeller Schlussstrich, der gefühlt längst geschehen war. Es gab kein Zurück mehr. Archie hatte sich einer anderen Frau zugewandt und beschlossen, mit ihr den Rest seines Lebens zu verbringen. Dass er das vor Jahren auch Agatha versprochen hatte, schien keinerlei Bedeutung mehr für ihn zu haben.

Sie seufzte leise. *Aber ich werde damit zurechtkommen, ich werde nach vorn schauen und weitermachen. Ohne ihn.*

Anfangs hatte sie sich Sorgen um Rosalind gemacht. Wie würde es für sie sein? Würde sie sich fragen, ob es auch an ihr lag, dass ihr Vater sich von ihnen abgewendet hatte? Fragten sich Kinder so etwas?

Es hatte Agatha Kopfzerbrechen und einige schlaflose Nächte bereitet, keine Antworten auf all die Fragen zu finden. Wen hätte sie um Rat bitten sollen? Um sie herum gab es nur glückliche Ehen. Nun ja, wenn vielleicht auch nicht unbedingt glücklich – wer gab schon gerne zu, eine unglückliche Ehe zu führen? –, so doch nach außen hin stabil.

Sie war zu dem Schluss gekommen, ihrer Tochter zuzutrauen, damit umgehen zu können. Rosalind war ein erstaunlich robustes Mädchen, das die schlechten Seiten des Lebens genauso annahm wie die angenehmen. Diese Eigenschaft würde ihr helfen.

Agatha rollte ihre Strümpfe ab und legte sie zusammen.

Ein winziger Stachel saß tief in ihrem Herzen, das spürte sie ganz deutlich. Er hatte sich darin verhakt und würde sich so rasch nicht entfernen lassen. Aber sie hatte keine Wahl, sie musste sich damit arrangieren. Bis er irgendwann verschwunden war.

Doch was, wenn nicht?

Sie schüttelte den Kopf, um sich selbst Mut zu machen. Er würde verschwinden, ganz bestimmt.

Mach dir jetzt darüber keine Gedanken, sagte sie sich. *Du wirst dich von nun an auf dich besinnen und schauen, ob du dir selbst genügen kannst.*

Sie war nie zuvor allein verreist, sie war es nicht mal gewöhnt, überhaupt für längere Zeit allein zu sein. Immer waren ihre Gedanken früher oder später so laut geworden, dass sie mit jemandem reden, sich austauschen musste. Das würde sie in den nächsten Wochen und Monaten nicht tun können.

Der Zug holperte, und sie stieß mit dem Kopf an die Decke.

»Hoppla!« Sie musste lachen, und das tat sie hemmungslos und recht laut. Weil ihr danach war. Weil es ihr guttat. Weil sie spürte, dass die kalte Faust, die sich um ihr Herz geschlossen hatte, sich ein klein wenig lockerte.

Sie kroch in ihr Bett und versuchte sich einigermaßen bequem hinzulegen. Schlafen würde sie wahrscheinlich nicht können.

Von einem merkwürdigen Geräusch wurde sie wach. Ruckartig setzte sie sich auf, stieß sich den Kopf an und blinzelte. Himmel, wo war sie überhaupt?

Sie blickte sich um. Ach ja, natürlich! Sie befand sich im Schlafwagen nach Calais und war ganz offenbar eingeschlummert.

Sie stutzte, als sie eine Frau im Bett gegenüber entdeckte, die gerade die Augen aufschlug und sie anschaute.

»Guten Morgen. Ich bin Mrs Cavendish. Und Sie sind?«

»Haben Sie die ganze Nacht hier gelegen?«

»Aber ja. Als ich hereinkam, schliefen Sie schon tief und fest. Und Sie haben ein bisschen geschnarcht.«

Agatha errötete. »Das tut mir leid.«

»Sie haben mir noch nicht gesagt, wie Sie heißen.« Die Frau setzte sich auf und richtete mit einer Hand ihr Haar.

»Oh, bitte verzeihen Sie. Ich bin Mrs Christie.«

»Freut mich sehr, Mrs Christie.«

»Mich auch.« Was glatt gelogen war. Sie freute sich keineswegs. Sie wäre viel lieber allein gewesen, um den Tag still für sich zu begrüßen. Auch die Vorstellung, dass Mrs Cavendish die ganze Nacht unbemerkt neben ihr gelegen hatte, war nicht sehr angenehm.

Und seit wann schnarche ich?

»Wohin reisen Sie, Mrs Christie?«

»Nach Bagdad.«

»Bagdad! Na, wenn das kein Zufall ist!« Mrs Cavendish hüpfte geschwind aus dem Bett, um ihr die Hand zu schütteln. »Ich lebe dort!«

»Was Sie nicht sagen.« Auch das noch. Wahrscheinlich würden sie nun gemeinsam bis nach Bagdad reisen. Agatha hatte sich so darauf gefreut, in Ruhe ihren Gedanken nachhängen und sie sortieren zu können. Das war ja gerade der Sinn ihrer Reise. Es war vor allem die Abenteuerlust, die sie antrieb, aber sie wollte auch erforschen, aus welchem Holz sie geschnitzt war. Konnte sie mit sich allein sein? Wusste sie etwas mit sich anzufangen? Käme sie damit zurecht, sich nicht auf jemand anderen verlassen zu können?

Agatha wollte es unbedingt herausfinden, erspüren, wie es war, wenn sie auf sich allein gestellt war. Sie musste auf niemanden außer sich selbst Rücksicht nehmen, konnte tun und lassen, was sie wollte.

Und ich will alles hinter mir lassen: Archie, unsere gescheiterte Ehe, die Verletzung, die er mir zugefügt hat, einfach alles. Ich will wieder nach vorn schauen. Meine Wunden müssen heilen und vernarben.

»Sie müssen unbedingt unser Gast sein, Mrs Christie«, riss Mrs Cavendish sie aus ihren Gedanken.

»Ich wollte eigentlich …«

»Ich bestehe darauf, Sie bei uns einzuquartieren. Oder wollten Sie mir gerade weismachen, dass Sie ganz versessen auf ein Hotel sind?«

Agatha hatte die Reise beim Cooks-Reisebüro gebucht, wo man sich um alles kümmerte. Sie hatte praktisch nur bezahlen müssen. Es war herrlich, und nun sollte sie auf all diese Annehmlichkeiten verzichten und bei jemandem wohnen, den sie gar nicht kannte? Der sich ihr aufgedrängt hatte?

Nein, dachte sie ein wenig verzweifelt. *Irgendetwas muss mir einfallen.*

Doch das war gar nicht nötig, denn Mrs Cavendish sagte: »Dann werden wir gemeinsam das Schiff nach Beirut besteigen. Ach, wie mich das freut!«

»Ich habe nicht vor, mit dem Schiff zu reisen, Mrs Cavendish. Ich fahre mit dem Orient-Express.«

»Das kann unmöglich Ihr Ernst sein.«

»Doch, das ist es.«

»Aber eine Schiffsreise ist so viel angenehmer.«

Für Sie vielleicht. »Ich werde schnell seekrank.«

»Ach, Sie Arme. Na, dann …« Mrs Cavendish schien nachzudenken. »Wissen Sie was, ich gebe Ihnen meine Karte. Und wenn Sie in Bagdad sind, rufen Sie mich an und wir holen Sie ab. Wollen wir es so machen, Mrs Christie?«

Sie versuchte, sich ihre grenzenlose Erleichterung nicht anmerken zu lassen. »Einverstanden.«

In Triest verabschiedete sich Mrs Cavendish mit all ihren Köfferchen und Hutschachteln. Lieber Himmel, ob die Frau immer mit so viel Gepäck reiste? Der Kofferträger tat Agatha leid.

Sie setzte sich ins Abteil, ein Buch neben sich, das sie lesen wollte und bisher noch nicht mal aufgeschlagen hatte, weil Mrs Cavendish ohne Unterbrechung geplappert hatte.

Die Stille, die nun herrschte, war himmlisch. Die anderen Passagiere unterhielten sich leise miteinander, lasen Zeitung oder saßen da und sahen aus dem Fenster. Manche rauchten, andere tranken Kaffee oder Tee. Ab und an war nur das Rascheln der Zeitungen oder das Klirren der Zuckerlöffel zu hören.

Agatha machte die Augen zu und atmete tief durch.

Goodbye, Mrs Cavendish. Aber nein, ein Wiedersehen würde es wohl nicht geben.

Von Triest ging es weiter nach Jugoslawien.

Agatha bestaunte tiefe Felsschluchten, Ochsenkarren, die auf staubigen Wegen dahinzockelten, und in kleine Täler gekuschelte Bauernhöfe, manche ein wenig windschief. Sie konnte sich an der Landschaft nicht sattsehen, die so ganz anders war als die englische.

Das Gefühl, ein Teil eines großen Ganzen zu sein, durchströmte sie urplötzlich, als der Zug über eine Schwelle rumpelte und ein Kellner, der gerade mit einem Tablett vorbeikam, breitbeinig stehen blieb, um die Balance zu halten.

Sie schenkte ihm ein Lächeln, als er ihr schwarzen Tee und Gebäck servierte. »Ich danke Ihnen.«

»Genießen Sie die Fahrt, Ma'am.« Er wankte weiter.

»Oh, das werde ich.«

In den Tag hineinleben zu können, ohne jegliche Aufgaben und Pflichten, fühlte sich ungewohnt, aber wunderbar an. Sie musste sich um nichts kümmern oder sorgen, konnte einfach nur schauen, hören, staunen und nachdenken.

In Belgrad gab es einen längeren Aufenthalt, und alle stiegen aus, um sich ein wenig die Beine zu vertreten. Danach würde es weitergehen bis Istanbul, wo der Orient-Express wartete.

Agatha ließ sich treiben und wusste kaum, wohin sie zuerst und zuletzt blicken sollte. Sie hätte fast vergessen können, dass sie nun eine geschiedene Frau und noch immer in Trauer war.

Ach, Mama, ich wünschte, wir könnten all das gemeinsam erleben, dachte sie nun wieder ganz bekümmert.

Sie würde für den Rest ihres Lebens um ihre Mutter trauern, aber es wäre irgendwann auszuhalten.

Und Archie?, überlegte sie. *Was ist mit ihm und unserer gemeinsamen Vergangenheit? Wird auch das irgendwann nicht mehr schmerzen? Werde ich irgendwann mit einem Lächeln an ihn zurückdenken können?*

Ein Mann, der sich ihr im Zug bereits vorgestellt und dessen Namen sie gleich wieder vergessen hatte, spazierte vor ihr her. Als er sich umdrehte und sie entdeckte, tippte er sich an den Hut. »Ma'am. Sind Sie mir etwa gefolgt?« Er fand das offenbar lustig.

Bilden Sie sich bloß nichts ein. Sie erwiderte sein breites Lächeln ein wenig frostig.

»Verlaufen Sie sich nur nicht. Ach, nein, wie sollten Sie? Wo Sie doch die ganze Zeit hinter mir herlaufen.« Er schüttete sich aus vor Lachen. Dann jedoch schien er sich an seine gute Kinderstube, so er denn eine genossen hatte, zu erinnern. »Verzeihen Sie, Ma'am, manchmal gehen die Pferde mit mir durch. Ich bin beruflich viel unterwegs und mir begegnen die verrücktesten Menschen.« Er hob die Hand. »Womit ich nicht sagen will, dass ich Sie für verrückt halte.«

»Wie beruhigend.«

»Reisen Sie auch mit dem Orient-Express?«

Sie nickte.

»Das erste Mal?«

»Ja.«

»Ich fahre schon zum zweiten Mal. Es ist wundervoll. Aber, wenn ich mir erlauben darf, das zu sagen – in Istanbul ist es für eine alleinreisende Frau nicht ungefährlich. Reisen Sie bis Bagdad?«

Sie nickte wieder, und er sprach weiter. »Ich reise nur bis Aleppo. Sie sind verheiratet.« Er hatte ihren Ehering entdeckt, und sie war gleichzeitig zusammengezuckt, weil sie ihn noch immer trug. Sie hatte schlicht und ergreifend vergessen, ihn abzunehmen und in die Schatulle zu legen. »Sollte Ihr Mann nicht besser bei Ihnen sein und auf Sie achtgeben?« Er runzelte die Stirn und blickte sich um, als stünden überall finstere Burschen herum, die sie beobachteten. »Es ist wirklich nicht ganz ungefährlich, allein unterwegs zu sein.«

Sie überlegte, ob sie ihm sagen sollte, dass sie geschieden war. Nein, beschloss sie. Es ging ihn nichts an.

»Oder ist das vielleicht gar kein Ehering? Dann erlaube ich mir, Sie zu begleiten.«

Agatha ließ ihn einfach stehen, lächelte im Vorbeigehen unverbindlich und sagte: »Ich komme sehr gut allein zurecht, vielen Dank.«

Später begegneten sie sich im Speisewagen wieder, gerade als Agatha begann, ihre Suppe zu löffeln.

»Ich wünsche guten Appetit. Darf ich mich zu Ihnen setzen?«

»Nur, wenn Sie versprechen, mich in Ruhe essen zu lassen.«

Er stutzte kurz, hob die Augenbrauen und lachte dann. »Ich verspreche es hoch und heilig.«

Sie aßen schweigend ihre Suppe und anschließend eine köstliche Fischpastete. Agatha schenkte ihrem Gegenüber keinerlei Beachtung. Erst als er sie fragte, ob es sie störte, wenn er eine Zigarre rauchen würde, sah sie ihn an. Es störte sie gewaltig, doch sie nickte ergeben. Sie hatte Zigarren- und Zigarettenrauch schon immer verabscheut.

Der Mann drehte sich zur Seite und zündete sich eine Zigarre an. Es war sehr höflich von ihm, sich von ihr wegzudrehen. »Wenn ich mich Ihnen gegenüber schlecht benommen habe, entschuldige ich mich hiermit in aller Form, Ma'am.«

Sie hatte gerade an ihren Vater denken müssen, der leidenschaftlich gern Zigarre geraucht hatte. »Wie bitte?«

»Es tut mir leid, wenn Sie schlecht von mir denken.«

»Wieso sollte ich das? Ich kenne Sie doch kaum.«

Er verzog das Gesicht zu einem schiefen Lächeln. »Sie halten mich bestimmt für einen ungehobelten Klotz, aber ich bin eigentlich ganz nett.«

Nun musste sie lachen und stellte verblüfft fest, dass er sie interessiert ansah. Flirtete er etwa mit ihr?

Ach, du lieber Himmel, dachte sie mit einer Mischung aus Verwunderung und Verunsicherung.

»Ich bin Ingenieur«, begann er zu erzählen. »Und ich komme aus Washington. Und Sie?«

»Ich komme aus Torquay, lebe aber seit einigen Jahren in der Nähe von London.«

Nicht mehr lange, ging ihr durch den Kopf, und sofort wollte sich die Faust um ihr Herz wieder fester schließen. Sie würden Styles verkaufen, es war nur eine Frage der Zeit. Wohin es sie dann verschlagen würde, wusste sie noch nicht.

Und darüber will ich jetzt auch gar nicht nachdenken.

»Gibt es einen Beruf, den Sie ausüben?«

Sie zögerte einen Moment. »Ich bin Autorin. Ich schreibe Kriminalromane.«

Er beugte sich vor. »Was Sie nicht sagen! Bitte erzählen Sie mir mehr«, bat er.

5.

Es hatte Agatha sehr geschmeichelt, dass Mr Beddingford – plötzlich war ihr sein Name wieder eingefallen – sich so für ihren Beruf interessierte. »Sobald ich wieder in Amerika bin, werde ich mir einen Ihrer Romane besorgen«, hatte er am Ende ihres Gesprächs gemeint. »Oder sind Ihre Bücher etwa nur in England zu kaufen?«

»Nein, es gibt sie schon länger auch in Amerika.«

»Welchen Roman würden Sie mir empfehlen?« Er hatte gegrinst. »Was für eine dumme Frage, nicht wahr? Vermutlich empfehlen Sie mir jedes Ihrer Bücher?«

Nein, gewiss nicht, hatte sie gedacht und überlegt, welches sie nennen sollte.

Doch er war ihr zuvorgekommen, indem er abwinkte und meinte, er beginne am besten mit ihrem allerersten Buch.

Als der Fernzug in den Haydarpasa-Bahnhof in Istanbul einfuhr und Agatha den Orient-Express entdeckte, der dort wartete, schlug ihr Herz vor lauter Vorfreude und Aufregung.

Dort drüben stand er, und schmuck sah er aus! Nur wenn man nah genug davorstand, sah man, dass er nicht schwarz, sondern dunkelgrün war. Die goldenen Schriftzeichen funkelten im Sonnenlicht. Es war warm, ein lauer Wind wehte.

»Darf ich bei Ihnen bleiben, Mrs Christie?« Mr Beddingford bot ihr seinen Arm, und dieses Mal war sie ihm dankbar.

Das Treiben auf dem Bahnhof machte ihr ein wenig Angst. Es war so laut, dass es in ihren Ohren vibrierte und rauschte, als stünde sie am Meer bei tosendem Wellengang.

»Du liebe Güte«, murmelte sie und fühlte sich etwas unbehaglich.

Menschen stoben an ihr vorbei, redeten laut miteinander – nein, im Grunde brüllten sie sich unentwegt an –, Kinder rannten in all dem Durcheinander umher, und Gepäckträger wuselten um sie herum und schrien sich gegenseitig etwas zu.

Agatha war erschrocken stehen geblieben, und als sie Mr Beddingfords Hand spürte, die sich auf ihren Unterarm legte, fühlte sie sich gleich besser. Sie war überfordert und würde es ungeniert zugeben. Stünde sie mutterseelenallein hier, würde sie …

»Kommen Sie.« Beddingford riss sie aus ihren Gedanken und manövrierte sie beide durch die Menschenmengen. »Geben Sie acht, dass man Sie nicht umläuft.«

Prompt stürmte ein uniformierter Mann auf sie zu, schien zu erwarten, dass sie auswich, und riss sie um ein Haar um.

»Können Sie nicht aufpassen!«, herrschte Beddingford ihn an, doch er war bereits weitergerannt. »Sitten sind das! Alles in Ordnung mit Ihnen?«

Sie nickte ein wenig fassungslos.

»Wussten Sie, dass das Bahnhofsgebäude von deutschen Architekten entworfen wurde?«, brüllte er gegen den Lärm an.

Sie schüttelte den Kopf.

»Die Namen habe ich leider vergessen.«

»Pardon?«

»Die Namen …« Er winkte ab und deutete nach rechts. »Sehen Sie den Mann dort drüben?«

Sie machen mir Spaß, dachte sie, *ich sehe Hunderte von Männern.*

Er gab ihr zu verstehen, dort stehen zu bleiben, wo sie war, und ließ sie allein. Sie sah, wie er auf einen Mann zuging, ihn antippte und gestikulierend mit ihm sprach.

Der Mann schaute sich suchend um, bis sein Blick auf sie fiel, er nickte und war gleich darauf in der Menge verschwunden.

Beddingford kam zurück. »Das wäre erledigt.«

»Was genau?« Sie wurde angerempelt und verzog das Gesicht.

»Er wird sich um unser Gepäck kümmern. Sie müssen ihm ein Pfund geben.«

Plötzlich stand der Mann vor ihnen, griff erst nach ihrem, dann nach Beddingfords Koffer und machte mehrere Kreidestriche darauf. Dann streckte er die Hand aus.

Beddingford legte eine Pfundnote hinein. »Jetzt Sie.«

Sie griff in ihre Handtasche und gab dem Mann ebenfalls ein Pfund. Sie hatte nicht die geringste Ahnung, wofür sie gerade bezahlt hatte. Dafür, dass er ihren Koffer mit Kreide beschmierte?

»Ein Zollbeamter«, erklärte Beddingford freundlicherweise. Offenbar hatte er ihr die Verwirrung angesehen. »Er sorgt dafür, dass das Gepäck geradewegs in den Express verladen wird.«

»Aha.«

Mit einem Mal schnürte sich ihr der Hals zu. Wie sollte sie es bloß ganz allein bis Bagdad schaffen? Beddingford würde nur bis Aleppo mitreisen, ab da war sie auf sich gestellt.

Ruhig, nur ruhig, Agatha. Atme. So ist es gut. Du schaffst das schon.

»Mrs Christie?« Beddingford schaute sie besorgt an. »Ist alles in Ordnung mit Ihnen? Sie sind ganz blass. Kommen Sie, ich will sehen, ob wir irgendwo etwas zu trinken und einen kleinen Imbiss bekommen.«

Als sie endlich im Orient-Express saß, spürte sie, wie die Anspannung allmählich von ihr wich. Ihr Abteil im Schlafwagen war geräumiger, als sie gedacht hatte, mit einem gemütlich aussehenden breiten Bett, auf dem mehrere Kissen lagen. Es gab einen Waschtisch mit einem Stuhl und einen Wandschrank für ihre Kleidung.

Sie packte ihre Sachen aus und schlug die Bettdecke zurück. Dann drückte sie die Nase in die Kissen und seufzte.

Endlich! Sie war Passagierin im Orient-Express!

Für das Abendessen würde sie sich umziehen, für diesen Anlass hatte sie sich extra neu eingekleidet und sich drei neue Abendkleider mit passenden Tüchern gekauft. Dabei hatte sie an Max denken müssen. Lieber Himmel, wie lange das alles her war!

Der Zug verließ den Bahnhof, und ein schriller, lang gezogener Pfiff ertönte. Es ging los! Bald würden sie Europa verlassen und in Asien sein.

Agatha schlüpfte in ein rauchblaues Kleid aus duftigem Taftstoff, nahm ihre Handtasche und verließ ihr Abteil.

Rumpelnd fuhr der Zug über die Schienen, als sie durch den Speisewagen schwankte. Der Schaffner hatte ihnen kurz nach dem Einsteigen erklärt, dass der Zug sehr wohl in der Lage war, recht schnell zu fahren. Das würde er jedoch nicht tun, damit sie es komfortabel hatten. »Würden wir so schnell fahren, wie wir könnten«, hatte er gemeint und stolz gelächelt, »dann würde es ziemlich ruckelig werden und das Geschirr von den Tischen rutschen.«

Der Speisewagen war bildschön eingerichtet. Agatha blickte sich staunend und ehrfürchtig um. Speisewagen konnte man es eigentlich kaum nennen, vielmehr war es ein feudaler Speisesaal auf Rädern. Bei der Einrichtung hatte man in der Tat Geschmack bewiesen. Das Mobiliar war erlesen und bestand aus mehreren Esstischen, die mit feinstem Tuch gedeckt waren. Darauf kleine Vasen mit Rosen oder Veilchen und silberne Kerzenleuchter. Das Geschirr war aus feinstem Porzellan und mit Goldrand, die Gläser aus Bleikristall.

Es gab samtbezogene Sofas und hellbraune Clubsessel aus Leder mit Beistelltischchen aus Mahagoni, auf denen sich silberne Aschenbecher befanden. Hier konnten die Herren nach dem Essen Zigarre rauchen und die Damen einen Sherry trinken. Die Decken waren holzvertäfelt, an den Wänden Tapeten mit Blumenmuster, Gemälde und große Spiegel, die den Raum noch größer wirken ließen. Auf dem Boden dicke Teppiche, denen anzusehen war, dass sie kostbar waren. An der Decke hingen Ventilatoren, die leise brummten. Kleine Lampen verströmten helles und zugleich warmes Licht.

In einem weiteren Waggon sollte es sogar einen Flügel geben, an dem ein Pianist am Abend spielte. Und es gab luxuriöse Toiletten, die nach jedem Besuch gereinigt und mit einem blumigen Duft besprüht wurden.

Ein weiß gekleideter Stewart geleitete Agatha zu ihrem Tisch, an dem bereits Beddingford saß, und sie bestellte einen Sherry.

An diesem Abend gab es Austern oder wahlweise Steinbutt, danach Rinderfilet und zum Dessert einen Obst- oder Käseteller.

Agatha genoss jeden einzelnen Gang, und sie genoss auch die Unterhaltung mit einem klugen Mann wie Beddingford.

Als sie später den Speisewagen verließ und zu ihrem Abteil ging – noch immer ein wenig unsicher und schwankend auf den Beinen –, sank sie auf ihr weiches Bett. Sie war erschöpft und müde, und das Essen lag ihr schwer im Magen. Sie hätte auf den Dessertteller verzichten sollen. Ansonsten aber fühlte sie sich prächtig.

Im Nachthemd kroch sie kurz darauf unter die Bettdecke, die nach Lavendel duftete, und augenblicklich fielen ihr die Augen zu. Doch bevor sie einschlief, schwirrte ihr ein Gedanke durch den Kopf: Was wäre, wenn im Orient-Express ein Verbrechen geschähe, ein Mord? Der Täter müsste sich im

Zug befinden, und er wäre außerstande zu fliehen. Die übrigen Passagiere befänden sich auf engstem Raum und würden irgendwann anfangen, sich gegenseitig zu verdächtigen.

Ein Heidenspaß, hörte sie Poirot begeistert ausrufen. Die Schlinge zieht sich nach und nach zu. Ach ja, in der Tat ein Heidenspaß!

Nicht jetzt, werter Poirot, dachte sie schläfrig.

Doch die Idee würde sie im Kopf behalten, das wusste sie.

Am Tag darauf saß Agatha aufrecht am Fenster und drückte sich die Nase platt. Sie befanden sich nun in Asien, und die Landschaft und mit ihr die Menschen, an denen sie vorbeifuhren, hatten sich verändert. Die Männer trugen knie- oder wadenlange Hemden, auf dem Kopf einen Fes.

Die Landschaft hatte fast alles zu bieten: Kargheit und Weitläufigkeit, Weizenfelder, die sich so weit erstreckten, wie das Auge reichte, kleinere Obstplantagen und sattgrüne Weiden, auf denen Schafe und Kühe grasten. Sie entdeckte einen weiß gekleideten Hirten, der eine Flöte in der Hand hielt. Sie sah sogar einen Weinberg.

Das wirklich Verblüffende aber war: Die Menschen hasteten nicht. Zeit schien hier eine andere Rolle zu spielen. Das Leben spielte sich langsamer, bedächtiger ab.

»Faszinierend«, murmelte Agatha.

Beddingford saß ihr gegenüber, die Beine übereinandergeschlagen, die Augen geschlossen. »Was ist faszinierend, Mrs Christie?«

»Huch, ich dachte, Sie schlafen.«

»Ich döse nur ein bisschen.«

»Finden Sie nicht auch, dass die Uhren hier anders ticken?«

Beddingford lächelte und schlug die Augen auf. »O ja, absolut.«

Er war ein attraktiver Mann, stellte sie fest und war ganz erstaunt, dass ihr das erst jetzt auffiel. Sein Haar war dicht und pechschwarz, genau wie sein Schnauzbart. Er trug einen Dreiteiler mit gestreifter Krawatte, die er ein wenig gelöst hatte. Seinen Hut hatte er abgenommen und neben sich gelegt.

»Wussten Sie, dass auch Mata Hari und Josephine Baker mit dem Orient-Express gefahren sind?«

»Nein, das wusste ich nicht. Wie aufregend!«

»Nicht wahr?« Er machte die Augen wieder zu.

Hätte ich mit Archie nicht so schlechte Erfahrungen gemacht, dachte sie, *könnte ich ihn möglicherweise noch mit ganz anderen Augen betrachten. Bestimmt würde ich mich freuen, wenn er mit mir flirten würde.*

Plötzlich schlug er die Augen wieder auf. Als hätte er ihre Gedanken gehört.

Agatha wurde feuerrot. Rasch hatte sie den Blick abgewendet und hoffte inständig, dass er nicht bemerkt hatte, wie sie ihn anstarrte.

Ich sollte mich schämen, einen Mann so anzugaffen.

Trotzdem musste sie lachen, und das zu verbergen, fiel ihr ungeheuer schwer.

6.

Agatha hatte von katzengroßen Moskitos geträumt, die träge durch die Luft flogen, den Stachel angriffslustig nach vorn gerichtet. Sie hatte unter einem Baum gestanden, in der Hoffnung, ungesehen zu bleiben. Doch dann hatten zwei dieser Ungeheuer Kurs auf sie genommen, und sie war schreiend davongestürzt.

Als sie erwachte, war sie nassgeschwitzt und durcheinander.

Sie setzte sich vorsichtig auf und betastete Arme und Beine. Sie waren voller kleiner Knubbel, die grauenvoll juckten und brannten, weil sie sie aufgekratzt hatte.

Stöhnend legte sie sich wieder hin. Verfluchte Moskitos!

Vor zwei Tagen hatte der Express das Kilikische Tor passiert, den Pass durch das Taurusgebirge. Alle Passagiere hatten wie gebannt aus dem Fenster geschaut. Es war ein absolut unvergesslicher Anblick. Der Pass hatte eine Schlucht ins Gebirge gegraben. Die Wolken hingen tief, es war, als würden sie die Bergspitzen berühren.

Die Sonne war an diesem Tag nicht zu sehen, und Agatha

überlegte, ob Regen ihr die Freude an dieser atemberaubenden Kulisse verderben würde. Nein, wohl kaum, dazu war sie viel zu überwältigt. Außerdem war sie Engländerin und Regen gewöhnt. Sie wünschte, sie könnte das, was sie gerade sah, in Worte fassen und zu Papier bringen. Doch dazu würde sie aufstehen müssen, um Stift und Papier zu holen – und dann das Beste verpassen.

Sie rückte noch etwas näher ans Fenster. »Sehen Sie den Vogel dort oben, Mr Beddingford? Der mit dem gebogenen Hals?«

Er folgte ihrem Blick, kniff kurz die Augen zusammen und nickte dann. »Könnte ein Purpurreiher sein.«

»Wie hübsch er aussieht.«

Der Vogel schwebte gemächlich über ihnen, als hätte auch er alle Zeit der Welt.

In Aleppo hatte Beddingford sich von ihr verabschiedet. »Ich gestehe, ich beneide Sie, Mrs Christie. Irgendwann werde auch ich bis Bagdad fahren. Geben Sie auf sich acht.«

Sie hatte ihm nachgeblickt und sich für einen Moment der Vorstellung hingegeben, wie es wäre, wenn sie ihn statt Archie geheiratet hätte. Dann hatte sie den Kopf geschüttelt. Was waren das für seltsame Gedanken?

Wenig später hatte sie keine Zeit mehr gehabt, sich irgendwelchen Phantasien hinzugeben. Sie war früh morgens aufgewacht, weil ihr rechter Arm furchtbar gejuckt hatte. Je mehr sie sich kratzte, desto schlimmer war es geworden. Schließlich schwollen beide Arme an, und hinzu kamen Kopfschmerzen und Übelkeit. Sie war wütend auf die Plagegeister gewesen, die sich offenbar des Nachts über sie hergemacht hatten. Auch andere Passagiere waren nicht verschont geblieben. Doch sie schien es besonders schwer getroffen zu haben.

»Wahrscheinlich haben Sie besonders köstliches Blut«, meinte ein Franzose, der als Handlungsreisender unterwegs war. »Darauf werde ich ganz gewiss nicht stolz sein«, hatte sie erwidert und sich verstohlen am Arm gekratzt.

»Sie machen es nur schlimmer«, hatte er sie gewarnt.

»Ich weiß, aber es ist einfach nicht auszuhalten.«

Und dann kam das Fieber. Sobald sie die Augen schloss, begannen die Träume. Fürchterliche, angsteinflößende Träume von gewaltigen Moskitos mit durchsichtigen Flügeln. Manchmal träumte sie auch von ihrer Mutter, die sie vor den Ungeheuern beschützen wollte.

Der Franzose, ein sehr aufmerksamer und hilfsbereiter Mensch, kam mit einer Tüte Trauben. »Die sind für Sie, Mrs Christie.«

Sie hatte überlegt, wann sie ihm ihren Namen genannt hatte und es schließlich aufgegeben. Zeit und Raum schienen keine Rolle mehr zu spielen, es gab nur noch sie mit diesen schrecklich angeschwollenen Armen, die unerträglich juckten.

Der Franzose hatte ihr eine Traube in den Mund geschoben, und sie war überzeugt gewesen, sie gleich wieder auszuspucken, so übel war ihr. Doch das war nicht geschehen, und wenige Minuten später hatte sie nach einer weiteren gegriffen. Und dann noch eine. Sie waren saftig und süß.

»Das waren übrigens keine Moskitos, die über Sie hergefallen sind, sondern Wanzen«, meinte er irgendwann, als sie glaubte, das Fieber sinke leicht.

»Wanzen?« Sie schnaubte kopfschüttelnd. »Wie kann das sein?«

Er deutete auf das Holzinterieur. »Hier haben sie es hübsch gemütlich und finden immer was zu essen.«

»Um Himmels willen.« Agatha stöhnte auf. Sie wusste nicht, was grässlicher war: von Moskitos zerstochen oder von Wanzen zerbissen zu sein.

Er stieg in Damaskus aus und wünschte ihr gute Genesung.

Da ging es ihr bereits deutlich besser. Das Fieber war gesunken, die Übelkeit verschwunden, nur in ihrem Kopf pochte es noch ein wenig. Sie war zornig auf die Wanzen, die dafür gesorgt hatten, dass sie einen Teil der Reise nicht hatte genießen können. Doch sie war zutiefst froh, dass sie das Schlimmste wohl überstanden hatte.

Auf dem Bahnhof herrschte das übliche Chaos; schreiende Menschen, die an ihr vorbeihasteten, brüllende Gepäckträger, die sich durch die Menge hindurchschlängelten und nicht selten jemanden anstießen oder beinahe umliefen.

Agatha, noch ein wenig angeschlagen, stand inmitten der Menschen und legte für einen Augenblick die Hände auf ihre Ohren. Ah, herrlich!

Als sie sie herunternahm, entdeckte sie einen Mann, der ein Schild mit ihrem Namen hochhielt.

Zaghaft hob sie den Arm. Autsch, er schmerzte noch immer.

»Mrs Christie?« Er kam herbeigeeilt. Er sprach gebrochen und mit starkem Akzent Englisch. »Hatten Sie eine gute Reise? Kommen Sie, ich bringe Sie zum Omnibus, der Sie ins Hotel fahren wird.«

Sie trippelte hinter ihm her. »Mein Gepäck …«

»Das ist bereits auf dem Weg.«

»Oh …« *Cooks kümmert sich wirklich um alles. Ich werde mich persönlich bedanken, wenn ich wieder zurück bin.*

Vor dem Bahnhof stand ein großer Omnibus mit geöffneten Türen, davor eine kleine Menschentraube.

Agatha gesellte sich dazu, und der Mann verbeugte sich. »Für die Zeit Ihres Aufenthaltes bin ich Ihr Dolmetscher, Mrs Christie.«

»Haben Sie vielen Dank, Mr …«

»Oh, bitte nennen Sie mich Karim.«

Sie lächelte ihn an, und er verschwand irgendwohin.

»Geht es Ihnen besser?«

»Wie fühlen Sie sich?«

Von überallher kamen plötzlich Fragen und mitfühlende Blicke.

»Was für eine ärgerliche Sache«, meinte ein älterer Herr, der sie auf seltsame Weise an Poirot erinnerte. Dabei war er weder gedrungen noch elegant gekleidet. Er trug auch keinen kugelrunden Bauch vor sich her. »Na, Hauptsache, Sie sind wieder wohlauf.«

Agatha bedankte sich für die freundlichen Worte.

Sie sehnte sich nach einem ausgedehnten Bad und einem Kleiderwechsel.

Das Orient Palace Hotel war ein mehrstöckiges, v-förmiges Gebäude, das erst in diesem Jahr eingeweiht worden war. Der Schriftzug befand sich auf den beiden Flügeln und über dem Eingang. Die Halle bestand aus Marmor, genau wie die beeindruckende Treppe. Es gab elektrisches Licht, das unruhig flackerte, als sie die Halle betraten. Die Gäste blickten sich bewundernd um, und manch einer ließ ein »Ah« oder »Oh« verlauten.

Agatha blieb stumm. Sie war zu erschöpft, um ihre Bewunderung gebührend zum Ausdruck zu bringen. Der Juckreiz war noch nicht ganz abgeklungen, und sie fühlte sich verschwitzt, hungrig und durstig.

Ihr Zimmer war eine Suite, und ihre Augen wurden groß, als sie eintrat und sich umschaute. Damit hatte sie nicht gerechnet.

Sie gab dem Pagen Trinkgeld und wartete, bis er die Tür hinter sich geschlossen hatte. Dann legte sie sich angezogen aufs Bett und atmete erleichtert auf. Jetzt fehlte nur noch ein Bad!

Ein Badewärter hatte sie ins Kellergeschoss geführt, wo sie ein Bad nehmen konnte. Es dauerte eine Ewigkeit, bis sie sich mit der Einrichtung und vor allem den ungekennzeichneten Wasserhähnen vertraut gemacht hatte. Entweder das Wasser kam kalt oder brühendheiß aus dem Hahn.

Sie hatte gedreht und gedreht, gewartet, geseufzt und wieder abgewartet. Ein Königreich für ein gefliestes Bad in heimischen Räumen mit klar beschrifteten Wasserhähnen!

Doch das anschließende Bad hatte sie dennoch genossen.

Und als sie später in frischer Kleidung im Speisesaal saß, hatte sie sich wieder wie ein Mensch gefühlt.

In Damaskus hatten sie drei Tage Aufenthalt, eine Stadt mit engen Straßen, auf denen es lebhaft und laut zuging. Zusammen mit anderen Gästen machte Agatha einen Ausflug nach Baalbek, besuchte eine der gewaltigen Tempelanlagen und anschließend einen Basar. Karim hatte sich wie ein Schatten an ihre Fersen geheftet. Meistens war er unsichtbar, sobald er jedoch gebraucht wurde, war er sofort zur Stelle.

Agatha war beeindruckt von den Waren, die hier angeboten wurden. An jedem Stand blieb sie stehen und betrachtete alles eingehend, bevor sie weiterschlenderte.

Wenn ihre Mutter doch bei ihr wäre! Sie konnte sie begeistert rufen hören: »Sieh nur, Liebling! Was für wunderschöne Stoffe! Und dort die Messingschalen! Das wäre doch etwas fürs Wohnzimmer, findest du nicht?«

Agatha blieb vor einer hübschen Kommode mit Perlmutt- und Silberintarsien stehen. So etwas fein Gearbeitetes hatte sie selten gesehen. Mit der Hand strich sie bewundernd über das Holz. »Himmel, ist die schön.«

Ihr Dolmetscher stand plötzlich neben ihr und schnaubte. »Schön? Sie ist doch uralt.«

Sie lachte. »Das ist es ja gerade.«

»Sie finden sie schön, weil sie alt ist?«, fragte er ungläubig und fassungslos, und sie nickte, während sie die Kommode weiterbetrachtete.

»Ich glaube, ich werde sie kaufen.«

»Um Gottes willen, Ma'am! Das kann nicht Ihr Ernst sein.«

»Nun beruhigen Sie sich, Karim. Etwas so Hübsches habe ich wirklich selten gesehen. In England gibt es solche Kommoden nicht.«

Er ging kopfschüttelnd und vor sich hin murmelnd neben ihr her, als sie langsam zu einem anderen Möbelstück ging. Doch sie machte gleich wieder kehrt und blieb vor der Kommode stehen. »Ich nehme sie.«

Der Händler warf begeistert die Hände in die Luft und nickte eifrig. Auf ihre Frage nannte er einen Preis, und sie war sofort einverstanden.

»Sie ist viel zu teuer«, raunte Karim ihr ins Ohr.

»Zu teuer? Aber …«

Der Händler schien zu sehen, dass sie zögerte und nannte einen neuen Preis.

»Schon besser«, knurrte Karim.

Sie einigten sich nach kurzem Hin und Her auf einen wirklich guten Preis, und Agatha war stolze Besitzerin einer bildschönen Kommode. Wohin sie sie stellen sollte, wusste sie noch nicht. Das würde sich schon finden.

Karim, noch immer entsetzt über ihre Wahl, versprach, sich um die Verschiffung zu kümmern. »Das wird Sie noch mal eine Menge Geld kosten, Ma'am.«

»Aber die Kommode war …«

»Zu teuer«, beendete er ihren Einwand. Es klang trotzig.

Zurück in ihrer Suite ließ sie sich einen kleinen, hoffentlich bekömmlichen Imbiss bringen, den sie bei weit geöffnetem

Fenster zu sich nahm. Sie wollte danach gleich schlafen gehen, um für die morgige Abreise erholt und ausgeruht zu sein.

Durch die Wüste würde es mit dem Bus bis Bagdad weitergehen. Ein wenig graute es ihr vor der Fahrt. Karim hatte ihr erzählt, dass sie mit bewaffneter Begleitung reisen würden. »Es kann viel passieren, glauben Sie mir, Ma'am. Besser, man ist auf alles vorbereitet.«

Sie glaubte es ihm.

7.

Bevor sie am frühen Morgen aufbrachen, hatte sich Agatha daran gemacht, Ansichtskarten zu schreiben. Sie hatte sie um sich herum auf dem Bett verteilt und betrachtete jede einzelne.

Die mit einem Kamel darauf sollte für Rosalind sein, die mit der Fassade des Hotels für Carlo. Eine weitere mit dem Hotel darauf war für ihre Schwester.

Sie griff nach ihrem Stift.

Meine allerliebste Punkie,
Du solltest hier sein! Heute geht es weiter mit dem Bus, durch die Wüste bis nach Bagdad.

Sie überlegte kurz, ob sie schreiben sollte, dass ihre Begleiter bis an die Zähne bewaffnet waren. Nein, besser nicht, Madge würde umkommen vor Sorge.

Ich bin hier im Hotel – hübsch, nicht wahr? – sehr gut untergebracht und freue mich unbändig auf Bagdad.

Ich hoffe, ihr alle seid wohlauf!
Sei herzlichst gegrüßt und umarmt
von Deiner Schwester Agatha

Sie nahm die Kamelkarte und warf einen raschen Blick auf ihre Uhr. Sie hatte noch ein paar Minuten Zeit.

Meine geliebte Rosalind,
gefällt Dir die Karte? Ich gebe zu, ich hatte bei meiner ersten Begegnung mit einem Kamel ein bisschen Angst.

Es war auf dem Basar in Baalbek gewesen, und sie war erschrocken zusammengezuckt, als ein Mann mit einem grunzenden Kamel an einem Seil an ihr vorbeispazierte.

Sie riechen etwas streng.
Heute fahren wir mit dem Bus durch die Wüste.
Ich denke viel an Dich und hoffe, es geht Dir gut. Wahrscheinlich verwöhnt Dich Carlo so sehr, dass Du bei ihr bleiben willst.
Einen Kuss aus weiter Ferne
schickt Dir Deine Mummy

Erneut ein schneller Blick auf die Uhr.

Für die Karte an Carlo blieb nicht viel Zeit. Ein paar Zeilen mussten genügen.

Liebste Carlo,
ich bin in diesem feinen Hotel untergebracht und fühle mich

wie die Königin von Saba. Gleich geht es weiter mit dem Bus bis Bagdad. Ich schreibe Dir von dort!
Eine Umarmung
von Deiner Freundin Agatha

PS: Poirot war auch schon hier

Es klopfte, und ihr fiel vor Schreck der Stift aus der Hand.

»Ja, bitte?«

Karim steckte den Kopf durch die Tür. »Der Bus wartet, Ma'am.«

Hastig schnappte sie sich die Karten und ihre Handtasche.

»Ihr Gepäck ist schon unten, Ma'am.«

Sie nickte und folgte ihm nach draußen. Ein letzter Blick in ihre schöne Suite, ein leises bedauerndes Seufzen, und sie schloss die Tür hinter sich.

Ich komme wieder.

Sie wusste es in diesem Moment. Ja, sie käme wieder und würde damit auch nicht allzu lange warten.

Agatha hatte kaum im Bus Platz genommen, als ein kleiner Tumult vor dem Hotel entstand. Neugierig schaute sie aus dem Fenster und stutzte. Konnte das sein? Nein, sie musste sich täuschen. Eine Fata Morgana.

Wir sind noch nicht mal losgefahren, und ich habe eine Fata Morgana.

Dann hörte sie laute Stimmen, darunter eine weibliche, sehr energische. »Hören Sie auf, mich zu schubsen, junger Mann!«

Agatha blinzelte. Keine Fata Morgana. Mrs Cavendish war soeben aus dem Hotel gekommen, zwei Pagen eilten hinter ihr her, bepackt wie Mulis. Sie nahm Kurs geradewegs auf den Bus.

Agatha rückte schnell vom Fenster ab und überlegte fieberhaft, wohin sie sich verkriechen könnte.

Da hatte Mrs Cavendish sie bereits entdeckt und winkte ihr aufgeregt zu. Kurz darauf stand sie im Gang, das Gesicht gerötet, der Hut ein wenig verrutscht. »Sie gestatten?« Sie setzte sich neben sie und stöhnte auf. »Was für eine Hektik! Ist das nicht wundervoll, dass wir uns hier wiederbegegnen, Mrs Christie? Als ich Sie eben am Fenster sah, dachte ich, ich würde träumen.«

Nicht in meinen kühnsten Träumen hätte ich mir das ausgemalt, dachte Agatha und beschloss dann, es zu nehmen, wie es nun mal war. Sie würde sich in ihr Schicksal ergeben, wie sie es immer getan hatte.

Es war ein Segen, dass Mrs Cavendish schon nach wenigen Kilometern eingeschlafen war. Mit halb offenem Mund saß sie da, ihr Kopf war zur Seite gekippt, und schnarchte leise.

Das werde ich ihr gleich auf die Nase binden, sobald sie die Augen aufschlägt, nahm Agatha sich vor.

Sie waren bereits mehrere Stunden unterwegs, und die Fahrt war ausgesprochen holprig. Manchmal schaukelte der Bus so, dass sie befürchtete, er würde umkippen und sie alle unter sich begraben. Aber der Fahrer strahlte bei jedem Schlagloch, jeder Bodenwelle, als sei es die reinste Freude.

»Meine Güte, da wird man ja seekrank«, hatte Mrs Cavendish gemeint, und dann waren ihr die Augen zugefallen.

Hin und wieder flüsterten ihre bewaffneten Begleiter miteinander, warfen bedeutungsvolle Blicke aus dem Fenster und fuchtelten mit ihren Gewehren.

Anfangs hatte Agatha sie nicht aus den Augen gelassen. Es war ihr befremdlich vorgekommen, und sie hatte sich ein wenig gefürchtet. Doch die Entspanntheit der anderen Passagiere hatte sich schließlich auf sie übertragen.

In dem Augenblick, als der Bus langsamer wurde und anhielt, schlug Mrs Cavendish träge die Augen auf. »Was ist los?«

»Ich weiß nicht.« Agatha schaute aus dem Fenster, konnte aber nichts entdecken. Nichts außer dem, was sie seit Stunden gesehen hatte: Sand, Sand und nochmals Sand, in allen möglichen Beigetönen, mal heller, mal dunkler, mal matt, mal glitzernd. Sie hätte nicht gedacht, dass eine Wüste so langweilig, eine Fahrt so endlos sein konnte. Ab und an hatte sie die Spur einer Schlange gesehen, die sich ringelnd fortbewegte. Manchmal flackerte in der Ferne etwas, und sie hatte versucht, sich auf den Punkt zu konzentrieren, um schließlich festzustellen, dass es eine Täuschung gewesen war. Nur Sand, nichts weiter.

Karim war in Damaskus geblieben, und ein neuer Dolmetscher war ihnen zugeteilt worden. Der wanderte nun durch den Gang und sprach mit jedem Fahrgast.

Als er bei ihr und Mrs Cavendish ankam, wollte sie ihn fragen, was passiert war. Aber er kam ihr zuvor. »Machen Sie sich keine Sorgen, meine Damen. Wir haben uns nur verfahren.«

»Verfahren?« Sie wusste nicht, ob sie lachen oder weinen sollte.

Er winkte grinsend ab. »Passiert ständig.« Er ging weiter.

Sie sah Mrs Cavendish an.

Die zuckte die Schultern. »Er hat recht, das passiert sehr oft. Sehen Sie sich doch um, Mrs Christie. Hier sieht alles gleich aus. Wer würde sich da nicht verfahren?«

Mrs Cavendish und ihr Mann Eric wohnten etwas außerhalb von Bagdad in Alwiyah, hatte sie Agatha erzählt. Sie war eine waschechte Herzogin, was Agatha sehr aufregend fand.

»Sie müssen unser Gast sein, Mrs Christie.« Dabei hatte sie ausgesehen, als dulde sie wie üblich keinen Widerspruch. »Ich und mein Mann bestehen darauf.«

»Na schön, dann nehme ich Ihr freundliches Angebot an.«

Sie hatte noch erzählt, dass sich ihr Mann in der Festung Rutbah, wo es den einzigen Aufenthalt während ihrer Reise geben sollte, ihnen anschließen würde. »Er mag es nicht, wenn ich die ganze Strecke allein reise. Er ist immer so fürsorglich.«

Jetzt wird sie mich nach meinem Mann fragen, dachte Agatha und stellte fest, dass es ihr kaum noch etwas ausmachen würde. Sie schien das Scheitern ihrer Ehe zu verarbeiten. Auch wenn sie in den letzten Tagen gelegentlich an Archie gedacht hatte. Ob er glücklich war? Ob sein Leben nun so verlief, wie er es sich gewünscht hatte? Ob er manchmal auch noch an sie dachte?

»Erzählen Sie mir von Ihrem Mann, Mrs Christie«, bat Mrs Cavendish tatsächlich.

»Wir sind geschieden.« Es klang ungewohnt, aber nicht halb so schlimm, wie sie sich ausgemalt hatte. Sie hatte sogar damit gerechnet, dass sie sich schuldig fühlen würde. Weil sie es nicht geschafft hatte, ihre Ehe zu retten. Weil sie es nicht hinbekommen hatten, ihre Ehe aufrechtzuerhalten. In guten wie in schlechten Tagen.

»Hat er Sie betrogen?«, fragte ihre Begleiterin unverblümt, und sie nickte. »Sie Arme. Lassen Sie es hinter sich und sehen Sie nach vorn.« Immer die gleichen Floskeln. »Ich finde es sehr beeindruckend, dass Sie diese weite Reise ganz allein machen, Mrs Christie. Sie sind eine mutige Frau, und Ihr Mann ist ein Dummkopf. Verzeihung, Ihr geschiedener Mann.«

Agatha musste grinsen. »Danke, Mrs Cavendish.«

»Dafür, dass ich Ihren früheren Mann einen Dummkopf nenne? Gern geschehen.«

Die beiden tauschten einen Blick, der ein wenig verschwörerisch war, dann folgte ein Glucksen, und schließlich lachten sie aus vollem Hals.

In der Festung Rutbah, ein großes Fort, das die Engländer gebaut hatten, verbrachten sie ein paar Stunden, um sich auszuruhen. Zusammen mit sechs anderen Frauen war Agatha in einem Zimmer untergebracht, das abgedunkelt und angenehm kühl war. Draußen patrouillierten bewaffnete Männer.

»Banditen tarnen sich gern als Reisende«, hatte Mrs Cavendish ihr erklärt, als sie angekommen waren. »Uns wird schon nichts geschehen.«

Im Morgengrauen kam eine Frau herein und brachte ein deftiges Frühstück. Es gab gebratene Würstchen und starken, gesüßten schwarzen Tee. Agatha war hundemüde, sie hatte kaum geschlafen, aber sie war hungrig, und das Frühstück empfand sie als das Beste, was sie je zu sich genommen hatte.

Nie zuvor hatten Würstchen so köstlich geschmeckt, war Tee so belebend gewesen. Draußen war es ganz still, als hätte die Welt den Atem angehalten.

Als sie die Festung verließen, musste Agatha die Augen zusammenkneifen, so grell war das plötzliche Licht in der aufgehenden Sonne. Hingerissen blieb sie stehen und blickte sich um. Ihr war, als hätte sie auch nie zuvor einen so herrlichen Sonnenaufgang gesehen.

In diesem Augenblick fiel alles von ihr ab: die Trauer um ihre Mutter, der Verlust von Ashfield, ihre gescheiterte Ehe.

Es gab nur sie und diese wunderbare Landschaft, die von der Sonne in ein goldenes atemberaubendes Licht getaucht wurde. Sie schloss die Augen und atmete tief ein und aus.

Die Luft flirrte leicht und roch würzig. Die anderen Fahrgäste gingen leise an ihr vorbei, als wollten sie sie nicht stören.

Diesen Augenblick würde sie tief in ihrem Herzen und ihrer Seele verankern. Sie wollte sich immer wieder daran zurückerinnern, sie aufheben wie in einer Schublade, die sie aufzog, um diesen Moment erneut zu erfühlen. Vielleicht würde es sie sogar jedes Mal aufs Neue glücklich machen.

Als sie weiterging und den weichen Sand unter den Sohlen spürte, lächelte sie selig. Sie war wie berauscht, als wäre eine Stimmgabel in ihrem Inneren zum Klingen gebracht worden.

Eine warme Hand lag plötzlich auf ihrem Arm, und eine vertraute Stimme sagte leise: »Alles in Ordnung mit Ihnen?«

Sie sah Mrs Cavendish an, noch immer lächelnd. »O ja, es ist alles gut.«

8.

Am Fluss Euphrat ging es über eine Pontonbrücke, hübsche Palmenhaine waren zu sehen gewesen, und in der Ferne hatte eine goldene Kuppel im Sonnenlicht gefunkelt.

Immer wieder waren Agatha die Augen zugefallen, und sie war jedes Mal hochgeschreckt. Sie wollte doch nicht schlafen, wo es so viel zu sehen gab!

Sie überquerten den Tigris über eine weitere Pontonbrücke und gelangten auf eine breite, staubige Straße mit schiefen Häuschen, die aussahen, als müsste man sie nur ein wenig anstupsen und sie würden in sich zusammenfallen. Wie konnte man in so einem verhutzelten Haus wohnen?

Ihr Blick fiel auf eine Moschee mit türkisblauer Kuppel, in der sich die Sonnenstrahlen spiegelten. Ehrfürchtig hielt sie den Atem an. »Wie wunderschön!«

Mrs Cavendish lächelte. »Wir sind da.«

»Das also ist Bagdad.«

Sie hatte es sich nicht so vorgestellt. Wie sie sich die Stadt vorgestellt hatte, wusste sie allerdings nicht. Nach den Beschreibungen der Howes hätte sie ein Bild vor Augen haben müssen, nun jedoch stellte sie fest, dass sie nichts weiter als überrascht war. Und sprachlos.

Der Bus hielt an, und es dauerte eine ganze Weile, bis alle ausgestiegen waren. Jedem war anzusehen, wie erschöpft er war.

Das Gepäck wurde ausgeladen, und die Passagiere zerstreuten sich nach und nach in alle Richtungen. Die meisten wurden im Hotel untergebracht, andere von Bekannten oder Freunden abgeholt, die sie mit zu sich nach Hause nahmen.

Agatha blieb bei Mrs Cavendish und wartete auf das Automobil, das sie nach Alwiyah bringen würde.

»Ich bin froh, dass Sie meine Einladung angenommen haben, Mrs Christie. Auch wenn ich davon überzeugt bin, dass man Sie in einem hervorragenden Hotel untergebracht hätte.«

Sie glaubte, auf der Stelle einschlafen zu können. Die Luft war staubig, und sie musste husten.

»Haben Sie sich erkältet?«

Sie schüttelte den Kopf, und Mrs Cavendish nickte. »Ah, ich verstehe – die trockene Luft.«

Drei Jungen stürmten johlend an ihnen vorbei, und Agatha lächelte, während ihre Begleiterin missbilligend schnaubte.

Die Kinder waren barfuß, ihre Beine dreckverkrustet. Kichernd rannten sie weiter und waren um die nächste Ecke verschwunden. »Immerhin haben sie uns nicht angebettelt«, meinte Mrs Cavendish, die ihnen nachgeblickt hatte.

»Ich hätte ihnen etwas gegeben.«

»Wenn Sie damit erst einmal anfangen, haben Sie bald alle Kinder Bagdads an Ihren Fersen.«

Na und?, dachte Agatha, schwieg jedoch. Sie war zu müde für eine Diskussion.

»Ah, da kommt er ja!« Mrs Cavendish winkte einem cremefarbenen Automobil zu, das sich langsam näherte. Es wirbelte noch mehr Staub auf, als ohnehin schon in der Luft lag, und Agatha drehte sich zur Seite und unterdrückte den Hustenreiz.

Der Wagen hielt an, und ein gut gekleideter Mann stieg aus.

»Wie war die Reise, mein Liebling?«

Mrs Cavendish begrüßte ihn mit einem Kuss auf die Wange. »Anstrengend wie immer. Eric, darf ich dir unseren Gast vorstellen. Das ist Mrs Christie. Sie ist Engländerin, wir haben uns in …« Sie drehte sich zu Agatha um und schaute sie fragend an. »Wo noch mal kennengelernt?«

»Im Schlafwagen nach Calais.«

»Richtig, richtig. Mrs Christie: Das ist mein Ehemann Eric.«

Sie schüttelten sich die Hände. Agatha stieg eine Mischung aus Tabakrauch und Pomade in die Nase; eine unangenehme Mischung, und sie musste sich beherrschen, nicht das Gesicht zu verziehen.

»Freut mich, Sie kennenzulernen, Mrs Christie.« Er hatte einen recht festen Händedruck.

»Ganz meinerseits. Ich hoffe, Sie fühlen sich nicht allzu sehr überrumpelt. Ihre Frau war so freundlich, mich einzuladen, in Ihrem Gästezimmer zu übernachten.«

»Sie hat mir bereits telegrafiert. Machen Sie sich keine Sorgen, Mrs Christie. Sie sind uns herzlich willkommen.«

Das Gepäck kam in den Kofferraum, und Agatha saß wenig später auf der Rückbank neben Mrs Cavendish.

Ein Chauffeur steuerte den Wagen, vorbei an Palmen, deren Blätter sacht im Wind wedelten und Häusern mit schmucken kleinen Gärten, in denen tiefrote, leuchtendgelbe und orangefarbene Blumen blühten. Eine Augenweide.

Sie ließen den Hauptteil der Stadt hinter sich, und eine weite, karge Landschaft breitete sich aus. Schwarze Büffel badeten in kleinen Wassertümpeln, andere grasten und blickten nur kurz träge auf, als sie vorbeifuhren.

»Was für hübsche Tiere.« Agatha drehte sich zu ihnen um.

»Nicht wahr?« Mrs Cavendish deutete nach vorn. »Es ist nicht mehr weit. Sehen Sie dort hinten die Häuser? Das ist Alwiyah.«

In dieser Nacht schlief Agatha wie ein Stein. Die Cavendishs hatten ihr das beste Zimmer des Hauses gegeben, wie ihre Gastgeberin gemeint hatte. Das Bett war mit feinstem Leinen bezogen und duftete nach Blumen, auf einer Kommode mit ziselierten Schubladen stand ein Krug mit klarem, herrlich frischem Wasser, daneben eine Schale mit goldgelben Blüten, die sie noch nie gesehen hatte. Sie hatte eine aufgenommen und daran gerochen. Was mochte das sein?

Es gab sogar einen kleinen Sekretär, an dem sie ihre Korrespondenz erledigen konnte, und einen breiten Kleiderschrank. Zum ersten Mal seit Tagen würde sie ihre Kleidung ordentlich aufhängen können.

Als sie am frühen Morgen wach wurde, setzte sie sich ruckartig auf und blickte sich um. Sie brauchte einen Moment, um wieder zu wissen, wo sie war. Im Haus war alles noch ruhig, und so stieg sie aus dem Bett und setzte sich an den Sekretär.

Es war kühl, und sie stand auf, um sich ein Schultertuch zu holen. Sie klappte den Sekretär auf und fand einen kleinen Stapel weißes Briefpapier vor.

Mit einem Lächeln begann sie einfach drauflos zu schreiben.

Es wurde kein Brief, sondern eine Art Tagebucheintrag. Sie schrieb alles auf, was sie seit dem ersten Tag ihrer Reise erlebt hatte. Auch ihre Gedanken und Emotionen hielt sie fest.

Sie war besorgt, sich später nicht mehr genau an alles erinnern zu können.

Ich bin ein wenig erschöpft, so eine Reise ist wirklich anstrengend. Zugleich fühle ich mich federleicht, und wohin ich mich auch bewege, spüre ich eine Art Vibrieren im ganzen Körper. Diese Reise zu machen war goldrichtig. Meine Abenteuerlust wird täglich wieder gestillt. Ich sehe und erlebe so viel! Und ich lerne eine Menge über mich. Anfangs hatte ich etwas Angst vor meiner eigenen Courage. Wie würde es sein, wenn ich auf mich allein gestellt bin?

Und nun? Ich bin mit mir im Reinen, ja, ich denke, das ist genau das, was ich empfinde. Ich kann die Vergangenheit hinter mir lassen – ohne Groll, ohne Schuldzuweisung.

Archie wird mir wohl immer fehlen, er hat eine Lücke hinterlassen, die nicht so leicht zu füllen ist. Aber wer weiß, was die Zukunft bringt.

Sie empfand Erleichterung, als sie fertig war und die Papiere zusammenfaltete und den Sekretär schloss. Erleichterung, weil sie ihre Empfindungen in Worte hatte fassen können. In England würde sie Rosalind und Carlo einiges vorlesen und die beiden so ein wenig mit auf ihre Reise nehmen.

Zufrieden lehnte sie sich zurück und seufzte.

Plötzlich stand Poirot neben ihr, die Daumen in den Hosenschlaufen. *Sie schreiben also wieder, gut. Sehr fein, jaja. Was halten Sie von einer neuen Geschichte. Ich könnte …*

Sie hob die Hand. »Bevor Sie weiterreden, mein lieber Hercule – ich habe Urlaub und möchte meine Gedanken schweifen lassen.«

Er zuckte mit den Schultern. *Genau das meine ich ja. Jetzt, wo Sie Zeit und Muße haben, könnten Sie doch …*

Sie schüttelte entschieden den Kopf. »Ich könnte, Poirot, aber ich will nicht.«

Er zuckte erneut mit den Schultern und spazierte schmollend davon.

Sie blieb sitzen und dachte. Obwohl … ganz unrecht hatte er ja nicht. Ihr fiel ein, dass sie gern eine neue Ermittlerin hätte. Eine schrullige, ältere Dame mit Haaren auf den Zähnen. Sie lachte in sich hinein. Ja, das würde ihr gefallen.

Poirot vermutlich weniger. Es würde schon irgendwann einen neuen Fall für ihn geben, aber erst einmal sollte er Platz machen.

»Sie haben sich ein wenig Ruhe verdient, Hercule.«

Agatha stand auf, streckte die Arme über den Kopf und ließ sie kreisen. Vom Sitzen war sie ganz steif.

»Jane«, sagte sie laut.

Ja, ihre Ermittlerin sollte Jane heißen. Wie meistens fiel ihr noch kein Nachname ein, aber der würde sich noch finden.

Am Nachmittag spielte sie mit ihren Gastgebern Tennis.

Die Sonne brannte vom Himmel, und sie mussten immer wieder Pausen einlegen und sich in den Schatten verziehen.

»In England kennt man so ein Wetter nicht.« Agatha wischte sich den Schweiß von der Stirn und schaute in den wolkenlosen Himmel. Sie war überrascht, wie wenig ihr die Hitze ausmachte.

Normalerweise litt sie immer recht schnell, sobald es zu warm war.

Ein Hausmädchen kam mit einem kleinen Silbertablett, darauf eine große Karaffe mit Limonade aus Orangen und Zitronen.

»Sie haben es hier wirklich ganz zauberhaft, Mrs Cavendish.« Sie trank einen großen Schluck. »Sie sind zu beneiden.«

»Ich freue mich, dass es Ihnen bei uns gefällt, Mrs Christie. Morgen lade ich Sie zu einem Pferderennen ein. Oder nein, besser wir gehen gemeinsam einkaufen. Sie werden sicher ein paar Dinge brauchen, nicht wahr?«

Sie benötigte vor allem neue Schuhe, bequemere und mit einer dickeren Sohle, bei der sie nicht jeden Stein spürte.

Agatha legte die Hand über die Augen und seufzte. Es war in der Tat herrlich hier, und sie stellte fest, dass sie sich schon jetzt wie zu Hause fühlte. Sie wusste nicht, ob das gut oder doch eher schlecht war, schließlich waren die Cavendishs Engländer wie sie, und es ging in diesem Haus sehr britisch zu.

Wahrscheinlich viel zu britisch, dachte sie. *Ich sollte nicht unter meinesgleichen sein, sondern mich unter die Menschen Bagdads mischen.*

Nur so konnte man das Land und deren Bewohner wirklich kennenlernen.

Aber nun war es so gekommen, und sie durfte den Cavendishs, die sich so um sie bemühten und so gastfreundlich waren, keine Abfuhr erteilen. Und wenn sie ganz ehrlich war, dann genoss sie die Zeit hier in Alwiyah viel zu sehr, um sich zerknirscht und schuldbewusst fühlen zu wollen.

9.

Agatha verbrachte weitere wundervolle Tage bei den Cavendishs. Sie spielten fast täglich Tennis, besuchten Pferderennen, und bei den wöchentlichen Einkäufen erhielt sie Gelegenheit, Einheimische kennenzulernen. An das lebhafte und laute Treiben auf den Märkten hatte sie sich inzwischen gewöhnt, nur nicht an das Gezeter und Geschrei der Verkäufer und Käufer.

Mit Händen und Füßen wurde gestikuliert, und man brüllte sich dabei so laut an, dass Agatha immer befürchtete, sie würden gleich aufeinander losgehen.

Aber mit der Zeit lernte sie die Gepflogenheiten der Iraker kennen und gewöhnte sich daran. Man lud sie in der Nachbarschaft zum Essen ein, und sie tat ihr Bestes, sich irgendwie zu verständigen und ihren Dank auszudrücken.

Nachdem einige Wochen vergangen waren, beschloss sie, nach Ur zu reisen. Die Cavendishs waren bereits dort gewesen und gut mit Leonard Woolley, der die Ausgrabungen leitete, und dessen Frau Katharine bekannt.

»Wir werden alles für Sie organisieren«, hatte Mrs Cavendish versprochen, als Agatha sie darauf ansprach. »Eigentlich sind Besucher bei den Ausgrabungen nicht gern gesehen, aber ich werde ein gutes Wort für Sie einlegen.«

Während Agatha ihre Reisetasche mit den nötigsten Dingen packte und leise vor sich hin summte, fiel ihr wie aus heiterem Himmel der Nachname ihrer künftigen Ermittlerin ein. »Marple. Jane Marple.« Sie hockte auf den Knien auf dem Fußboden und ließ sich auf die Fersen zurückfallen. »Das klingt doch sehr hübsch.«

Es klopfte, und Mrs Cavendish stand in der Tür. »Darf ich?«

»Natürlich.«

»Mit wem haben Sie gerade gesprochen, Agatha?« Man war dazu übergegangen, sich mit dem Vornamen anzureden.

»Mit niemandem«, erwiderte sie.

»Aber ich habe Sie doch reden hören.«

Sie stutzte, dann musste sie lachen. »Manchmal rede ich mit mir selbst.«

Auch Mrs Cavendish lachte. »Nicht nur Sie. Ich habe soeben ein Telegramm nach Ur geschickt, wann mit Ihnen zu rechnen ist.«

Sie seufzte. »Denken Sie nicht, dass es die reinste Freude werden wird. Die Fahrt dorthin ist furchtbar anstrengend und die Woolleys … nun ja …« Mehr sagte sie nicht.

Agatha sah sie gespannt an. »Sprechen Sie nur weiter. Ich bin auf alles gefasst.«

»Das glaube ich nicht.« Zu Agathas Bedauern beließ sie es dabei, schenkte ihr ein geheimnisvolles Lächeln und ging wieder zur Tür. »Was halten Sie nachher, wenn es etwas kühler geworden ist, von einem kleinen Match?«

Am Tag darauf stand Agatha in aller Herrgottsfrühe auf.

Ein junger Mann mit Turban und den weißesten Zähnen, die sie je gesehen hatte, holte ihr Gepäck ab und brachte es in den Wagen, der sie zum Bahnhof fahren würde.

»Baran wird Sie bis Ur begleiten und dafür sorgen, dass Sie wohlbehalten ankommen.« Mrs Cavendish breitete die Arme aus, und sie ließ sich ein wenig überrumpelt umarmen. »Geben Sie auf sich acht und kommen Sie mir gesund und heil zurück.«

Kurz darauf saß sie in einem stickigen Zugabteil. Hier drin war es nicht zum Aushalten, und so stand sie auf und öffnete das Fenster. Sie saß kaum wieder, als ein lautes Brummen zu hören war. Du lieber Himmel, was war das?

Sie schaute sich um, konnte aber nichts entdecken. Sie wollte gerade ein Buch aus der Tasche nehmen, als sie die Bescherung sah: ein Hornissenschwarm.

Mit einem Aufschrei griff sie nach dem Buch und wedelte hektisch damit herum.

Nein, falsch, völlig falsch!, dachte sie erschrocken. *So mache ich sie erst richtig wütend.*

Sie stopfte das Buch in die Tasche zurück und überlegte fieberhaft, was zu tun war. Was sie vernünftigerweise tun sollte. Die Hornissen brummten wie winzige Flugzeuge durchs Abteil. Sie waren angsteinflößend, und Agatha überlegte auch, was zu tun wäre, sollte sie gestochen werden. Konnte man nicht an einem Hornissenstich sterben? Oder waren es drei gewesen? Hatte sie nicht irgendwann irgendwo darüber gelesen?

Herrgott nochmal, was, wenn sie über mich herfallen und man mich hier später findet, angeschwollen und krebsrot?

Ich muss ruhig bleiben und tief durchatmen und nachdenken!

In diesem Moment kam Baran herein, riss die Augen auf und brachte sie auf der Stelle aus dem Abteil.

»Sie sind meine Rettung, Baran. Ich fürchte, ich habe einen Riesenfehler gemacht, als ich das Fenster …« Sie winkte ab, er verstand nur ein paar Brocken Englisch.

Er geleitete sie ins Restaurant, sorgte dafür, dass sie es bequem hatte und war gleich wieder verschwunden.

Ihr Herz klopfte vor Aufregung, und man brachte ihr ungesüßten schwarzen Tee. Ein Ehepaar am Nebentisch betrachtete sie mitfühlend. Oder war es belustigt? Hatte der Mann nicht flüchtig gegrinst?

Wahrscheinlich würde in kürzester Zeit die Nachricht die Runde machen: Reisende öffnet das Fenster und lässt Hornissen herein. Großartig.

Baran kam etliche Minuten später wieder und erklärte mit Händen und Füßen, dass die Plagegeister fort seien.

Zutiefst erleichtert kehrte sie in ihr Abteil zurück, las ein paar Seiten, versuchte sich Jane Marple vorzustellen – eins wusste sie bereits: ihre Ermittlerin sollte unverheiratet sein –, und döste schließlich erschöpft und verschwitzt ein.

Das Fenster würde sie nicht mehr öffnen, egal, wie heiß und stickig es auch war.

Mrs Cavendish hatte recht, die Fahrt war ungeheuer anstrengend und Agatha vollkommen erledigt. Das Essen im Zugrestaurant triefte vor Öl und lag bleischwer im Magen, und die Luft im Abteil war zum Schneiden gewesen. Ein paarmal hatte sie das Fenster nur einen winzigen Spalt geöffnet und die Nase in den Wind gehalten. Viel gebracht hatte es nicht, weil es auch draußen entsetzlich schwül war.

Als sie endlich aussteigen konnte, hätte sie am liebsten laut gesungen. Doch selbst dazu war sie zu erschöpft.

Baran pfiff vor sich hin, er schien die Fahrt mühelos überstanden zu haben. Er begleitete sie ins Gästehaus des Bahnhofs, wo sie sich vor dem Frühstück ein wenig ausruhen konnte.

Frühstück!, dachte sie sehnsüchtig. Sie würde für zwei essen können, so hungrig war sie. Im Zug hatte sie nur ein paar Bissen zu sich genommen, weil sie geahnt hatte, dass es ihr nicht gut bekommen würde.

Baran wartete höflich, bis sie in ihrem winzigen Kämmerchen angekommen war, dann nickte er ihr zu und schloss leise die Tür hinter sich.

Sie legte sich angezogen aufs Bett und machte die Augen zu. Nur ein paar Minuten ruhen, mehr nicht. Dann wollte sie sich frisch machen und die Kleider wechseln.

Am Ende war sie eingeschlafen und wurde von Barans energischem Klopfen aufgeschreckt. Sie brauchte ungewöhnlich lange, bis sie wach wurde. Sie rief ihm zu, dass sie in ein paar Minuten so weit war.

Sie schlüpfte aus dem zerknitterten Kostüm, wusch sich mit eiskaltem Wasser, bürstete ihr wirres Haar, das vom Staub und der Hitze ganz stumpf geworden war, und zog ein helles, bequemes Kleid an. Sofort fühlte sie sich besser.

Fast könnte ich zu einem Ball gehen, dachte sie und grinste in sich hinein. Doch als ihr Blick, bevor sie die Kammer verließ, am Bett hängen blieb, konnte sie ein Seufzen nicht unterdrücken.

Vor dem Bahnhof wartete ein Wagen, der sie direkt zur Grabungsstelle fahren würde. Wie erschlagen sank sie auf die Rückbank und zwang sich wach zu bleiben.

Was schwer war. Immer wieder fielen ihr die Augen zu. Die Strecke war holprig und staubig wie üblich. Sie schaute aus dem Fenster, aber sehr viel war nicht zu sehen. Nur Sand, Sand und nochmals Sand und ab und an verdorrte Büsche.

In diesem Augenblick freute sie sich unbändig auf England mit seinen grünen saftigen Hügeln, Hecken und Weiden. Mit seinen kleinen Cottages, die sich in Täler schmiegten, und seinen kunterbunten herrlichen Gärten.

Sie hatte tatsächlich ganz unerwartet Heimweh bekommen. Sie sehnte sich schrecklich nach ihrer Tochter, nach Carlo und Peter, der sich vermutlich wie verrückt aufführen würde, sobald sie einen Fuß in die Tür setzte. Sie alle fehlten ihr so sehr, dass sich ihr Herz zusammenzog. War sie nicht schon viel zu lange fort? Hatte sie Rosalind nicht zu lange allein gelassen?

Es reicht, Agatha, schimpfte sie mit sich, *hör auf damit. Sie ist in den allerbesten Händen, es wird ihr an nichts fehlen.*

Außer an ihrer Mutter, dachte sie im nächsten Atemzug und seufzte schwer. *Meine liebe kleine Rosalind!*

Der Fahrer warf einen fragenden Blick in den Rückspiegel, und sie erwiderte den Blick mit einem kurzen Lächeln. Er nickte, als hätten sie sich ganz ohne Worte verständigt. Vielleicht ahnte er tatsächlich, was gerade in ihr vorging. Womöglich hatte sie traurig ausgesehen – und dann der Seufzer, der ihre Niedergeschlagenheit bestätigt hatte.

Sie rutschte näher ans Fenster und setzte ein unbekümmertes Gesicht auf. Es fiel ihr nicht mal schwer.

Sie würde bald in Ur sein! Davon hatte sie lange geträumt, und sie freute sich irrsinnig darauf.

Wann genau es begonnen hatte, dass die Archäologie sie faszinierte, wusste sie nicht mehr. Die Vergangenheit auszugraben musste wunderbar sein. Wenn nach und nach Zeugnisse vergangener Kulturen zum Vorschein kamen und sich einzelne Puzzleteile zu einem Bild zusammenfügten. Wenn man Gegenstände in Händen hielt, die Menschen vor Hunderten, vielleicht sogar Tausenden von Jahren angefertigt, berührt hatten.

Außerdem war sie gespannt auf die Woolleys. Bevor sie sich fragen konnte, was Mrs Cavendish mit ihrer Äußerung gemeint haben könnte, war sie eingenickt.

10.

Die Grabungsstätte lag etwa eine halbe Autostunde entfernt, und als bereits die Arbeiter von Weitem zu sehen waren, die mit riesigen Körben und Kisten umherliefen, steigerte sich Agathas Vorfreude. Die Cavendishs hatten ihr erzählt, dass Besucher lediglich geduldet waren. Niemand war glücklich, wenn wildfremde neugierige Menschen bei der Arbeit zusahen, alberne Fragen stellten und im Weg herumstanden. Aber sie bezahlten, und das Geld war eine sehr willkommene Einnahmequelle.

Der Wagen hielt, und Agatha stieg schnaufend aus. Gott im Himmel, war das hier schwül! Sie musste kurz zu Atem kommen, als ein heißer Windhauch sie streifte. Sie griff in ihre Handtasche, zog die Landkarte heraus, die Mr Cavendish ihr geschenkt hatte, und fächelte sich damit Luft zu. Was genau sie mit der Karte anstellen sollte, wusste sie nicht. Ob er glaubte, sie wäre in der Lage, sich darauf zurechtzufinden? Falls sie sich verlaufen würde?

Als Fächer eignete sie sich hervorragend.

Ein junger Bursche eilte herbei, gestikulierte und redete auf sie ein. Sie musste seinen Redefluss unterbrechen und hob entschuldigend die Hand. »Verzeihung, ich verstehe Ihre Sprache leider nicht.«

»Lass die arme Frau in Ruhe, Ahmed!«, war eine weibliche Stimme von irgendwoher zu hören.

Agatha drehte sich in die Richtung und sah, dass sich eine Frau, etwa in ihrem Alter, aus einer Gruppe Arbeiter schälte und auf sie zukam. Sie wischte sich die Hand an ihrem dunklen Rock ab und schob sich den Hut aus dem Gesicht. »Sie müssen Mrs Christie sein! Herzlich willkommen!«

Agatha blinzelte verblüfft. Damit hatte sie nicht gerechnet, sondern eher damit, dass man die Augen verdrehen würde, wenn sie käme. *Schon wieder jemand, der bloß herumsteht und dumme Fragen stellt.*

»Willkommen«, sagte die Frau wieder. »Ich bin Katharine Woolley.«

»Agatha Christie.«

Sie schüttelten sich die Hände.

»Ich freue mich, Sie hier zu begrüßen, Mrs Christie. Kommen Sie, ich führe Sie ein bisschen herum.«

Eine, möglicherweise auch zwei Stunden später – die Zeit verging hier vollkommen anders – saßen sie um eine kleine Feuerstelle herum unter einem Zeltdach, das als Sonnenschutz diente, und tranken Kaffee.

»Es ist sehr freundlich von Ihnen, mich hier so nett aufzunehmen, Mrs Woolley.« Agatha stellte den leeren Becher ab und blickte sich um.

Katharine Woolley hatte ihr die Ausgrabungsstelle gezeigt, die ihr Mann Leonard für einen Friedhof hielt. »Er glaubt, dass es sich um Königsgräber handelt«, hatte sie erklärt.

Agatha war ungeheuer beeindruckt gewesen.

Und war es noch immer. Sie konnte kaum glauben, dass sie wirklich und wahrhaftig an einer der berühmtesten und größten Ausgrabungsstätten saß und gemütlich Kaffee trank.

Woolley hatte auch Stein- und Lehmgefäße gefunden, Bronzegegenstände, Waffen und Goldschmuck, reich verziert mit Perlen und Lapislazuli.

»Mich fasziniert die Archäologie ungemein. Ich beneide Sie und Ihren Mann um das, was Sie hier tun. Es muss phantastisch sein, wenn nach und nach Dinge zum Vorschein kommen, die Menschen vor Hunderten und Tausenden von Jahren benutzt haben.«

»Das ist es.« Katharine Woolley nickte. »Leonard ist ein akribischer Mensch, der sehr genau plant, bevor er mit etwas beginnt. Er lässt sich nie zu etwas verleiten, bevor er es nicht gründlich durchdacht hat. Damit treibt er so manch einen in den Wahnsinn. Er ist eben sehr penibel. Es ist ihm auch sehr wichtig, dass die Arbeiter wissen, wie sie zu arbeiten haben.«

»Was genau machen Sie bei den Ausgrabungen, Mrs Woolley?«

Die hübsche Frau lehnte sich zurück und schlug die Beine übereinander. »Ich zeichne.«

»Wie schön.« Agatha berichtete in ein paar Sätzen von ihrer Zeit in Paris. »Ich bewundere Menschen, die zeichnen können. Ich bin leider nicht in der Lage, ein Stillleben mit Licht und Schatten darzustellen. *Das* hat *meine* Lehrer in den Wahnsinn getrieben.«

Katharine Woolley lachte lauthals. »Ich kam vor vier Jahren hierher nach Ur, um als Zeichnerin zu arbeiten. Vielen war ich ein Dorn im Auge.«

»Ach ja? Und warum?«

»Fragen Sie sich das wirklich, Mrs Christie? Eine unverheiratete Frau unter so vielen Männern, für viele ein Skandal. Als wäre ich darauf aus, jedem einzelnen Mann hier den Kopf zu verdrehen und von der Arbeit abzuhalten.« Sie sah Agatha ernst an. »Vermutlich wissen Sie, wie teuer eine Ausgrabung ist und dass es stets Geldgeber braucht, die sie finanzieren. Nun …« Sie machte eine Pause, bevor sie weitersprach. »Natürlich sprach sich meine Anwesenheit irgendwann herum, und Leonard bat mich, ihn zu heiraten, damit es in der Gerüchteküche endlich still wurde.«

Agatha lag auf der Zunge, sie zu fragen, ob denn überhaupt keine Liebe im Spiel gewesen war, aber sie ließ es natürlich bleiben. Das ging sie nichts an.

Zwei Arbeiter redeten aufgeregt miteinander, und Katharine reckte den Hals. »Was ist denn da hinten nur wieder los?« Sie blickte sich nach ihrem Mann um, den Agatha nur ganz kurz zu Gesicht bekommen hatte. Er war zu beschäftigt gewesen, um einen Gast gebührend zu begrüßen und herumzuführen. Das nahm sie ihm nicht krumm.

Ein dritter Mann kam dazu und mischte sich ein.

Mit einem ärgerlichen Schnauben stand Katharine auf und lief zu den Dreien. Agatha hörte, wie sie laut mit ihnen sprach, und es klang alles andere als freundlich. Die Männer senkten beschämt die Köpfe und gingen wieder an die Arbeit.

Katharine kam zurück und setzte sich wieder. »Sie streiten, wer frisches Wasser holen soll. Als gäbe es sonst nichts zu tun.« Sie sah sehr verärgert aus, richtig wütend. »Ich hatte klar und deutlich gesagt, dass ich in den kommenden Tagen keinen Streit dulden werde. Manchmal muss man wohl noch deutlicher werden.«

Agatha war etwas überrascht, dass sie sich wegen einer solchen Kleinigkeit so aufregte. Aber auch das ging sie nichts an.

»Jetzt aber zu Ihnen, Mrs Christie.« Katharine schenkte Kaffee nach. »Sie sind also die berühmte Schriftstellerin.«

Agatha blieb die Spucke weg. Auch damit hatte sie nicht gerechnet. »Ich … Nun ja, wenn Sie es so nennen wollen.« Ein bisschen unangenehm war es ihr schon.

»Ich habe gerade Ihr *Alibi* gelesen. Phantastisch! Es hat mich absolut begeistert, Mrs Christie, und als ich erfuhr, dass Sie wirklich und wahrhaftig hierherkommen werden, war ich richtig nervös. Ich möchte, dass Sie einen guten Eindruck von uns bekommen.« Mit einem Stirnrunzeln sah sie zu den drei Arbeitern herüber.

Agatha fühlte sich unbehaglich. Es war ihr nicht recht, dass die Männer ihretwegen zusammengestaucht worden waren.

Katharine Woolley war ihr auf Anhieb sympathisch gewesen, aber sie schien auch eine sehr energische Frau zu sein, die sich durchzusetzen wusste.

»Wie lange werden Sie bleiben, Mrs Christie?«

»Zwei, drei Tage.«

»Das ist viel zu kurz«, entschied Katharine Woolley. »Sie müssen mindestens eine Woche bleiben, besser noch länger. Ich werde dafür sorgen, dass es Ihnen an nichts fehlen wird, Mrs Christie. Sie sollen sich hier wohlfühlen. Und sollte etwas nicht so sein, wie Sie es wünschen, lassen Sie es mich umgehend wissen.« Sie schien keinerlei Widerspruch oder Ausreden zu dulden, in der Hinsicht war sie offenbar wie Mrs Cavendish. »Außerdem bin ich ganz versessen darauf, mit Ihnen über Literatur zu sprechen. Sehen Sie sich doch um, Mrs Christie.« Sie machte eine ausladende Handbewegung. »Lauter Männer, die nur das im Kopf haben, woran sie gerade arbeiten. Mit wem soll ich mich hier unterhalten? Mein Mann ist abends immer so müde, dass er innerhalb weniger Minuten eingeschlafen ist. Und wenn er nicht in einem der Gräben steht, die Hände in der Erde, liest er seine Aufzeichnungen oder macht neue. Versprechen Sie mir, dass wir ausgiebig über alles sprechen, was mich und auch Sie interessiert. Und Sie müssen mir unbedingt von dem nächsten Buch erzählen, das Sie schreiben werden.«

Agatha musste lächeln. »Gerne.«

»Es ist furchtbar aufregend, Sie hierzuhaben.«

»Nicht doch.« Sie winkte verlegen ab. Doch sie fühlte sich auch ein wenig geschmeichelt.

Katharine hatte darauf bestehen wollen, Agatha in einem Hotel unterzubringen, aber sie hatte dankend abgelehnt. »Das würde bedeuten, dass mich jeden Abend jemand hinfahren und morgens wieder abholen muss. Nein, ich würde gern hierbleiben, vor Ort. Dann werde ich mich vielleicht ein klein wenig wie eine Archäologin fühlen.«

Hellwach lag sie im Bett, obwohl sie eigentlich todmüde war. Deshalb hatte sie sich so früh zurückgezogen.

Und nun fand sie keine Ruhe. Zu viel war auf sie eingeströmt, zu viel lag noch vor ihr.

Weihnachten wollte sie auf jeden Fall wieder in England sein. Rosalind fehlte ihr furchtbar, ihr fehlte allein ihr fröhliches Kichern, der Klang ihrer Stimme und ihr ständiges Rennen, egal, wo sie auch war.

Agatha setzte sich auf und gähnte mehrmals hintereinander. Wann hatte sie Rosalind zuletzt geschrieben? Es wollte ihr partout nicht einfallen.

Sie überlegte und überlegte. Zeit hatte hier eine andere Bedeutung, sie verging mal schneller, mal viel langsamer. Manchmal war es, als würden die Uhren stehen bleiben. Anfangs hatte sie sich darüber gewundert, inzwischen hatte sie sich auch daran gewöhnt.

Es begann zu regnen. Katharine hatte bereits vorhergesagt, dass die unerträgliche Hitze bald abnehmen und es viel regnen würde. Eine Weile lauschte Agatha dem gleichmäßigen Trommeln auf dem Flachdach der Holzhütte. Sie war genauso untergebracht wie die Woolleys. Es war nicht sehr komfortabel, das störte sie aber nicht.

Sie verschränkte die Hände im Nacken und schloss die Augen. Sie freute sich auch auf ihre Arbeit, hatte so viele Ideen und konnte es kaum erwarten, wieder am Schreibtisch zu sitzen.

Jane, Agathas neue Ermittlerin, bekam mehr und mehr ein Gesicht. Dann und wann meinte Agatha, ihre Stimme zu hören, ihr amüsiertes Lachen oder ihr Schnauben. Sie würde eine resolute, tatkräftige ältere Dame und überzeugte Junggesellin sein, gewitzt, unerschrocken und mit unbestechlichem Spürsinn. Das Kinn entschlossen gereckt, würde sie sich jedem Fall annehmen, der ihr vor die Füße fiel.

Und es wird nicht immer eindeutig nach Mord aussehen, überlegte Agatha. *Jane wird regelmäßig in Situationen geraten, in denen die Pferde mit ihr durchgehen.*

Sie lachte in sich hinein, als sie Jane vor sich sah, wie sie sich irgendwo auf die Lauer legt, um einen Mörder dingfest zu machen, der für die Polizei noch gar nicht verdächtig ist. Jane Marple war ihr mindestens einen Schritt voraus.

Wir werden eine Menge Spaß miteinander haben, Miss Marple.

O ja, das denke ich auch, hörte sie die Antwort.

Sie fangen schon an wie Poirot, liebe Jane.

Poirot? Miss Marple zwinkerte ihr schelmisch zu. *Warten Sie's ab.*

Agatha atmete tief durch und öffnete die Augen. *Ich hab's geschafft, ich bin dort, wo ich sein will, vielleicht sogar immer sein wollte. Ich erzähle Geschichten und verdiene damit mein Geld. Ich hab's wirklich geschafft.*

Es würden noch etliche Romane folgen. Und Theaterstücke.

Sie wollte auch noch weitere Länder und Kulturen kennenlernen und das, was sie sah und erlebte, in ihren Geschichten unterbringen.

Und ich gelobe, dass ich so geduldig und nachsichtig sein werde wie meine Mutter, sollte Rosalind sich genauso starrköpfig geben wie ich mich damals.

Mit einem Lächeln stand Agatha auf und dehnte ihr Kreuz.

Nein, nicht starrköpfig, sagte sie sich dann. Einfach nur jung.

Nachwort

Als mein Verlag mich fragte, ob ich mir vorstellen könnte, über Agatha Christie zu schreiben, war ich sprachlos vor Glück. Zugleich empfand ich große Ehrfurcht vor dieser Aufgabe. Ich will jeder Frau, über die ich schreibe, möglichst nahekommen und ihr gleichzeitig auch gerecht werden.

Über die *Queen of Crime* Agatha Christie wusste ich lediglich, dass sie Britin war und eine Menge Krimis geschrieben hat. Und natürlich kannte ich die Filme mit Hercule Poirot und Miss Marple.

Umso spannender und faszinierender entwickelte sich meine Recherche. Was für ein interessanter Mensch Agatha Christie war! Beim Lesen ihrer Autobiographie habe ich oft laut gelacht über ihren trockenen Humor und ihren Wortwitz.

Sie selbst beschreibt sich als eine nicht sehr gewandte Gesprächspartnerin und als leicht beeinflussbar. *Ich weiß, dass morgen Dienstag ist, aber wenn mir jemand mehr als viermal versichert, dass morgen Mittwoch ist, bin ich überzeugt, dass morgen Mittwoch ist, und ich werde mich entsprechend verhalten.*

Und sie war stolz auf ihr Improvisationstalent. Zum Beispiel formte sie Brot zu einem klebrigen Klümpchen, steckte es auf eine Haarnadel und befestigte die wiederum mit Siegellack an eine Gardinenstange und holte so die falschen Zähne ihrer Mutter vom Gewächshausdach. Oder sie chloroformierte einen Igel, der sich im Tennisnetz verfangen hatte, um ihn zu befreien. Sie mochte keine Menschenansammlungen, Zigarettenrauch und Vogelfüße. (Darüber habe ich auch sehr gelacht.)

Das Kennenlernen zwischen ihr und Archie hat tatsächlich so stattgefunden, genau wie das ständige Hin und Her, als sie verlobt waren. Auch ihre Hochzeit fand so statt. In einigen Quellen steht, dass sie als Trauzeugen einfach jemanden von der Straße nahmen. In ihrer Autobiographie schreibt sie dagegen, dass ihr eine alte Bekannte über den Weg lief, die sie vom Fleck weg als Trauzeugin engagierte.

Sie schreibt auch, dass sie sich Namen nicht gut merken und sich an vieles nicht mehr erinnern kann. Zum Beispiel daran, wie sie auf den Namen Poirot gekommen ist. Möglicherweise hatte sie ihn in der Zeitung gelesen, vielleicht war er ihr auch im Schlaf eingefallen.

Den Apotheker, bei dem sie einen Lehrgang machte, nennt sie Mr P., ich habe daraus Mr Plum gemacht.

Ihre Reisebekanntschaft und spätere Gastgeberin nennt Agatha nur Mrs C. Ich gab ihr deshalb den Namen Cavendish.

Als Schriftstellerin darf man sich verrückte Zufälle ausdenken, aber manchmal gibt es diese besonderen, schicksalhaften Begegnungen tatsächlich. Mrs Cavendish und Agatha sind sich wirklich später in Damaskus wiederbegegnet, und Agatha wurde von ihr nach Alwiyah eingeladen. Diesmal nahm sie an.

In ihren Memoiren schreibt sie von einigen Männern, die während ihrer Reise mit ihr flirteten. Mr Beddingford entstammt meiner Phantasie. Den Franzosen, der sie mit Trauben versorgte, als sie mit Wanzenbissen übersät war, gab es wirklich. Auch den Dolmetscher habe ich nicht erfunden, lediglich den Namen Karim habe ich mir ausgedacht.

Die hübsche Kommode, die Agatha auf einem Basar in Baalbek kaufte und die ihr Dolmetscher ihr ausreden wollte, kam übrigens zehn Monate später in England an – mit einer *»recht scheußlichen Mischung aus Wurm und Larve, die sich in einer der Schubladen eingenistet hatte«*.

Agatha freundete sich in Ur mit Katharine Woolley an, die eine sehr schwierige Persönlichkeit gewesen sein soll und dafür bekannt war, die meisten Menschen nicht sonderlich zu mögen. Aber sie mochte Agatha, und sie liebte deren Bücher.

Die Begegnung zwischen Agatha und Gerald du Maurier im Theater ist meiner Phantasie entsprungen. Eine Quelle nennt ihn als Intendant, als *Alibi* aufgeführt wurde, und deshalb nahm ich mir die Freiheit, ihn und Agatha bei einer Probe miteinander bekannt zu machen. So konnte er ihr von seiner Tochter Daphne erzählen, die damals wirklich mit Kurzgeschichten begann und zehn Jahre später ihren wohl bekanntesten Roman *Rebecca* schrieb.

Das Scheitern ihrer Ehe wie auch viele andere Ereignisse beschreibt Agatha Christie recht nüchtern, wie es wirklich in ihr aussah, verrät sie nicht. Sie schreibt lediglich, dass sie Archie über ein Jahr Zeit gegeben hat, seine Entscheidung zu revidieren. Sie hätte ihn also sehr wahrscheinlich zurückgenommen.

Eine Scheidung war damals eine Blamage. Heute mag man den Kopf darüber schütteln, wie eine Frau ihren untreuen Ehemann einfach zurücknehmen und die Uhren auf null stellen kann. Die Zeiten haben sich eben geändert.

Über ihr elftägiges Verschwinden, nachdem sie von Archies Untreue erfuhr, schreibt Agatha keine einzige Zeile. Auch ich habe beschlossen, es nicht zu erwähnen. Es ist viel darüber spekuliert worden. War es ein PR-Gag, eine Racheaktion oder war Agatha wirklich so kopflos, dass sie nicht wusste, was sie tat?

Ebenfalls nicht erwähnt habe ich die fast einjährige Weltreise, die Agatha und Archie unternahmen – ohne ihre kleine Tochter. Für die damalige Zeit auch nicht weiter ungewöhnlich. Man reiste zu der Zeit überhaupt sehr gern und sehr viel und vermietete sein Heim samt Personal. Der Aufenthalt im Ausland war damals sehr viel erschwinglicher als heute.

Gleich nach der Scheidung heiratete Archie tatsächlich seine Nancy. Die beiden bekamen einen Sohn, den sie Archibald nannten. Ich habe mich gefragt, ob Archie wohl eifersüchtig auf ihn war.

Auch Agatha fand ihr zweites Glück, als sie ein weiteres Mal nach Bagdad und Ur reiste. Dort begegnete sie dem Archäologen Max Mallowan, der vierzehn Jahre jünger war als sie. Seinen ersten Heiratsantrag lehnte sie ab, sie fand sich zu alt für ihn. Beim Unterzeichnen der Heiratsurkunde sollen beide gemogelt und sich ein paar Jahre älter beziehungsweise jünger gemacht haben.

Über ihre Ehe scherzte sie: »*Einen besseren Ehemann als einen Archäologen kann eine Frau nicht haben. Je älter sie wird, desto interessanter findet er sie.*«

1971 lud Queen Elisabeth Agatha in den Buckingham Palace ein, ein Ereignis, das für sie etwas von einem Märchen hatte. An diesem Abend wurde aus ihr Dame Agatha Christie.

Sie war eine sehr produktive Autorin, die jedes Jahr mindestens ein Buch veröffentlichte und zudem Kurzgeschichten und etliche Bühnenstücke schrieb, darunter *The Mousetrap,* das seit 1952 in London aufgeführt wird. Die Rechte an dem Stück schenkte sie ihrem einzigen Enkel Mathew.

Agatha Christie veröffentlichte auch sechs Romane unter dem Pseudonym Mary Westmacott.

Was ihre Arbeit betraf, verließ sie sich voll und ganz auf ihren Agenten Edmund Cork. Die beiden verband auch eine lebenslange Freundschaft.

1973 beendete ein Schlaganfall ihre Karriere.

Agatha Christie starb im Januar 1976 mit 85 Jahren.

Ich habe dieses Buch meiner Agentin Petra Hermanns gewidmet, die seit Jahren an meiner Seite ist, mir den Rücken freihält und so viel mehr als nur Agentin ist. Ich finde, es war an der Zeit, Petra. Ich danke Dir so sehr. Für alles.

Mein großer Dank geht an das tolle Team meines Verlages, im Besonderen an Anne Sudmann, Inka Ihmels, Stefanie Werk und Anne Scholz. Es ist eine Freude, mit Euch zusammenzuarbeiten!